美国水环境联合会（WEF®）环境工程实用手册系列

城镇污水处理厂运行管理手册

（原著第6版）

第1卷　管理和配套系统

［美］美国水环境联合会　编著

丁雷　徐宏勇　陈秀荣　译

沈文刚　审校

中国建筑工业出版社

著作权合同登记图字：01-2010-1059号

图书在版编目（CIP）数据

城镇污水处理厂运行管理手册（原著第6版）第1卷 管理和
配套系统/（美）美国水环境联合会编著；丁雷，徐宏勇，陈秀
荣译.—北京：中国建筑工业出版社，2012.6
（美国水环境联合会（WEF®）环境工程实用手册系列）
ISBN 978-7-112-14038-1

Ⅰ.①城⋯ Ⅱ.①美⋯ ②丁⋯ ③徐⋯ ④陈⋯ Ⅲ.①城市
污水–污水处理厂–运行–管理–手册 Ⅳ.①X505–62

中国版本图书馆CIP数据核字（2012）第020556号

Copyright © 2008 by The McGraw-Hill Companies, Inc.

All rights reserved.

0-07-154367-8 WEF Operation of Municipal Wastewater Treatment Plants, 6/e

Translation © 2011 by China Architecture & Building Press

本书由美国麦格劳–希尔图书出版公司正式授权我社翻译、出版、发行本书中文简体字版。

责任编辑：石枫华　程素荣
责任设计：董建平
责任校对：党　蕾　关　健

美国水环境联合会（WEF®）环境工程实用手册系列
城镇污水处理厂运行管理手册
（原著第6版）
第1卷　管理和配套系统
［美］美国水环境联合会　编著
丁雷　徐宏勇　陈秀荣　译
沈文刚　审校
*
中国建筑工业出版社出版、发行（北京西郊百万庄）
各地新华书店、建筑书店经销
华鲁印联（北京）科贸有限公司制版
北京中科印刷有限公司印刷
*
开本：787×1092毫米　1/16　印张：29½　字数：735千字
2013年10月第一版　2013年10月第一次印刷
定价：98.00元
ISBN 978-7-112-14038-1
　　（22071）

版权所有　翻印必究
如有印装质量问题，可寄本社退换
（邮政编码　100037）

原著编写组

本手册由美国水环境联合会城镇污水处理厂运行管理编写组完成。

主席　Michael D. Nelson

Douglas R. Abbott

George Abbott

Mohammad Abu-Orf

Howard Analla

Thomas E. Arn

Richard G. Atoulikian, PMP, P.E.

John F. Austin, P.E.

Elena Bailey, M.S., P.E.

Frank D. Barosky

Zafar I. Bhatti, Ph.D., P. Eng.

John Boyle

William C. Boyle

John Bratby, Ph.D., P.E.

Lawrence H. Breimhurst, P.E.

C. Michael Bullard, P.E.

Roger J. Byrne

Joseph P. Cacciatore

William L. Cairns

Alan J. Callier

Lynne E. Chicoine

James H. Clifton

Paul W. Clinebell

G. Michael Coley, P.E.

Kathleen M. Cook

James L. Daugherty

Viraj de Silva, P.E., DEE, Ph.D.

Lewis Debevec

Richard A. DiMenna

John Donnellon

Gene Emanuel

Zeynep K. Erdal, Ph.D., P.E.

Charles A. Fagan, II, P.E.

Joanne Fagan

Dean D. Falkner

Charles G. Farley

Richard E. Finger

Alvin C. Firmin

Paul E. Fitzgibbons, Ph.D.

David A. Flowers

John J. Fortin, P.E.

Donald M. Gabb

Mark Gehring

Louis R. Germanotta, P.E.

Alicia D. Gilley, P.E.

Charlene K. Givens

Fred G. Haffty, Jr.

Dorian Harrison

John R. Harrison

Carl R. Hendrickson

Webster Hoener

Brian Hystad

Norman Jadczak

Jain S. Jain, Ph.D., P.E.

Samuel S. Jeyanayagam, Ph.D., P.E., BCEE

Bruce M. Johnston

John C. Kabouris

Sandeep Karkal

Gregory M. Kemp, P.E.

《城镇污水处理厂运行管理手册》（原著第6版）翻译组

（按首字母拼音排序）

陈秀荣（华东理工大学）

丁 雷（华东理工大学）

何晓娟（同济大学）

谢 丽（同济大学）

徐宏勇（华东理工大学）

衣春敏（中国给水排水杂志社）

目　录

目 录

目　录

第1章 绪 论

《城镇污水处理厂运行管理手册》（第6版）是1996年版本的修订，旨在为城镇污水处理厂（WWTPs）的管理者和运行者提供技术参考，以保障污水处理厂能够高效稳定运行。在借鉴自1996年以来数以千计的已建或改建污水处理厂运行人员操作实践、经验和创新思想的基础之上，新修订的第6版展示了目前污水处理厂管理和运行中的新思路、新技术，重点介绍了污水处理厂管理、故障排查和预防性维修方面的准则，统一了有效管理是污水处理厂长久稳定运行的决定因素的共识。

新修订的第2章从点源污染治理到整体污染防治策略，探讨了净水法案的制定过程、污水处理厂（也称污水处理厂）建设融资的变化，以及资源化利用剩余生物污泥和处理出水的良好发展趋势。同时，本章还探讨了污水处理中的毒性测试方法的改进以及污水处理技术的发展，包括膜分离法（例如微滤和超滤）。另外，还讨论了环境管理系统方法，尤其是如何利用该方法以提高污水处理厂的实际管理水平，改善运行处理效果。

新修订的第3章修订较大，增加了许多新的章节，涉及许多新的文字、图表。本书再版体现了一个从方案内容提纲（例如"怎样做"概要）到综述（对涉及主题的一般管理内容进行广泛讨论）的转变。

新修订的第4章集中讨论了40 CFR 403定义的国家预处理方案，包括制订预处理方案的历史过程、方案总体要求，同时简要讨论了该方案针对公共污水处理厂POTWs和工业用户的职责。新添加内容简略探讨了地方标准，包括最大允许水力负荷法和排污权。章节后附录的参考文献更为深入地了讨论了该方案，同时阐述了其对公共污水处理厂和工业用户的要求。

新修订的第5章概述了污水处理厂和污水收集系统运营、维护和管理的基本安全要求，同时新增加了有关寄生虫和管理规章中更新的内容。

污水处理厂运行过程中，需要综合分析大量的历史数据记录、交互信息以及实时在线数据，以协助制定合理决策完成污水处理厂的稳定运行和维护工作，实现达标排放。新修订的第6章全面介绍了污水处理厂不同领域使用的信息管理系统，这对于污水处理厂及其工业用户都是极为重要的，包括运行、行政管理、实验室、工艺控制、记录保存以及其他领域。根据当前的使用要求，本章再版新增了风险管理、规章更新（例如处理能力、管理、运行和维护规则）、信息集成技术以及安全问题。

新修订的第7章介绍了污水处理厂使用的传感器的相关内容，同时新增了污水处理厂个人防护设备和安全章节，阐述了火灾、门禁、入侵检测、闭路电视以及呼叫/通话系统。

新修订的第8章首先简要介绍了水泵和泵送系统基本原理，继而阐述了液体和污泥输送水泵运行维护（O&M）指南，最后讨论了泵站系统。本章再版删除了上一版中运行维护考量中的重复内容（即适用于所有水泵的常规运行维护考量首先在专门章节中进行了阐述，继而更多具体的运行维护实践方法在每种水泵或者泵送系统后面进行了说明）。同时，本章再版增加了运行维护信息的更新内容以及水泵驱动和控制技术的改进，也增补了更多有关计算机化运行维护系统方面的内容。

修订的第9章概述了污水处理厂中使用的多种化学药剂的转运、存储和投加指南，即可供有化学药剂使用经验的人作为参考资料，同时也可供无使用经验的人作为入门资料。修订版内容更新了参考文献和图表，新增加了有关化学药剂投加信息的表格（例如投加浓度、投加方法、投加设备类型）。本章同时还讨论了化学药剂适用的存储系统的选择方法。新增文字内容包括美国环境保护局风险管理章程以及泄漏防范考量。技术方面新增了适用于大型和小型污水处理厂的有关次氯酸钠存储和投加系统的专题讨论，包括现场制备。本章结尾处增加了"有益提示"章节，为运行人员和设计工程师给出了提示列表。

修订的第10章介绍了污水处理厂配电系统及其组成。修订版新增加了基本术语章节，以帮助读者理解电气相关内容。同时，对"电工和培训"、"维护和故障诊断"、"热电联产"3个章节内容进行了扩充。本章改版增强了可读性，并对参考文献进行了更新。

修订版第11章没有进行修订，主要介绍了保证污水处理厂正常运行所需要的污水处理厂内的基础设施的支持作用。一些基础设施协助设备和工艺的正常运行，而其他基础设施则为污水处理厂员工提供安全和健康保证。有些基础设施（例如，供水、压缩空气、通信系统、暖通和空调系统、燃料供应系统和道路等）一直是污水处理厂正常运行不可分割的组成部分。而其他基础设施（例如，防火、排水、防洪等系统）为污水处理厂提供了偶然性、季节性或者应急性保护。任何一项基础设施功能的缺失，都可能会降低污水处理厂的处理效果，造成设施故障，或者对污水处理厂员工造成危害。

修订的第12章建议弃用时间基准维护策略，而推荐采用状态基准维护策略。在世界范围内各行业的先进维护团队中，这种维护模式的转变已经实施了多年。此外，本章重点还介绍了采用计算机工具的基本维护原则。

修订的第13章为从事污水输送和处理过程中产生的恶臭进行控制的操作员工提供实用参考。本章介绍了恶臭检测和恶臭特性的相关信息，阐述了污水收集系统和处理过程中恶臭产生的机制。本章修订版新增加了最近几年内采用的适宜的恶臭控制方法和技术，同时还讨论了恶臭控制设备的运行维护要求。最后，探讨了恶臭控制策略，给出了遇到恶臭问题时，操作人员可采用的实用恶臭控制步骤。

修订的第14章中的过程控制部分包含了两个标准操作规程（SOPs）示例。清单形式的标准操作规程为认证操作人员提供了有价值的信息。叙述形式的标准操作规程对操作规程提供了更为详细的描述。这种方法便于归档和培训，适用于采用交叉培训的污水处理厂。另外，过程控制章节阐述了如何对工艺和仪表流程图进行读图和使用。

修订的第15章回顾了污水处理厂托管运营行业现状，阐述了目前可供选择的托管运行方案。这里不是为了介绍托管运行方案的所有操作细节，因为每一种托管运营方案都有其特有的条件和目的。这里概要介绍了多种可用托管运营方案，以及拟定采用时应该考虑的关键问题以及实用策略。托管运营市场受到多种因素的影响，一直处于不断发展中，是一动态市场。因此，希望正在考虑进行污水处理厂托管运营的市政或私营污水处理厂，应该广泛调查比较污水托管运营行业不同服务提供商所提供的多种托管运营方案，而最终确定选择最为适宜于自身污水处理厂的托管运营方案。

修订的第16章介绍了一种不同的培训制定方法，阐述了培训含义以及培训过程中培训人员的主要作用，回答了以下问题：如何使培训获得成功？什么样的常见错误会导致培训失败？污水处理厂产生技术分级的原因是什么？如何应对技术分级问题？培训人员能为污水处理厂做什么，不能做什么？政策、操作规程和操作手册分别包含哪些内容？如何组织和起草这些不同的文本资料？培训人员如何知道哪种类型的培训可以获得成功？是否存在可以取代培训达到同样效果的替代方法？

修订的第17章指出对于污水处理厂运行人员而言，了解污水的物理和化学性质、正确的采样和测试方法，对于污水处理厂实现达标排放是非常重要的。本章全面介绍了污水的组成，阐述了不用的采样类型、样品采集和保存方法、所需设备以及监管链重要性的原因，简要探讨了与员工安全和恶臭控制相关的空气监测问题。取样和测试尤为重要，要符合一定的法律要求。这里新增加了一些有关测试分析的内容，这些新增内容将能够帮助操作人员更好地理解污水性质，从而更好地实现有效处理。

修订的第18章对上一版内容进行了扩充，详细阐述了常用设备和系统，以及保持这些系统良好运行状态所需要的重要的运行维护内容。同时，本章还新增了目前用于污水处理的旋流沉砂池、栅渣压滤机等设备。本章可作为实用指南，以有助于了解与污水预处理系统正常运行、维护和管理实践相关的重要的运行维护问题和考量。

修订的第19章介绍了几种1996年以来的初级处理工艺改造和升级工艺。同时，本章还讨论了初沉污泥发酵、强化初级处理、气浮初级处理系统以及沉砂/初级处理组合工艺，简要分析了计算机系统协助完成初级处理工艺运行情况。虽然初级处理工艺看起来要比污水处理厂其他处理工艺操作运行更为简单，然而初级处理工艺的新发展已经提高了初沉池的处理效果，并增强了其运行稳定性。例如，将初级处理工艺改造成初沉污泥发酵系统，能够提高VFA的产量，而VFA在实现生物除磷过程中起着重要作用。

第20章表明，在降低污水的有机污染物浓度方面，活性污泥工艺是应用最广泛的生物处理工艺。虽然根据多年的经验数据，已经建立起了较好的设计标准，但是实际运行中的许多污水处理厂仍然存在很多问题，导致处理效果较差。本章的主要目的是帮助运行人员和其他污水处理专业人员更好地理解活性污泥处理过程，解决过程运行中出现的问题，进而改善污水处理效果。这里主要阐述了活性污泥处理工艺的演变，重点介绍了工艺运行过程，污水处理过程理论、工艺控制策略、节能以及故障诊断等内容。本章也可以兼作单独的手册《活性污泥》（操作手册 No. OM-9），该手册是美国水环境联合会指定的活性污泥处理工艺运行的主要参考资料。

修订的第21章主要阐述了滴滤池、塔式生物滤池和生物转盘（RBC）处理过程等固定生物膜污水处理工艺。在这些处理工艺中，滴滤池较塔式生物滤池、生物转盘RBC以及固定生长和悬浮生长复合工艺（FF/SG）的开发都更早。目前，已经有多种新型滤料介质在实际工程中应用，但砾石/岩石介质是最早用于滴滤池中的滤料介质，故砾石/岩石已成为滴滤池滤料的代表，类似地，塑料介质也成为塔式生物滤池滤料的代表。现在，滴滤池已与新型污水处理工艺或技术结合，且很多砾石/岩石滤料滤池也都重新改造，以便于在工程中继续得到应用。本章主要是帮助运行操作人员和工程技术人员更好地理解现有和新型滴滤池的运行和维护方面的基本要求。本章同时还讨论了生物转盘RBCs的设计和运行方面的改进，包括预测生物转盘运行中出现的问题或超负荷现象，并强调提高或改善RBCs运行效能的方法或措施。组合工艺〔如滴滤池、塔式生物滤池或RBCs等固定生长过程与悬浮生长过程（活性污泥）组合〕是一种强化各工艺优点，并弱化各工艺不足的有效方法。很多情况下，采用组合工艺能够减少构筑物量以降低工程投资。本章也阐述了组合生物处理工艺的运行和维护方面的问题。

修订的第22章中，对生物脱氮除磷（BNR）部分内容进行了修订，主要补充了近年来研讨会以及有关文献最好的脱氮除磷培训资料。其目的是为运行操作人员、管理人员和工程技术人员提供BNR系统设计和运行的原理及实例。第22章关于脱氮除磷的内容是重新编写的，而且其中的图表和例子都是前几版中没有出现过的。

修订的第23章的内容此次未更新，主要指出稳定塘和土地处理工艺是用于处理小城区（人口少于20000人）城市污水的常用自然处理工艺。稳定塘一般属二级处理工艺；土地处理工艺为深度处理工艺。本章为运行操作人员提供了预防稳定塘和土地处理系统出现问题，解决问题和改善系统效能等几方面的内容。

修订的第24章阐述了物理和化学处理工艺的相关内容。化学处理工艺的实例有重金属沉淀、化学沉淀除磷、投加酸或碱调节pH值，以及氯气或次氯酸消毒过程。物理处理工艺包括流量监测、沉砂、初次和二次沉淀/澄清过程、过滤和离心分离工艺。在编写本书时，美国的大多数污水处理厂都具备了预处理、初级处理和二级处理工艺单元以去除处理水中碳化生物化学需氧量（CBOD）和总悬浮固体（TSS），使之达到排放限制标准。然而，为了进一步提高受纳水体的水质，监管部门除了考察污水中的BOD、TSS和粪大肠菌群等常规指标外，更多地关注氮、磷、金属和难降解溶解性有机物的去除。监管部门和环保工作者关注的另一个领域是对二级处理出水进行深度（三级）处理，以最终实现处理水回用（如农业灌溉和工业应用）。污水的物理化学处理均可达到以上两个目的。投加化学药剂可以进一步提高常规指标，如悬浮固体的去除；引入新工艺则可以降低磷和溶解性、难生物降解化学需氧量（COD）。因此，本章从以下几方面讨论了物理化学工艺在污水处理中的应用：（1）强化初级处理中的悬浮固体的去除，（2）常规处理后引入深度处理进一步降低悬浮物含量，（3）磷和溶解性、难生物降解COD等指标的去除。

修订的第25章概述了提高工艺性能的步骤，首先讨论了一个重要内容，即流量计的准确性。然后，给出了确定现有污水处理厂处理工艺性能的技术和方法，包括水力分析、示踪测试和曝气系统测试。继而介绍了化学药剂投加，详细说明了药剂选择步骤，给出了改善工艺性能示例。本章最后一节对生物强化进行了探讨。在附录里给出了对流量计、曝气系统分析的详细分析，并回顾了示踪测试的历史。

近年来，尽管污水消毒机理基本没有变化，但是消毒技术的应用却得到了很大发展。

修订的第26章介绍了2001年9月11日后的污水消毒行业趋势。当选择消毒工艺时，重点强调了消毒安全和操作安全。目前主要集中于消毒副产物对受纳水体的影响，以及雨季使用挑战和消毒技术的新发展。

修订的第27章增加了污泥最终处置及其相关费用的讨论内容，重点介绍了与监管机构合作，与各组织建立联系，以及开发污泥组分信息、质量控制和公众教育。

修订的第28章介绍了污水中残余物的类型，详细介绍了残余物在污水处理工艺中的产生和各阶段的比例。本章还介绍了不同类型残余物的生物化学组成，进一步介绍了这些残余物的采样方式，以及满足监管和工艺控制要求所需要进行的常规测试分析。为提供更多的信息，介绍了测试操作程序，并对测试分析的目的和意义进行了说明。为反映最新监管要求，更新了表格内容。本章可作为污水中典型残余物类型及测试分析方法的参考资料。

修订的第29章中离心和气浮工艺章节已全部重新编写，内容更详细，以便于读者参考使用。

修订的第30章为污水处理厂操作人员提供了污泥厌氧消化方面的知识。本章重点放在操作运行和故障诊断方面，对厌氧消化理论也进行了一般介绍，例如现有厌氧消化设备、厌氧消化处理工艺优缺点及其运行和维护。修订版主要修订和增加了包括厌氧消化预处理技术、高级厌氧消化工艺、与厌氧消化相关的监管问题，拓展介绍了生物气净化处理技术。对所有技术和设备的讨论都按照最新发展进行了内容更新。

如修订的第31章所述，好氧消化技术最初应用于未设置初沉池的污水处理系统中排出的剩余污泥，仅剩余活性污泥或滴滤池污泥，或者是两种混合污泥。通常情况下，如果污水处理工艺包括初次沉淀池，一般选择采用厌氧消化工艺，因为当时还没有建立起可靠的浓缩技术和固体浓度超过4%的好氧消化技术。20世纪90年代末，由于美国执行更为严格的氮磷排放标准，为了获得良好的生物脱氮效果，保持较好的C/N比，逐渐将初沉池从处理工艺中淘汰掉。随着新的污水排放标准的实行，以及新的好氧消化处理工艺控制技术和效果预测系统的出现，好氧消化工艺再次引起重视。目前，已有许多厌氧消化池被改造成好氧消化池，这是因为好氧消化操作运行相对简单、设备费用较低，上清液水质更佳，出水中硝酸盐和磷含量更低（即保护旁流污水回流对污水处理工艺的影响）。好氧消化的另一个优点是该系统可在较短的停留时间内获得较高的挥发性固体含量去除率，清洗和维修更容易，不产生爆炸性消化气。本章修订后可以更好地应对相应规章制度为实现资源回用提出的新的性能要求，并催生了能够改善好氧消化处理工艺性能的技术。这些技术可以分为以下几类：（1）预浓缩；（2）阶段运行；（3）好氧—缺氧运行；（4）温度控制。本章对这些技术均做了深入探讨。

正如第32章所述（本章未进行修订），由于污水处理厂出水水质不断提高，污泥产量随之增加。污泥处理工艺——浓缩、脱水、稳定和最终处置——占整个污水处理厂费用的很大部分。污泥稳定工艺进一步减少了污泥臭味，以及病原菌数量，以便于最终处置或利用。本章重点介绍了以下污泥稳定技术：

（1）堆肥；

（2）石灰稳定；

（3）热处理；

（4）加热干化；

（5）焚烧。

以上污泥稳定处理方法（焚烧除外）均被广泛应用于污泥处理至A级或B级标准，以达到美国环境保护局40 CFR第503规定的污泥有效再利用或最终处置的要求。

第6版中第33章介绍了过去10年或更长一段时间内，污泥脱水技术的发展变化。真空过滤器目前已不常见，取而代之的是带式压滤机和离心脱水机。目前污泥干化床已经不再受欢迎，而取而代之的是作为"绿色环保"技术的芦苇床。该行业更多的使用聚合物，聚合物一节的内容扩展很多。本章还介绍了各种污泥脱水工艺的工作原理，以便于读者理解和使用。

第2章 适用法律和污水处理系统

2.1 引言

本章节主要综述了适用于污水处理厂的法律法规，描述了能够实现污水稳定达标排放的典型污水处理工艺，探讨了污水处理过程中产生的固体污泥的多种处理和处置方法。为与州和联邦政府的专业术语相统一，本手册采用污泥一词泛指污水处理过程中从污水中分离出来的所有固体物质。有关排放许可证要求的采样方法、过程控制以及合格取样（compliance sampling）的信息，请参见第7章的相关内容。

2.2 排放许可证

城市污水处理厂较好地缓冲了城市污水对自然环境的影响。由于城市污水的恣意排放会严重降低人类生存的水、土壤和空气环境的质量，因此政府颁布了关于安全处理与处置污水与污泥的完善的系列法律与法规，现综述如下。（政府机构仍在修订完善法律法规，因此净水及污水处理工程师在准备特定污水处理厂的排放许可证申请时，应参照最新排放标准执行。）

2.2.1 净水法

由于公众对水污染的持续关注，国会颁布了水污染控制法修正案（1972）。这部法律于1977年进行了再次修正，并更名为净水法（CWA）。它建立起了管理污染物排入美国水体的基本框架。净水法的4项指导原则是：

（1）任何人都无权污染美国水体，因此任何污染物排放水体行为都需要得到排放许可证；

（2）排污许可证限制所排放的污染物类型和污染物浓度，无许可违法排污将受到罚款及关押惩罚；

（3）企业排污许可证要求企业采用可获得的最佳污染治理技术，而并非考虑处理后尾水的自净能力；

（4）污染物排放浓度限值更多考虑的是污染物质的处理，而不是处理技术所能达到的处理水平，至于采用二级处理（城市污水）或者最佳实用处理技术（工业废水）则是基于受纳水体的特定水质标准要求而确定的。

该法案的主要目的是恢复和保持美国水体的化学、物理和生物完整性。因此，净水法设立了两个国家目标：至1983年获得适宜于水产和游泳的水体（在尽可能的情况下），至1985年消除任何航运水体的污染物排放。该法案1977年和1987两次修正时重申了达到这些目标的重要性，并明确了政府通过402章节建立起来的排放许可系统，实施净水法的基本职责所在。

在美国，任何排污单位必须获得美国国家污染物排放削减制度许可证。任何未经许可的排污或者超标排放行为都是违法行为，都将会受到政府、管理机构甚至刑事处罚。刑事处罚中规定，对于无故违法，处每天25000美元罚款并处1年以下监禁，对于故意违法，处每天50000美元罚款并处3年以下监禁，而对于明知排污危险的故意违法，处每天250000美元罚款并处15年以下监禁。国家违反排污许可犯罪的处罚条文，依据美国法典第18标题卷第1001节。

美国国家污染物排放削减制度明确了排污地点、排污流量、排放污染物浓度、混合区污染物浓度限值，以及后续监测报告制度。需要排入美国水体时，城市污水必须至少达到二级处理或者更高处理要求，以达到排放标准。依照40 CFR 133的要求，二级处理出水水质要求BOD_5低于30mg/L，TSS低于30mg/L，pH为6.0~9.0（30d平均值）。该法同时要求二级污水处理需达到BOD_5和TSS至少85%的去除率，合流制溢流（CSOs）除外。另外，污水处理厂设计处理能力达到或者超过19000m³/d（5mgd）时（设计处理能力小于此流量的污水处理厂，如果运行受影响或者有些污染物无处理效果时），必须设计采用预处理系统，以处理排入污水管网的工业废水和其他非生活污水。

排放许可证申请表和监测报告必须由相关审批权力机关签章。依据40 CFR 122.22的规定，所有企业提交的申请表和监测报告必须由一位企业责任人签章。由合营或独资企业提交的，必须由一位常任股东签章，而由市政府、州、联邦或者其他公共机构提交的，必须由主要负责人或者行政官员签章。

在1970年~1988年期间，美国环境保护局在联邦建设规划基金中，斥资611亿美元用于新建以及现有公共污水处理厂的升级改造。同时，州政府、市政部门以及私人已经投资超过2000亿美元，用于公共污水处理厂的建设、运营与维护。

后来对净水法规定进行了修正。例如，1981年美国国会修正了净水法，大大简化了市政建设基金计划流程，提高了通过该渠道融资建设污水处理厂的能力。1987年美国环境保护局采用国家水污染控制循环基金（即国家净水循环基金）取代了建设基金计划。

随着1987净水法修正案的通过，国会确定了以国家净水循环基金取代联邦建设基金计划。该计划项目向联邦政府提交资本规划（其中包括20%的联邦政府配套资金），以低利率贷款的循环基金方式用于市政污水处理厂建设，以及如非点源和河口管理等的水体质量项目建设。

联邦政府设定了无息贷款期限，支付期限最长可达20年，同时可根据社区大小及经济状况进行调整。偿还的贷款将被循环用作其他污水处理工程的建设资金。

公众参与是国家净水循环基金（SRF）计划的重要内容。在申请建设资金之前，州政府必须提供预期规划中包括公众参与的建设项目情况。预期规划在净水和饮用水循环资金使用计划中都是必须的（https://www.epa.gov/region7/water/srf.htm#cwsrf）。

其他法律也对净水法有着一定影响。例如，1978年的美国—加拿大五大湖临界计划法案，1980年修正为北美五大湖水质协定，该法案要求美国环境保护署设定五大湖水质标准。该法案明确要求权力机关确定了保证人类、野生动物和水生生物安全的29种毒性物质的最高浓度标准。

净水法极大地改善了水体环境。许多在1970年遭受严重污染的河流、湖泊，随着净水法的实施，水体质量已经可以满足水生生物的生长。1960年，在污染较为严重的地点，DO降低到了1~4mg/L，而在1985年~1986年，监测结果表明该地点的DO值已经升至5~8mg/L。

随着水体环境质量的改善，管理的重点也发生了转移。例如，管理机构最初主要关心的是水体化学特性的完整性。然而在过去的10年间，逐步开始关注水体物理及生物特性的完整性。管理者开始主要关注水体的点源污染源排放，比如城镇污水处理厂的排水和工业废水排水，到20世纪80年代后期，他们也开始管理"非点污染源"污染问题，比如街道、农田、建筑工地的雨水。其中一些雨水污染治理项目是自发建设的，而大多仍然采用传统管理处理方法。

在过去的10年间，净水法计划已经从一个计划、污染治理方法转化成了一个流域性的保护方法，其中表明对水质良好水体的保护和对污染水体的治理修复同等重要。为了达到保护水体水质以及其他的环境目标，而不单是净水法中列举的目标，投资参与是该法案的一个必要的组成部分。

1. 固体废物管理

1972年至1998年间，美国污水处理厂产生的干污泥量从每年460万t增加至690万t。也就是说，按照经济顾问委员会（Washington，D.C.）的说法，从净水法实施以来，污泥产量增加了一倍，而同时期美国的人口仅增长了29%。美国环境规划署预期的污泥年增长量为至2010年增加至820万吨干污泥。

大部分污泥经稳定后被用作农用肥料（有机肥），作为土壤添加剂（土地利用）使用。美国环境保护署估计至2010年美国70%的污泥将会得到有效利用（表2-1）。该机构管理土地利用、焚烧或填埋处置（40 CFR 503（58 FR 9248-9415））的所有污泥。污泥与其他固体废物的填埋处置应依据40 CFR 258管理执行。

美国环境保护署污泥经济利用与处置规划　　　　　　　　　　表2-1

年份	经济利用			处置		
	土地利用	高级处置	其他利用	填埋	焚烧	其他
1998年	41%	12%	7%	17%	22%	1%
2005年	45%	13%	8%	13%	20%	1%
2010年	48%	13.50%	8.50%	10%	19%	1%

美国许多州对于污泥处理与处置有较为严格的管理方案。例如，俄克拉荷马州

（Oklahoma）不允许将污泥进行地表处置（如仅填埋污水处理厂污泥的填埋场、地表围塘或泻湖，或者污泥堆）。

2002年7月，国家研究委员会发表了长达18个月的生物污泥土地利用标准与实践的研究结果。国家研究委员会指出虽然至今仍没有明确的科学证据表明目前的管理状况不能保护公众健康状况，然而生物污泥的土地利用仍然存在某些未确定的影响健康因素。据此，国家研究委员会提出了大约60个推荐意见。作为回应，美国环境保护局开始考虑这些问题，并颁布了剩余污泥利用与处置标准［此为最终环境署对国家研究委员会关于生物污泥土地利用的回应，也是美国环保署对现有的污泥处置管理（联邦公报03-32217，2003年12月30日编撰）现状的评论与回顾］。其中，美国环境保护局明确了15种可能需要进行严格管理的污染物质。这些污染物质需要进行更为严格的风险评价及风险特性识别，这将可能导致在净水法原则下产生法规制定提案通知（http://www.epa.gov/EPA-WATER/2003/April/Day-09/w8654.htm）。

2. 毒性物质

净水法授权美国环境保护局管理向环境中排放毒性化学物质。同时，它表明美国的政策是禁止将大量有毒化学物质排放进入环境。当水用于饮用或者游泳时，水中溶解性毒性物质会危害人类的健康。而非溶解性毒性物质会被吸附至沉淀物中，或被水生生物吸收，进而进入人类食物链（生物富集）。

目前，净水法列出了126种必须进行控制的优先控制污染物（40 CFR 423，附录A），共分为重金属氰化物、挥发性有机化合物（VOC）、半挥发性有机化合物（SVOC）以及农药和多氯联苯（PCBs）4类。而且，当处理后的尾水采用氯气消毒时，一些无毒性的有机污染物质会被转化为含氯毒性污染物质，例如三氯甲烷。

分析人员采用处理水综合毒性指标（WET）测试，来表征城市污水处理厂处理尾水对人类及水生环境是否存在影响。该测试是一个生物测试过程，将敏感性的水生生物放置于存留处理水的容器中，连续几天测试其生物活性状况。如果处理水有毒，管理机构将需要污水处理厂进行毒性削减评估，并进行适宜的处理工艺或者预处理工艺改造，系统地降低处理水中毒性物质的浓度。

3. 雨水

按照40 CFR 122的规定，未经美国国家污染物排放削减制度雨水排放许可，任何工业企业相关点源的污染雨水不得排入美国水体。本规定通过许可排放制度保护了受纳水体，加强了雨水排放控制管理。排放雨水至水体或市政雨水管道的城镇污水处理厂，以及处理能力等于或大于100万gal/d，或者按照40 CFR 403要求采用工业废水预处理方案的污水处理厂，均必须获得美国国家污染物排放削减制度雨水排放许可。更多有关雨水排放与许可的信息可在美国环境保护署的网站上查找到，网址为：cfpub1.epa.gov/npdes/stormwater/indust.cfm.

2.2.2 职业安全与健康法

职业安全与健康法（OSHA）着重强调了企业员工的安全与健康问题。它为污水处理厂内危险物质的使用、贮藏等规章制度的建立提供了指导意见,例如氯气、酸、碱以及其他污水处理过程中所采用的化学药剂(虽然职业安全与健康法并非为污水处理厂所起草,但美国已经有许多州将该法用于污水处理厂管理中)。

同时,该法案采用化学品安全说明书(MSDS)条例来保护社区安全,该条例要求污水处理厂必须向本州或者当地紧急事务管理办公室备案所使用的危险化学品名录(40 CFR 307)。作为美国非常基金修正及再授权法(SARA)第Ⅲ卷的部分内容,联邦危害通识法案要求,污水处理厂必须培训员工正确使用和贮藏化学品,为员工提供正确的化学品安全说明书。如果化学品贮藏量超过了一定限值,污水处理厂必须通知州政府或者当地政府,例如,氯气的贮藏量限值为1135kg(2500lb[①])。同时,按照美国非常基金修正及再授权法第Ⅲ卷第313部分(40 CFR 0372)内容的要求,污水处理厂必须上报未包含在美国国家污染物排放削减制度排放许可的排放量较大的毒性物质。例如,氯气的排放量为4.5kg(10lb)(更多有关职业安全与健康法的内容,请参看第5章)。

2.2.3 州及当地规定

按照净水法402(b)的要求,美国环境保护署将美国国家污染物排放削减制度的管理权授权予管理合格的州。各州该制度的管理规划称为SPDES〔(州名)污染物排放消减制度系统〕方案,规定了处理水排放限值和监测要求、生活污水管道溢流排放(SSO)报告以及污泥管理要求。

处理水排放限值既包括传统水质指标也包括特殊水质指标,同时还包括对年度、季度、处理水综合毒性测试以及取样位置的要求。传统水质指标包括BOD、TSS,而特殊水质指标可能包括金属、农药和辐射物质。特殊的排放许可参数包括平均和最大流量、BOD_5、TSS、粪大肠菌群数、pH、氨氮、总磷以及综合毒性指标。国家污染物排放消减制度和州污染物排放消减制度排放许可规定了污染物排放限值(排放浓度和排放总量),同时也规定了每一水质指标的具体监测要求。

该排放许可同时要求污水处理厂必须遵守已经颁布的污泥管理计划。该计划规定了可实施的管理措施以及污泥中污染物质的限值,具体要求可参见净水法405(d)(2)部分内容。

该排放许可同时还包括污染防治与预处理要求。污染防治要求包括对污水处理厂处理设施、设备和员工职责进行评估,以确定污水处理厂是否具有较好地消减污染物和避免二次污染的能力。预处理要求包括按照净水法402(b)(8)部分常规预处理规则(40 CFR 403),建立和运行工业废水预处理方案。预处理方案设立的目的是防止影响污水处理厂正常运行的污染物质以及污水处理厂无法处理的污染物质进入污水处理系统,同时推动处理水和污泥的循环利用。

除国家和州污染物排放消减制度外,地方政府和州政府可能会颁布更为严格的地方法规以保护环境质量,强化进入污水处理厂的工业废水的预处理,剩余污泥管理以及职

---

① "lb"为磅单位符号。

业安全与健康问题。一般来说，地方法规要比联邦法律的要求更为严格。例如一些地方法规规定，只允许A级生物污泥进行土地利用，而联邦法律规定A级和B级生物污泥均可进行土地利用处置。考虑到水源地污染可能的增加，一些地方政府已经颁布了水源保护条例。同时，一些地方管理机构对采用城镇污水处理厂处理水灌溉的高尔夫球场和其他绿地设立了规范，加强了管理。

州和地方政府同时也制定了公共污水处理厂（POTW）员工岗位认证管理规范，包括污水收集系统员工、污水处理厂员工以及实验分析技术人员。岗位认证工作应结合污水处理厂规模、工艺复杂程度以及工艺可靠性完成。另外，对于私人拥有或者私人委托运行管理而最终排入公共污水处理厂或者州水体的污水处理厂，该机构也建立起了同样的岗位认证管理规范。更多的信息，请参见各州的用工要求规定。

2.2.4 环境管理系统

环境管理系统（EMS）是将各环境问题综合在一个机构进行管理的过程。它可以使任何组织控制其生产、产品或者服务对自然环境的影响，同时允许该组织不仅能够保持环境质量现状，同时可以主动管理可能会影响到其自身生产活动的未来环境问题。污水处理厂将会发现通过实施EMS制度，将可以大大改善环境、投资以及其他方面的状况。

EMS的实施不需要一个企业建立一个完善的新系统。它仅仅提供一种框架形式来帮助生产企业将社会责任、生产过程、工艺条件、所消耗的资源同有效的环境管理系统整合为企业的一种日常管理程序。环境管理系统的大部分内容都是企业已经存在的管理内容中的一部分。

有关EMS更多的信息，请登陆美国环境保护署网址（www.epa.gov/ems/index.htm）或者直接搜索"环境管理系统"进行查看。

2.3 污水处理工艺

污水处理厂一般采用多单元组合工艺进行污水处理，保护自然水体环境。市政污水的成分较为复杂，典型市政污水的含水率和固含率分别为99.94%和0.06%。典型美国城市，包括私人住宅、商业区、工业企业，人均生活污水产量为379~455L/（人·d）（100~120gal/（人·d）），其中不包括渗入和渗出污水收集管网的部分。如果对这些污水没有处理或者没有得到有效处理的话，污水及其含有的固体物质将会严重危害公众健康和环境质量。

雨水径流以及合流制溢流（CSOs）同样产生大量影响公众健康和环境质量的污水。有关雨水和合流制溢流管理方面的信息，请参见美国水环境联合会编著的合流制溢流防治一书的相关内容。

2.3.1 目标

污水处理厂的最基本目标是净化污水，通过组合处理工艺削减去除污水中含有的固体物质、有机物质、营养物质、病原菌以及其他污染物质的浓度，实现达标排放。污水处理厂也有助于保护受纳水体，因为受纳水体是先吸附污染物而后才进行降解的。另外，污水处理厂必须保护污水处理厂以及相邻企业员工的健康及工作环境。

当污水处理厂设立了排放许可制度之后，监管机构除需考虑达标排放的最低标准外，还需要考虑以下问题：

（1）预防疾病；

（2）预防公害；

（3）保护饮用水水源；

（4）涵养水源；

（5）保护航行水体；

（6）保护适于游泳和娱乐的水体；

（7）保护适宜于鱼类与其他水生生物的优良栖息地；

（8）保持水体的原始生态环境。

污水处理厂需要面对的一个巨大问题就是污水水量以及污水的物理、化学和生物特性在不断发生变化。其中一些变化是暂时性的，是因水量和水质成分随季节、月份、周或者每天发生波动而引起的。而另外的一些变化则是长期性的，是由地区人口、社会特征、经济发展状况以及工业生产技术状况而引起的。

受纳水体的水质和公众健康直接取决于污水处理厂预见和应对潜在问题的运营管理能力，这就要求操作人员对污水处理厂的整体处理设施和处理工艺有一个较为完善的理解和把握。

2.3.2 污水收集系统

污水收集系统是由污水管道、沟渠、涵洞、设备和附属构筑物等组成的，用以收集、输送和提升污水的管网系统。一般来说，为了节省运行费用，污水在收集系统内的流动主要是重力流，这就要求设计时管道直径和埋设坡度要满足重力流向排放点的要求。泵站主要用于污水的提升。

市政污水管网主要有3种类型，分别为生活污水管网、雨水管网和合流制管网。生活污水管网主要收集输送居住区、商业区以及工业区的生活污水，同时有部分地下水渗入和部分雨水流入。雨水管网主要用于输送径流雨水及其他排水。合流制管网则是收集输送生活污水和雨水的混合水。

污水管网的集水类型对污水处理厂的运行管理影响较大。例如，对于合流制管网系统而言，暴雨时及暴雨后形成的较大流量及其冲刷作用导致的污水悬浮物量的大增，会对城镇污水处理厂的高效稳定达标处理构成严重挑战。同时，维护较差的生活污水管网也可能会存在大量水的渗入或者流入，引起同样的问题。另外，污水在输送进入污水处理厂途中，会产生酸化腐败而产生臭味，除非在输送过程中对臭味进行了收集处理。

目前，已经很少再投资建设合流制污水管网系统，而是逐渐在努力进行生活污水与雨水分流改造。改造过程费用并不是很高，而仅仅需要将屋顶排水管与市政污水管断开，或者与主要建筑物的排放污水分开，例如将雨水直接排放进入附近的溪流或者河流。

2.3.3 预处理

预处理主要是指对污水中 H_2S、木块、硬纸板、破布、塑料、粗砂粒、油脂、浮渣等物质的去除，以保护后续处理设施的正常运行。这些物质一般通过投加化学药剂、预曝气、格栅、破碎装置或者沉砂池等方法去除，同时也包括混凝、絮凝和气浮工艺等以去除污水中的悬浮物或污泥。（更多关于预处理的信息，请参见第18章）。

2.3.4 初级处理

初级处理是指对污水中悬浮物或者漂浮物的去除。良好设计运行的初级处理单元，TSS 和 BOD_5 的去除率分别为60%~75%TSS 和 20%~35%。然而，初级处理不能去除胶体颗粒、溶解性固体以及溶解性 BOD_5。（更多有关初级处理的信息，请参见第19章）。

2.3.5 二级处理

二级处理主要是去除污水中溶解性及胶体的有机污染物质和悬浮物。一般来说，二级处理 TSS 和 BOD_5 的去除率均可达85%左右，出水中两者浓度在 10~30mg/L 之间。

二级处理主要是指生物处理工艺，包括附着生长和悬浮生长两种，它依靠微生物、溶解氧和污染物三者的良好混合接触，实现对有机物的降解去除。微生物通过生理代谢作用去除水体中的污染物以维持其生命活动，同时进行增殖。同时也可将难以沉淀的悬浮颗粒转化为易于沉淀的生物污泥。附着生长系统，例如生物滤池、填料塔和生物转盘，微生物附着生长在填料介质上。而悬浮生长系统，例如氧化塘和活性污泥工艺，微生物悬浮生长在污水中。

二级生化出水中含有高浓度的悬浮污泥，在进行深度处理或者排放进入受纳水体之前，必须进行泥水分离。大多数的污水处理厂采用沉淀池进行泥水分离，当然也可以采用气浮工艺或者其他的处理工艺。

2.3.6 物化处理

物化处理工艺主要用于污水中油、脂肪、重金属、悬浮颗粒以及营养类物质的去除。例如，格栅、沉淀和过滤工艺主要用于去除污水中较大的固体颗粒。化学混凝沉淀技术主要用于强化沉淀效果。活性炭吸附用于去除有机污染物。折点加氯和投加石灰分别用于去除氨氮和磷。（更多物化处理的信息，请参见第24章）。

2.3.7 深度处理

污水深度处理技术主要用于进一步去除二级处理出水中的营养物质（氮和磷）以及溶解性的有机物质。深度处理工艺包括物理、化学、生物处理工艺及其组合处理工艺。

例如，膜过滤技术，包括微滤、超滤、纳滤以及反渗透等，可用于去除污水中的有机物质、营养物质和病原菌。（这些深度处理技术，本来主要用于工业废水处理领域，但是现在已经在市政污水处理领域得到了广泛应用。）

污水处理厂的排放标准从根本上决定了污水处理厂采用的污水处理工艺流程。

2.3.8 消毒处理

消毒主要用于灭活或者破坏污水中存有的病原性细菌、病毒以及原生动物细胞。这些病原菌可能会通过饮用水传播杆菌性痢疾、霍乱、传染性肝炎、副伤寒、小儿麻痹症以及伤寒等介水传染病。

随着污水灌溉及其他水的回用的不断增加，同时为了保护水生生物，水中的毒性物质包括余氯的浓度限值都发生了变化，从而改变了污水消毒政策和消毒工艺的实施。化学消毒，尤其是氯气消毒，曾是污水消毒的主要工艺。然而，考虑到氯气使用的安全性以及一些脱氯的要求，目前一些污水处理厂已经开始使用其他消毒工艺，包括臭氧和紫外线消毒。臭氧消毒利用氧自由基破坏病原菌细胞。紫外线利用电磁能破坏微生物的基因物质（DNA 和 RNA）。这两种消毒方式的费用都比氯气消毒工艺要高，但是消毒效果也更好。（更多有关消毒方面的信息，请参见第 26 章）。

2.3.9 出水排放

处理水的受纳水体或者回用目的都会直接影响处理水的排放标准和处理工艺要求。城镇污水处理厂处理出水可以排入地表水体或者湿地，或者通过渗透或者回注用于补充地下潜水，或者土地使用。处理水可以考虑作为高尔夫球场、公园、育林地和农田灌溉的水源。同时，也可以作为已建湿地水源，以增加水生生物营养，提高野生生物生境质量以供公众娱乐。另外，处理水也可用于工业冷却水或生产工艺补充水。

2.4 固废管理

污泥处置通常是污水处理厂难度最大而费用最高的地方。未处理的生污泥带有臭味并含有病原菌。污泥的稳定处理能够减少臭味、病原菌和生物毒素，同时能够固化重金属（例如利用石灰），否则重金属将会渗滤进入地下水。经稳定处理后的污泥可以进行综合利用或者安全填埋处置。

2.4.1 固废类型

污水处理厂的固废包括初次沉淀污泥、剩余活性污泥、混合污泥、化学污泥，以及栅渣、沉砂、浮渣和焚烧灰渣。污水处理厂进水中 40%~60% 的 TSS 会形成初沉污泥，固含率为 2%~6%。剩余活性污泥的固含率为 0.5%~2%。混合污泥是初沉污泥和剩余活性污泥的混合物，通常进水 TSS 中的 1%~3.5% 会转移到混合污泥中去。化学污泥的浓度和性质主要取决于所使用的化学药剂（铝盐、铁盐或者石灰），通常在三级处理污水处理厂可以见到，比如除磷过程。

固废的利用或者最终处置方式取决于污泥的稳定程度。经过稳定后的生物污泥是一种较好的土壤添加剂。易燃固废，例如栅渣可以进行焚烧处置或者填埋处置。而非易燃固废，比如沉砂，可以进行填埋处置。

2.4.2 处理工艺

典型的污泥处理工艺包括浓缩、稳定、消化、调理、堆肥、脱水、焚烧和干化，分述如下。

1. 浓缩

污泥浓缩的目的在于减容，以利于污泥的后续处置，其存储、运输等所需的设备费用都会大大降低。浓缩后的污泥固含率为1.5%~8%。

目前，浓缩方式主要有3种：

（1）预浓缩（稳定和脱水处置之前）；

（2）后浓缩（稳定处置之后，综合利用之前）；

（3）再浓缩（稳定浓缩后的生物污泥再次进行回流稳定）。

预浓缩工艺包括重力浓缩池、气浮浓缩池、离心浓缩机、重力带式机械浓缩机、螺压脱水机。重力浓缩池浓缩初沉污泥和化学污泥效果较好，而混合污泥的重力浓缩效果不够理想。气浮浓缩池主要用于浓缩剩余活性污泥（WAS）。机械浓缩方法，例如离心浓缩机、重力带式机械浓缩机、螺压浓缩机，适用于各种类型的污泥浓缩。机械浓缩机的浓缩效果要好于重力浓缩池和气浮浓缩池。

2. 稳定

污泥稳定是指通过消化或者化学稳定方法减少污泥中病原菌的量，以利于污泥的进一步利用或者处置。

（1）消化

好氧消化和厌氧消化能够大大减少污泥中不稳定的有机物和病原菌的量，从而减少臭味，生成环境可使用的土壤添加剂。好氧消化在敞口或者密闭反应器内，采用好氧微生物将污泥中的有机物氧化为CO_2、水和氨气。已经证明，好氧消化的温度在高于55℃（131℉）时，能够较好地杀灭污泥中的病原菌。

厌氧消化采用处于缺氧或者厌氧状态的密闭反应器（图2-1）。厌氧反应器通常的运行温度为35~38℃（95~100℉）之间，但是在55℃（131℉）运行时，能够较好地杀灭病原菌。厌氧消化能够去除污泥中含有的超过40%的有机物质，同时产生富含65%甲烷的生物气，收集后可作为燃料使用。

两种消化技术都能够产生A级或B级的生物稳定污泥以便于利用，具体的污泥类别取决于反应时间、温度和反应器流态。（40 CFR 503）

（2）化学稳定

化学稳定通常是指利用石灰将污泥的pH值升高至12.0并保持2h，以消除污泥中的病原菌和臭味。关于化学稳定的规定，请参见40 CFR 503。化学稳定也可以产生A级或B级的生物污泥以便于利用（40 CFR 503）。

图2-1　密闭厌氧反应器示例

（3）堆肥

堆肥包括自然条垛堆肥、通风条垛堆肥、静态圆垛堆肥、通风圆垛堆肥以及仓式堆肥，是指利用微生物、疏松剂（例如木屑、树叶以及锯屑）并控制一定的环境条件（特别是温度在55~60℃（131~140°F）），以分解污泥中的有机物，同时进行减容和去除臭味。同时在该过程中，需要控制湿度和氧气浓度以尽可能减小臭味的产生。在自然条垛堆肥系统中通常处理生物污泥，而所有污泥都可以在通风圆垛堆肥或者仓式圆垛堆肥中进行分解。污泥堆肥处置使用较为广泛，主要是因为堆肥产物是一种极好的土壤改良剂。

3. 脱水

污泥脱水是进一步进行污泥减容，方法有干化（砂地）、真空辅助干化床以及机械脱水，例如带式脱水机、离心脱水机、板框压滤机、真空过滤机。采用添加絮凝剂的方式，带式脱水机和离心脱水机可以获得含固率15%~25%的泥饼。真空辅助干化床泥饼固含率为10%~15%（需添加絮凝剂），板框压滤机泥饼含固率为30%~60%（投加石灰、$FeCl_3$和灰渣），真空过滤机泥饼含固率为12%~30%（生物污泥需首先采用石灰、$FeCl_3$和聚合物进行调理）。

4. 加热干燥

加热干燥，例如低温加热干燥、快速干燥、回转窑干燥、间接干燥和红外线干燥，可以减小二级生物污泥的体积，并杀灭病原菌，实现污泥稳定处置，不需要提前进行厌氧消化处置。干化污泥是一种可进行商业销售的生物污泥。

5. 焚烧

焚烧是指在高温条件下，采用多室焚烧炉或者流化焚烧炉，将生物污泥进行灼烧变成灰分，以破坏有机物和病原菌的过程。焚烧在氧化去除有机物的同时，也会生成别的物质（例如二噁英），因此必须控制未完全燃烧生成的副产物。同时，必须严格控制焚烧尾气排放。污泥中的重金属不会焚烧降解，并会富集在灰分中。大多数市政污泥的焚烧处置灰分是无害的，可以进行安全填埋处置（40 CFR 258）。污泥焚烧灰分可以用作混凝土骨料，或者矿石加工的助熔剂。如果灰分中无机或者有机物质的浓度超过了附录Ⅱ中258部分内容的要求，就需要按照危废的填埋要求进行处置（https://www.epa.gov/tribalmsw/pdftxt/40cfr258.pdf）。

6. 经济利用

未经稳定处置的污泥同其他固废一起填埋处置时，需按照40 CFR 258要求执行。而对于经过稳定处理后的生物污泥，需按照40 CFR 503的要求采取环境友好方式进行最终处置，包括土地利用、地表处置或者焚烧。在选择污泥的使用或者处置方式时，污水处理厂需要评估当地所需土地的可获得性、公众接受状况以及交通运输的条件后再行决定。

稳定污泥的土地利用，包括土壤的表面喷洒或者直接混合进入土壤中（图2-2），但是必须满足A级或者B级污泥土地利用的要求（40 CFR 503）。A级生物污泥要求的稳定程度高，以保证病原菌达到未检出水平，因此可以满足商业销售或者土地利用的要求，而不再受任何有关病原菌条件的限制。

图2-2 稳定生物污泥土地利用示例

第3章 管理基本原则

3.1 引言

好的企业管理是一个不断进步的过程。现在的管理类图书层出不穷，同时也可以购买到美国水环境联合会（WEF）、美国自来水厂协会以及其他相关组织（例如国际市县管理协会和美国管理协会）出版的专业管理类图书。本章主要提供了一般的污水处理厂管理总览，而不是对管理学进行详尽剖析。

或许你就是污水处理厂的"经理人"，也或者你有意向该职位发展。或许你想要了解污水处理厂这一职位的职责，也或者你将会成为一个大型污水处理厂管理团队的一员。无论你的观点如何，污水处理厂经理人都是保持污水处理厂高效正常运转的重要保证。污水处理厂高效运转就意味着污水处理厂全体人员、工艺流程以及处理技术高效协作，污水处理厂的污水、固废以及气体都得到了有效处理，符合监管部门的排放要求，达到了周边单位和利益相关者的预期目标。

其实，保证污水处理厂持续正常运行，能够达到设计环境排放标准，符合投资预期是一项难度较大的工作。作为污水处理厂的经理人，必须高效地处理好同所有人所有事之间的关系，包括政府官员、监管机构、媒体、咨询公司、设计人员、设备制造商、供货商、公众利益代表、污水处理厂周边单位以及其他相关人员和污水处理厂员工（图3-1）。一个成功的污水处理厂经理人同时也必须同员工之间建立起良好的协作关系，以维护利益相关者和公众的利益，而单单能够胜任污水处理厂处理单元的操作要求是不够的。污水处理厂经理人的最明确的任务是高效合理地整合和利用各种资源，以尽可能地实现团队目标。

3.2 污水处理厂管理职责总览

污水处理厂的管理是一项富有挑战性的工作。然而，如果管理良好的话，污水处理厂全体人员能够较好地完成各项工作，及时有效地处理各种随机出现的问题和紧急情况。如图3-2所示，污水处理厂管理工作涉及诸多内容。以下所述六个方面，是污水处理厂经理人需要考虑的问题。

3.2.1 环境及公众健康

污水处理厂的基本目标或者任务是保护公众和环境健康。污水处理厂经理人必须牢记这一理念。虽然这项任务说起来很简单，但是实现起来却不是那么容易。污水处理厂

第3章 管理基本原则

经理人应确保污水处理厂能够按照相关监管机构和其他当地部门的要求，稳定正常运行，保证出水达标排放并符合相关的法律法规，同时需遵守节省原则。经理人的任何工作和费用支出都是受到公众严格监管和财务审核的。

图3-1 污水处理厂管理人员职责

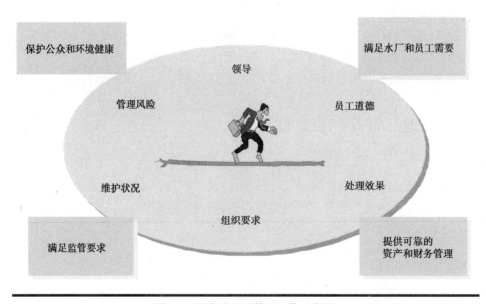

图3-2 污水处理厂管理工作示意图

3.2.2 有形资产管理职责

有形资产管理是指对生命周期成本（包括投资、运行和维护费用）、用途、系统和设备可靠性，以及其他与污水处理厂相关的固定资产的管理策略，以优化其价值，确保污水处理厂的稳定运行（图3-3）。最低的要求是污水处理厂经理人必须对污水处理厂的有形资产生命周期成本具有长远的战略眼光，对污水处理厂适宜的系统设计、设备选型、安装、运行、维护方案有一个高效积极实施策略。

- 有形资产目录

- 明确其临界状态和目前状况

- 明确其使用可靠性、剩余使用寿命以及经济价值

- 明确资产使用性能及故障历史记录

- 明确最大风险，以及发生风险可能性及风险后果

- 对于所有主要资产需记录其生命周期策略，并与资产状况以及资产服务目标相关联

图3-3　资产管理策略

3.2.3 组织机构和领导职责

污水处理厂组织机构有责任向员工明确传达任务。相反地，传达出的任务必须能够清晰表明组织机构的目的。经理人必须担当好领导角色，提供好的指导作用。良好的领导能力才能使污水处理厂员工较好地完成工作和任务。

高效的领导者采用许多方法达到此目的，必须制定目标、激励员工团队、采取有效的领导方法、制定可行的实施计划。污水处理厂经理人的作用，是在保证员工完成任务的同时提供他们进步的机会和工作成就感。污水处理厂分配的任务目标必须清楚、可行，且需有切实可行的实施方案。高效的经理人需采用简练易懂的语言，将工作任务传达给员工。语言即不能简单到枯燥乏味，又不能复杂到信息表达不清楚。

经理人同时必须将污水处理厂的目标同上级管理机构的目标相协调。作为领导者，经理人必须将近期目标同污水处理厂的长远利益与规划相平衡。好的领导能力需要经理人在正常运营污水处理设施的同时，拥有一个长远的目标和发展方向。这包括需要考虑为达到这些目标对污水处理厂组织机构和员工所提出的具体要求。

为员工提供安全健康的工作环境是污水处理厂经理人管理内容的重要部分，这有助于使员工获得工作满足感、提高工作效率，并养成良好的职业道德（图3-4）。当然，员工也会以较好的工作业绩来回报经理人的关心和支持。经理人必须在全厂构建"我们同舟共济"的管理理念。因此，所有员工的努力工作，必然会换来污水处理厂的高效稳定运行。

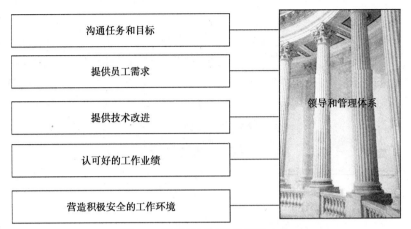

图3-4 实现员工工作业绩最大化

3.2.4 操作和维护职责

污水处理厂的操作和维护重在效率。一般来说，效率会影响到运行成本和预算，同时它还会涉及到更多内容。提高效率是管理系统的重要作用所在，虽然管理系统往往只重视近期效率，但是也会影响到总的生命周期成本。成功的经理人应该使全体员工认识到，实际上所有的过程和功能都会得到改善和提高，无论是处理工艺控制、能源消耗、员工业绩或者维护管理。操作和维护的核心是本章后面将要介绍的操作计划的制定和实际执行。操作和维护状况的改善，需要不断关注污水处理厂内每一员工的操作情况、工作状态，每一处理单元和工艺技术的运行状况等。不满足于现状，而是利用高效的监管策略连同运行记录和运行现状测试是操作和维护管理的核心。

3.2.5 财务管理职责

污水处理厂必须在合理的运营费用条件下，向社会提供高质量的环境保护服务。在现今的成本控制条件下，污水处理厂经理人需要面对一个严重的经济挑战——在满足污水处理厂实际要求的情况下，尽可能地的降低运行成本，同时达到污水处理要求。污水处理厂的实际运行成本管理需要考虑设施的远期总生命周期成本，同时还包括良好运行策略所需要的合理的维护计划。实际上，成本管理（图3-5）是一项较难进行的平衡工作，经常在有限的近期操作预算与长期资产管理目标和公众与环境健康保护问题之间产生平衡矛盾。

所有的污水处理厂的经理人都必须着重强调争取污水处理厂运行、维护和改造所需费用时所遇到的难度和挑战。污水处理厂预算也主要是为了满足这一要求，包括运行和维护费用，以及为满足运行要求而进行的设备改造费用。良好预算的核心是进行合理规划，考虑污水处理厂支付各项费用的流向及其管理，以及制定社区上交的污水处理费等。本质上来说，年度预算可以看作是污水处理厂行政管理的基础。按照污水处理厂的总体任务目标，对预算进行跟踪管理是污水处理厂高效运行和平衡近期与远期费用支出的关键，同时也是污水处理厂行政管理部门职责的重要内容。

■ 迭代过程

- 定义服务标准和运营水平
- 制定统一的资产投资决策
- 掌握财务影响
- 评估客户影响，例如加息
- 确保明确了资金需求，并掌握了影响

图3-5 财务管理是一项重要职责

3.2.6 与外部相关单位间保持良好关系职责

与污水处理厂外部相关单位建立和保持良好的合作关系也是污水处理厂经理人的重要工作内容之一。基于污水处理厂的运营环境现状，使公众接受污水处理厂是一个良好的相邻单位是一项不可低估的工作。保持良好关系就意味着可以与相关单位就存在的不同问题，能否富有成效地进行交流和沟通。这里外部相关单位包括污水处理厂周边单位、监管机构、公用事业单位（例如公安、消防和公用工程）、媒体单位、契约单位等。由于污水处理厂的特殊性，以及污水可能带来的环境影响，经理人必须尽可能地与外部相关单位建立和保持良好的协作关系。为了达到这一目的，需要全厂员工共同参与建立和实施一个良好的外部沟通计划，当然经理人是代表污水处理厂与外部相关单位沟通交流的核心人员。

3.3 管理注意事项

污水处理厂运行的环境处于不断变化之中，需要考虑来自污水处理厂内部与外部的压力和影响（图3-6），这包括政治利益、监管要求、安全要求、经济发展、员工离职、留住员工（例如，接班人管理）、基础设施老化、劳资关系以及污水处理厂调节政策等。

污水处理厂如何应对这些影响，需要经理人根据污水处理厂记录和业绩评价标准制定一套良好的运行策略。只有利用可用信息制定符合逻辑的针对性响应对策，才能高效地处理好以上影响。

你是否发现经常处于一种被动的模式来处理日常问题，而没有时间考虑长远的问题？实际上，很多人都是如此。其实，应该调动全厂员工，建立一个高效的运营机制来处置污水处理厂的问题，而不是单单考虑眼前的问题。“综合战略管理方法”给出了战略思维方法，论述了如何利用战略思维结合近期和远期计划发挥污水处理厂的最大潜能（图3-7）。“综合战略管理方法”的主要途径是建立一个卓著的领导团队，制定缜密计划和长期运行策略，以商业模式管理污水处理厂资产，构建相关单位支持和协作机制。

对于污水处理厂而言，最重要的是该管理策略要与污水处理厂的任务目标相一致，以保证污水处理厂内各部门的通力协作。

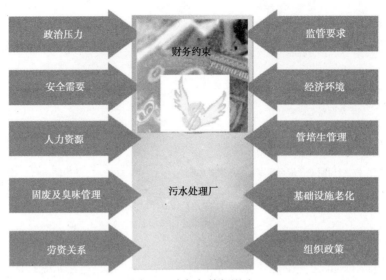

图3-6　内部与外部影响

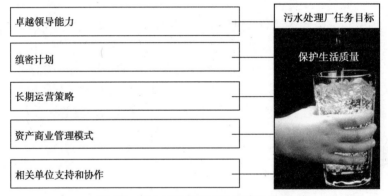

图3-7　综合战略管理方法构建路线图

3.4　运行和维护计划

运行和维护计划是整个污水处理厂高效运行的基础，是经理人组织、管理和处置污水处理厂日常运行事务的核心工具。运行和维护计划不仅规定了全体员工的岗位职责，同时也规范了处理日常事物和紧急事务的操作流程。通过构建标准化操作流程，运行和维护计划也为污水处理厂针对变化进行定期回顾和更新提供了内容框架。

运行和维护计划可以看作是对各单个计划和管理元素的汇编。污水处理厂每年或者在发生重大事故或者进行重大调整时，均需对计划中的每个节点内容进行回顾和更新。污水处理厂的运行和维护计划可能会因不同污水处理厂存在的具体问题不同而变化，但是所有计划都应包含污水处理厂员工、人事管理、对外关系和公关、报告和记录、紧急事故操作规程几个方面的内容，分述如下。

3.5 人员编制

　　污水处理厂人员编制应该描述污水处理厂组织机构、各机构关系如何以及分工情况。组织结构图应该能够给出这一信息。人员编制应该包括一个组织结构中各要素的简要说明，同时列出人员职位。各部门介绍应该随污水处理厂设备、工艺以及其他条件的变化而及时更新。每一部门职责具体应包括该部门工作特点、上级监管部门、下级从属部门、要求的教育与工作经历、具体工作内容。

　　虽然污水处理厂的组织结构图是污水处理厂组织结构的缩影，然而实际上，污水处理厂的运行更具动态变化性。一般来说，污水处理厂建立起来的组织结构能够胜任日常的运行工作，然而如果污水处理厂正常的运行因为发生事故而突然中断，该怎么办呢？例如，在污水处理厂发生事故后的恢复过程中，倒班操作工人有多大的主动性？谁来确定发生员工旷工或者紧急事故时的响应程序？由于污水处理厂处置非典型性事故（包括配合外部组织，例如消防、公安以及政府部门）的方式与日常运行是截然不同的，因此污水处理厂应该尽可能地计划运行中可能出现的各种状况，包括正常状况、临界状况以及紧急状况。

　　运行和维护计划的职责部分确定了前述三种操作状态的具体内容。该计划要求，污水处理厂应该是一个多重响应团队，既能在正常条件下高效运行，又能在非正常条件下（例如设备故障、停电等）以及紧急状况（例如火灾、灾害性天气、系统崩溃以及恐怖袭击等）下发挥正常功能。计划中应考虑并明确规定发生以上各种状况下的员工职责，同时还应该规定员工请假或者无故旷工情况下，如何完成该员工工作内容。污水处理厂规定的岗位职责是无法同员工进行沟通协调的，因为它反映的是给各具体岗位分配的任务（图3-8）。然而，需要根据污水处理厂设备、工艺、技术以及其他状况的变化，对各岗位职责内容进行随时更新，而且需要告知各岗位人员发生的相关变化。每一岗位具体介绍应包括该岗位工作特点、上级监管部门、下级从属部门、要求的教育与工作经历、该职位具体工作内容。

　　要综合考虑维护部门的功能与职责。维护和运行两者对确保污水处理厂正常运行而言，同等重要，不能分开。因此，必须采取措施确保两者高效沟通通力合作。

污水处理厂通常设立的职位有：

（1）主管；

（2）主管助理；

（3）行政助理；

（4）首席操作员；

（5）主操作员；

（6）（倒班）副操作员；

（7）主、副运行与维护技术员；

（8）运行与维护培训人员；

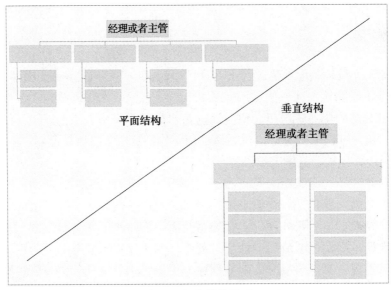

图3-8 组织结构类型

（9）工艺员；

（10）实验室管理员；

（11）首席化学药剂师；

（12）化学药剂师；

（13）实验室技术人员；

（14）维护主管；

（15）重型机械技术人员；

（16）高级机修技术人员或者Ⅱ级机修技术人员；

（17）Ⅰ级机修技术人员；

（18）机修实习人员；

（19）电工；

（20）仪器设备控制技术人员。

虽然这些职位在许多污水处理厂都很常见，但是具体污水处理厂的经理人应该认识到可以根据需要采用其他的岗位名称，并针对性地定义其确定的岗位职责。除了传统的运行和维护职位外，污水处理厂还包括有专业工程师和工程技术人员。无论污水处理厂采用什么样的具体职位名称，污水处理厂组织结构应该满足监管机构的要求。一个例子就是"总工艺员"或者"直接负责人"。这些职位的设定主要是为了满足污水处理厂监管和排放测试报告的需要。

3.6 人事管理

正如本章前言所述，高效的人事管理制度是污水处理厂稳定达标运行的关键所在，经理人的主要作用是对员工进行任命、奖惩、指导、评估或者培训。除小型污水处理厂外，大多数污水处理厂经理人都需要依靠全体员工的通力合作来完成污水处理厂的总体任务目标。因此，为了实现污水处理厂的高效运行，经理人必须了解每个员工的个人特点，搞好与员工之间的工作关系。这应该从招聘新人开始，包括员工发展、奖惩、评价和纪律（WPCF，1986）。以下几个方面是高效人事管理必须要考虑的几个问题，包括人事管理系统、招聘、培训和发展、留住员工和接班人计划、业绩考评和纪律。

3.6.1 人事管理系统

人事管理系统（PMS）包括一个记录系统，以及用于员工管理和指导的其他内容。人事管理系统包含的人事政策要符合美国职业安全与健康管理知情权法和美国残疾人法，而包含的管理程序要符合纪律处分和申诉程序。一个好的人事管理系统有助于减少误会、提高互信，并改善管理层和员工之间的良好工作关系。虽然污水处理厂的人事管理系统由其污水处理厂上级机构（parent agency）进行管理，但是经理人应该将员工记录保存在一个较为安全的地方。另外，经理人应该同人力资源或者人事管理部门之间建立起高效合作的工作关系。

人事管理系统明确了人事管理的政策和程序。每个员工都应该获得包含以下政策和程序的文本资料：

（1）雇员权益目录，例如休假、病假、事假、出席陪审团假以及相关权益；

（2）关于工作时间、工时计算、考勤、加班、假期、安全与健康的政策和程序；

（3）员工知情信息；

（4）污水处理厂招聘操作规程，例如平等就业机会、外聘、解聘程序、退休、福利方案、旷工和迟到管理、投诉以及其他问题和投诉程序；

（5）职业发展、培训和继续教育政策和程序；

（6）纪律处分政策和程序；

（7）员工记录是人事管理系统的重要组成内容之一，包括员工从入职到解聘期间完整的聘任记录，通常包括以下内容：

1）入职申请；

2）面试记录；

3）聘任信；

4）工资记录；

5）病假、假期以及其他考勤记录；

6）纪律处分（如果有的话）；

7）培训和认证记录；

8）荣誉和奖励；

9）紧急联系信息；

10）晋升和降级记录；

11）退休计划记录；

12）享用福利记录；

13）年度业绩考核记录；

14）解聘记录；

15）离职面谈记录。

3.6.2 员工招聘

优秀员工的招聘是污水处理厂高效运行的重要保证。成功的员工招聘有助于培养新入职人员的工作兴趣，同时也可激励在岗员工的发展。员工招聘的目的是确保岗位申请人的数量和质量能够满足污水处理厂的岗位要求。员工招聘和雇佣通常由人力资源或者人事部门负责实施。由于受到多种法律法规的约束，因此应在招聘之前，总结以往的经验，明确在招聘和雇佣工作中哪些是应该做的，哪些是不该做的。员工的选择标准应该基于实际的职位要求，而不应考虑职位申请人的种族、宗教、性别、婚姻状况、国籍、信仰或者年龄等因素，除非当地明确实施了平权运动法案。如果需要搜寻更多的信息，以考查职位申请人是否符合某一岗位的具体要求，可以采用笔试、面试的方式，同时结合其犯罪记录、先前工作表现以及就医记录。

3.6.3 培训和发展

运行和维护计划也应该包含员工培训和发展的内容。培训可激发员工的潜能，并使员工得到持续进步和发展。污水处理厂的培训类型和频率因污水处理厂不同而异，培训内容也较为广泛，可能涉及从污水处理厂常见问题的处理到污水处理厂不同团队的协作方法（图3-9）。

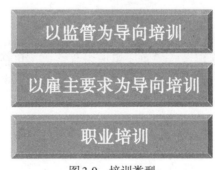

图3-9 培训类型

员工个人技能的不断提高，一般是通过以下两种教育方式实现的：

（1）岗位工作经验

一般而言，员工的岗位工作经验是由员工自身通过长时间的工作积累，从工作过程中总结出来的，而不可能是从培训过程中获得的。一般而言，岗位工作经验形成正式文字材料的东西较少，最好由多个工作模范个人总结可得。

（2）正规教育

这种教育方式可以使员工明确岗位工作中，某些现象或者事物发展的原因及其过程。正规教育可以大大缩短员工成为职业技能人员的时间。相对岗位工作经验而言，正规教育过程的文字材料较多。正规教育通常存在三种形式：1）职业教育，包括中等教育，如中专、职业中学以及其他提供个人职业工作技能的相关教育方式；2）以监管为导向教育，主要包括专业培训，其目的主要是为了满足监管要求，包括各岗位运行人员资格认证，以及健康和安全培训（这种培训一般由商业机构、州以及其他机构负责完成）；3）以雇主要求为导向培训——是指按照雇主要求，能够保证污水处理厂正常运行所需要的各岗位工作内容培训（包括具体岗位工作内容要求，以及其他满足污水处理厂正常运行和个人工作技能要求所需要的培训）。

以上培训的目的，是确保员工能够获得满足污水处理厂运行所需要的基本技能。经理人可以考虑具体实施以下培训方式：

（1）由富有经验的员工亲自培训新员工实际动手能力；

（2）岗位交叉培训，了解其他岗位的工作技能；

（3）正规学校培训（夜校、周末学校或者全日制学校）；

（4）特殊岗位工作培训；

（5）岗位轮换培训；

（6）参加专业组织；

（7）参加定期培训班，例如每周"跟车"安全行驶培训班或者经销商培训；

（8）参观其他污水处理厂、工业企业和城市运行模式；

（9）积极参加各种专业会议；

（10）增加权力下放水平；

（11）国家运营认证。

领导力发展计划示例如图3-10所示。

通常情况下，具有丰富经验的员工或者负责人会采用一种称为"手把手"的非正规的培训模式对新员工进行培训。这里对手把手培训模式进行一些介绍。

（1）定义并制定标准操作规程（SOPs），比如工艺控制、仪器设备运行和维护、实验规程以及数据记录。标准操作规程是污水处理厂高效稳定运行的重要保证。

（2）设定培训学习目录列表，以帮助培训人和受训员工依据此表制定合理的学习方案。培训的初期阶段，培训目录上的每一项学习内容，都需要受训人员确认已经掌握。

（3）组织职前培训，尤其是对新员工而言，要使他们了解污水处理厂的整体工艺流程，而不仅仅局限于某一岗位的工作内容。

（4）强调安全意识。

（5）向员工提供技术类和商业类读物。建议设立污水处理厂"图书馆"，以方便员工获取参考资料。如果可能，图书馆也可以提供图纸、报告、各种设备手册以及污水处理厂的其他资料。

```
员工姓名 _____

负责人 _____
       _____

员工姓名 _____    日期 _____
       _____

负责人 _____      日期 _____
```

职业发展计划是职业发展的导向。在这里，您可以说明想学习什么，如何学习，以及如何论证您的学习效果。

Ⅰ.自我评价

您的领导才能的优势是什么？

在哪些领域，可以发挥您的领导才能？

您怎样才能达到最好的学习效果？

Ⅱ.计划内容

A.选择今年您期望学习提高的能力。

（该能力应该是企业评估时，确定出的技术培训领域较为需要的能力。参考示例如下。）

例如：

—冲突解决／调停	—战略管理
—批判性思维／决策	—人际关系
—客户服务	—绩效管理
—沟通能力	—政策与程序的制定与实施
—员工发展与指导	—财务和资源管理
—团队领导能力	

Ⅲ.学习方式

（请给出期望参加的课程或者培训）

Ⅳ.如何证明通过学习您获得了该项能力

（例如，证书、绩效考核结果，以及污水厂团队能力总结等。）

图3-10　领导力发展计划示例

（6）将所有污水处理厂提供的以及员工获得的培训，记录进入人事管理系统。

3.6.4 留住员工和接班人计划

污水处理厂经理人应该充分意识到如何尽可能地使员工获得工作满足感，以激发其工作积极性。一般来说，经理人可以通过以下方式，来营造良好的工作氛围，从而提高员工的工作业绩。

（1）确定明确合理的岗位职责，做到权力与责任相统一。要消除漫长的审批过程、冗长的会议以及缺少后续随访的不良工作习惯。

（2）奖励机制。通常，良好的工作业绩迅速得到污水处理厂的认可是最简单也最有效的奖励方式。

（3）员工要明确各自岗位的工作指南。对于倒班工作岗位，该岗位上级负责人应召集所有的倒班员工，并在岗位现场放置岗位工作指南。

（4）营造团结协作的工作氛围。一些工作之外的社会活动、娱乐活动，以及公平和公正的待遇，有助于建立一种积极向上的工作氛围。

（5）要认识到继续教育与培训在现代工业工作环境中的重要性，因为降低能耗和提高生产率所需要的技术知识是不断成指数关系增长的。

团队协作在确保污水处理厂稳定高效运行过程中至关重要，污水处理厂提高团队协作精神的方法主要有：

（1）以团队为基本单位探讨解决问题，制定年度预算，或者承担项目。团队协作的基础要求团队的每个个体成员对完成团队工作作出贡献，同时获得相应的回报。

（2）在团队内共同分享岗位工作知识与经验，同时共同承担工作任务。

（3）按照团队以及个人工作业绩，向团队和个人提供奖励。

（4）在团队内，采用轮岗制，使团队内成员能够较好地了解他人的岗位工作内容。

（5）记录工作中的经验和教训，以为今后的工作作为参考和经验知识储备。

（6）在团队内营造付出与回报相平衡以及享受工作的氛围。

表3-1阐述了如何制定接班人管理计划。

制定接班人管理计划	表3-1
1. 获得股东的支持，将接班人管理制度化	（1）获得高级管理层人员和董事会成员的授权 （2）获得各种资源支持 （3）确定战略远景和目标 （4）与污水处理厂总体目标合并 （5）明确该计划目标
2. 依照污水处理厂需要进行评估	（1）评估污水处理厂现状 　1）在编员工 　2）工艺流程 　3）系统和资源 （2）评估污水处理厂未来发展状况 （3）两者差距分析
3. 制定接班人管理计划模型	（1）确定计划中涉及的员工 （2）建立领导培养储备机制 （3）发展关键岗位接班人 （4）确定培训和发展战略 （5）制定留住员工策略 （6）建立知识管理和转移策略
4. 实施接班人计划策略	（1）明确实施计划需要的资源 （2）明确实施计划存在的障碍，并探究解决方法 （3）设计需要的模板、格式和系统 （4）制定或者更新岗位职责说明 （5）为变化准备应急机构 （6）如果需要，在试点基础上实施一些策略 （7）将接班人策略与人力资源管理相结合 （8）根据需要，对员工进行培训
5. 连续进行考查、评估和调整	（1）定义计划成功实施的判定标准 （2）设计报告制度流程 （3）跟踪和讨论进展情况，庆祝成功的实施计划 （4）获得利益相关者关于计划实施效果的反馈意见 （5）在评估结果的基础上调整计划内容 （6）确保高层管理人员参与 （7）制定3~5年的接班人管理计划，并作为污水处理厂战略计划的组成部分

3.6.5 绩效考核制度

污水处理厂采用绩效考核制度来明确员工的岗位职责，并对员工进行评估，以判定员工是否达到了设定的岗位工作目标。一般来说，绩效考核直接由污水处理厂人事部分负责管理和实施。

然而，污水处理厂经理人必须完全了解并掌握绩效考核制度的完整流程。例如，绩效考核制度必须明确界定岗位工作职责。同时，员工必须完全理解其岗位职责内容及其预期工作目标，这就需要制定的岗位工作目标要合理且易于判定完成情况。在建立业绩考核标准时，经理人应该鼓励员工参与讨论，以便于员工完成设定岗位的目标，并支持绩效考核制度的实施。

污水处理厂经理人应该确保在实施绩效考核制度中的公平公正。这包括对晋级考核、业绩奖励、业绩不良的判定，以及在需要的情况下，对员工提供提高岗位业绩的措施方法。经理人通过绩效考核制度来改善污水处理厂的日常工作效率，同时确定是否需要对员工发展和奖惩制度进行修订。经理人与员工进行非正式的日常沟通交流是绩效考核制度的重要内容之一。在考核期间，如果员工能够经常对他们的日常工作表现得到反馈意见的话，就不会对年度业绩考核结果感到意外了。

3.6.6 纪律

迟到和旷工是污水处理厂较为常见的考勤现象，应该引起特别重视。在执行绩效考核制度的同时，经理人应该制定政策或者规范来管理员工的行为和出勤情况。较差的考勤往往预示着考勤结果往往会变得更差。这时，负责人应该及时加强监督管理，使员工认识到考勤问题的存在并得到改善。经理人应该避免调查引起员工工作业绩下降的工作外的私人问题。但是，他们应该告知员工污水处理厂可以提供给员工的协助办法，例如员工援助计划，以帮助员工解决影响其工作的外部私人问题。该计划可以提供专业咨询，以便帮助员工处理存在的困难问题，而尽快投入到本职工作中来。

污水处理厂经理人必须制定和实施管理条例来约束雇员的违反规定和程序的行为。纪律可以看作是改善员工表现或者纠正员工行为的一种工具。常见的累进式纪律管理系统，通常包括以下几个逐渐加重的惩罚措施，如口头和书面警告、暂时停职和解雇。对于暂时停职，如果员工需要复职，一般来说员工需提供一份书面承诺书。当然，按照工会制度，员工可以对惩罚申请抗议、申诉和仲裁。

污水处理厂经理人应该实施以下纪录管理制度：
（1）培训纪律实施程序中所有负责人员；
（2）确保纪律执行公平，按纪律办事；
（3）及时完成调查、通知、听证工作；
（4）确保员工理解业绩考核标准和纪律处分程序；
（5）对业绩考核和纪律处分结果进行纪录存档。

3.7 公共关系和信息交流

公共关系是指污水处理厂如何和周边单位以及其他机构，在正常或者紧急情况下保持有效的联系和沟通，这是污水处理厂的一个重要工作内容，然而却往往容易被忽视。许多污水处理厂重点强调了与消防和公安部门的应急响应。污水处理厂通常会邀请这两个机构对污水处理厂进行考查，以确保这些部门熟悉污水处理厂状况，并保证通讯畅通。同样地，许多污水处理厂也建立了多个污水处理厂之间以及相邻单位之间的互助通信联系。经理人应该同以下外部利益相关单位建立和保持良好的合作关系：

（1）污水处理厂相邻单位；

（2）供应商；

（3）消防部门（特别是应急响应计划和预案）；

（4）监管机构；

（5）其他城市或者公共事业部门（例如，街道、园林和法院）；

（6）媒体单位（应制定与外部媒体单位交流的政策与对策）；

（7）专业组织机构（例如，社区团体，以及当地和国家经济论坛分支机构）。

良好的信息交流是保证污水处理厂同外部机构以及污水处理厂内部各部门之间保持良好关系的基础。污水处理厂要考虑是否需要制定与应急准备办公室或者救灾指挥部门之间的信息交流方案。而且，也要考虑制定处置公众和媒体问询的方法。在误导消息可能会产生可怕后果的今天，这些问题必须强调予以重视。制定的信息交流方案应该确保对公众发布的消息协调一致，具有权威性和说服力。

经理人应该制定一套良好的对外交流方案来管理对外信息交流事务。实际上，公众对环境问题、减税运动的意识和警惕性，以及对政府法规的反应已经明确表明，无论该项服务会给公众带来多大的益处，都不要想当然地认为公众会对此完全支持。尤其是为了获得对于特定项目的支持，可能需要寻求公共关系专家的帮助。通过与公众交流，可以帮助经理人获得公众关心的问题以及他们的观点。一些污水处理厂经理人总结了一些有益的公众交流方法，分述如下：

（1）政府官员

污水处理厂经理人或者其他副经理，需要定期向政府官员提交主要污水处理厂的财务和运行状况报告。需要邀请新当选的政府官员参观污水处理厂。在上级政策制定机构会议上陈述污水处理厂的状况至为重要，而且陈述人需要精心准备陈述稿件。

（2）新闻媒体

当发生不利事故时，污水处理厂应该尽可能地坦诚和公开信息，并保证公开信息的真实性。另外，应在告知媒体之前，通知政府部门。如果数据较为重要的话，需要向媒体提供事实详表。

（3）参观污水处理厂

欢迎学校和社会团体来污水处理厂参观指导。污水处理厂应该提供一条安全的参观路线，并由熟悉污水处理厂工艺的操作人员进行讲解，向参观人员发放污水处理厂介绍资料，并尽可能满足参观人提出的现场参观要求。

（4）讲演

在环境周或者有涉及污水处理厂的新闻发生时，学校和社会团体可能会要求污水处理厂进行相关问题的讲演介绍。演讲人员需要进行一定的准备、练习，并最好提供直观演示。有关污水处理厂的录像、照片和一些实物道具（例如，污水处理厂进出水的水样，可以清晰表明污水处理厂改善水质的效果），以及介绍资料将有助于提高演讲的效果。

（5）周边单位关系

污水处理厂应该更加关注周边单位以及他们的建议和意见。一旦发生事故，污水处理厂应主动坦诚地向周边单位解释所发生的问题（或者至少提供最新的调查结果），并做出解决所发生事故的明显努力。

（6）特殊事件

污水处理厂经理人应该选择性地邀请媒体和政府官员来参加新设备的安装、达标验收、公共事业周以及其他事件。污水处理厂应该每年至少举行一次公共庆祝活动，以便将污水处理厂积极的一面展现给公众。

（7）顾问团

污水处理厂应该借助解决社区环境问题和制定污水处理厂长期规划的契机，获得公众参与与建议。经理人必须考虑相关社会团体代表参与污水处理厂管理，同时为他们的参与提供必要的技术支持和行政支持。

（8）社区参与

当地服务机构的成员能够协助经理人了解社区问题，会见社区领导人，同时获得公众意见。

在发生紧急事故情况下，有效通畅的沟通交流至为重要。应急通讯管理的重要内容之一就是建立紧急联系清单，包括联系人姓名和联系部门。同时该联系单还应该包括当地公安、消防以及其他紧急处置响应机构的联系电话。另外，应该为待命的应急处置员工，制定应急预案实施计划，并公示出来，使全体员工了解预案内容。最后，应该建立媒体响应计划，包括联系和响应媒体的质询和采访。媒体联系工作应该由高级管理部门负责，并由污水处理厂对外关系联系部门人员协调完成。

3.8 报告和记录

虽然大多数的污水处理厂对记录和报告的工作职责都有明确的定义，但是该工作通常并没有包含在运行和维护计划中。污水处理厂运行和维护计划中，应该简述记录和报告提交前，报告审查所采用的质量保证和质量控制程序（例如，某一部分指定审查人，最终报告签收人等），同时应该指派专人负责答复监管机构的质询。

报告、运行日志、邮件以及其他运行和维护过程中的纸质记录都是公共记录的重要部分，必须进行存档保存，并且保证可以随时查阅。文件和资料的归档工作应该遵守污水处理厂的记录保留和存储的有关政策和程序。

经理人应该牢记这样一句话，"只要书面工作没有做完，这项工作就不算完成"。因此，经理人应该确保记录完成，审查正确，并且按照污水处理厂的政策或者法规要求保存在了图书馆或者存储中心。记录管理策略和概念分述如下：

（1）知识管理

知识管理是用于获取、保存和随时查询污水处理厂及其员工所有信息的一种策略。知识管理涉及内容较为广泛，包括行政管理、标准和紧急程序、记录和图书馆管理、事故记录保存和其他类型记录（例如，照片、视频、报告等）、培训、日志、顾问、业绩考核和非正式的知识转移（例如，在职学习）。无论采取什么样的方式，知识管理都是指员工个人对经验和技术的获取和保存，这些经验和技术可能被记录了下来，也可能没有记录下来。一些污水处理厂正在投资使用信息技术，用于"获得和查询"污水处理厂的信息以及其他媒体信息。这些系统通常是基于互联网系统，并且采用电子文件管理平台。

（2）记录和文件管理

污水处理厂需要采用逻辑文件管理系统对记录进行归档和保存。记录包括所有报告、文件以及污水处理厂的打印资料。该工作一般由污水处理厂行政人员负责完成。一些污水处理厂已经开始采用电子文件管理工具来保存记录和文件资料。

（3）图书馆管理

污水处理厂图书馆是污水处理厂的知识存储中心，同时它又与文档系统相关联，是污水处理厂存储所有纸质（和电子）信息的地方（图3-11）。这些信息包括计划、合同资料、制造商信息、用户手册、书籍、期刊以及培训资料。图书馆维护管理工作往往需要一个或者多个专职人员来完成。图书馆应该设置一个安全且环境良好的位置，用于长时间保存纸质资料。为了确保图书馆资料的及时更新，最有效的方法是指派一名高级运行或者维护人员来管理图书馆，对所有资料编制详细目录、索引，以满足随时查阅的要求。

图3-11　污水处理厂图书馆是一种有效的知识管理策略（MSDS=化学品安全说明书）

3.9 应急运行

污水处理厂应急预案可定义为应对所有自然或者人为引起的危险，所采取的不断进行修订的行为或者操作程序，否则这些危险将会危害环境或者影响到污水处理厂的处理效果。应急运行预案（EPO）是污水处理厂运行和维护计划的组成部分，覆盖所有处理设施，涉及所有员工。然而，所有相关人员都应该认识到紧急事故不会遵循一定的标准模式，因此相关人员必须做好准备以应对不同紧急事故的发生（WPCF，1989）。在污水处理厂，推荐采用预分配损害评估小组的方式，每一小组负责一种特定类型的紧急事故。

在有些情况下，"应急计划"一词可能会引起误解，因为它意味着该计划是在灾难发生前一次性完成的工作（FEMA，1985）。实际上，该计划本身并没有制定计划的过程重要。计划的制定过程需要识别危害和要求，设定目标、确定对象、设定优先级别、设计行动方案、评估结果，并不断重复以上过程。

应急运行预案包括以下4个阶段（Hulme，1986）：

（1）准备（计划）

1）制定应急运行计划（EPOs），并进行测试。

2）编制当地可利用资源目录。

3）制定应急管理联系人（包括个人、州和联邦计划，以及私人和公共机构）名单。

（2）减缓

1）对响应人员进行应急准备程序培训。

2）纠正不正确的操作和维护操作，例如逾期预防性维护。

（3）响应

1）在必要情况下，警告公众。

2）动员应急响应人员与设备。

3）在需要的情况下，撤离污水处理厂员工与附近居民。

（4）恢复

1）重建或恢复设施和设备。

2）开展公共宣传和教育计划。

3）制定危害削减计划。

制定该计划的第一步是确定污水处理厂可能存在的危害和危险。典型的自然灾害和人为引起的危险如表3-2所示。以上所述的应急运行计划的每一过程，针对特定污水处理厂的目标、对象以及优先顺序都是基于明确的危险而确定的。脆弱性分析（图3-12）为每种可能存在的情况，提供了一种工具来模拟构建应急运行计划。典型的应急运行计划简述如下：

（1）应急流程图：该流程图应该装订在应急计划的首页，以便所有应急计划响应人员能够依次按照流程处理紧急事故。

可引起紧急事故的危害和危险

表 3-2

危害	引发紧急事故
自然因素	
地震	污水管道坍塌、建筑物坍塌、危险物质外泄，水灾和停电
洪水	触电、供电短路引起火灾、危险物质外泄、停电
飓风	建筑物坍塌、危险物质外泄、停电
暴风雪	停电、员工无法正常到达工厂上班
人为因素	
化学品泄漏	危害环境，灼伤皮肤和黏膜，大量吸入引起死亡，爆炸、火灾，或者爆炸引起火灾，两者同时发生。
供给短缺	停止运行
火灾	引起员工伤亡、污水处理厂停止运行
罢工	停止运行

脆弱性分析表

污水厂名称　首都城镇污水处理厂

风险类型　洪水（百年一遇）

风险描述　洪灾将会对低洼地区引起重大危害。桥梁关闭通行、电线杆倒塌、电力供应中断。

系统构成	风险后果 类型和程度	推荐预防措施
围堤 60英寸围堤在Back Creek交叉口处可能会被冲毁		1.混凝土围堤； 2.维修损害地区的管道和管件； 3.利用便携式水泵抽送积水； 4.联系紧急维修服务商

图 3-12 脆弱性分析实例

（2）联系清单：联系人清单应该包括姓名、职位、固定电话号码（包括家庭电话、移动电话、传呼机等），无线电呼叫号码/名称等。

（3）指挥系统：该项明确了应急状态下的权力从属关系。

（4）责任组织结构图：该项明确了分组情况以及每组的具体应急行动。

（5）危害评估表。

（6）设施清单：该项包括污水处理厂内所有设施的名称、位置及电话号码，包括行政管理办公室、现场办公室、泵房以及其他设施。

（7）应急设备清单：该项明确了污水处理厂内的所有重型设备和车辆的位置。

（8）承建单位。

（9）互助协定：该项应该包括所有可提供协助的机构的名称、电话或者无线电联系方式，以及可提供的协助类型。

（10）公共信息程序：该程序包括紧急公众沟通及响应方案。

（11）应急运行中心

该中心应该提供以下服务：电话（包括移动电话）、对讲机、运行和通话记录、地图、图纸、照片，以及污水处理厂和周边地区录像资料、运行手册、应急用品，用来记录事故和运行状况的照相机和摄像机，以及生活用品，包括水、食物和被褥等。

3.10 高效运营

污水处理厂的高效运营是一个相对的概念。如前所述，虽然"效率"一词通常与成本和预算相关联，但是它包含了更多内容。污水处理厂运行效率的提高可以表现在工艺流程、员工工作效率、设施运行效率或者成本控制等方面，这些方面也是污水处理厂管理的核心内容。同时，提高效率需要持续关注污水处理厂中各独立的处理单元、功能区、各工作部门以及所采用的处理技术。

整个污水处理厂的运行要受到多种因素的制约，包括：（1）符合监管部门的要求；（2）符合人事政策和劳动法规；（3）符合污水处理厂运行规范；（4）符合最低运行成本的需要。污水处理厂效率提高的程度在一定情况下取决于经理人愿意承担的风险的大小。虽然大多数市政污水处理厂具有自身风险规避能力，然而，在实施改造之前，进行缜密计划，则可以大大降低风险程度。因此，对风险进行预测和管理是提高污水处理厂效率的重要内容，包括确定污水处理厂可以达到的优化运行程度。

效率管理的核心是优化资源配置与易耗物品的使用。污水处理厂可以从以下几个方面进行着手，以提高其运行率：

（1）个体效率

员工的个人工作效率以及单个处理单元的效率，将会影响到整个污水处理厂的运行效率（图3-13）。设想一下，如果一个员工缺少合适的工具或者没有经过良好的培训，他圆满完成一项任务的时间势必就会增加。结果，完成相同工作内容的人工成本就会增加，从而降低了整个污水处理厂的运行效率。同样地，如果单个处理单元不能高效运行，就势必会影响后续处理单元的处理效率，进而引起处理成本的增加，例如增加能源和化学药剂消耗。

图3-13　污水处理厂运行效率影响因素

（2）团队效率

如果将员工或者处理单元进行分组组建团队，则较低的团队工作效率将会导致运行成本和风险因素的大大增加，同时直接影响到整个污水处理厂的运行效率，而团队的效率是由团队成员个体的工作效率所决定的。高效的工作团队，可以通过团结协作，充分挖掘发挥出每个人最大的工作潜能。污水处理厂可以根据处理对象进行分组，例如分为污水处理组和污泥处理组。

（3）污水处理厂效率

污水处理厂运行效率是污水处理厂员工个人工作效率以及各处理单元处理效率的整体反应。虽然管理部门负有组织协调污水处理厂内各部门、各处理单元之间协作的首要职责，但是团队组成往往是影响各团队效率的决定性因素。例如，能源管理团队在整个污水处理厂效率提高过程中扮演着重要的角色，因为该团队成员关注着污水处理厂设备的动力消耗，从而可以降低污水处理厂的能耗成本。

3.11 外部标杆管理和评估

一般来说，标杆管理是指采用一种系统的方法，不断寻找和研究同行业一流公司的最佳实践，并以此为基准与本企业进行比较、分析、判断，继而对本企业进行改进提高，创造自己的最佳实践。

标杆管理包括多种复杂的比较方法。同其他提高企业效率的方法相比，标杆管理法的投入费用可能会低，也可能会高，这主要取决于选择用于比较的标杆企业的类型和先进程度。多种不同标杆和比较方法的存在，导致专家和经理人在应该在哪些方面进行比较，以及在公共领域如何应用标杆等的观点存在较大分歧。尽管比较的方法很多，然而本质上来说，共有两种类型的标杆管理形式，分别为评量标杆管理和流程标杆管理，分述如下。

（1）评量标杆管理

在评量标杆管理中，一个单位的成本或者其他数字定量价值，例如处理每白万加仑污水所需员工人数等，可以同其他单位进行比较。虽然，评量标准本身无法给出如何改善工艺或者提高效率，但它们可以综合反映某一具体单位的效率情况。采用评量标准来比较不同企业的效率，可能会引起混乱。因为，不同企业所使用的控制变量参数是不同的，这种简单的直接比较可能是不准确的。因此，在进行比较时，需要综合考虑这些变量参数，尽可能实现等价和公平比较。

（2）流程标杆管理

流程标杆管理是一种更为广泛应用的标杆管理方式，它通过学习一流公司如何完成同样的工作，来改善本企业的内部工作流程。在流程标杆管理中，比较的是操作实践和其他非定量化的项目，例如程序和系统来进行比较，因此流程标杆管理可以跨越不同类企业单位进行比较。通过比较操作实践和程序，例如比较两个污水处理厂的臭味投诉响应机制，可以帮助制定更好的工作方法和程序来处置这类问题。流程标杆管理是较为方便的。但是，在考查其他单位如何获得更好的实施效果之前，本单位应该清晰了解自身流程状况，这是获得较好比较结果的基础。

3.12 财务计划和管理

确保污水处理厂采用合理的财务计划和管理策略是污水处理厂经理人的核心职责之一（图3-14）。在合理利率、资金投入以及其他资源的限制条件下，所有企业均有合理管理财务的职责。污水处理厂的资金来源以及支付贷款利息的能力将会影响经理人实现污水处理厂预算效益最大化的近期和远期投资目标。合理的财务管理应考虑以下基本要素：

■ 迭代过程

● 定义服务标准和运营水平。

● 制定统一的资产管理决策。

● 理解预算决策的财务影响（例如，评估国家政治和客户来自加息的影响）。

● 确保预算受到监督和管理。

图3-14 财务管理是一项重要职责

（1）定义服务标准和运营水平

污水处理厂预算支出决策主要取决于污水处理厂运行需要达到的处理水平。出水水质需要达到国家污染物排放削减系统限值要求，固废处置和空气质量达到排放标准，这是对污水处理厂的最低要求，也是设置污水处理的基本目的。然而，污水处理厂的运营水平决定了运营成本，也就是说，污水处理厂运营是采用满足基本要求的方式（例如，尽量减少员工人数和维护成本），还是不过多考虑运行成本（例如，采用较为保守的运行、维护和人员成本）。虽然前者的年运行和维护费用较低，同时它也会放弃长期维护费用和其他支出，但是这样做的结果可能会引起设备损坏，从而造成额外或者过早的设备更换费用投入。而后者采用较为保守的运行成本方式，可能会导致不必要的费用支出甚至浪费。因此，应清晰设定各相关机构（例如城市管理和议会）可接受的运营标准，并从管理、政治以及贷款支付方面进行考虑以达到该运营标准，为污水处理厂的预算决策提供合理的参考依据。

（2）制定合理的资产管理决策

可靠的企业资产投资和管理方案，包括制定策略来实现资产保值，同时确保资产在其生命全周期内能够达到其设计性能标准。这就需要污水处理厂为资产制定一个良好的生命周期管理计划，包括前期风险和危险评估、现状评估，以及以往事故和故障分析。

这可能是资产管理中最为复杂的部分，需要考虑多种因素，包括备件和设备目录、预防性和修复性维护策略、修复及更换标准以及修复的需要。预防性维护预算应考虑危害、能力、风险以及状态分析并明确重点位置。在预算有限的情况下，预算应首先考虑事故概率高以及事故后果严重的资产。该策略是认可一些非重要的部件是允许出现运行故障的，因为如果实施零故障预防性维护计划，则费用会过高，而相对效率会降低。

（3）理解预算决策的财务影响

理想的企业预算是建立在合理的企业年度投资和运行成本基础之上。财务预测的目的按照当前的管理策略，提出清晰的财务运行结果。建立在合理财务预测基础之上的预算，能够满足高效污水处理厂管理的要求。污水处理厂资产和运行预算两者都会影响污水处理厂的财务收支平衡。

（4）确保预算受到监督和管理

许多污水处理厂根据预算跟踪污水处理厂财务支出状况，并定期发布财务报告（例如，月报或季报）。污水处理厂经理人有责任确保财务报告的发布周期，能够满足污水处理厂预算支出的跟踪管理要求。这就需要及时了解和掌握污水处理厂的财务支出情况。在制定污水处理厂财务预算时，需要考虑未预见费用支出。针对预算内项目支出的调整以及较大的预算数额的增加，许多污水处理厂都制定了相应的规章制度进行管理。

3.13 信息和自动化技术

信息和自动化技术为污水处理厂的高效运行提供了支持，是经理人进行污水处理厂管理的有力工具，同时也极大提高了员工的工作效率。自动化和信息管理技术是现代化污水处理厂运行的必要条件。污水处理厂常见的一些自动化信息管理技术分述如下。

（1）自动化技术

过程仪表和控制系统可以获得实时数据。监控和数据采集系统（SCADA）和现场仪表可以实现有效监测和控制，并为工艺单元和设备故障提供早期预警。如果与数据管理和报告系统（例如数据库）联合使用，SCADA能够进行集中监测和控制，减少人力消耗，提高运行报告的准确性和时效性，并为设备维护提供关键性的参考数据。

（2）数据管理技术

污水处理厂内采用的数据管理技术包括电子制表、实验室信息管理系统（LIMSs）以及计算机化维护管理系统（CMMSs），其中，企业已经普遍使用的是CMMS系统。一些污水处理厂投资使用了更为先进的商用数据管理系统，例如决策支持系统和复杂数据报告技术。主要目标是采用数据库获得概要性信息和报告，同时产生分析图表。可以考虑选用一种技术，即SCADA、LIMS、CMMS或其他系统，满足多种需要并报告数据。

（3）内容管理系统

电子内容管理技术为存储、获取和管理多种类型的数字信息提供了一种方法，例如手册、照片、SOPs、报告、政策和培训资料。该技术通常以互联网络为基础，可以与电子文件管理系统相关联。许多污水处理厂都建立了独立的内容管理平台作为电子运行和维护指南。

污水处理厂经理人在管理和使用自动化和信息技术时，应考虑以下问题：

（1）针对信息技术的选用（或者称为"信息技术管理"），经理人需要组织一个机构进行最终决策。不能让单个部门或者"信息技术专家"制定隔离的决策。经理人应该寻求污水处理厂所有利息相关者的建议和支持，包括污水处理厂的信息技术部门。污水处理厂的信息技术投资，应该尽可能地适合污水处理厂的整体信息技术需求。

（2）如果你正在选择使用一种新的系统，这就需要对软件进行评估，其中软件本身的性能和供应商的服务质量同等重要。要花费更多的时间来明确哪些员工职责更为重要，而不要将精力单单集中在软件上。

（3）为污水处理厂制定信息技术总体规划。要明确各部门应如何协同工作，特别是这些独立的系统如何协调运作实现数据的顺畅传输。此时，经理人应该从专业的信息技术公司获得支持，而不是本单位的信息技术部门。

（4）目前，控制系统看起来越来越像是常规的电脑系统，采用的都是同样的网络类型和计算机系统，以及传统的Windows和Web网页浏览器软件。因此，经理人应该避免已有的传统控制系统的概念。

（5）安全问题至为重要。污水处理厂经理人应该通过防火墙将污水处理厂控制网络系统与常规网络系统隔离开来。但是，两者之间也不能完全隔离，而必须能够保证两者之间正常的数据交换，以满足监管报告和管理决策对污水处理厂内数据的传输要求。

3.14　公私合作模式

目前，给水与污水处理领域已经开始逐步引入私有化服务来达到提高处理效果，同时降低运行成本的目的。"私有化"是指由私营机构提供传统政府机构所提供的一切商品和服务过程。私营实体通过与公共机构签订合同，或者直接独立于公共机构之外，高效率高质量地提供商品和服务。从公用事业管理的角度而言，私有化可以更为确切地定义为选择性外购，包括一系列由公共机构提供的服务。

3.15　遵守法则

通常来说，污水处理厂需要遵守许多当地和国家的一些运行有关的规章制度。监管机构和公众关注的问题，包括废水、废气的排放，构筑物改造以及地下水池等。污水处理厂经理人需要明确污水处理厂需要遵守哪些法律法规，同时应该制定保证达到规章要求的控制策略。污水处理厂的一些违法行为，将会受到民事和刑事处罚，经理人甚至可能会被追究法律责任。经理人必须确保报告能够及时准确反应污水处理厂的实际运行状况。

污水处理厂经理人应该亲自约见监管机构代表。他们能够协助污水处理厂查找原因，同时提供预防和减少事故的控制策略。污水处理厂应该邀请重要的监管机构每年至少到污水处理厂视察一次。当监管发现问题时，经理人必须同时公正通知监管机构和相关政府部门，同时记录下现场实际状况、采取的处理措施以及相关见证人。如果现场问题持续恶化的话，这些记录将可以作为证据保护污水处理厂及其经理人。无论如何，污水处理厂经理人都应该保持一种礼貌和合作的态度来对待监管机构。

如果污水处理厂经理人有机会参加监管机构举办的有关污水处理厂排放标准的会议，经理人应该主动地提出自己的意见，尤其可以通过专业机构提出建议。另外，各项需遵守的规章制度也是随时间而不断更新和变化的。

3.16 维护管理

维护过程和活动是最大限度地提高全生命周期的成本效益，改善设备运行性能和其他资产收益的重要保证。从以往的情况来看，在成本控制以及高效配置和管理资源方面，污水处理厂往往忽略了跟踪和监控维护行为的重要价值。经理人应该与维护人员进行沟通交流，掌握他们的想法和存在的问题，以便于经理人能够按照运行需要安排维护工作，同时更好地评估维护完成情况以及资源利用状况。维护管理的核心是利用性能测试来推动决策制定。如图3-15所示，一个高效的维护过程不断地评估管理、维护时间安排和维护结果，同时提供反馈以改进维护工作。

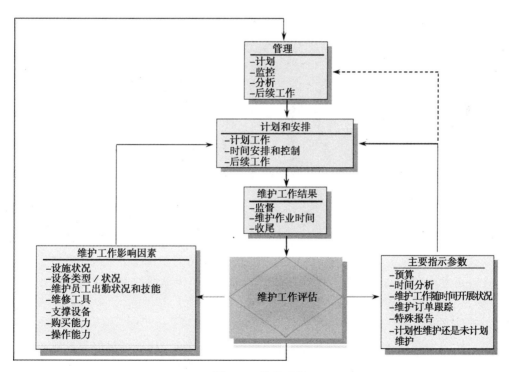

图3-15　维护过程

简言之，成功的污水处理厂同时需要良好的维护和高效运行。这两个功能必须紧密协调，当需要运行和维护两个团队合作时，可能会存在一定的困难。例如，如果沉淀池因为例行维护需要停止运行，这就需要运行人员停止沉淀池并排空水之后，维护人员才能开展维护工作。运行人员的目标是尽量缩短维护时间，使沉淀池投入正常运行，而维护人员的目标是依照计划完成维护任务。如果运行人员无法获得过滤器代替沉淀池使用，或者如果维护人员可获得的维护时间较短，则维护工作和维护效率都会大打折扣。从长远角度来看，如果不能按照计划完成维护工作，将会降低资源利用效率，同时增加维护频率，降低设施的实际利用效率。

3.16.1　维护管理策略选择

维护管理涉及到维护策略的选择（图3-16）。如果按照设备生产商推荐的常规和预防性维护要求，污水处理厂的实际维护费用可能会大大超出其年度维护预算。因此，经理人必须决定采用何种维护策略，才能在偏离生产商推荐维护策略的同时，较好地平衡风险和利益之间的关系。一个典型的挑战就是平衡预防性维护、故障维护和预测性维护以及库存管理策略，分述如下：

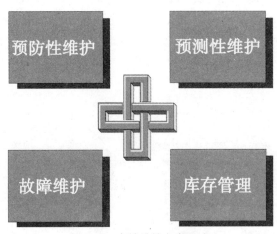

图3-16　高效维护方案组成

（1）预防性维护

预防性维护需要分配劳动力和维护成本。预防性维护能够高效地完成（例如，齿轮润滑工最快时间记录）。然而，挑战存在于如何按照设备类型选择适宜的预防性维护，以实现设备可靠性和生命周期最大化，并降低风险。按照风险评估的要求，选择预防性维护策略时，成本是一个重要的考虑因素。

（2）修复性维护

修复性维护是指对故障设备或者接近故障设备的维护工作。如果修复性维护成了污水处理厂维护工作的主体，这是污水处理厂低效率的表现。反过来说，针对某一设备，如果便捷的维护行为和全生命周期成本评估表明，风险与相关修复性维护的成本要低于该设备预防性维护的全生命周期成本，那么选择该设备运行直到故障停转而不进行预防性维护可能是最节省成本的维护策略。

（3）预测性维护

预测性维护包括监测设备状态和选择最适时间来进行维护。虽然，预测性维护一般只针对主要设备，维护费用较高，但是这一维护策略代表了一种较为高效的维护方式。预测性维护过程包括传感技术的应用，例如红外线、振动、声以及油分析。

（4）库存管理

库存管理代表了污水处理厂预算中的主要成本清单，因为库存中包括了重要的资产清单。库存管理是实现污水处理厂高效运行的一种方式或者途径。假设维护人员已经拆卸了一个重要设备，却发现原以为在仓库中的替换关键部件却不存在。结果很明显——生产性资源（例如，维护人员）被转移到了一种低效的非生产性工作中（例如，在仓库中找部件）。库存管理代表了污水处理厂的一种成本，经理人必须权衡考虑构建和维护高效仓库的运行成本同非正式仓库的运行成本与其带来的风险之间的利弊。

最新出现的结合资产管理的维护方式是以可靠性为中心的维护（RCM）策略。它通过评估更换成本、风险和资产寿命来确定最适宜的维护策略。该维护策略是建立在资产的最低全生命周期成本基础之上的。例如，小水泵和大风机存在的风险是不同的。针对如此低风险的小水泵，选择用于大风机的严格的预防性维护方案或许不是最好的人力和资源支出方案。因此，经理人应该选择采用定期监测的方式，允许该水泵运行到故障停转，然后再进行维修或直接更换。

3.16.2 维护管理与跟踪

维护工作的监控和评估属于污水处理厂计算机化维护管理系统（CMMS）的内容。CMMS可作为经理人的工具，用于跟踪维护作业和维护成本。更确切地说，CMMS是一个计算机数据库，拥有高性能的跟踪和管理功能。表3-3列出了CMMS的一些主要功能和性能。简言之，CMMS能够作为中心信息资源服务于维护职能；另外，它也能满足资产管理和跟踪的要求。

CMMS 的主要功能和性能	表3-3

主要功能

　一般功能：记录将要入库和将进行维护的资产清单，监控单个或者多个仓库的现有库存量；制定维护工作订单；根据需要可以与其他污水处理厂管理系统联合使用。

　时间跟踪：允许员工通过用户登录来记录维护作业；需要确认项目编号和账号。系统应该能够通过维护作业、作业位置或者单元进行时间跟踪；能够查清员工的有关详细信息和摘要信息。

　车辆维护：安排、优先顺序、记录和跟踪有关车辆维护的所有预防性和修复性维护作业为车辆维修和更换提供成本分析和决策支持。

　制定维护工作订单：制定、跟踪、终止所有维护工作订单，包括内部和外部资源（时间和材料），并利用统一的维护工作订单制定网络界面；发布、统一、优先顺序安排和跟踪预防性和修复性维护作业；向经理人报告已安排和已完成的维护作业。

　购买：购买和跟踪外购（例如，接受物品、退货）设备、工具，以及"原厂设备"部件；依据维护工作订单、维护作业号码和员工，编制购置物品代码；允许使用信用卡、采购卡和采购订单购买物品。

第4章 工业废水预处理项目

4.1 引言

许多工业企业将生产废水排入城镇污水处理厂,而不是直接排入水体。这样,工业废水中包含的大量的有毒及其他有机物质,将可能影响到城镇污水处理厂的正常运行和处理效果。另外,工业废水中含有的一些无处理效果的污染物质也会进入后续的受纳水体,从而导致城市污水处理厂处理出水超过美国国家污染物排放削减制度(NPDES)排放许可要求。同时,这些无处理效果的污染物质也可能在剩余污泥中产生积累,增加了污泥处理难度。因此,需要采用高效的预处理技术来减少以至消除工业废水中的这些难以处理的污染物质,对某些非生活污水的有效预处理是公共污水处理厂(POTW)的重要组成部分。

美国联邦政府设立了国家预处理项目(美国环境保护局,1999),既为非生活污水提供了预处理标准,同时也为该类废水预处理是否达到要求提供了监管依据。该项目主要用于保护和储藏国家水资源,并确保这些有用资源长久可用。虽然世界上其他国家没有普遍效仿采用美国的预处理项目,但是该项目为其他有意向采用类似预处理管理和监管要求的国家提供了讨论的基础。因此,本节讨论的内容,大部分都是基于美国预处理项目之上的。

本章综述了美国预处理项目的历史,概括了该项目的要求,简要探讨了项目中规定的公共污水处理厂和工业用户的职责。更为详细的工业废水预处理项目的内容,读者可参阅本章结尾提供的参考文献以及州和地区的具体预处理管理要求。因为预处理的要求是在不断变化的,因此读者在采取任何需要遵守法律规定的方案之前,最好咨询专门权力机构,以获得必要的意见和建议。

4.2 国家预处理项目

美国国家预处理项目的具体实施需要地方、州和联邦政府权力机构协调完成,共同控制那些无处理效果,或者影响污水处理厂正常运行,亦或者污染剩余污泥的污染物质。在含有这些污染物质的废水进入市政污水管道之前,实现对这些物质的控制,能够最大可能地减少这些物质对公共污水处理厂带来的危害。

4.2.1 法规沿革

1972年美国国会通过了联邦水污染控制法修正案(1972),也就是后来著名的净水法，用以恢复和保护美国水体的完整性。这在美国污水管理和净化水体水污染方面，具有里程碑意义。虽然先前立法的重点在于控制水污染，但是也起到了其他的作用。例如，1899年河流和港口法案保护了航道利益，而1948年的水污染控制法案和1956年的联邦水污染控制法案为州和当地政府处置水污染问题，却仅仅提供了较为有限的资金支持。

净水法案建立了水质监管方法，并且授权美国环保局（U.S. EPA）（Washington, D.C.）制定了具体行业、具体处理技术的水质排放标准。净水法同时要求美国环保局制定和实施美国国家污染物排放削减制度，来控制点源污染物质的排放，并将其作为执行基于技术的排放标准的手段。

美国环保局首次尝试实施预处理项目，是在1973年晚些时候颁布在美国联邦法规40 CFR 128章节内容中，它规定了具体行业排放的、可能会影响公共污水处理厂运行或者直接通过污水处理厂而没有去除效果的不相容的污染物质的预处理标准。然而，基于避免法律纠纷的原因，1978年6月美国环保局采用常规预处理规范取代了40 CFR 128章节来管理现有的和新的污染源，即为40 CFR 403章节（美国环保署，2007c）。这些法规为美国预处理项目的创立提供了法律框架，并规定了排入公共污水处理厂的污染物质。由于需要与美国国家污染物排放削减制度相协调，美国环保局颁布了符合美国国家污染物排放削减制度要求的国家预处理项目。

4.2.2 监管结构

常规预处理规范规定了联邦、州和地方政府、企业和公众在执行预处理排放标准中的职责。美国环保局协同各州、监管机构以及公众，来制定、实施和监管基于净水法的美国国家污染物排放削减制度排放许可要求。一般来说，常规预处理规范由当地管理机构负责具体执行。这里"管理机构"被确定为公共污水处理厂，来管理已经获得批准的预处理项目的实施，因为是由污水处理厂最终来控制接收的工业废水水质。但是，在污水处理厂未经授权的各州，规范授权由州政府代替污水处理厂或美国环保局管理预处理项目。

常规预处理规范要求所有的大型污水处理厂（处理能力超过19000m³/d）所接受的非生活污水的水质，必须要达到预处理标准，而对于小型的污水处理厂而言，当有大量工业废水排入时，则需要实施针对性的地方预处理项目。地方预处理项目必须在完全符合国家预处理标准的同时，制定更为严格的标准以保护当地的污水处理厂。

4.2.3 常规预处理规范要求（40 CFR 403节）

常规预处理规范适用于排入公共污水处理厂的所有非生活污水来源，通常是指工业用户。但是，并非所有的工业用户排水都会对公共污水处理厂造成影响，美国环保局因此制定了四个标准来定义重要工业用户（SIU）。常规预处理规范大多仅是针对这些重要工业用户的，因为在通常情况下，如果控制好了这些重要工业用户的排水，就基本可以较好地实现对公共污水处理厂的保护。

定义重要工业用户的四个标准为：

（1）排入 POTW 的生产废水量平均等于或者超过 95m³/d（25000gal/d）；

（2）排入 POTW 的生产废水量或者有机污染物负荷平均等于或者超过污水处理厂旱季处理总水量或者总有机负荷的 5%；

（3）对 POTW 影响较大，或者可能会超过预处理排放标准的工业用户；

（4）必须遵守联邦政府规定的行业预处理标准的工业用户。

然而，某一先前被判定为重要工业用户的企业，如果其达到了预处理排放标准，污水处理厂也可将其重新划定为非重要工业用户。

国家预处理项目明确规定了适用于所有工业用户的排放要求，同时也规定了适用于大型工业用户的其他要求，以及仅适用于行业工业用户（CIUs）的特殊排放要求。

国家预处理项目规定的污水排放标准主要有以下 3 种：

（1）禁止排放标准：一般用于控制污水处理厂无处理效果或者影响污水处理厂正常运行的污染物质；

（2）行业预处理标准：用于确保工业用户采用了技术控制措施以限制污染物质排放进入 POTW；

（3）地方标准：用于强调针对当地污水处理厂和受纳水体的特殊要求。

美国环境保护局在不断制定新的排水规范的同时，也在不断修订和更新已有的排水规范。1987 年通过的美国水质法的 304 章节，要求美国环保局出版两年期计划，用以制定新的排水规范以及回顾和修订已经颁布的排水规范。

1. 禁止排放标准（40 CFR 403.5）

禁止排放标准是国家排放标准，适用于所有 POTW 的工业用户，无论污水处理厂是否批准了预处理项目或者工业用户是否取得了排放许可证。该标准主要用于控制污水处理厂无处理效果或者影响污水处理厂正常运行的污染物质，保护污水处理厂收集系统，提高员工工作环境安全以及推动污泥的经济利用。禁止排放标准的其他详细信息，请参见污水处理厂运行防干扰指南（美国环境保护局，1987）。

禁止排放标准明确规定禁止排放的污染物质有：

（1）会引起污水处理厂火灾或者爆炸事故的污染物质；

（2）会引起污水处理厂设施腐蚀的污染物质，要求排放废物的 pH 值不能低于 5.0，除非污水处理厂处理工艺已经考虑了该问题；

（3）可能影响污水管道正常流动的固体或者黏稠污染物质；

（4）任何排放流量或者污染物浓度较高，会对污水处理厂处理效果产生影响的污染物质，包括耗氧污染物质（BOD）、悬浮固体等；

（5）温度较高会对生物产生抑制的工业废水排放。一般污水处理厂的污水温度要求不超过 40℃（104F），除非已经获得 POTW 的授权许可；

（6）石油类、难生物降解切屑油或者矿井原油，当其总量较大将会影响污水处理厂的正常运行或者无法降解；

（7）可能会产生毒性气体、蒸气或者烟气的污染物质，当其量较大时可能会引起操作工人发生急性健康和安全问题；

（8）任何卡车运输的大批量污染物质，除非在POTW指定的污染物排放点。

禁止排放标准主要是为POTW提供一种常规的保护。然而，该标准缺少具体的污染物排放限量，因此需要其他的控制措施，即行业预处理标准和地方标准。

2. 行业预处理标准（40 CFR 405-471）

行业预处理标准由美国环保局颁布，用于限制具体行业工业生产废水中的污染物质向POTW的排放。这是国家规定的基于技术基础的排放标准，无论污水处理厂是否批准了预处理项目或者工业用户是否得到得到了排放许可证。需遵守行业排放标准的工业用户被称为行业工业用户（CIUs）。

行业预处理标准适用于对工业废水排放的监管，即工业废水排放进入POTW时，其中某些特殊污染物质需要达到行业预处理标准。该标准仅针对含有标准中规定的特殊污染物质的生产工艺废水，因此取样口应该设置在该工艺废水排放点，而不是企业的总排放口。当需要监管的工艺废水无法与其他非监管废水相分离时，美国环境保护局制定了合流废水计算模式（CWF）与流量加权平均法（FWA）来确定合流废水的达标情况。合流废水计算模式CWF适用于监管废水预处理前与一个或多个非监管废水或者稀释水相混合的情况。当非监管废水与经预处理后的监管工业废水相混合时，将需要采用更为严格的方法（CWF或者FWA）来计算确定允许的排放限值。

截至2007年1月，40 CFR N分章、排放标准指南和标准中共列出了56种受监管的工业类型。美国环境保护局为每一种工业企业类型均出版了规定，明确给出了该工业的排放标准（直接排放）和/或行业预处理标准（间接排放）（请参见40 CFR 405-471）。直接排放要求符合美国国家污染物排放削减制度排放许可要求，而非直接排放要遵守国家预处理项目。表4-1列出了30种目前已经确定的工业类型，给出了具体的污染物预处理标准，常规监管引证和主要污染物质。要说明的是，每一种工业类型都可能有几个子分类，分别会有不同的预处理标准。同时，标准可能表示为浓度单位（mg/L或者μg/L）、生产产品单位（例如mg/kg产品）或者质量单位（例如，kg/d）。

表4-2列出了监管限制的毒性污染物质，即优先控制污染物。

工业用户类型及对公共污水处理厂的潜在影响 表4-1

工业类型	40 CFR Part	主要污染物质
铝材加工	467	铬、氰化物、锌、石油和油脂、总毒性有机物（TTO）
电池生产	461	镉、铬、钴、铜、氰化物、铅、锰、汞、镍、银、锌
炭黑生产	458	石油类
废物处理中心	437	锑、砷、镉、铬、钴、铜、铅、汞、镍、银、锡、钛、钒、锌、邻苯二甲酸二（2-乙基己）酯、邻苯酚、对甲酚、癸烷、荧蒽、2，4，6-3氯苯酚、石油类、pH、总悬浮固体（TTS）
卷材涂料	465	铬、铜、氰化物、氟化物、磷、锌、石油和油脂、TTO
铜材加工	468	铬、铜、铅、镍、锌、石油和油脂、TTO
电器与电子元件	469	锑、砷、镉、铬、氟化物、铅、锌、TTO
电镀	413	镉、铬、铜、氰化物、铅、镍、银、锌、总金属、TSS、pH、TTO
化肥行业	418	氨、有机氮、硝酸盐、磷

续表

工业类型	40 CFR Part	主要污染物质
玻璃行业	426	氟化物，矿物油，石油，pH，TSS
无机化工	415	铬，铜，氰化物，氟化物，铁，铅，汞，镍，银，锌，pH，COD
钢铁行业	420	氨，铬，氰化物，铅，镍，锌，苯并（a）芘，二噁英，萘，酚类，四氯乙烯
皮革行业	425	铬，硫化物，pH
金属表面加工	433	镉，铬，铜，氰化物，铅，镍，银，锌，TTO
金属成型和铸造	464	铜，铅，锌，石油类，酚类，TTO
有色金属加工和金属粉末	471	锑，镉，铬，铜，氰化物，氟，钼，铅，镍，银，锌，氨
有色金属加工	421	锑，砷，铍，镉，铬，钴，铜，氰化物，氟化物，金，铟，铅，汞，镍，硒，银，锡，钛，锌，TSS，pH，苯并（a）芘，酚类
有机化工、塑料、合成纤维	414	氰化物，铅，锌和多种有机物质
路面和屋顶材料（焦油和沥青）	443	石油类
农药化工	455	优先污染物
石油炼制	419	氨，石油类
制药工业	439	丙酮，氨，乙酸戊酯，苯，氰化物，乙酸乙酯，乙酸异丙酯，二氯甲烷，甲苯，二甲苯，以及其他多种有机物质
搪瓷工业	466	铬，铅，镍，锌
制浆造纸和硬纸板工业	430	锌，可吸附有机卤化物，三氯甲烷，二噁英，五氯苯酚，三氯苯酚
橡胶制造	428	铬，铅，镍，锌
肥皂和洗涤剂工业	417	COD，BOD$_5$
火力发电工业	423	铜，多氯联苯，除冷却塔排污中含有除铬和锌之外的优先污染物
木材加工工业	429	砷，铬，铜，石油类
运输设备清洗	442	镉，铬，铜，铅，汞，镍，锌，荧蒽，菲，硅胶吸附后可被正己烷萃取的物质（SGT-HEM；非极性物质）
废物焚烧	444	砷，镉，铬，铜，铅，汞，银，钛，锌

优先控制污染物（美国环境保护局，2007a）　　　表4-2

1,1,1-三氯乙烷	蒽	异狄氏剂
1,1,2,2-四氯乙烷	锑	异狄氏醛
1,1,2-三氯乙烷	砷	乙苯
1,1二氯乙烷	石棉	萤蒽
1,1-二氯乙烯	苯	芴
1,2,4-三氯苯	联苯胺	gamma-BHC（林丹）
1,2-二氯苯	苯并（a）蒽	七氯
1,2-二氯乙烷	苯并（a）芘	七氯环氧化物
1,2-二氯丙烷	苯并（b）萤蒽	六氯苯
1,2-二苯肼	苯并（ghi）苝	六氯丁二烯
1,2-反-二氯乙烯	苯并（k）萤蒽	六氯环戊二烯
1,3-二氯苯	铍	六氯乙烷
1,3-二氯丙烯	beta-BHC	茚并（1,2,3-cd）芘
1,4-二氯苯	beta-硫丹	异佛尔酮
2,3,7,8-四氯二苯并-对-二噁英	双-（2-氯乙氧基）甲烷	铅
2,4,6-三氯苯酚	双-（2-氯乙基）醚	汞
2,4-二氯苯酚	双-（2-氯异丙基）醚	溴甲烷

50

2,4-二甲酚	酞酸双（2-乙基己基）酯	氯甲烷
2,4-二硝基酚	三溴甲烷	二氯甲烷
2,4-二硝基甲苯	酞酸丁基苯基酯	萘
2,6-二硝基甲苯	镉	镍
2-氯乙基乙烯基醚	四氯化碳	硝基苯
2-氯萘	氯丹	N-亚硝基二甲胺
2-氯苯酚	氯苯	N-亚硝基二正丙胺
4,6-二硝基邻甲酚	一氯二溴甲烷	N-亚硝基二苯胺
2-硝基苯酚	氯乙烷	五氯苯酚
3,3'-二氯联苯胺	三氯甲烷	菲
4-氯-3-甲基苯酚	Cr^{3+}	苯酚
4,4'-DDD	Cr^{6+}	多氯联苯
4,4'-DDE	蒽	多氯联苯
4,4'-DDT	铜	芘
4-溴联苯醚	氰化物	硒
4-氯二苯醚	Delta-BHC	银
4-硝基苯酚	二苯并（a,h）蒽	四氯乙烯
苊	二氯溴甲烷	铊
苊烯	狄氏剂	甲苯
丙烯醛	酞酸二乙酯	毒杀芬
丙烯腈	酞酸二甲酯	三氯乙烯
艾氏剂	酞酸二正丁酯	聚氯乙烯
alpha-BHC	酞酸二正辛酯	锌
alpha-硫丹	硫丹硫酸酯	

3. 地方标准［40 CFR 403.5（c）］

地方标准是由地方管理机构（通常为POTW）制定和实施的具体的排放标准，用以保护污水处理厂和受纳水体。国家预处理项目要求在需要的情况下，采用地方标准来控制那些污水处理厂无处理效果或者影响污水处理厂正常运行的污染物质。在制定地方标准时，POTW应该综合考虑POTW的处理效率，要符合美国国家污染物排放削减制度排放许可要求，和受纳水体状况，受纳水体水质要求，污水处理厂暂时存储、利用和处置剩余污泥的方式，以及员工的健康和安全等问题。

地方标准可以将常规预处理规范中的一般性限定指标具体设定为满足地方需要的标准，同时也可以增加未包含在分类排放标准中的特殊指标。对于具体的污染物质而言，如果地方标准比分类排放标准要求更为严格，则应在当地执行地方标准。一般来说，地方标准取样口通常设置在工业用户废水排入市政污水管网排放点，而分类排放标准取样口通常设置在受监管工艺废水排放点。

在评估是否需要制定地方标准时，一般推荐管理机构（污水处理厂）考虑以下问题：

（1）对工业废水进行调查，以确定可能需要遵守预处理项目要求的所有工业用户；

（2）明确这些工业用户排入POTW的污染物质的性质和总量；

（3）明确哪些污染物质较可能无处理效果，或者可能影响污水处理厂的正常运行，或者污染剩余污泥；

（4）定量评估以确定污水处理厂允许的最大进水负荷，至少应考虑的物质有砷、镉、铬、铜、氰化物、铅、汞、钼、镍、银、锌；

（5）确定其他需要关注的污染物质；

（6）确定未获排放许可的污染源所贡献的污染物质总量，进而最终确定污水处理厂可接受的来自已获排放许可工业用户的最大污染物质总量；

（7）采取一定的措施，确保进水污染物质负荷不超过污水处理厂的设计处理能力，以保证其处理效果。

污水处理厂应该定期重新评估地方标准，以确保地方标准能够较好地保护污水处理厂的正常运行。推荐进行持续监测为地方标准评估和修订提供依据，同时识别需要关注的污染物质。高效的持续监测方案，应该包括对进水、出水、污泥、生活/商业区污水、工业废水进行定期取样。美国环境保护局建议每年都要对地方标准进行回顾评价。同时，美国环境保护局也制定了多项指导文件来协助管理机构制定地方标准。可在美国环境保护局网站（http://www.epa.gov）（美国环境保护局，2004a、2004b）上查询到地方标准制定指南以及地方标准制定指南附录。另外，许多地区和州的环保管理机构也制定了地方标准指南以针对性地处理本地区和本州的特有问题。

制定地方标准较为常用的方法是最大允许水力负荷（MAHL）法，简述如下：

（1）最大允许水力负荷法

首先，根据污水处理厂实际运行数据，计算每种污染物的去除效率。然后按照每种污染物的最为严格的排放标准（例如，水质、污泥质量、NPDES标准或者污染物禁止排放标准），采用最大允许水力负荷法反推计算出每种污染物质的最大允许进水浓度。采用该值减去生活污水所产生的进水污染物浓度（这是污水处理厂必须要处理的污染物量），就可以确定出每种污染物质的工业用户最大允许排放浓度。继而将其或者平均分配给各工业用户，或者按照工业用户的具体要求进行分配。如果工业用户的排放废水超过了该分配值，该工业用户就需要进行预处理以达到地方排放标准。国家预处理项目也提供了一种基于POTW的去除效果，而对工业用户减少预处理要求的可能，即在POTW对某种污染物有较高的去除效率时，该工业用户无需进行预处理，而可以从POTW处直接获得"排污权"。

（2）"排污权"（40 CFR 403.7 节）

如果污水处理厂对某种污染物质有较高的去除效率，它就可以向美国国家环保局（或者由美国国家环保局授权的州政府）申请向工业用户授权排污权，从而调整工业用户对这些污染物质（40 CFR 403.7）的预处理要求。POTW仅能在实施了预处理方案，同时对排污权授权的污染物质有较为稳定的去除效果，"排污权"的授权许可不会导致污水处理厂污泥超过任何地方、州或者联邦污泥标准［具体标准值参见40 CFR 403.7（a）（1）（ii）］的情况下，才能向工业用户授权"排污权"。如果POTW剩余污泥满足40 CFR 503的要求，可进行后续利用（土地利用、表面覆土或者焚烧处置），则可以授权40 CFR 403（第Ⅰ部分，附录G）中规定的几种污染物质的"排污权"。如果剩余污泥中的某些物质的浓度值低于40 CFR 403（第Ⅱ部分，附录G）中给出的最低限值，则POTW可以授权40 CFR 403（第Ⅱ部分，附录G）中规定的污染物质的"排污权"。如果POTW将其所有固废送至符合40 CFG 258的要求的市政污泥填埋场填埋处置，则可以授权剩余污泥中所含有的任何污染物质的排污权。

4.3 公共污水处理厂预处理项目职责

任何公共或者政府批准建设的设计处理能力超过19000m³/d（5mgol）的污水处理厂，当接收工业用户排放的无处理效果或者影响其正常运行的污染物质，或者必须满足预处理排放标准时，将需要实施POTW预处理方案，除非该州的国家污染物排放削减制度规定了该污水处理厂执行常规预处理项目要求。如果现场情况需要的话，设计处理能力等于或者小于19000mg/d（5mgol）的污水处理厂也要实施预处理方案。这些现场情况包括工业废水水质特征和水量、处理工艺事故历史记录、POTW出水超标情况以及剩余污泥污染情况。同时，POTW的国家污染物排放削减制度许可将会由州NPDES或者美国国家环保局进行重新颁布或者修订，以配合批准的预处理项目，保证NPDES许可的可执行性。

4.3.1 建立法律权力机构

必须对POTW制定的预处理项目进行管理，以确保工业用户符合适用预处理标准要求。一般来说，对于排入POTW的工业用户，由POTW担当预处理管理机构，而由州环保局或者美国环保局担当预处理方案的审批机构。审批机构负责检查和批准预处理项目，同时监督管理机构的实施情况。在缺少尚未批准POTW预处理项目的情况下，由州政府或者美国环境保护局审批机构担当管理机构。

1. **管理机构（地方）**

在管理机构实施一项预处理项目之前，必须制定政策和程序来管理该项目，同时必须给予管理机构一定的法律权力来满足项目实施的要求。管理机构的法律权力是建立在州法律基础之上的，因此，必须确保将最低联邦委托法律权力赋予管理机构的州法律是有效的。预处理项目的管理政策和程序以及实施和执行的法律依据，一般都包含在管理机构制定的地方管理规范中。如果管理机构是当地政府，其法律权力一般会在污水管理条例中有详细介绍，这是市县法律的基本组成部分。当地管理机构可能采用类似"规章制度"的名称。另外，负责管理预处理项目的州管理机构将其称为州预处理管理规范，而不是污水管理条例。

管理机构具体职责简述如下：

（1）制定、执行和维护已获批准的预处理项目；

（2）评估监管工业用户的遵守情况；

（3）根据需要，针对工业用户，采取适宜的措施；

（4）向审批机构提交监管报告；

（5）制定地方标准（或者解释不需要地方标准的原因）；

（6）制定和实施项目执行响应计划（ERP）。

美国环保局2007指南文件，环保局预处理模型条例（美国环保局，2007b），为需要制定预处理方案的POTW提供了一个参考模型。

2. 审批机构（州）

地方预处理项目在实施之前，必须得到审批机构的批准。审批机构可以是美国环保局也可以是已获授权的州政府，同时审批机构有责任监督预处理项目的实施和执行情况。审批机构有责任确保所实施的地方预处理项目和所有适用的联邦标准要求相一致，同时能够有效达到国家预处理项目的目标。审批机构职责简述如下：

（1）告知POTW责任；

（2）评估和批准POTW提交的预处理项目或者修正项目；

（3）评估为满足行业预处理标准，所提交的具体预处理项目的修订要求；

（4）监管POTW预处理项目的实施情况；

（5）为POTW提供技术指导；

（6）对不执行或执行不力的POTW或者工业用户进行强制执行。

为完成上述职责，审批机构应该监管当地预处理项目的实施情况及效果，同时如果需要，可采取一定的纠正措施，以确保职责的完成。审批机构通常采用3种监管机制：（1）方案审批；（2）预处理项目实施情况检查；（3）管理机构年度预处理项目实施效果报告。

如表4-3所示，截至2007年1月，美国共有46个州/地区授权实施了州NPDES许可项目，但是其中仅有35个州是获得授权的预处理项目审批机构。而在其他州和地区，美国环保局担当审批机构。

各州方案授权实施情况（美国环境保护局，2007e） 表4-3

州	授权州NPDES许可方案	授权监管污水处理厂	授权州预处理方案	授权常规许可方案
亚拉巴马州	10/19/1979	10/19/1979	10/19/1979	06/26/1991
阿拉斯加州				
美属萨摩亚				
亚利桑那州	12/05/2002	12/05/2002	12/05/2002	12/05/2002
阿肯色州	11/01/1986	11/01/1986	11/01/1986	11/01/1986
加利福尼亚州	05/14/1973	05/05/1978	09/22/1989	09/22/1989
科罗拉多州	03/27/1975			03/04/1982
康涅狄格州	19/26/1973	01/09/1989	06/03/1981	03/10/1992
特拉华州	04/01/1974			10/23/1992
哥伦比亚特区				
佛罗里达州	05/01/1995	05/01/2000	05/01/1995	05/01/1995
佐治亚州	06/28/1974	12/08/1980	03/12/1981	01/28/1991
关岛				
夏威夷	11/28/1974	06/01/1979	08/12/1983	09/30/1991

续表

州	授权州NPDES许可方案	授权监管污水处理厂	授权州预处理方案	授权常规许可方案
爱达荷州				
伊利诺伊州	10/23/1977	09/20/1979		01/04/1984
印第安纳州	01/01/1975	12/09/1978		04/02/1991
爱荷华州	08/10/1978	08/10/1978	06/03/1981	08/12/1992
肯塔基州	09/30/1983	09/30/1983	09/30/1983	09/30/1983
路易斯安那	08/27/1996	08/27/1996	08/27/1996	08/27/1996
缅因州	01/12/2001	01/12/2001	01/12/2001	01/12/2001
马里兰	09/05/1974	11/10/1987	09/30/1985	09/30/1991
马萨诸塞州				
密歇根州	10/17/1973	12/09/1978	04/16/1985	11/29/1993
中途岛				
明尼苏达州	06/30/1974	12/09/1978	07/16/1979	12/15/1987
密西西比州	05/01/1974	01/28/1983	05/13/1982	09/27/1991
密苏里州	10/30/1974	06/26/1979	06/03/1981	12/12/1985
蒙大拿州	06/10/1974	06/23/1981		04/29/1983
内布拉斯加州	06/12/1974	11/02/1979	09/07/1984	07/20/1989
内华达州	09/19/1975	08/31/1978		07/27/1992
新罕布什尔州				
新泽西州	04/13/1982	04/13/1982	04/13/1982	04/13/1982
新墨西哥州				
纽约	10/28/1975	06/13/1980		10/15/1992
北卡罗来纳州	10/19/1975	09/28/1984	06/14/1982	09/06/1991
北达科他州	06/13/1975	01/22/1990	09/16/2005	01/22/1990
北马里亚纳群岛				
俄亥俄州	03/11/1974	01/28/1983	07/27/1983	08/17/1992
俄克拉荷马州	11/19/1996	11/19/1996	11/19/1996	09/11/1997
俄勒冈州	09/26/1973	03/02/1979	03/12/1981	02/23/1982
宾夕法尼亚州	06/30/1978	06/30/1978		08/02/1991
波多黎各				
罗得岛州	09/17/1984	09/17/1984	09/17/1984	09/17/1984
南卡罗来纳	06/10/1975	09/26/1980	04/09/1982	09/03/1992
南达科塔	12/30/1993	12/30/1993	12/30/1993	12/30/1993
田纳西州	12/28/1977	09/30/1986	08/10/1983	04/18/1991
德克萨斯州	09/14/1998	09/14/1998	09/14/1998	09/14/1998
托管领土				
犹他州	07/07/1987	07/07/1987	07/07/1987	07/07/1987
佛蒙特州	03/11/1974		03/16/1982	08/26/1993
维尔京群岛	06/30/1976			
弗吉尼亚	03/31/1975	02/09/0982	04/14/1989	04/20/1991
华盛顿	11/14/1973		09/30/1986	09/26/1989
西弗吉尼亚	05/10/1982	05/10/1982	05/10/1982	05/10/1982
威斯康星州	02/04/1974	11/26/1979	12/24/1980	12/19/1986
怀俄明州	01/30/1975	05/18/1981		09/24/1991

3. 国家管理机构（美国环境保护局，EPA）

美国国家环保局，无论在国家层面还是在地区层面上，都负有管理国家预处理项目的职责。就地区层面而言，美国环境保护局必须完成以下工作内容：

（1）为未批准州预处理项目的州担当审批机构职责；

（2）监管州预处理项目的实施；

（3）根据需要，采取适宜的执行措施。

就国家层面而言，美国环境保护局必须完成以下工作内容：

（1）监管所有级别的预处理项目实施情况；

（2）制定和修正预处理项目管理规范；

（3）制定政策来阐明以及进一步确定预处理项目内容；

（4）为预处理项目的实施制定技术指南；

（5）根据需要，采取适宜的执行措施。

4.3.2 识别和监管工业用户

成功执行工业废水预处理项目的首要条件是对区域内的工业用户进行识别并予以分类。根据调查结果，政府可按照每个工业用户存在的对POTW的潜在影响的大小，来确定预处理项目监管和执行的优先顺序。预处理项目的实施效果主要取决于项目实施相关人员及实施决策。政府必须不断更新工业用户信息，以完成地方和国家的污染削减目标。

1. 工业用户调查

工业用户调查应该从编制工业用户目录和工业废物产生情况着手。较为理想的情况是，市政污水处理厂应该调查其服务区域内所有的工业用户和废水来源。调查工作可从查阅基本资料开始，以获取基本的工业用户目录：

（1）工业用户登记目录；

（2）报税记录；

（3）市政机构登记卷宗（例如，排水和用水账单）；

（4）地方电话登记目录；

（5）毒性物质排放报告；

（6）州和联邦污水排放监测报告；

（7）排污许可申请表。

为了完成调查工作，已经获得的基本工业用户目录需要通过问卷调查进行证实和更新，继而在可能的情况下，要对工业生产设施进行实地调查。问卷调查一般可获取工业用户的以下详细信息：

（1）原材料使用情况；

（2）企业生产基本流程；

（3）企业生产工艺状况；

（4）北美工业分类系统代码；

（5）企业用水信息；

（6）纳入市政污水管网排污口数量；

（7）工业废水类型和水量；

（8）采用的预处理工艺类型；

（9）生产过程产生的污泥及工业废物状况（类型和总量）；

（10）生产过程中使用的或存储的危险品的类型和数量；

（11）化学品存储区域信息，包括关于与污水管网和雨水管网的连接情况。

美国环境保护局1983年颁布的POTW预处理项目制定指导手册，至今依然是管理机构制定问卷调查表的参照样本。

调查资料可用于识别这些需要遵守行业预处理标准的工业用户，同时确定工业用户的监测优先级别，以更为有效地利用现有的监测设备和人员。同时这些信息对于POTW提交针对NPDES的许可报告以及已经获批的预处理项目报告也是必需的。

无论POTW调查的工业用户的多少，它都需要采用数据库来收集处理这些调查信息，以便于查阅使用。供选择使用的数据库系统，可从手工填写到复杂的数据处理设备，这主要取决于存储数据的数量以及可用的经费状况。

2. 工业生产设施调查

对工业废水取样分析是高效执行预处理项目的重要组成部分。取样分析结果可以判定工业用户排水是否达到了地方标准、州标准以及国家标准。在取样之前，应该对工业用户进行实地调查，以确定适宜的取样方式和取样时间。可以根据企业的具体情况，进行定期、不定期或者随机调查。

定期调查一般用于确定工业用户的生产计划、清洗操作情况，并绘制生产工艺布局图。该图应该包括建筑位置、生产区域、水表位置、废水处理设施以及取样点位置，同时也可为制定取样计划提供参考信息。如果该工业用户需要遵守单位产品污染物排放标准或者总量污染物排放标准，建议在调查前获取工业用户用水信息和生产产量记录。一旦获得这些背景资料，接下来就应该开始对工业用户进行不定期检查或监测。

不定期调查的范围可以从调查整个工业用户到只对工业废水处理设施进行调查和取样。不定期调查结果最有可能反应工业用户的正常运行状况，政府机构应该以此为依据对该工业用户进行重新评估，并确定执行预处理项目的优先顺序。实地调查结果可以用来确定定期监测或者工业用户报表数据的可靠性，考查是否存在偷排现象，或者评估工业废水处理设施的常规运行状况。

美国环境保护局出版了《管理机构预处理审查目录清单指南》（美国环境保护局，1992）一书，推荐并规范了POTW工作人员针对工业用户调查或者取样应采取的工作程序。

4.3.3 取样

工业用户的取样类型主要取决于其排水特征和取样目的。本节简述了工业废水的取样类型，而关于取样更为详细的内容请参见本手册第17章。

工业废水取样方式，主要有以下几种：

（1）简单取样和混合取样；

（2）基于时间或者流量比例取样；

（3）自动或人工取样。

简单取样是在某一时刻进行简单采样，仅能反应取样时刻的水质特征。混合取样是指将从同一取样口获取的2个或者多个水样混合而成的水样，它反应的是某一取样时间段内的平均排水水质特征。混合水样可以是固定时间间隔的几个水样按平均体积进行混合（基于时间取样），也可以根据单个水样取样时的工厂排水量按比例进行混合（基于流量比例取样）。这种混合水样能够较好地反应排放废水中各种污染物质的含量情况，尤其是当排放废水污染物浓度或者排放流量随时间变化较大时。

一般来说，实际操作中推荐采用基于流量比例的混合取样方式，除非一些必要的计算参数无法获取，而必须采用简单取样方式。如果由于受到工业用户现场条件的限制，而无法采用基于流量比例的取样方式时，在正确操作的情况下，基于时间比例的采样方式也可以获得较有代表性的混合水样。更多有关取样以及样品处理方法的内容，请参见本手册第17章。

美国环境保护局出版了《POTW工业用户调查和取样指南》（美国环境保护局，1994）一书，推荐并规范了POTW工作人员针对工业用户调查或者取样应采取的工作程序。

另外，40 CFR part 136（美国环境保护局，2007d）给出了建立污染物分析测试程序指南，其中也包含了许多有关废水取样的相关内容。

4.3.4　依法实施

工业用户预处理项目的实施效果，是需要高效的实施响应政策作为保障的。该政策必须建立在包含合理排放标准的控制机制之上，例如条例、排放许可证或者处理协议。这些标准可以保护市政污水管网、员工、污水处理厂以及受纳水体。在获批预处理项目的地方，必须依法实施禁止排放标准、国家行业预处理标准以及地方标准。政府用于处罚违规排放的政策和条款应该包含在政府的实施响应计划（ERP）中。美国环境保护局出版了《预处理项目监管与实施指南》（美国环境保护局，1986）一书，用于协助管理机构依法实施预处理项目管理职能。

1. 实施响应计划

常规预处理规范要求管理机构采用和执行实施响应计划（ERP）。实施响应计划为检查和处罚工业用户违法行为制定了统一的操作程序。采用地方批准的实施响应计划，POTW能够更为客观地针对当地工业用户实施响应计划。

为确保实施响应计划的合理性，同时保证管理机构所采取的处罚措施不是武断和随意的，美国国家环保局强烈推荐在获批的实施响应计划中应该包括实施响应指南（ERG）。实施响应指南确定了管理机关的责任官员、采取处罚措施的时间节点、期望的工业用户回应以及后续可采取的进一步处罚措施，具体应考虑以下因素：

（1）违规性质（预处理标准、报告原因（报告晚了或者缺少报告）以及达标时间安排）；

（2）违规程度；

（3）违规时长；

（4）违规频率（单独一次还是多次）；

（5）违规产生的潜在影响程度（例如，无处理效果、影响污水处理厂正常运行或者影响POTW员工安全）；

（6）违规排放工业用户获得的经济利益状况；

（7）违规者态度。

美国环境保护局出版了《管理机构制定实施响应计划指南》（美国环境保护局，1989a）一书，推荐并规范了POTW工作人员针对工业用户调查或者取样应采取的工作程序。

2. 工业用户达标数据/报告检查

通过工业用户的监测数据和提交的材料，可以确定工业用户排水达标情况、排放进入市政污水处理厂的废水水质和水量，以及处理这些废水所需要的运行费用。预处理项目管理规范规定，工业用户需要提交企业自测监测报告，包括基线监测报告、半年年报以及达标时间安排报告。政府机构收到报告后必须告知工业用户，并根据企业达标情况采取进一步的措施。对于没有提交监测报告的工业用户，应积极依法采取处罚措施。另外，任何声明不存在受监管工艺废水排放的工业用户，必须每半年向政府机构确认一次，同时必须及时通知政府机构废水排放的变化情况。政府机构应对受监管工业用户以及声明不存在受监管工艺排水的工业用户进行跟踪调查。

3. 实施机制

管理机构在污水管理条例中制定了许多实施机制，来执行预处理项目。实施机制包括了一个逐渐升级的处罚措施系统，包括从电话通知到刑事诉讼，以确保工业用户达标排放。常用的实施机制，分述如下：

（1）违规排放通知—通知工业用户已经发生的违规排放行为，并要求其确认违规排放原因，同时提交纠正违规排放计划；

（2）承诺协议—工业用户和管理机构间的自愿协议，确定达到协议要求，工业用户需要采取的具体措施和日期；

（3）陈述理由命令；

（4）恢复达标排放命令；

（5）停止超标排放命令；

（6）紧急暂停排水命令；

（7）停止工业用户排水。

另外，大多数管理机构可以对违规工业用户进行行政罚款。

4. 实施状况跟踪

管理机构应该提供出有效的信息，用以表明预处理项目得到了合理实施。对于不能有效实施已获批预处理项目的管理机构，净水法赋予了公民提出诉讼的权力。而法庭将会对管理机构进行罚款，同时要求其对工业用户强制执行预处理标准。如果违规排放依然存在的话，审批机构将会对工业用户以及管理机构采取强制执行措施。另外，当认为州政府或者管理机构的处置措施不当时，美国国家环保局也可以直接采取强制执行措施。

对于管理机构在工业用户监测、违规检查以及预处理方案实施等方面的实际工作情况，审批机构将会定期进行评估，并具体针对POTW监测报告、实施响应计划、审计、现场调查和预处理项目报告进行。因此，无论采用何种响应处置措施，管理机构都应该记录和跟踪与工业用户之间的所有合同、通知、会议，以及收到的工业用户的回复。

5. 公告违规工业用户名单

按照国家预处理项目的要求，政府应该至少每年公布一次一年来的预处理标准重大违规工业用户名单，名单一般会刊登在发行量最大的当地日报上。重大违规的定义可参见美国环保局常规预处理规范［40 CFR 403.8（f）（2）（viii）］具体内容。

4.3.5 记录保存与报告

1. 数据管理系统

预处理项目信息管理系统的类型及其复杂程度，主要取决于受监管的工业用户的数量以及今后检索所存储的信息和数据量的大小。对于工业用户数量较小的市区，人工归档就可以满足数据记录的需要，包括调查、采样以及工业用户自测报告等，同时也可以满足NPDES和联邦预处理报告的需要。而授权监测较多工业用户的市政污水处理厂则需要配置使用计算机化数据管理系统。无论采用何种预处理项目信息管理系统，都应包含的信息内容有：

（1）工业用户调查结果；

（2）工业用户自测报告；

（3）工业用户预处理项目实施历史；

（4）POTW进行的工业用户设施调查报告；

（5）POTW取样分析数据；

（6）POTW进水、出水状况及产生固废情况。

计算机化数据管理系统可以自动跟踪监测各类工作的完成情况，例如工业用户自测报告、管理机构检查和采样，自动检测未上交报告的工业用户，比较和评估管理机构和工业用户双方的分析结果。并为NPDES许可和国家预处理项目生成管理机构报告。该系统同时也能够自动标识出违规排放工业用户，这对于受监管工业用户较多的管理机构尤为重要。

2. 公共污水处理厂（POTW）报告

授权担当预处理方案管理机构的POTW，需向美国环保局提供年度报告，以简要概述过去一年中预处理项目的实施情况。内容包括预处理项目变化情况、受监管工业用户列表及其达标排放情况，所采取的处罚措施等。

4.4 实施预处理项目工业用户职责

这里重点介绍工业用户在实施国家预处理项目中的职责，更为详细的信息，请参见《工业废水管理、处理与处置》（WEF，即将出版）一书，以及40 CFR细则403.12、406.16和403.17的具体内容。工业用户应注意管理规范定期修正的内容。管理机构应明确工业用户职责，并以此来监督工业用户预处理项目的实施情况。

工业用户应遵守所有适用的预处理标准和要求，并提交自测报告并保存记录。由于管理机构有责任与工业用户进行沟通以确认适用的标准和要求，同时接收并分析工业用户提交的报告，因此管理机构工作人员应掌握常规预处理规范中规定的工业用户的报告要求。

4.4.1 行业工业用户报告要求

需要遵守行业预处理排放标准的工业用户称为行业工业用户（CIU）。行业工业用户报告的基本要求分述如下。

1. 基线监测报告 [40 CFR 细则 403.12 (b)]

在行业排放标准生效后180d内或者在新污染源开始排放至少90d前，行业工业用户需要提交基线监测报告（BMR）。基线监测报告是一种一次性报告，是建立在对行业工业用户取样或者对新污染源水质特征评估的基础之上的。

2. 达标安排进度报告 [40 CFR 细则 403.12 (c) (3)]

未达到行业排放标准的工业用户，必须在限期达标日之前，或者通过调整生产工艺，或者进行末端处理实现达标排放。国家规范要求管理机构针对工业用户制定和执行达标验收程序，使其采取一定的措施达到排放标准。验收期限最迟不得晚于行业排放标准中要求的最终达标排放限期。行业工业用户必须按照达标排放进度安排中的每一步骤期限不迟于14日内，向管理机构提交进度实施报告。

3. 90天达标报告 [40 CFR 细则 403.12 (d)]

常规预处理规范403.12（d）节要求工业用户必须向管理机构提交最终达标排放报告。对于现有行业工业用户，必须在行业排放标准规定的最终验收期限90d内，或者管理机构明确规定的达标排放期限90d内，编制达标排放报告，具体时间以两者要求中较早的一个为准。而对于新建工业用户，必须在废水开始排入POTW90天内编制达标排放报告。

4. 事故排放报告 [40 CFR 细则 403.16]

预处理项目授权工业用户为其违规排放进行积极辩护的权利，如果他们可以提供理由以表明违规排放是发生事故的结果。按照40 CFR细则403.16的要求，行业工业用户应该在发现事故发生24h之内，至少向管理机构提交口头报告。

5. 签字和认证要求 [40 CFR 细则 403.12 (l)]

按照40 CFR 细则403.12（1）的要求，行业工业用户提交的基线检查报告、90d达标报告以及定期达标报告，必须有工业用户授权代表签字，并且包含一个确认报告提交信息完整性的认证声明。

4.4.2 行业和重要工业用户报告要求——定期达标报告 [**40 CFR细则403.12 (E)、(H)**]

在达标排放最终期限之后，行业工业用户（非重要行业工业用户除外）要求在每年的6月和12月份，向管理机构提交所有自测排放水质结果，尽管管理机构要求的监测频率可能更高。同时，管理机构必须要求无需遵守行业排放标准的重要工业用户每半年提交一次自测报告。这些工业用户必须将所有自测排放废水结果均提交给管理机构，即使监测频率可能会高于管理机构的要求。

管理机构可以选择对工业用户进行现场取样监测代替工业用户自测。

4.4.3　所有工业用户报告要求

1．潜在问题通知［40 CFR 细则403.12（f）］

对于可能引起任何潜在问题的废水排放问题，所有工业用户都必须立即通知监管机构。这些排放情况包括溢流、冲击负荷，或者任何可能引起POTW潜在影响的废水排放情况。

2．旁路排放［40 CFR 细则403.17］

常规预处理规范将"旁路"定义为从工业用户废水预处理设施进行的任何故意分流排放现象。如果旁路排放导致了排水超标，即使是必要的维护操作的结果，工业用户也必须向管理机构提交报告，阐明旁路排放情况、原因及持续时间长度，拟定的减少、消除或者防止再次发生旁路排放所采取的措施或者计划。工业用户必须在检测到非预期旁路排放24h之内，向管理机构提交口头通知，并于5d内提交文本报告。对于预期的旁路排放，工业用户必须在准备旁路排放之前10d内，向管理机构提请通知。

3．违规排放通知单［40 CFR 细则403.12（g）（2）］

工业用户在自测发现超标排放现象后，必须在24h内通知管理机构。另外，工业用户必须在30d内进行重新采样、分析并报告分析结果。如果管理机构对工业用户至少每月现场取样一次，或者管理机构对工业用户的现场采样时间是在上一次采样和接收到结果之间，则工业用户就不需要进行重新采样了。

4．排水变化通知［40 CFR 细则403.12（j）］

对于任何排放废水中污染物质总量或者性质的重大变化，所有工业用户必须提前通知管理机构。

5．通知排放有毒污染物质［40 CFR 细则403.12（p）］

按照资源保护和恢复法（RCRA）的规定，每月排放超过15kg 40 CFR 细则261中所列出的毒性物质的任何工业用户，必须向管理机构、州和美国环保局提交一次性书面排放通知。同时，所有排放RCRA规定的任何数量毒性物质的工业用户，也必须提交该类书面排放通知。

4.4.4　自测要求

所有重要工业用户，包括行业工业用户，必须进行自测并作为几种报告的组成部分。对于行业工业用户，提交的报告包括基线检测报告、90天达标报告以及定期达标报告。无需遵守行业排放标准的重要工业用户也需要将自测结果作为定期报告的部分内容。预处理项目要求的所有报告水样的采集和分析，必须按照CFR40细则136规定的程序以及补充修订进行。

工业用户完成的定期达标报告自测必须符合工业用户排放许可证要求。管理机构通常在排放许可证内明确取样位置、取样频率、取样方式、取样和分析操作程序以及相关的报告要求。美国环境保护局编制了《工业用户排放许可指南》（美国环境保护局，1989b）一书，为排放许可管理提供了参考指南。

行业工业用户必须至少每6个月监测一次行业排放标准所列出的所有污染物质，而地方管理机构批准的排放许可证要求的监测频率可能会更高。

4.4.5 工业用户记录保存要求

所有工业用户均需保存监测记录，至少要包括以下内容：
（1）取样方法、日期和时间；
（2）取样人和取样地点；
（3）分析时间和分析方法；
（4）分析人和分析结果。

这些记录必须保存3年或以上，以防涉及管理机构或者工业用户的诉讼需要，或者由审批机构使用。必须确保管理机构和审批机构可随时查阅或复印这些记录材料。从以往的情况来看，大多数管理机构不会销毁任何记录材料，而是异地归档保存旧的记录。

4.5 工业废水预处理简介

这里简单介绍工业废水预处理中主要需要考虑的问题，更多相关信息，请参见《工业废水管理、处理与处置》（WEF，即将出版）一书，以及本章其他参考文献。

4.5.1 工业废水水质特征

工业废水中可能含有影响POTW正常运行的有机或者无机污染物质。同时，工业废水中污染物质的组分也会因生产原料与生产工艺变化而改变，流量和污染物质组为也会发生波动。工业废水的水质特征因工业类型不同而变化较大，而即使是同一工业类型中的不同工业用户，其工业废水水质也会存在较大不同。由于受监管污染物质的种类较多，因此大多数工业用户都会成为含有一种或者多种受监管污染物质的污染源。请参见表4-1给出的部分行业工业用户以及这些工业用户可能存在的潜在污染物质。

4.5.2 工业废水预处理工艺

工业废水预处理工艺的选择主要取决于工业废水水质特征、需要去除的特征污染物质、处理水量以及需要达到的预处理要求。常见工业废水预处理工艺主要包括物理、化学和生物处理工艺，分述如下。关于工业废水水质特征、预处理工程实例以及工业废水预处理系统的设计，可参见其他资料（Eckenfelder，1999；Nemerow，1978；WEF，即将出版），这里不再赘述。

为了减少工业废水产生量同时降低污染物质的浓度，可通过工业循环和回用系统、改善日常生活用水方式以及改进生产工艺来减少相关污染物质的排放等实现。实际生产中应该考虑采用这些工业控制方式，同时会对工业废水预处理工艺产生重要影响。

物理处理工艺主要用于去除废水中的目标污染物质，而这些物质不会发生任何化学反应。常用的物理处理工艺包括过滤、吸附、汽提，以及用于去除固体物质的格栅、沉淀和气浮等。物理预处理工艺降低了工业废水中的目标污染物质的浓度，而去除的污染物质必须进行单独收集并进行最终处置。

化学处理工艺主要通过使废水中的目标污染物质发生化学反应，或者通过添加化学物质与目标污染物质发生化学反应相结合，最终使目标污染物质发生变化。例如中和、氧化、还原和混凝过程。化学预处理工艺的目的是降低工业废水中的目标污染物质的浓度，而去除的污染物质也必须进行单独收集并进行最终处置。常用混凝剂包括铝盐和铁盐，而常用的氧化剂包括氯气、过氧化氢、臭氧或者氧气。

生物处理工艺主要是用于去除工业废水中的溶解性的有机物质。好氧生物处理工艺包括滴滤池，以及其他固定生物膜处理系统和活性污泥处理系统，包括SBR系统。厌氧生物处理工艺已经被用于高浓度工业废水的处理，包括厌氧滤池以及其他厌氧生物反应器。许多工业废水都需要进行预处理以降低其内所含的毒性物质的浓度，否则将会影响POTW生物处理单元的正常运行。

工业废水中重金属的去除通常采用沉淀处理工艺，而有时需在沉淀处理前先进行化学氧化处理。废水的pH值和金属离子的氧化状态会影响到金属离子的处理效果。可采用硫化物除砷，采用石灰或者苛性碱生成氢氧化物沉淀去除多种重金属离子。Cr^{6+}可先采用还原剂还原为Cr^{3+}，而后生成$Cr(OH)_3$沉淀去除。氰化物可在碱性条件下采用氯气进行氧化去除。

以下4种处理工艺可用于工业废水中有机物质的去除：

（1）空气或者水蒸气气提；

（2）高级氧化工艺，可以采用不同组合的氧化剂，例如O_3、H_2O_2以及UV；

（3）活性炭或者合成树脂吸附；

（4）生物处理工艺。

以上废水处理工艺的处理效果，主要取决于废水中有机物质的特性及其共存的其他污染物质的情况。因此，对于特定的某种工业废水的处理，在最终确定处理工艺之前，往往需要先进行小试试验。

图4-1给出了废水中常见污染物质及其相应的处理工艺，可以选择用于含有这些污染物质的工业废水的预处理，以减小或者消除其对POTW的影响。

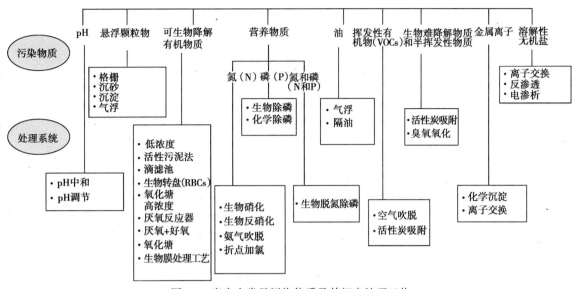

图4-1 废水中常见污染物质及其相应处理工艺

第5章 安 全

5.1 引言

"安全"一词，在教科书中被定义为（1）免于危险、风险或伤害；或者（2）设计用于防止意外事故发生的方案（American Heritage Dictionary, 1997）。然而，在实际场合中，安全可能会有多种不同的含义。它可以指某种工作方式，不会危害到操作人员和周围人员的生命或者肢体，也可以指避免损失工作时间的工作方式。不过遗憾的是，生活中经常提及安全，但是切实实施安全保障却很不足。

现实为什么会存在这样的状况呢？人们都知道在没有导致伤害或者疾病发生的情况下，是应该有工作规范的。然而，实际工作中往往产生这样的现象，在一定的时间内，为了提高生产量，同时为了追求较低的生产成本，这样就易于导致工人操作马虎而产生过失，甚至养成无法纠正的不良工作习惯。这种工作压力环境的结果，实际上是形成了一种工作或者文化氛围，虽然行政管理人员说的是应该做的正确的事情，然而实际上却不是这样的。目前，"买账"这一词语在管理培训中比较常见，主要是指管理中的感情投资。管理人员总是试图使员工们在执行一个计划时，能够"买他的账"。这里的计划所涉及的范围较为广泛，从利润分成，到纪律处分、团队精神，一直到安全问题等。管理人员有义务确保员工们能够正确理解安全工作的内涵。他们可以通过多种形式达到这一目的，其中包括培训、奖惩制度、现场检查，以及奖励参与安全方案员工等。安全问题仅仅停留在讨论的层面上而不进行资金投入，是一件很容易的事情，尤其是目前，安全方案的制定和执行都是不可能带来什么额外的利润的。例如，为了安全而给操作人员配备的铁头鞋，新设备使用前的现场培训，或者长期在噪声超过85dB环境下工作的员工的年度听力测试等。因此，管理人员必须确保任何工作的启动和开展都必须获得充足的经费支持。管理工作诸多职责的其中之一就是建立一种企业文化，以支持和实施安全操作规范。

操作人员在这种较低的安全意识工作状态下，也承担着较大的责任。因为，当他或者她离开工作现场时，由于他或者她是现场操作人员，因此他们就要对他们的所有操作行为后果负责。如果他或者她不愿意承担责任，那么与他们一起的工作人员就要全部来承担责任。污水处理厂内的许多岗位还是存在很多危险的，可能会带来多种危害，包括电气、细菌、病毒、受限空间、塌陷、机械，以及一些常见的危害，例如污水处理厂内行驶的车辆以及交通管制，这就要求操作人员要时刻保持清醒警觉。

相信世界上的任何人都希望得到保护，获得进步，实现理想并善待他人。然而，事实情况并非如此。操作人员可能因有时认为"不属于他们的问题"而马虎，或者也可能会想"反正没有人会知道我这么做了",也或者是由于操作人员在工作中分神。而管理人员有时也可能会遇到管理上的财政困难,或者对操作人员不关心。除此之外,有时错误的判断也往往会导致伤害发生。例如,污泥运输工人用高压水枪冲洗拖车时,无意中也可能会掉进水池中,由于缺氧几分钟内就可能导致死亡。他可能是受到的培训不够,也或者是仅仅发生了一次错误而已。但是无论是什么原因,他都为该次错误付出了生命的代价。因此,营造安全的工作氛围,不应该仅仅停留在讨论的层面上,而必须落到实处。

为了追求利润,企业管理决策是不可能将操作人员的健康作为首要问题进行考虑的。因此,针对这一现状,联邦政府设立了职业安全与健康管理局(OHSA),制定了职业安全与健康法(1970)(CFR 1910;职业安全与健康危害,2005)(CFR 1926中有建筑施工章节,是与污水处理行业相关的,它涉及沟槽开挖、楼梯,以及污水收集系统维护人员和基础设施维修人员可能需要处置的其他问题),以保护操作人员的生命和健康。OSHA有责任通过设立规章制度来保护操作人员的安全。

奇怪的是,有许多操作人员仍然处于OSHA所涉及的安全规章保护之外。一些联邦和州的工人就没有被包含在该规章的管辖权限之内。同时,只有雇员数最少达到9人时,雇主(镇、特区或者市)才需要遵守该规章的管理要求。作为行政管理或监督机构,也要认识到所有进入污水处理厂实施作业的分包商,都必须要满足本单位的安全与培训标准要求,这是你们的职责所在。OSHA规章是多种行业中提请诉讼时采用的行业安全标准,被认为是安全规范基准。因此,雇主必须遵守OSHA规章中的一般责任条款。

职业安全与健康法的起草人员也认识到,该法案不可能覆盖到可能产生安全与健康危害情形的所有工作场合。因此,在5(a)1节中,包含了一般责任条款——"责任",如下所述:

(1)每一雇主:

1)应该确保其所提供给雇员的每一工作岗位和场合,都应该是远离可能会引起公认的已知危害、死亡或者严重肢体伤害的。

2)应该遵守按照本法案颁布的职业安全与健康标准。

(2)每一雇员应该遵守依照该法案发布的并适用于其工作岗位操作行为的职业安全与健康标准,以及所有的规章制度和法令。

OSHA的一般责任条款包含了诸多要求雇主遵守的内容。如果OSHA没有颁布基于具体规章的引文,它就将引用一般责任条款内容。作为雇主,要确保为您的雇员提供安全的工作环境。仅仅遵守OSHA的所有规定可能是不够的,您必须努力确保您的雇员所进行的任何操作都是有安全意识的。

5.2 社区知情权

另外一套由联邦政府制定的规章,其目的不是用于保护工人,而是用于保护其他可能会受到污水处理厂化学药剂影响的利益相关者,他们一般位于污水处理厂的周围社区。这套规章被称为超级基金修改与再授权法(1986),也就是常说的SARA,或者紧急规划和社区知情权法（EPCRA）。实际上，后者是SARA中的一个独立法律，即通常所说的SARA Title Ⅲ。该规章规定的目的是鼓励和支持紧急规划更加本地化，从而更加广泛周知潜在的化学危害信息，并制定应急预案。

为什么这是必须的呢？有人可能会认为所有污水处理厂的设计标准、运行记录以及所使用的化学药剂的情况，应该存放在州政府记录的某些地方。然而，实际情况并非如此。在一个实例中，污水处理厂的专业人员想要取得一个经过了工艺改造后小型山区污水处理厂的授权书。经过核查，当地县行政管理部门已经丢失了关于该污水处理厂的所有记录资料。而当其来到州行政管理部门查询的时候，才发现原厂址和处理工艺资料也已经丢失，同时排放许可续期申请不完整，也没有包含这些信息。在计算机广泛使用之前，许多资料库保存的都是手工绘制的图纸、图表和清单，许多监管机构都没有这一部分预算，以将其转换成关联数据库信息。因此，当需要访问这些信息时，往往就会出现查找不到的现实问题。另外，如果污水处理厂已经进行了工艺的改造调整，而没有在排放许可文本上更新的话，也会导致无法查找问题的发生。

EPCRA是对《综合环境反应、赔偿和责任法》（通常被称为超级基金）（CERCLA，1980）规章的修正。美国环境保护局（U.S. EPA）（Washington，D.C.）负责管理EPCRA，同时由州政府负责建立应急响应委员会，继而由该委员会设立紧急计划委员会和布置应急响应区域。该委员会成员通常包括应急响应部门、州和县级政府、环保部门、消防部门和执法部门的代表。他们有责任确保本地区所使用的所有潜在危险品进行了上报说明，且危险物质一旦发生泄露，会立即采取应急解决方案进行有效处置。例如，较为大型的城镇污水处理厂可能会配置专有培训合格的专业人员以备安全处置氯气泄露事件，而许多小型社区可能负担不起专业人员的培训，更不用说购买处理紧急事故所需要的材料、工具，以及配置专有专业应急人员了。因此，他们可以协调政府当局，在需要的时候可以调用这些应急处置人员。Title Ⅲ使得社区可以明确了解企业或者服务单位所生产、运输和使用的危险物质的种类，从而据此制定应急计划和相应措施。该法律覆盖了生产、存储、购买、运输或者使用危险物质的所有行业和企业。

该规章的第一部分，即Tire1，颁布于20世纪80年代，规定所有化学药剂量超过4500kg（10000lb）的生产商和用户，要将其位置报告至当地监管机构。后来颁布的第二规章，即Tire2，包含了更多的规章内容，要求污水处理厂在药剂使用量较小的情况下，要向相关的地方专门应急响应机构以及州政府进行报告。

污水处理厂通常会涉及到危险物质的使用、存储和运输。美国环保局规定了极端有害物质（EHS）名单（U.S. EPA，2001），确定了其数量限值，通常是230kg（500lb），或者给出了其临界值，实际操作中以两者中较小者为准。例如，氯气的临界值规定是45kg（100kb），要远低于通常的数量限值230kg（500lb）。其他危险化学物质（非EHS类）的数量限值通常为4500kg（10000lb）。

污水处理厂常用危险化学物质主要为氯气、明矾、氨气、硫酸、甲醇、石灰和氢氧化钠。完整的化学药剂名单列表可以在网站上找到，也可以直接联系地方管理机构予以确认。

要和当地的监管管理机构建立良好合作联系，在应急计划制定时，可以获得他们的帮助，既考虑到经济性，又考虑到公众安全。他们通常也是发生紧急事故时的第一联系人。依据SARA和EPCRA的规定，如果地方政府认为基于地理或者当地实际状况，危险化学物质构成了明显的风险影响，他们有权降低危险化学物质的数量限值。在许多地区，风险管理部门、消防管理部门和执法部门都有具体的法律和权限，可能会有所重叠，但是不可能是完全一样的。例如，消防管理部门对氯气的规范要求，可能要比州、县应急响应部门的要求更为严格。一个实例，当一个污水处理厂处于一所小学附近时，污水处理厂氯气的存储量限值将会大大降低。因此，要了解并确保遵守地方管理机构最为严格的规章要求。

对危险化学物质进行告示通知开始于1986年。在此以前，提交的主要是化学品安全技术说明书（MSDS）。目前，为SARA Title Ⅲ Tire 2规章设计了专用表格（图5-1）。通常要求，每年一次将该表格提交至相关监管机构。如果监管机构无法提供该类表格，可以到当地县政府的网站上去下载（http://www.co.ha.md.us/lepc/tier2form.html）。

有些超出基本报告内容的职责，通常也是必须履行的。同时，需要建立应急通信方案，包括一旦发生紧急事故，应该联系哪些人以及联系人的先后顺序。该联系信息和应急预案应该放置于显著位置，比如靠近电话机旁，以便于获得。应急响应预案必须进行演习，以防在紧急事故发生时，出现混乱。必须通过管理来协调参与应急预案演习的各部门。应急响应预案的审查和演习，还可以发现和解决紧急事故中可能的潜在问题。另外，还要注意，在化学品应急预案设置的同时，还存在其他多种紧急事故，例如洪水、断电、雪崩以及人为破坏，这些也需要针对性地建立处置措施预案。该预案应该包括解决紧急事故的具体措施、实施人，紧急事故告知公众通信网络。应急响应预案的基本内容包括以下内容：

（1）极度危险化学品设施和交通路线识别。同时，也包括靠近水体运输的生物污泥和初沉污泥的运输路线；

（2）应急响应程序；

（3）任命社区和污水处理厂相关人员实施应急响应预案；

（4）紧急事故通告程序；

（5）判别化学品是否发生泄漏的方法，以及可能受到的影响面积和人口数量；

（6）社区应急响应设备描述，职责确定；

（7）撤离计划；

（8）应急响应人员培训方案描述及时间安排；

（9）实施应急响应预案的方法和时间安排。

要记住，任何这种性质的文本都可能会成为对外告示信息内容。通常，危险化学品存放区域的地图以及化学品资料信息图表将会同应急响应预案一起提交，而且资料较为详细。正如2003年4月丹佛国家公共广播电台KCFR FM90.1播报的那样，在被没收的恐怖分子的电脑上，发现了许多这样的地图，一些资料详细记录了靠近敏感居民点的污水处理厂内的氯气储罐情况。一旦化学品仓库变成了公众信息内容，就需要针对这些化学品制定安全预案。2004年美国国会通过了一项法律，要求对净水厂的主要化学品存放

第5章 安 全

Tier 2 **紧急和危险化学品名录**	单位标识 名称_____ 街道_____ 市_____ 县_____ 州_____ 邮编	雇主/操作人员姓名 姓名_____ 电话（___）_____ 通讯地址_____
化学品详细信息	权力机关 ID #_____ 填写 接收日期_____	紧急联系人 姓名_____ 职务_____ 电话（___）_____ 24 h电话（___）_____ 姓名_____ 职务_____ 电话（___）_____ 24 h 电话（___）_____

重要提示：请在填表前阅读所有要求	报告周期1999年1月1日～12月31日 □		检查以下信息是否与去年提交信息相同

化学品描述	身体和健康危害 （检查所有使用情况）	目录	容器类型	温度	压力	存储代码和位置 （非机密类型） 存储位置	可选项
CAS_____商业机密□ 化学品名称_____ _____ 使检 □ □ □ × □ 用查 纯 混 固 液 气 EHS 情所 物 合 体 体 体 况有 质 EHS名称_____ _____	□ 火灾 □ 高压突然泄漏 □ 活性 □ 立即（急性） □ 延迟（慢性）	___最大日 用量（代码） ___平均日 用量（代码） ___使用天 数（天）	__ __ __ __	__ __	__ __	_____ _____ _____ _____	□
CAS_____商业机密□ 化学品名称_____ _____ 使检 □ □ □ □ 用查 纯 混 固 液 气 EHS 情所 物 合 体 体 体 况有 质 EHS名称_____ _____	□ 火灾 □ 高压突然泄漏 □ 活性 □ 立即（急性） □ 延迟（慢性）	___最大日 用量（代码） ___平均日 用量（代码） ___使用天 数（天）	__ __ __ __	__ __	__ __	_____ _____ _____ _____	□
CAS _____商业机密□ 化学品名称_____ _____ 使检 □ □ □ □ □ 用查 纯 混 固 液 气 EHS 情所 物 合 体 体 体 况有 质 EHS名称_____ _____	□ 火灾 □ 高压突然泄漏 □ 活性 □ 立即（急性） □ 延迟（慢性）	___最大日 用量（代码） ___平均日 用量（代码） ___使用天 数（天）	__ __ __ __	__ __	__ __	_____ _____ _____ _____	□

证明（填写完整后签字） 依据若提供虚假信息将受到处罚的法律要求，本人保证已经检查并且熟悉通过___所提交的信息，这些信息均来自对负责相关信息的个人的调查。本人保证提交的信息是真实、正确和完整的。 _____ 雇主/操作人员或其授权代表的姓名和职务 签字 日期	可选信息 □ 我已经附上了位置平面图 □ 我已经附上了与位置平面图相 一致的缩写清单 □ 我已经附上了一个描述光盘 和其他安全措施

图5-1 Tier 2 表格（http://www.co.ha.md.us/lepc/tier2form.html）

区域、水库、处理设施、泵站等的开放脆弱性进行评估，并将评估结果提交至监管机构。这一问题继而在许多州成了重要的问题，从而该项法律在许多地区成了州一级的法律。各州政府在上述开放脆弱性评估中起主导作用，而对全国而言，是美国国土安全局起主要作用，而并非是美国环保局。这样做的主要目的是为了挫败恐怖分子。考虑到这一点，脆弱性评估内容中就要有大量的安全方面的考量了。在该项国会法案通过之前，在2005年的污水处理厂安全法案（Jim Jeffords, I–VT）中，也包含了针对污水处理厂安全问题的同一类型的立法。

在设计应急响应预案时，涉及的大多数物质都是与EPCRA相关的。然而，也考虑其他类型的紧急事故，包括污水管道溢流、潜在流域污染、洪水、热带暴风雨、地震和长时间停电等。所有这些都是可能发生的，当然由于地理位置的原因，各种事故的可能性应该会有所不同。这就要求公众健康专业人员在考虑这些问题时，需要有一定的前瞻性和想象力，这样就不至于在遇到紧急状况时，感到束手无策。

5.3 职业安全与健康管理局危害性通识标准

对于污水处理厂操作人员而言，社区知情权的另外一层重要的含义就是职业安全与健康管理局（OHSA）危害性通识标准，即HAZCOM。一般而言，操作人员需要对他们将要接触的化学品进行一定的了解，包括处置化学品的正确方法，化学品处置时需要采用的适宜的个人防护设备（PPE），化学品可能形成的危害、暴露限值，以及其他相关的重要问题。操作人员可以在许多地方获得这种资料，但是主要的途径是MSDS。所有使用的化学品的MSDS资料应该保存在带有标记的记录本或者活页本中，并放置在使用设施的入口处。实际上，一些大型处理设施，往往通过编码进行依序标识，所有构筑物都有属于自己的MSDS目录手册。为了进行醒目标识，许多应急保护或者响应区域都为这种记录本确定了一种颜色（有时为黄色，通常采用橙色）。

MSDS手册中包含了化学品的相关具体信息，如下所示：

（1）组分，CAS号码，分子式，分子量，别称；

（2）24h紧急电话号码；

（3）物理性质数据，如沸点、凝固点、熔点、比重、溶解度、蒸气压；

（4）活性，如不相容性、分解产物、聚合性；

（5）暴露健康危害数据（急性和慢性），容许接触限值（PELs），警示标示；

（6）环境影响，如环境毒性影响；

（7）运输指南以及需要遵守的其他相关联邦法规；

（8）暴露控制方法，如个人防护设备（PPE）、工程和管理控制措施；

（9）操作规范，如操作处置、存储程序，清洗和废物处置方法；

（10）泄漏、火灾和爆炸的应急处置程序；

（11）急救程序。

MSDS手册是对操作人员进行化学品处置培训的基本内容。而且，永远不要考虑可以有其他的方式能够替代培训的作用，尤其是因为目前对于MSDS而言，还没有可读性标准。虽然一些是采用易懂的文字书写的，但是大多数还是采用专业术语书写，供化学专业人员和工业卫生专业人员使用的。作为参考资料，应由管理人员对员工进行MSDS培训，同时要确保监管人员和所有员工能够理解和接受MSDS的内容。由于MSDS内容不断增加，或者由于污水处理工艺发生变化而增加了新的化学品使用，所以MSDS手册必须进行定期检查和更新。严禁接收、标识、存储或者现场使用安全和健康信息未进行记录和归档的任何化学品。还有一些参考书提供了重要的信息，例如最高容许浓度限值和PELs，是由美国国家职业安全与健康研究所（NIOSH）（Washington，D.C.）和美国安全工程师协会（Des plaines，Illinois）共同制定的，这些数据可以在美国NIOSH化学品危害袖珍指南（NIOSH，2005）中查阅到。

5.4 危险化学品

在前面已经提到了HAZCOM，它为什么如此重要？这是因为污水处理厂操作人员所面对的最为严重的危害之一就是工作环境中的危险化学品。一般而言，污水处理过程中长期使用多种化学药剂，包括氯气、过氧化氢、硫酸、盐酸、乙酸和氢氧化钠，还有一些药剂带有不同程度的急性危害。下面主要讨论使用化学药剂的操作人员控制危害的各种方法。

5.4.1 控制措施

最佳的控制措施是可否放弃使用该化学品，这是首先应该从经济性和可行性来进行考虑的。然而，通常考虑的结果是继续使用，因为"原来一直是这样使用的"。其他措施主要是采用工程控制方法，以降低化学品使用的风险责任或者提高操作安全性。

1. 淘汰使用

可以采用以下方式淘汰使用某些特殊药剂，例如改变处理工艺（如采用缺氧反硝化脱氮产生碱度来降低工艺中碱的耗量）、改变设备或者替代使用同等作用的其他低危害性的化学药剂。这种信息可以通过很多渠道获得，且往往是免费的。药剂供应商可以建议采用更为安全的替代药剂，而污水处理厂管理人员可能是不了解的。通常，州政府监管巡查人员也可以提供建议采用其他控制措施，以降低风险责任。例如，阿拉斯加州Anchorage市监管监察人员在审查氯气使用情况时发现，由于该城市所处地理位置方面的原因，导致氯气的送货频率较低，现场氯气存储量较大。从而环境风险较大，因此该城市决定采用电解盐水现场制备次氯酸钠的方式进行消毒。虽然现场制备费用较高，然而氯气使用时，员工培训以及连续安全监测方面的费用足以抵消氯气价格上的优势。

2. 工程控制

主要工程措施包括通风（包括整体和局部）、隔离、围栏以及重新设计生产车间等。

通风主要是控制空气传播危险物质，这需要管理人员与当地利益相关者通力合作。当地消防部门或者危险物质管理部门可以依据他们的实际操作经验，并根据安全问题的实际情况，提出经济可行的控制措施。

3. 操作规范

以下为常见的用于保护操作人员的操作规范：

（1）适宜的安全处置和操作规范入职培训；

（2）采用合适的PPE；

（3）针对与有害物质接触的日常工作，制定和执行标准操作程序；

（4）采用吸尘器或者清扫方式，保持化学药剂存放区域清洁；

（5）在防爆区严禁吸烟；

（6）在可吸入危害物质检测出的地方，应该采用隔离饮食和洗浴设施；

（7）为容器粘贴正确标签，包括美国消防机构（NFPA）（Quincy，Massachusetts）标识或者其他详细信息，尤其是当药剂运输容器和现场使用容器不同时；

（8）张贴警示标识，提醒操作人员危险状况的存在以及特殊的预防措施；

（9）在关键操作位置，张贴紧急处置指南；

（10）针对火灾、化学品紧急事故，泄漏和要求急救区域制定紧急处置程序，并进行操作演习；

（11）对所有危险化学品的安全使用和处置进行培训，并保存培训记录；

（12）对工作状况进行安全分析，以协助完成操作和维护工作。

在实际工作中，如果不可能淘汰使用或者采用工程控制的方法来降低化学品的暴露量的话，应充分重视安全处置化学品的培训以及提供PPE工作。

5.4.2 常见化学药剂

表5-1列出了污水处理厂常用的化学药剂的种类、特性，以及它们可能产生的最为常见的即时危险。

由该表可见，许多气体药剂是无色、无嗅、无味的，因此必须采用气体传感器来进行检测。关于气体传感器使用的有关内容，将在本章密闭空间一节中进行介绍。

污水处理厂常用的化学药剂和特性以及它们可能产生的最为常见的即时危险* 表5-1

通用名称	物理性质	危险性	安全防范措施
氯气	黄绿色气体，可压缩为琥珀色液氯，具有强烈刺激性气味，在潮湿空气中具有腐蚀性	呼吸道刺激：30mg/L咳嗽；40~60mg/L 30min内产生危险；1000mg/L呼吸几次致死	自给式呼吸器（SCBA）
氢氧化钠	液体具有黏性，高pH	化学灼伤	手套、面罩或者护眼镜、化学药剂清洗站
硫酸	液体，低pH，特殊气味	化学灼伤	手套、面罩或者护眼镜、化学药剂清洗站
盐酸	液体，低pH，特殊气味	化学灼伤	手套、面罩或者护眼镜、化学药剂清洗站
二氧化碳	无味气体	窒息	通风、SCBA

通用名称	物理性质	危险性	安全防范措施
一氧化碳	无色、无嗅、无味气体	窒息、易燃、易爆	通风、SCBA
甲烷	无色、无嗅、无味、无毒	易燃、易爆	通风
硫化氢	臭鸡蛋气味，使失去嗅觉	0.2%浓度几分钟可致死	通风、SCBA
氢气	无色、无嗅、无味气体	窒息、易燃、易爆	通风

*注：本表没有列出污水处理厂使用的所有化学药剂及其他们可能构成的所有危险，而仅仅给出了即时危险的一个示例。对于现场使用的所有化学药剂可能构成的危险，请参见 MSDS 列表以及最新发行的 NIOSH 化学品危害指南（NIOSH，2005）

5.4.3 存储指南

1. 污水处理厂和污水收集设施消防标准

污水处理厂和污水收集设施消防标准（NFPA，1995）列出了污水处理厂存储和操作处置化学药剂的相关信息。统一消防规范（NFPA，2006；管理人员应该使用最新修订版，同时对污水处理厂消防安全负有监管职责）的章节也包含了污水处理厂所使用的大多数危险化学药剂的存储、分装和使用问题。污水处理厂管理人员熟悉这些标准之后，要及时联系当地消防和建筑检查人员以及其他相关的政府管理人员，来明确管辖权所属关系以及确定最为严格的执行标准。有时各管理部门之间可能会存在较大分歧，因此污水处理厂管理人员应该通过积极对话交流，最终就该问题，使得所有检查人员和监管机构形成统一共识。

2. 氯气存储室和加氯间设计

氯气是污水处理厂最为常用的一种化学药剂，应该特别予以重视。氯气存储室设计应该依照具体设计标准完成，具体标准可以参考设计手册或者标准实用手册。设计人员要熟知以下基本原则，同时必须核查地方建筑和消防规范，因为这些规范可能会存在不同，而且要求往往会更为严格。

（1）加氯间应该保持一定的温度（通常要求高于10℃［50°F］，以保证氯气不会凝固成含有氯气晶体）。

（2）充足照明，以便于操作人员看清操作过程。

（3）具备充足的工程控制和检查方法，保证氯气安全扩散出去。同时，如果氯气钢瓶使用速率过快，也会形成含有氯气结晶。45kg（100lb）或者68kg（150lb）氯气钢瓶最大流量为18kg/d（40lb/d），而900kg（1t）钢瓶最大流量为180kg/d（400lb/d）。

（4）氯气钢瓶使用中，应该采用固定链条或者固定夹进行固定。同时，钢瓶应该便于操作和存放。45~68kg（100~150lb）钢瓶通常垂直存放。

（5）应该配置合适的手推车、固定钳或固定链、起吊装置，以便于钢瓶搬运。

（6）加氯间的门上应该安装安全玻璃，以便于观察室内操作或者定期目视检查。当加氯间的门打开时，应该联动通风机，实现加氯间有人时自动通风。

（7）由于氯气比空气重，加氯间通风口应靠近地板设置，以便于稀释排放任何可能存在的渗漏氯气。通风系统出风口应该远离进风口，布置在加氯间上部，同时也应该远离任何道路，以避免危害行人。大型污水处理厂的加氯间应该配置氯气检测报警系统，并且带有备用电源，以防断电。

（8）在加氯间外，应该配置自给式呼吸器（SCBA），一旦发生氯气泄漏，可以立即使用。需定期检查其工作状态，并且让可能使用的操作人员进行演习使用。

要记住，紧急事故情况下，一旦忘记日常维护和操作规范，将很可能造成危及生命的状况发生。

5.4.4 化学品运输和配给

在人员较多的大型污水处理厂，化学药剂往往采用大批量运输方式，而在人数较少的小型污水处理厂，由于药剂使用量较小，操作人员不得不经常性地搬运药剂进行使用，因为有时候长途运输是不可能在订购之后马上就可以实现的。例如，在小型山区位置的污水处理厂，商业运输公司甚至不愿意服务这样的客户，因为运输费用较高，导致运输公司无利可图。这就意味着污水处理厂药剂的运输，要由污水处理厂自己配置车辆来完成。所有这些类型的化学药剂的运输都隶属于交通部（DOT）（Washington，D.C.）的管理权限范围之内。

运输氯气或者二氧化硫钢瓶的卡车，必须粘贴交通部标识（图5-2）。这些标识可以在交通部手册上查到，或者也可以在许多安全和工业品供应商处购买到。

化学药剂运输过程中，需要保管链表，以表明运输的化学药剂数量、名称、紧急联系电话号码、化学品分类、联合国危险品编码（UN number）、容器数量和种类，同时要有驾驶员签字。这些资料应该放置在卡车前座位处的写字板上，或者有些直接张贴在挡风玻璃上，以备随时检查。MSDS表单应该附在写字板上。同时，卡车司机应该具有危险化学品安全运输资格。

当运输液体化学药剂时，例如浓度为10%次氯酸钠或者氢氧化钠，卡车上药剂总量不要超过450kg（1000lb）。通常是一到两桶，桶上应标明重量。同时，也应该遵守以上所述运输卡车要求，但是不需要粘贴交通部标识。NFPA标签必须粘贴在容器上。如果运输容器容量低于18L（5gal）时，就不需要保管链表或者运输协议了。按照常识和安全程序，不会发生反应的化学药剂应该一起运输，但是所有运输的小型容器都必须粘贴合适的标签，对容器进行分类，并粘贴NFPA标识。

图5-2　交通部标识示例（由 Environmental Chemistry.com 提供）

5.4.5 美国消防协会

图5-3所示为NFPA用于标识化学品的符号系统（NFPA，2005）。这些符号可以在许多安全品供应商处购买到，应该粘贴在化学品存储桶和小型容器上。同时，按照消防要

求，这些符号也应该粘贴在存储化学品的建筑物外墙上。

图5-3中特殊危害部分所使用的一些符号、缩写和术语如图5-4所示（NFPA，2005）。这些是与NFPA 704不一致的，这里将其单独列出主要是为了当其出现在MSDS表单或者容器标识上时，便于理解其含义。

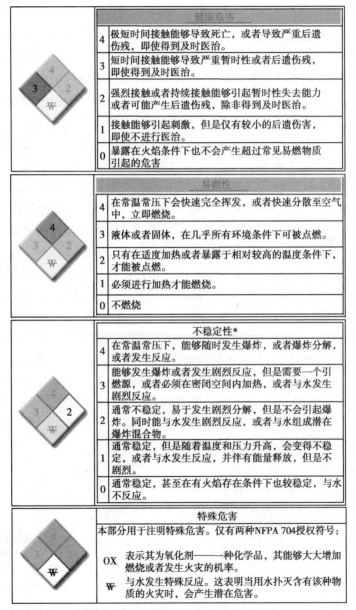

		健康危害
	4	极短时间接触能够导致死亡，或者导致严重后遗伤残，即使得到及时医治。
	3	短时间接触能够导致严重暂时性或者后遗伤残，即使得到及时医治。
	2	强烈接触或者持续接触能够引起暂时性失去能力或者可能产生后遗伤残，除非得到及时医治。
	1	接触能够引起刺激，但是仅有较小的后遗伤害，即使不进行医治。
	0	暴露在火焰条件下也不会产生超过常见易燃物质引起的危害

		易燃性
	4	在常温常压下会快速完全挥发，或者快速分散至空气中，立即燃烧。
	3	液体或者固体，在几乎所有环境条件下可被点燃。
	2	只有在适度加热或者暴露于相对较高的温度条件下，才能被点燃。
	1	必须进行加热才能燃烧。
	0	不燃烧

		不稳定性*
	4	在常温常压下，能够随时发生爆炸，或者爆炸分解，或者发生反应。
	3	能够发生爆炸或者发生剧烈反应，但是需要一个引燃源，或者必须在密闭空间内加热，或者与水发生剧烈反应。
	2	通常不稳定，易于发生剧烈分解，但是不会引起爆炸。同时能与水发生剧烈反应，或者与水组成潜在爆炸混合物。
	1	通常稳定，但是随着温度和压力升高，会变得不稳定，或者与水发生反应，并伴有能量释放，但是不剧烈。
	0	通常稳定，甚至在有火焰存在条件下也较稳定，与水不反应。

		特殊危害
		本部用于注明特殊危害。仅有两种NFPA 704授权符号：
	OX	表示其为氧化剂———种化学品，其能够大大增加燃烧或者发生火灾的机率。
	W	与水发生特殊反应。这表明当用水扑灭含有该种物质的火灾时，会产生潜在危害。

*1996年之前，"不稳定性"是用"活性"来代替的。这个名词替换的原因是许多人不理解物质的"活性危害"与"化学活性"的区别。其数字等级及其意义不变。

图5-3　NFPA符号系统简述

ACID	这种符号表明该物质为酸——腐蚀性物质，pH<7.0。
ALK	这种符号表明该物质为碱性物质。这种腐蚀性物质pH>7.0。
COR	这种符号表明该物质具有腐蚀性（或者是酸或者是碱）。
	这是另外一种表明该物质具有腐蚀性的符号。
	骷髅符号用于表明该物质为毒性物质或者剧毒性物质。
	这个国际放射性符号用于表明放射性危害；如果放射性物质被吸入体内，会引起严重危害。
	这种符号表明其为爆炸性物质。这一符号从某种程度上可以说是多余的，因为爆炸性往往可以根据其不稳定性程度进行识别。

图5-4　表5-3中一些组织用于表示特殊危害的其他符号、缩写和术语（注明：仅出现在图5-3中的符号是经过NVFPA 704授权的）。化学物质据此进行分类的指南，请参见NFPA标准（NFPA，2005）。

5.5 微生物危害

　　污水处理厂操作人员、学校教师和护士这三个截然不同的职业，所具有的共同特点是工作环境中都存在微生物。医护人员在急诊室诊断严重传染病人时，需要采取许多安全措施，以确保无菌环境，他们的危害主要来自血源性病原体。污水处理厂或者采用厌氧处理工艺，或者采用好氧处理工艺。污水处理厂的操作人员长期暴露在低水平微生物气溶胶环境中，而一些微生物可能会具有一定的传染性。因此，污水处理厂专业人员的免疫系统，就会针对多种细菌和传染性病毒，积累一定的抗体。由于他们长期处于低水平传染性载体环境中，会成为"一般携带者"，但是他们不会生病，因为他们已经有了免疫力，如同接种了疫苗一样。然而，当操作人员免疫力确实下降了之后，或者当他们接触大量的传染性载体时，他们将更易于生病。

　　19世纪70年代的一些记录资料表明，污水处理厂操作人员中大约14%的人被一些类型的寄生虫感染（Geldreich，1972）。而几乎所有的受感染案例，由于机体已经积累了抗体，都处于无症状的潜伏状态。随着污水处理厂专业人员对工作环境中微生物危害意识的增强，目前受感染人员的数量已经大为降低。下面对一些常见的传染性病原体进行简单描述，以供参考使用。

5.5.1 阿米巴寄生虫

1. 溶组织内阿米巴

溶组织内阿米巴是一种阿米巴肠道寄生虫，它以包囊的形式，通过粪口途径进入人体。胞囊在小肠内分裂成8个阿米巴细胞，而后进入大肠生存，但不会破坏细胞壁。在其他时间，阿米巴寄生虫可能会攻击大肠壁，导致严重腹部绞痛。在严重的情况，阿米巴寄生虫可能会进入肝脏或其他器官。目前，已经有处方药来治疗这种寄生虫。胞囊生存时间较长，而且有些具有抗氯杀毒性能。表现症状为绞痛，可能会引起痢疾。

2. 贾第鞭毛虫

常见于自然水体中，这种寄生虫在自然界中也是以胞囊的形式存在，通过粪口途径进入人体。阿米巴寄生虫感染的结果是严重腹部绞痛和腹泻，又称为海狸热（许多哺乳动物都是这种寄生虫的宿主，包括人类）。这种寄生虫可以采用抗生素进行治疗。目前研究表明，污水处理厂出水经过UV消毒后，可以消除其传染性（Thompson et al., 2003）。目前，已经可以采用处方药去除该寄生虫的传染性。

3. 隐孢子虫

隐孢子虫是一种原生动物——单细胞寄生虫，寄生在动物和人体肠道内。由这种微生物病原体引起的疾病称为隐孢子虫病。这种处于潜伏休眠状态的隐孢子虫，被称为卵囊，常见于人类和动物排泄的粪便中。由于外壁的保护作用，卵囊可以存活于多种恶劣环境中，通过粪口途径传播。隐孢子虫病最为常见的症状为严重的水性腹泻，同时可能伴有腹部绞痛、恶心、呕吐、低烧、脱水，以及体重下降。通常情况下，症状出现在感染后的4~6d内，但也可见于感染后2~10d内的任何时间。人体免疫系统完善的感染者通常会生病几天，但是一般不会超过2周。有些受感染者甚至不会发病，但也有些受感染者随着时间逐渐好转后会再次发作。在受感染病人排泄粪便中发现有隐孢子虫卵囊，甚至当他们恢复很长时间后依然存在。另外，隐孢子虫病对于免疫系统缺失的受感染者来说，可能会是致命的。在20世纪晚期，隐孢子虫病对于美国的自来水与污水处理厂操作人员来说是较为熟知的。当时由于洪水暴发，污染了自来水厂的澄清池，继而配送至自来水管网中，致使在威斯康星州密尔沃基有超过400000名受感染者。目前，还没有治疗该种疾病的有效药物，而是受感染者的免疫系统在起作用。

4. 其他寄生虫

另外，在污水中也发现有绦虫和蛔虫，但是与其他寄生虫相比，这两种寄生虫的发病率要低得多。一般来说，绦虫存活于大肠内，以卵的形式，通过粪口途径进行传播。要知道，感染了以上所提及的任何一种寄生虫的病人每天通过粪便所排泄出的卵或者胞囊的数量都是惊人的，可达到1000000个。蛔虫通过各种形成存活于大肠内，可以引起严重腹痛和腹泻。以上这两种寄生虫均可以通过处方药进行控制和治疗。

5.5.2 肝炎

1. 甲型和戊型肝炎

这两种肝炎常见传染方式是相同的，均为粪口传播途径，常见方式为先接触受污染的物质后接触口，或者饮用受污染水或者食用受污染食物。前者在美国和加拿大的发病率要高于后者，而后者在墨西哥、印度和非洲发病率较高。两者均具有传染性，常见症状为疲劳、恶心、呕吐、发烧、发冷、食欲不振、眼睛和皮肤发黄以及肝区疼痛等，但是也常见无症状携带者。肝炎病毒耐受环境能力较强，可在宿主外存活数月或数年。携带者排泄的粪便中肝炎病毒数量更是惊人，为1000000000个病毒/g粪便。目前，甲肝可以通过接种疫苗进行预防，另外也可以采用臭氧和氯气进行甲肝病毒灭活，而戊型肝炎尚缺少可预防的接种疫苗。这两种肝炎均不会发展成为慢性肝炎。疾控中心（Atlanta，Georgia）证实，污水处理厂操作人员感染甲型和戊型肝炎的危险性均不高。

2. 乙型、丙型、丁型和庚型肝炎

这几种类型的肝炎的发病症状跟上述两种是一样的，但是传播途径却不同，这几种肝炎通过血液进行传播。也就是说，这几种肝炎病毒必须通过血液才能引起传染，如刺伤、口腔溃疡以及手上或身体其他部位的伤口等。因此，污水处理厂操作人员感染这几种肝炎的可能性要远小于上述两种肝炎。然而，这几种肝炎往往会发展成为慢性肝炎，最终转化成肝硬化和肝癌，危害极大。目前，乙型肝炎具有可接种预防疫苗，污水处理厂操作人员可以免费接种，而且农村地区目前也多可以免费接种或者收费较低。

5.5.3 人类免疫缺陷病毒（HIU）

人类免疫缺陷病毒在过去的30~40年的时间内，是人类在健康方面的一项重大发现。直到今天，这种病毒的感染依然是致命性的，同时受感染者的身体也受到多种感染。目前，尚不清楚这种疾病的致病原因，通常被称为获得性免疫缺陷综合症（艾滋病）。污水处理厂的操作人员要知道，污水中也存活有HIV病毒颗粒，但是其数量比脊髓灰质炎病毒数量还要少。HIV是一种血液传播疾病，病毒必须进入伤口，而且要接触到足够量的血液才能引起HIV感染（Casson和Hoffman，1999）。污水处理厂安全和卫生标准操作规程可以较好地防止这种病毒感染的可能。目前，HIV尚缺少根治药物和预防疫苗，但是已经有药物可以较好地控制病情的发展。

5.5.4 严重急性呼吸系统综合症

严重急性呼吸系统综合症（SARS）是一种新发现的传染病。世界卫生组织（2003）认为SARS是一种病毒感染疾病，这种病毒可在粪便中存活4天。目前，传染载体未知，认为可在人和人之间通过飞沫传播，而不是粪口途径传播。在一个传播案例中，建筑内的污水管道渗漏传播了这种疾病。因此，在台北（中国台湾），作为一种保护污水管网收集系统操作人员的实践预防措施，对污水收集管网采用氯气消毒（SARS防治，2003）。

5.5.5 钩端螺旋体病

钩端螺旋体病由钩端螺旋体菌引起，能在人类和动物间传播。人体受感染后，症状较多，但也存在受感染无症状者。症状主要包括高烧、严重头痛、肌肉痛、发冷、呕吐，可能伴有黄疸（黄色皮肤和眼睛）、红眼、腹痛、腹泻或皮疹等。如果不进行治疗，病人可能发展为肾损伤、脑膜炎（脑膜或脑脊膜炎症）、肝功能衰竭和呼吸急迫等，但是很少会导致死亡。目前认为，通过污水传播这种疾病的几率较小，但是对于污水收集系统的操作人员而言仍然具有一定的传染风险。

5.5.6 气溶胶

目前，活性污泥处理工艺作为一种标准处理工艺在污水处理中得到了广泛应用，这就导致污水处理厂操作人员一直工作在气溶胶环境中。这些气溶胶含有细菌和病毒载体，存在受感染的风险。限于处理工艺，污水处理厂是不可能消除气溶胶污染的。在溶胶颗粒较多的地方，可以配置使用微粒防护口罩。衣服上沉淀的气溶胶颗粒是另外一种传染途径。因此，在离开污水处理厂前，操作人员应该更换工作服，避免将气溶胶颗粒传播至厂外。良好的个人卫生习惯和健康保护免疫计划可以降低感染的危险。另外，对于大型污水处理厂，如果资金允许，可以进行空气取样分析，以确定某些区域属于高度传染危险区，从而可以针对性地设计PPE方案和采用工程控制措施以降低传染危险。而在资金不允许的情况下，管理人员应当考虑可能存在的传染风险，并尽可能地采取一定的降低或者消除传播风险的控制措施。值得庆幸的是，在通常情况下，空气传播感染载体的吸入量是远远不能引起感染的（Kuchenrither et al,，2002）。

5.5.7 个人卫生和健康保护

这是一项易于被忽略，却能够有效进行健康保护的方法。通常会教育儿童在吃东西前要洗手，这同样也适用于污水处理厂操作人员。这一看似简单的做法，却能够使传播载体在进入传播通道之前，实现其有效去除。在进食、抽烟、滴眼药和擤鼻涕前洗手，能够大大降低传染源接触黏膜的几率。

以下所述为个人卫生和个人防护设备PPE指南：

（1）不要用手和手指触摸眼睛、鼻子、嘴和耳朵。

（2）当清洗格栅、水泵、污泥、沉砂、污水，或者直接接触污水或者污泥时，应该带上橡胶手套。不同工作采用专门的手套（例如，取样——轻便丁腈或乳胶手套（小心乳胶过敏），水泵维修——厚手套。）

（3）当皮肤有裂口、烧伤、破损或溃疡时，要谨记使用防水手套。

（4）进食、抽烟前和工作后，要用温水和肥皂彻底洗手。如果没有洗涤设施（小型农村污水处理厂），可使用免冲洗消毒皂。另外，汽车方向盘也是微生物易于滋生的重要位置。

（5）经常修剪指甲，用硬毛刷去除指甲灰。

（6）下班离厂前更换衣服。干净衣物与工作服分开存放。

（7）发现伤口和擦伤，应及时治疗，彻底清洗伤口。

（8）尽可能在下班前淋浴。

（9）污水飞溅处，微生物可能会溅入眼睛内，需要戴护目镜或者面罩。

（10）污水处理厂应该根据具体情况，规划出个人防护设备PPE使用区域。同时，应该对操作人员开展工作场合微生物危害的相关培训。

（11）常见疾病免疫接种。表5-2所示为标准免疫方案。一些污水处理厂会支付全部费用，而一些可能仅支付其中一部分。

如前所述，工作实践中存在很多简单的做法，却可以很好地保护工作人员。大家应熟知一些工作常识，例如，熬夜会降低机体免疫力，另外还有营养不良、抽烟和肥胖。"免疫系统差的人经常会生病请假。而长期工作的人，因为已经产生了对环境的抵抗力，从而获得一个较好地免疫系统。一般来说，他们自身已经对工作环境具有了抵抗能力，常规的防护措施已经足够了"。研究表明，在污水处理厂工作少于2年的操作人员与多年工作的人员相比，更易患肠胃疾病。另外，污水处理厂卫生条件以及操作人员个人卫生条件也会影响到他们的健康（Kuchenrither et al.，2002）。然而，一般来说，经历了最初的工作阶段之后，操作人员由工作环境引发的癌症、空气传播和病原体感染的风险并不会逐渐增加。

标准免疫方案   表5-2

传 染 病	免 疫
甲肝	免疫球蛋白治疗
乙肝	0-1-6周期3次免疫球蛋白接种
流感	流感疫苗
麻疹	麻疹、腮腺炎、风疹（MRR）联合疫苗
腮腺炎	MRR疫苗
风疹	MRR疫苗
破伤风和白喉	破伤风和白喉（TD）疫苗
肺炎链球菌疾病	肺炎链球菌多糖疫苗

5.6 受限空间

受限空间是污水处理厂操作人员经常可能遇到的危险之一。他们对受限空间是较为熟知的，例如人孔或者储罐，但却往往会忽视受限空间内的简单常规性作业，例如清洗曝气池内的空气扩散装置、冲洗沉淀池，或者甚至是在构筑物的底层进行作业。受限空间是可进出的区域，且至少应该满足以下三个条件之一：

（1）受限进出。通常进出口共用。

（2）空气不流通（通风不良）。这是受限空间最易于被忽视的环境条件。

（3）仅供短期使用，不可长时间连续使用。

污水处理厂发生的许多死亡、伤害以及因工作环境引发疾病等事故，均涉及受限空间的使用或者受限空间内存有的危险，例如毒气、缺氧以及吞没等。以下将详细讨论受限空间的一些特征以及需要采取的必要预防措施。

5.6.1　受限进出

受限空间的进口和出口无论是尺寸还是位置，都受到限制。开口往往较小，有些开口甚至小于标准的人孔尺寸610mm（24in.）。因此作业时操作人员通过时较为困难的，尤其是需要紧急撤离时，可能会产生危险。如果一个人需要扭曲身体才能进去的话，出来就更为困难了，同时操作人员佩戴的PPE，如呼吸器、安全帽、面罩或者SCBA等也时常发生脱落。当然，并不是所有的受限空间都是开口较小的，如曝气池、消化池和沉淀池，但是这些受限空间的进出也是较为困难的，通常需要梯子或者吊装设备以方便进出。这些大开口的受限空间的营救工作要比小开口受限空间要容易得多，但是需要专业设备，同时至少要有一位值守人员或者助手。

5.6.2　通风不畅

受限空间通风不良，往往导致空气浑浊或者形成缺氧环境，也可能存有高浓度有害气体，如H_2S、CO，甚至CO_2等。有时受限空间内也可能会存有爆炸性气体，例如在人孔或者提升泵站处。当操作人员没有提前意识到这一问题的存在或者没有预防措施的情况下，这是极为危险的。大气中氧的浓度较高，当与爆炸性气体相遇，可能会引起爆炸。本章在后面的内容中，列出了一些常见气体的危害性。

5.6.3　短期使用

大多数受限空间不仅限制进出，同时也不是设计用于长期连续使用的，仅供短期用于维护保养、维修、清洗等作业。这些作业通常是有一定风险的，主要是因为受限空间一般光线较差，同时作业过程易于形成化学性或者物理性危险。

1.　危险状况

受限空间可能遇到的危险状况主要有：

（1）缺氧环境

严禁操作人员进入氧含量低于19.5%的受限空间作业，如果已经在其内，应迅速撤离。在进入受限空间之前和之后，必须配置使用氧传感器，否则严禁进入。

（2）易燃环境

受限空间内可能会存有有机物质厌氧分解产生的甲烷气体，或者倾倒进入，下水道中的易燃物质，例如汽油等。在这种情况下，任何火源都可能会引起爆炸或者火灾。由于其浓度可能会超过爆炸上限浓度许多倍，从而不会燃烧。但是如果此时打开入口进行通风，就可能会引起爆炸，因此需要采用气体检测器进行监测以确定易燃气体的浓度。

（3）有毒环境

受限空间内存留的气体虽然可能不是易燃气体，但是却可能是有毒气体。当在受限空间内进行作业时，其空气环境会发生变化。例如受限空间内设备作业时产生的烟气（如水泵使用的燃油发动机释放的一氧化碳气体），以及清洗时使用的化学药剂的蒸气等会在受限空间内产生积累。此时，气体浓度可能会超过爆炸上限浓度许多倍，如果进行通风作业，将会使其浓度降低至爆炸限度内，增大受限空间的危险性。

（4）极端温度

在受限空间内作业的设备将会引起环境温度的急剧升高或者降低，可能会影响或者伤害作业人员。同时，由于受限空间入口较小，换气量较少，导致受限空间内温度会在很长时间内保持过高或过低。

（5）吞没危险

储柜或料斗内存放的物质具有吞没操作人员，使之窒息死亡的危险。当操作人员在沉淀池、消化池或者泵房底部等区域作业时，应该使用上锁/挂牌（详述见后面章节）操作程序，避免发生吞没危险。

（6）噪声

受限空间内回声较为严重，会影响听觉，也有可能损伤听觉器官。声音可能来自受限空间内部，也有可能来自外部。

（7）光滑潮湿通道

基于受限空间的空气环境，其内表面往往较为潮湿，在通道内行动时可能会带来危险。

（8）物体跌落

要避免异物落入受限空间，砸伤作业人员。例如当有行人从人孔边通过时，会无意识地将碎石块踢入人孔内。在实际作业中，往往存在作业人员将工具扔进扔出人孔的现象。这应该严格予以禁止，应采用吊索或者吊篮运送作业工具。

2. 预防措施

进入受限空间需要采取的安全预防措施有：

（1）空气监测

首先，作业人员应该采用氧传感器进行采样分析，确保在进入受限空间之前以及作业期间，空气氧含量要达到19.5%以上。另外还要注意，由于通风不畅，受限空间空气也可能会产生分层，出现缺氧。同时，应该采用气体检测器连续监测受限空间内爆炸性气体或者致病气体浓度水平。四种气体组合检测器可以检测氧气、易燃气体、CO和SO_2。同时，该组合检测器可以采用可插入式模块，经重新设定后用于其他气体的检测。气体检测器必须定期按照生产商指南进行校准。在作业过程中，作业人员也应该携带便携式检测器连续监测环境条件以及致命气体的变化情况。在实际和可能存在的污染物质没有被识别之前，氧气传感器/广泛传感器是较为适宜的检测设备。与具体物质检测器不同，广泛传感器可以测量出受限空间内存在的碳氢化合物（易燃）气体的总量。然而，它仅能够表明某一类污染物质的超标情况，而不能给出具体物质的浓度水平。因此，当实际和可能存在的污染物质被鉴别出来之后，就应该采用这些具体物质的检测设备，以获得这些存在物质的浓度水平。

（2）通风

在进入受限空间或者在作业期间，应该进行常规通风或者局部排气通风。同时，严禁将有毒气体（柴油、汽油蒸气等）通入受限空间。

（3）个人防护设备（PPE）

进入受限空间时，携带呼吸设备是完全必要的，除非作业人员能够确保受限空间内空气环境安全，且作业过程中空气发生变化的可能性极小。如果受限空间内缺氧，作业人员需要使用自给式呼吸器。如果作业人员戴自给式呼吸器无法进入，则可以采用外部强制通风或逃生呼吸器（例如矿工自救器）。作业人员在实际使用自给式呼吸器或逃生呼吸器之前应该进行演习试用，胡须较长的人是不方便使用的。需要注意的是，空气净化呼吸器仅能过滤或者中和一定浓度的污染物质，而当受限空间内出现过高或者过低的氧气浓度时，空气净化呼吸器是无法提供安全保护的。作业人员有关与此的任何疑问，可直接咨询污水处理厂管理部门或者卫生专业人员。

（4）标识和张贴

工作场合内的所有受限空间入口应清晰予以标识，以防误入。

（5）培训

为安全起见，所有涉及受限空间作业人员均需接受常规培训，包括受限空间识别、空气检测器使用、准入受限空间的含义，以及营救程序、受限空间内通信、上锁/挂牌程序和监护人员职责等。为加强安全操作规程，推荐定期进行后续培训。同时，应对培训结果进行评估，确保达到培训效果，并不断更新培训内容（陈旧的培训内容会降低培训效果）。

（6）体质检查

需要使用自给式呼吸器在受限空间内作业的操作人员，除进行年度常规健康检查外，还应该进行年度肺活量检查。

（7）隔离空间

受限空间的作业负责人必须充分意识到可能存在的任何危险，他们有责任关闭任何可能引起吞没危害的管道和阀门。同时，必须遵守电气上锁/挂牌作业程序。如果受限空间准入人员发现了先前没有考虑到的危害情况，应及时告知作业负责人。

（8）监护人员

在任何时候，需要有人进入受限空间时，都需要配置监护人员。他们的主要职责是与准入人员保持通信联系确保准入人员安全。通信可以采用手语或者无线电（如果准入人员远离了视线之外）。同时，如果监护人员发现了问题，他们有责任使用安全带或者三脚架，将准入人员转移出来。这就要求监护人员不能在现场注意力不集中或者用手机闲聊。受限空间内的作业人员的生命可谓就系在监护人员身上。永远不要紧跟一个已经倒下去的工友进入同一受限空间位置，否则后者也会倒下，从而大大降低先倒下工友的获救机会。

（9）三脚架和安全带

进入受限空间的作业人员应系上安全带。安全带种类繁多，具体型号选择可参考安全设备目录。有效的安全带应该可以将受困人员直接提升出来，而不会伤及头部或者颈部。安全带应佩戴舒服。一种型号的安全带不可能适用于所有人。通常安全设备供应商可让作业人员试用多种型号后，根据性能和舒适程度进行选择。三脚架或升降装置同样种类繁多，具体型号选择主要取决于使用场合。适用于人孔上的三脚架是不能用于从较深的沉淀池或消化池进行营救的。在污水管网收集系统，可以选用固定在污水处理服务用车的保险杠上的升降设备。另外，为了顺利完成营救工作，平时应该进行设备维护和营救演习。

（10）作业程序

在进入受限空间前，应该履行完整的书面作业程序（通常为清单形式）。如果遵守作业程序的话，将可以大大降低事故几率。在本章后面的内容中附有作业程序清单示例。这些作业程序必须经常进行演习使用。在生死攸关的环境条件下，是不可能有过多的时间去考虑哪些作业程序是没有想到的，必须严格按照作业程序执行。

5.6.4 需要准入与无需准入受限空间

这两种类型的受限空间存在明显不同。需要准入受限空间（简称准入受限空间）是指符合受限空间定义，并且具有以下一项或多项特点者：

（1）含有或者有可能含有危险气体；

（2）含有的物质可能会吞没准入人员；

（3）内部通道逐渐变窄，使准入人员受困或发生窒息，或者通道倾斜向下，使受困人员滑落至狭窄的通道末端；

（4）含有任何其他已经共知的严重安全或健康危害。

作业负责人有责任来确认某一空间是否属于需要准入受限空间。按照OSHA Title 29 CFR 1910.146部分（需要准入受限空间，2005）的要求，在进入需要准入受限空间时，雇主应履行完成的保护措施有：

（1）遵守标准（c）段内容的一般要求；

（2）制定符合标准（d）段内容的准入受限空间管理程序；

（3）遵守标准（e）段内容的准入程序要求；

（4）遵守（f）段内容的准入许可证要求；

（5）履行（g）段内容的作业人员培训要求；

（6）确定并明确准入人员、监护人员和作业负责人各自职责，分别如（h）、（i）、（j）段内容所示；

（7）提供（k）段内容所述的应急救援保障；

（8）确保作业人员可参与到标准（1）段内容要求的作业程序制定中。

通常，雇主必须对作业场所进行评估，以确认其是否存在需要准入受限空间，评估流程如图5-5所示。如果作业场所内确实存在需要准入受限空间，雇主有责任告知雇员需要准入受限空间的确切位置及其可能存在的危险，并张贴危险警示。一方面，雇主必须采取有效的预防措施，避免他人误入需要准入受限空间。另一方面，对于可能进入需要准入受限空间的作业人员，雇主必须遵守OSHA的所有要求。

需要准入受限空间评估流程图

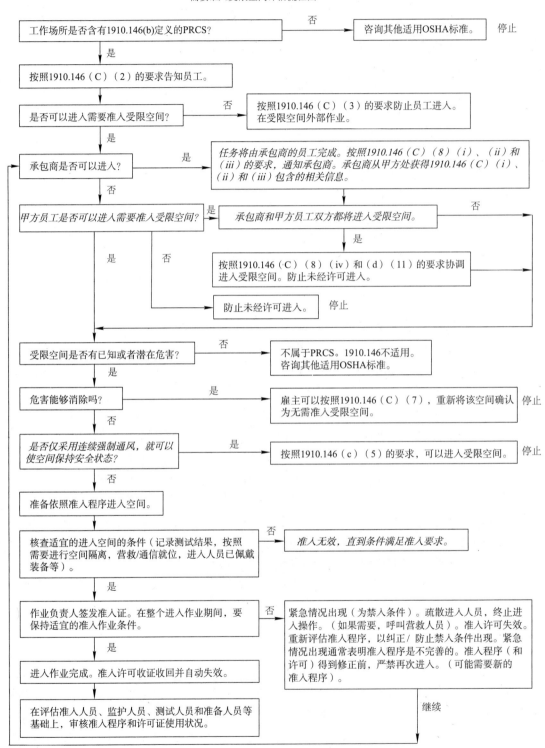

*如果在进入作业过程中，出现了危险情况，必须立即进行疏散，并对受限空间进行重新评估。

图 5-5 需要准入受限空间（PRCS）评估流程图（http://www.cehs.siu.edu/occupational/confined_space/flowchart.htm; accessed March 2006）

1. 书面申请程序要求

需要准入受限空间必须制定和执行书面申请程序。按照OSHA标准要求，书面申请程序需包括以下内容：

（1）在允许员工进入之前，识别和评估需要准入受限空间内的危害。

（2）在进入前，测试需要准入受限空间状况；在进入之后，监测受限空间环境变化状况。

（3）按照以下顺序，完成空气危害测试：氧气、可燃气体或蒸气，有毒气体或蒸气。

（4）采取必要措施，防止未授权进入。

（5）建立和实施控制方法、程序和操作规范（例如明确适宜进入条件、隔离受限空间、提供屏障、核查适宜的进入条件、清洗、降低物质活性、冲洗或者通风等），以消除或控制危害，实现安全进入需要准入受限空间。

（6）明确员工岗位职责。

（7）提供、维护并严格要求员工使用PPE以及其他必要安全设备（例如，测试、通讯、通风、照明、屏障、防护设备和梯子等）。

（8）在需要准入受限空间作业期间，确保至少有一位监护人员守候在受限空间之外位置。

（9）协调两个以上单位的员工同时在受限空间内作业操作。

（10）实施适宜的呼救和应急响应程序。

（11）以书面形式建立和实施准备、批准、使用和取消准入系统。

（12）评估已有的准入系统使用情况，并进行年度修订。

（13）当一个监护人员需要完成多个受限空间检测任务时，应执行紧急事故检测程序。

如果在受限空间内检测到了危险状况，准入人员必须立即撤离。同时，雇主必须对该受限空间进行评估，以确定产生危险状况的原因。

当受限空间被禁止入内后，雇主必须采取有效措施以防止未授权进入。当受限空间用途或者结构发生变化时，雇主必须对无需准入受限空间进行重新评估，并根据评估结果再次确定其类别。

另外，雇主也必须告知承包商需要准入受限空间的状况，如准入条件、已知存在的危险、雇主已有对此受限空间的经验（即对该受限空间所掌握的危险情况），以及进入或靠近受限空间时必要的预防措施或需遵守的作业程序。

当有两个以上单位的员工同时进入受限空间作业时，受到另外一方影响雇主必须协调双方作业过程，以确保受影响的员工获得了必要的保护。同时必须告知承包商任何有关受限空间危害和作业过程、作业结果的实际情况。

2. 准入程序

在确认准备工作已经完成，同时受限空间状况满足进入作业要求的情况下，由作业负责人签署准入证，并张贴于受限空间入口处，或者交由准入人员携带。

准入证有效时间长度必须要能够满足完成一项作业的时间要求。而在作业完成后或者新的状况出现时，作业负责人必须中止进入并取消准入证。新出现的状况必须注明在取消的准入证上，以用于准入管理程序的修订。标准要求，被取消的准入证必须保存1年以上。

3. 准入证

如图5-6所示,准入证必须包含以下信息内容:

(1)空间环境检测结果;

(2)检测人员姓名首字母或签名;

(3)授权进入的作业负责人姓名和签名;

(4)拟进入的需要准入受限空间名称、准入人员、监护人员;

(5)进入作业内容,已知空间危害;

(6)隔离受限空间,以及消除或者控制空间危险拟采取的措施(即设备上锁和挂牌、清洗、降低物质活性、通风或者冲洗等);

(7)营救和紧急响应人员姓名及电话号码;

(8)批准准入日期和时长;

(9)允许准入的受限空间条件;

(10)受限空间通信程序和设备;

(11)其他已被批准在受限空间内可进行的作业许可证,例如加热作业;

(12)特殊设备和作业规程,包括PPE和警报系统;

(13)确保员工安全所需要的其他信息。

4. 培训和教育

在安排布置受限空间作业之前,所有拟进入受限空间作业员工必须进行专门培训。同时,要确保培训完成时,员工已经理解和掌握了在受限空间安全作业所需要的知识和技能。当出现以下情况时,就需要进行其他培训:

(1)岗位职责发生了变化;

(2)需要准入受限空间准入程序发生了变化,或者受限空间出现了新的危险;

(3)准入人员作业结果出现缺陷。

在完成培训时,作业人员应获得培训证书,以记录培训人员姓名、培训老师签名缩写、培训日期。该证书以备作业时供雇主或者雇主代表检查。另外,雇主必须确保培训内容是针对准入人员岗位工作职责进行的。

5. 准入人员职责

准入人员职责如下:

(1)明确受限空间危险,包括暴露模式(例如,呼吸吸入或者皮肤吸收)、危险迹象或症状、暴露结果;

(2)正确使用适宜的PPE;

(3)与监护人员保持通信畅通,确保监护人员持续监视准入人员状况,并随时准备警告准入人员进行撤离;

(4)当接收到撤离命令时,或者当进入人员认识到存在危险迹象或者症状时,或者当禁止进入条件出现时,或者当自动报警系统启动时,应尽快撤离;

(5)当禁止进入条件出现或者当危险迹象或者症状出现时,应警告监视人员。

受限空间准入证

签发日期和时间 _____   有效期至 _____

作业负责人 _____   作业地点 _____

进入设备名称 _____

作业内容 _____

隔离和上锁/挂牌
- 水泵/管路关闭断开或者堵塞 _____ Yes _____ No _____ N/A
- 所有电源上锁/挂牌 _____ Yes _____ No _____ N/A

通风 _____ 机械通风 _____ 自然通风 _____ N/A _____

监测/大气检测
- 氧气 _____ 19.5%-23.5%
- 易燃气体 _____ %   LEL
- 有毒气体   -H_2S _____ PPM
             -SO_2 _____ PPM
             -Cl_2 _____ PPM
             其他气体 _____

仪表校准 _____ Yes _____ No _____ Date _____ SN

检测人员签名 _____ 时间 _____

连续监测 _____ Yes _____ No _____ N/A

通信程序 _____

救援程序 _____

紧急联系电话号码 _____

监护人员 _____

设备/PPE
- 安全带和救生索 _____ Yes _____ No _____ N/A
- 升降设备 _____ Yes _____ No _____ N/A
- 照明（12v或者GFI） _____ Yes _____ No _____ N/A
- 防护服 _____
- 呼吸防护设备 _____

大气检测时段

时间	氧气	易燃气体	有毒气体	检测人名缩写
时间	_____	_____	_____	_____
时间	_____	_____	_____	_____
时间	_____	_____	_____	_____
时间	_____	_____	_____	_____
时间	_____	_____	_____	_____

准入证授权/签署人: _____

（a）

准入人员日志

姓名	进	出	进	出	进	出

（b）

图5-6 （a）准入证样本；（b）准入人员日志

6. 监护人员职责

监护人员职责如下：

（1）在准入人员进入期间，值守在受限空间以外，除非有其他监护人员换岗，否则严禁擅自离开。

（2）实施雇主制定的非进入营救程序。

（3）掌握存在或者潜在的危险，包括暴露模式、危险迹象或者症状，暴露后果及其对人的生理影响。

（4）与准入人员保持通信畅通，确保掌握所有准入人员的作业状态。

（5）当禁止进入条件出现时，或者当作业人员表现出暴露危害生理症状或反应时，或者当受限空间外部出现紧急状况时，或者当监护人员因故无法有效履行监护职责时，应命令作业人员迅速撤离。

（6）在紧急事故中，组织营救工作。

（7）确保未经批准人员远离受限空间，或者一旦发现未经批准人员进入了需要准入受限空间，应立即让他们迅速撤离。

（8）将未经批准进入人员情况，告知准入人员和作业负责人。

（9）不做影响监护人员职责之外的其他事情。

7. 作业负责人职责

作业负责人职责如下：

（1）掌握受限空间危害，包括暴露模式、危险迹象或者症状以及暴露后果；

（2）检查应急预案以及详细的受限空间允许准入条件，例如在允许准入之前，核查准入证、检测结果、准入程序、防护设备等状况；

（3）当准入作业完成或者出现新的状况时，应立即中止准入作业或者取消准入证；

（4）采取有效措施，转移出未经批准进入人员；

（5）确保准入作业与准入证要求相一致，确保作业期间能够保持适宜的准入作业条件。

8. 紧急

按照标准（OSHA Title 29 CFR 1910.146章节）要求，雇主应确保提供救援服务人员，并要求救援服务人员进行个人防护和救援设备使用的训练。所有救援人员都必须进行急救和心肺复苏（CPR）训练，至少要有一名救援队成员拥有急救和心肺复苏（CPR）资格证书。同时，营救人员必须每年都要进行受限空间紧急事故营救演习。另外，要告知营救人员受限空间所存在的危险。

同时，在可能的情况下，受限空间准入人员在作业时必须配备胸部或者全身安全带，并将安全绳系在后背中心靠近肩部或者头顶位置。安全绳的另一端必须固定在救援机械装置或者受限空间外的固定点上。如果采用机械装置的话，必须确保该装置能将受困人员从超过1.5m深度的垂直受限空间中营救出来。

另外，应将受限空间内存在的暴露物质的MSDS或者其他信息保存在工作场合，如果出现作业人员受伤的话，应将这些物质信息提供给受伤准入人员医治机构。

其实，需要准入受限空间作业是一项具有较高风险的工作，尤其是在小型的污水处理厂，当仅有1~2个受限空间作业人员时。这种情况下，较好的做法是与周边城镇的受限空间作业人员开展协作，将2~3个社区的受限空间作业人员整合成一个作业团队，以高效安全地完成受限空间作业，这样也可以大大减小雇主的责任风险。

9. 污水收集系统操作人员受限空间操作规范

污水管道与其他需要准入受限空间相比，主要存在以下3个不同点：（1）污水管道一般是连续的，很少存在能够被完全隔离开的受限空间；（2）由于管道内无法实现完全隔离，内部空气可能会因为一些原因，突然或者毫无预料地形成致命危害（形成有毒或者易燃易爆环境），超出准入人员或者雇主的控制能力；（3）经验丰富的污水收集管路操作人员由于经常进出污水管道，他们对于污水收集系统内的需要准入受限空间的进入和作业都是富有经验的。对于其他工作岗位而言，受限空间可能很少碰到，而污水收集系统作业人员的常规工作环境就是受限空间。1910.146附录E规定的污水收集系统受限空间作业要求如下（需要准入受限空间，2005）：

（1）严格遵守受限空间准入管理程序。雇主应该仅批准那些参加了全部污水管道准入培训，且能够在实际进入管道作业时严格遵守准入管理程序的员工作为拟派准入人员。

（2）空气监测。准入人员应该培训使用空气监测设备，并要求这些监测设备，在遇到以下任何情况时，不仅能够指示出测量结果，同时能够予以警报：1）氧气浓度低于19.5%；2）易燃气体或蒸气浓度达到10%或高于可燃下限浓度值；3）H_2S或者CO的8h平均检测浓度分别高于10mg/L或者35mg/L（10或者35ppm）。同时，应该按照生产商提供的说明书定期对大气监测设备进行校准。

（3）虽然以上OSHA提供的信息和指南，是适用于大多数污水收集系统的需要准入受限空间的，但是监管机构强调要求每一雇主在批准污水管道受限空间准入证时，必须考虑其特有的环境条件，包括空气环境和污水管道受限空间的可预测性。仅有雇主能够根据污水管道受限空间的状况和实际经验，才能针对性地提出适用的检测仪表。

（4）准入人员应将选定的检测仪表携带进入管道，检测管道内移动方向前部的大气质量，以警示准入人员空气质量的任何恶化变化状况。如果在同一污水管道受限空间的同一位置有多位准入人员，可以由第一位准入人员携带测量空气质量。

（5）浪涌和洪水。污水收集系统管理人员应该尽可能地与当地气象、消防和应急响应部门保持联系，以获取更多信息。否则，污水管道可能会因降雨或者消防灭火产生大流量，或者可能会因企业或交通紧急事故，导致易燃或其他有害物质泄漏进入污水管道，从而耽搁或中断污水管道受限空间准入作业，并需紧急撤离已进入的准入人员。

（6）特殊设备。在进入直径较大的污水管道作业时，需要配置使用特殊设备。这些设备往往带有一些特殊功能，例如带有自动报警功能的空气监测设备，可提供至少10min空气供应的逃生自给式呼吸器（或者其他NIOSH批准的自救器）、防水手电筒等，根据需要可能还包括船、筏、无线电通信设备以及救生绳索等。

5.7 沟渠开挖安全

沟渠开挖安全问题主要是污水收集系统工作人员经常可能碰到的问题，而污水处理厂员工可能碰到较少。大家应该还记得在2004年发生的由于沟渠坍塌导致的超过60人的死亡事件，所以该问题应引起足够重视。沟渠开挖是指任何挖掘移除土质的作业过程（沟渠是指开挖底部宽度小于4.6m（15ft）的挖掘作业）。需要说明的是，土壤密度较大，0.76m³（27 cu ft）的土壤重量超过1400kg（1.5t）。当沟渠内的土壤被挖出时，沟渠两侧的土壤由于重力作用可能会引起坍塌。当敞口开挖的沟渠深度超过1.5m（5ft）时，为了防止坍塌发生，需要进行放坡或者设置开挖支撑面。应该确保所使用的箱式沟渠支撑、挡板、挡板桩、挡板支撑、挡板斜支撑、挡板基础处于良好工作状态，可以为沟渠底部提供有效支撑。所使用的木材应该木质良好，不存在较大的或者松动的木疖。沟渠垂直支撑挡板顶部应高于开挖面不小于0.3m（1ft）。而且每天必须检查沟渠支撑框架、挡板桩、斜支撑或者坡面至少一次。另外，更要警惕天气变化可能会导致土壤稳定性剧变。作业负责人有责任确保所有工作人员在工作场合的安全。

另外，降雨和积水是对作业人员构成的另外一种危险形式。降雨期间，作业人员必须立即撤出作业沟渠。降雨过后，再次进入作业之前，必须进行安全检查。可以采用一些保护性措施以降低沟渠内的积水，例如设置地面沟流，以减小地面径流量。对于沟渠内的积水，可以采用水泵排水。积水量的多少应由具有相应资格的作业人员检测完成，同时需要配置使用安全带和救生索（具体使用请参见29 CFR 1926.104〔安全带，救生索，吊绳，2005〕的内容）。

这里还存在的另外一种显而易见的危害，就是失足掉进沟渠内。作业人员在靠近沟渠作业时，应尽量保持一定距离，同时要警惕滑到或者绊倒的可能。

沟渠外有人行通道时，行人应远离沟渠，以免跌落或者受到作业设备的伤害。所有的开挖作业外围都应该进行防护，防止行人靠近。常用的简单防护措施是设置栅栏、路障或者OSHA标准栏杆，同时应尽可能远离开挖沟渠放置。仅仅设置塑料路障胶带作为一种现场保护措施是不可行的，应同时设置警示标志或者带有闪光的路障。

在深度等于或者大于1.2m的沟渠内作业时，需要配置逃生设备，例如梯子或者台阶，同时作业人员距离逃生设施的距离应不超过7.5m（25ft）。沟渠在人员进入之间以及开挖期间，应设置支撑。桩基支撑横梁应保持绝对水平位置，并且应该垂直间隔布置，以防止沟渠支撑滑落或者塌陷。同时也可以采用轻便的箱式沟渠支撑（又称为沟渠开挖防护箱）或者安全梯笼用以代替沟渠支撑。但是，要确保这些设施的设计、建造和维护至少能够提供与沟渠支撑相同的保护作用，同时要高于沟渠垂直工作面不少于150mm（6in.）。

沟渠的回填作业要从底部开始，并且要保证回填作业和支撑移除同时进行。支撑应缓慢移除，同时在土质不稳定的作业地点，应在作业人员撤离沟渠之后，再采用绳索从顶部将支撑提升移除。

一般而言，应该由作业负责人或者检测工程师（从法律上讲，应该是具有相应资格的作业人员）来确定开挖土壤类别。这是极为重要的事情，因为土壤类别将会决定沟渠开挖作业是否需要进行放坡防护。所有先前已被扰动过的土壤均被划定为B级或者C级土壤。如果开挖目的是更换或者维修管道，则此时土壤通常被划定为C级土壤。

通常，由具有相应资格的作业人员通过基本测试来确定土壤类别。当将拇指插入沟渠侧边时，如果插入的深度不超过指甲深度，则该土壤为B级土壤。如果土壤中存在开裂现象，则该土壤为C级土壤。膨胀土壤、泥沼、渗水土壤，以及交通造成的过度振动的土壤也均被定义为C级土壤。对于干土，如果很容易粉碎形成碎末，则该土壤被定义为C级土壤，然而，如果裂开形成土块，则表明该土壤黏土含量较高，可确定为B级土壤。对于潮湿的土壤，如果可以捻成0.318mm（0.125in.）的土线条，大约50mm（2in.）长，然后才会断开，则该土壤可确定为B级土壤。

土壤类别决定了沟渠开挖时所需要采用的坡面要求。对于B级土壤，沟渠开挖时需要1：1的坡面，当然也可以采用每1.2m（4ft）设置一个开挖平台的方式进行防护。而C级土壤不能采用开挖平台的防护方式，而必须放坡1：1.5（34°倾角）进行防护。这就意味着为了安全作业起见，必须采用较大的开挖工作面。另外，需要注意的是开挖出的碎土的堆放位置必须远离沟渠边至少0.6m（2ft）以上。

另外一个需要指出的问题是，沟渠开挖之前，需要确定是否存在地下设施并进行准确定位。由于没有进行定位或者定位错误在挖掘时破坏地下设施，是经常发生的。曾经发生过开挖沟渠时，挖断地下天然气管道和地下电缆的事故。庆幸的时，当时天然气的浓度高于UEL，而未导致作业人员伤亡。地下设施定位通常是获得沟渠开挖许可证的条件之一。在开挖作业前，要确定该开挖作业是否需要开挖许可证，同时确定是否需要一些特定的安全条件。

同时，应定期监测沟渠内氧气和爆炸性气体的情况。较好的做法是，将沟渠当作受限空间，采用四种气体组合检测器。曾经多次发生沟渠内充满了排放废气，而作业人员没有发觉的事故，这主要是因为沟渠内的空气状况变化极其缓慢，不易于被察觉。

5.8 梯子安全

与沟渠安全作业密切相关的还有梯子安全问题。除在沟渠出口和入口处使用外，梯子在污水处理厂内很少使用，仅有的使用情况是进入仓库、受限空间、曝气池、沉淀池和消化池进行维护和维修。储罐区倒是经常会使用梯子用于药剂搬运。梯子跌落是较常发生的工伤事故之一。以下为使用梯子的安全作业做法，其中的一些标准可参见OSHA建设标准（29 CFR 1926）：

（1）确保所有的梯子采用授权使用的安全鞋。

（2）确保梯子底角与其支撑物之间的水平距离等于其高度的1/4。

（3）严禁作业时站立在梯子最上部的两个横档上。

（4）严禁将两个短的梯子连接使用。

（5）严禁将梯子斜靠在不稳定的支撑上使用。

（6）确保梯子底脚放置于固定的支撑之上，并确保底角不会打滑或者滑动而移出支撑面。

（7）严禁将梯子作为脚手架平台作业使用。

（8）尽可能将直梯顶部拴在固定的支撑物上。

（9）当作业高度等于或者超过3m时，要确保有监护人员扶稳四脚活梯。

（10）使用四脚活梯时，应确保梯子腿完全伸展开。

（11）在电线周围作业时，要使用绝缘梯。

（12）严禁将四脚活梯作为直梯使用。

（13）四脚活梯高度应超出作业平台至少0.9m（3ft）以上，以便安全进出。

（14）定期检查梯子的支撑脚或者横档台阶有无破损，确保其处于良好工作状态。

（15）梯子应贴上标签，标注其最大承重能力。

（16）伸缩梯的梯腿必须有重叠部分。10m（32ft）长伸缩梯，梯腿重叠长度要有0.9m（3ft），10~14m（32~48ft）长伸缩梯，梯腿重叠长度要有1.2m（4ft），14~18m（32~48ft）长伸缩梯，梯腿重叠长度要有1.5m（5ft）。

（17）要始终保持人体有三点接触在梯子上（即一只手、两只脚）。

（18）严禁手持工具攀爬梯子。工具应放置于工具腰带中，也可以使用提升绳或者桶进行提送。

（19）在可能的情况下，采用防跌落保护系统。

（20）在刮风时，严禁使用梯子作业。

（21）严禁将梯子支立后，无人照管。

5.9 提重

近年来，随着年龄的增加，许多人腰部出现问题。大多数腰部问题都可以通过规范日常正确的提重方式来进行预防。以下为提取重物时的一些参考指南，可以防止由于不正确提重所引起的终生不断的腰部疼痛：

（1）提放重物时要当心。所提重物的尺寸、形状、重量和材料均会影响到所能提起的重物的重量。

（2）查看所提重物表面，以确定所提重物周边是否有金属或者木料薄皮突出。确保手提处不是太粗糙也不是太光滑。

（3）要穿与地接触面大的鞋子，使脚掌充分接触地面，以保证提起重物时稳定和平衡。提起重物时，由于失去平衡或稳定而导致的猛然用力，可能会扭伤腰部，引起终生问题。

（4）尽可能靠近重物，弯曲膝盖大约成90°。尽可能使腰部处于垂直状态。紧紧抓住所提重物，逐渐伸直腿将重物提起。放重物时，采用相反的步骤。不要通过弯腰，而后逐渐伸腰的方式来提起重物，这样将可能会压迫腰部肌肉和腰间盘。

（5）不要在重物遮挡视线的情况下进行搬运。

（6）当多人搬运重物时，需要进行良好沟通，以确保共同完成。否则，将有可能将重物的所有重量放置于一个人身上，从而对其腰部造成损伤。

（7）将手、手指和脚远离任何可能受到刺伤或者挤压的位置，尤其是放落物体或者通过门廊时。

（8）确保搬运物体通道，没有油、油脂或者水，以防滑倒。

（9）确保搬运物体外包装干净，没有油脂、油或者水，以防重物滑落脱手。

5.10 实验室安全

实验室内存在很多可能引起伤害或者细菌污染的来源。由于大多数污水处理厂仅配置有基本实验设施，这里主要讨论实验室的基本安全操作规范：

（1）丢弃所有破裂或者破碎的玻璃器皿。所有待处置的破损玻璃器皿应该放置在适宜的容器内。

（2）当使用挥发性化学药剂，可能会引起吸入或者大气危害时，必须在通风橱内操作使用。

（3）将溶剂或者易燃液体存放于防爆罐或者易燃物储柜内。这些存储设备可以从安全用品供应商或者总供应商店购买到。

（4）当使用会与一些有机物质发生剧烈反应的酸碱（氨水，硝酸，醋酸和高氯酸）时，要特别小心，避免引起火灾或者爆炸。

（5）严禁徒手接触化学药剂。可以使用手套、钳子、铲子，或者其他适用于该物质或该场合的实验室设备。

（6）实验室应提供紧急冲淋洗眼站和喷淋站。如果无法配置，至少应该配置一到两个紧急洗眼瓶。

（7）操作移液管时应使用吸耳球。严禁嘴吸。实际操作中，实验人员很容易走神，而发生用嘴吸的事故，无论他已经多有经验。

（8）在作业接触腐蚀性化学品时，应穿上橡胶围裙。

（9）作业接触化学品时，应戴上专用的面罩或者化学护目镜。酸碱进入眼睛可能会导致眼睛完全失明，在实验室内应坚持佩戴护目镜。

（10）清晰标识所有化学品容器，尤其是将药剂转移至较小的轻便容器内使用时。

（11）当连接橡胶与玻璃时，要戴上手套。

（12）进行适宜通风，以清除烟尘。

（13）严禁在实验室内吸烟、饮酒、饮食。

（14）操作人员必须熟知灭火器的放置位置，并能熟练使用。同时，必须定期检查灭火器状况。

（15）拿取加热设备（加热板、烘箱或者马弗炉）的样品时，应使用钳子或者隔热手套。需要提醒的是，加热后的陶瓷物品，其高温会持续很长一段时间。

（16）要做好离心机和发热设备的防护工作，以免受到伤害。

（17）确保电源插座接地良好，所有的设备正确插入插座。插头应配置良好的接地线。如果接地线损坏，应及时维修，保证良好接地。

（18）在饮食、饮水或者抽烟前，应洗手。

（19）确保所有的实验室水龙头配置有空气间隔或者真空断路器，以防止有毒物质向后虹吸至供水系统。这不仅是针对实验室安全的，其他聚合物或者药剂稀释供水的水龙头，也必须配置适宜的防倒流控制器。

（20）提供清洗用工具箱，以防发生喷溅。

5.11 防火安全

在这里探讨防火安全的问题，看起来有点奇怪的感觉，尤其是在平原地区，因为污水处理厂内的主要构筑物就是水池。其实，在现代化的污水处理厂里，存在许多可能引发火灾或者导致火势蔓延的地方，尤其是在采用活性污泥法或者生物膜法的污水处理厂内，往往会使用大量化学药剂，因此了解一些基本的防火安全知识，是完全必要的。污水处理厂操作人员需要了解的防火安全知识，分述如下：

（1）灭火器在哪里？

（2）现场阻燃系统还有哪些？

（3）灭火器是否进行定期检查，是否随时可用？老式水型灭火器，如果维护不好，即使喷射能力较弱，自发喷射也会造成一定伤害。

（4）操作人员是否进行了使用培训？

在讨论灭火器类型及其使用之前，先来探讨着火或者燃烧的基本要素，即燃烧三要素，如图5-7所示。

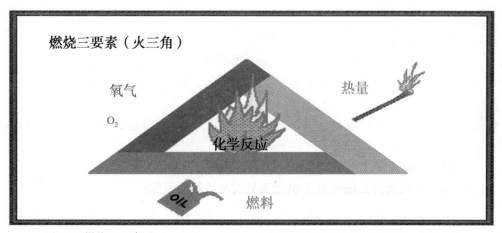

图5-7 燃烧三要素（http://www.pp.okstate.edu/ehs/MODULES/exting/Triangle.htm）

放热反应（燃烧是最为基本的放热反应）的发生，必须要有氧气、燃料和达到一定的温度（燃点）。缺少火三角（图5-7）的任何一个要素，火就会熄灭，这就是各种灭火方式的工作原理，即移除火三角中的任何一个要素。干粉灭火器移除氧气，而哈龙和二氧化碳灭火器通过降低温度至燃点以下，实现灭火。

目前，常见灭火器主要有4种，分别为哈龙、二氧化碳、水型和干粉灭火器。

（1）哈龙

这种灭火器含有一种气体，可以阻止燃料燃烧，常用于昂贵电气设备的防火保护，优点是灭火后不会留下任何残留物。哈龙灭火器有一个有效工作范围，通常为1.2~1.8m（4~6ft）。哈龙应该主要喷射到火焰根部，即使在火焰已经熄灭了之后。

（2）二氧化碳

这对于B级和C级火灾（液体和电气设备）最为有效。由于气体扩散较快，该种类型灭火器仅在0.9~2.4m（3~8ft）的范围内较为有效。二氧化碳以液体形式压缩存放在灭火器内，在其膨胀气化过程中，它会吸热降低周围环境温度，同时还会在喷嘴周围结冰。由于火灾存在再次复燃的可能，因此在没有了明火之后，仍需要进行持续喷射一段时间。

（3）水

这种灭火器含有水和压缩气体，仅适用于A型火灾（普通可燃物）灭火。

（4）干粉化学药剂

该种灭火器可用于多种用途。它含有灭火剂，同时使用不可燃压缩气体作为喷射载体气体。

上述对水型灭火器的描述提及了A型火灾。灭火器类型是依据在正确使用条件下，能够实现灭火的火灾的类型进行分类的。火灾类型共分为以下4种：

（1）A型，常见可燃物；

（2）B型，可燃液体和蒸气；

（3）C型，电气火灾；

（4）D型，可燃金属。

所有的灭火器均应将其适用灭火的火灾类型标识出来。在未发生紧急事故时，要知道现场有哪种类型的灭火器。在发生紧急事故的情况下，是不可能有时间去辨识灭火器类型的。因此，安全负责人员有责任评估现场可能存在的火灾危险类型，并配置适宜类型的灭火器。

现场作业人员必须实地演习使用灭火器，有一个灭火器使用口诀（简写为PASS），具体内容如下：

（1）Pull——拔掉安全销（这样才可以压下扳机）；

（2）Aim——从大约2.4m（8ft）的距离处对准火焰的根部；

（3）Squeeze——用力压扳机，将灭火器对准火焰根部喷射；

（4）Sweep——对准火焰根部来回进行喷射。

虽然这些仅有寥寥数字，看起来很简单。但在紧急事故面前，人们往往由于惊慌，而表现的慌乱无措。重要的是要考虑现场火灾情势。例如，如果火灾发生在加氯间旁，且火势即将失控，此时一个操作人员不要试图单独将其扑灭，而应该电话通知当地消防部门紧急进行支援。在火灾较小的情况下，一个操作人员可以将其扑灭，但是如果火势失控的话，不仅这个灭火的操作人员较为危险，同时也会将危险带给周围的居民。此时，该操作人员可能是警告周围居民，并使他们在火灾现场获得适宜应急设备的唯一希望。

5.12 机械安全

污水处理厂使用了从水泵到带式压滤机的多种机械设备。它们共同的特点就是都带有运动部件。可以说运动部件是不计其数的，当然也不清楚它们可能会对操作人员造成什么样的伤害。

一些初沉池污泥泵的外部运动部件是以机械方式连接至老式的活塞杆和活塞销的，先前曾用于老式蒸汽船。过去，加油工手动将油加至蒸汽机发出热量的活塞销和连接杆（常见的连接杆往往有两人高）中。此时，往往一个错误的移动，就可能会使加油工失去一只手臂，甚至付出生命的代价。当然，19世纪晚期的工作标准是不应该应用到今天的操作人员身上的。

目前，大多数的机械设备都设计有运动部件防护装置，将危险部分封闭起来，保护操作人员免受伤害。人行通道周边的机械设备，必须设置安全防护装置。这种防护意识应该延伸至所有正在使用的工具。台锯和圆锯应配置安全装置，防止切割时对手产生伤害。如果操作人员发现机械设备的防护设施不足以起到防护作用，应该立即通知管理人员，并切实配置有效的防护装置。皮带、滑轮、链条、链齿轮、旋转耦合器、齿条、齿轮都是常见的需要设置防护装置的运动部件。

目前，这已经是常识了。但是当这些防护装置拆卸后进行维护时，该怎么办呢？正确的做法是不要让员工在危险环境中工作，有电气设备作业时，需要采用上锁/挂牌操作规程。系统内可能会存储各种潜能，例如水力系统或者其他机械系统，如果上锁不正确的话，潜能就可能被释放出来，造成意想不到的后果。

5.13 上锁/挂牌规程

简单来说，上锁/挂牌规程是一种包含惯例步骤的格式化的作业程序，严禁任何人员启动正在维修或者维护的机械。作业人员在主面板切断开关处放置一把锁。在大型工作场合，例如大型的污水处理厂，可能有电工和维修人员同时在同一机械设备上作业。比如，当需要对沉淀池驱动装置进行维护作业时，作业负责人同时可能会让加油工给该机械加油。

对于这个例子，假如同时有3个作业工作组，每个工作组完成其特定的工作内容。沉淀池主电源开关应该配置一个装置用以锁定主电源切断开关。三个工作组和作业负责人均有一把锁通过该装置锁定主电源切断开关，同时上面要打印或者标注"禁止使用"字样。当每一工作组完成其任务后，可以将该工作组的锁从锁定装置上抽出。当该项作业全部完成后，由作业负责人从锁定装置上移除他的锁，去除标签，表明可以使用该设备了。作为一般准则，严禁撬开任何一个停止作业装置或设备的锁。否则，可能会对作业人员造成严重伤害。如果有人因为辞职、病休或者其他的一些原因，而未归还钥匙，导致无法开锁的话，对设备进行撬锁这样的决定，应由行政管理人员负责，且要彻底考虑可能发生的后果。一些常见装置上锁插图如图5-8所示。

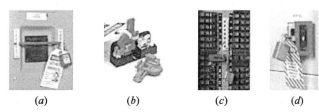

（a）　　　　　　（b）　　　　　　（c）　　　　　　（d）

图5-8　插图（a）480v上锁装置（由Lab Safety Supply提供），（b）断路器上锁装置（由Lab Safety Supply提供），（c）断路器面板上锁装置（由Lab Safety Supply提供），（d）电气面板上锁装置（图片由Brady® Worldwide Inc.提供）（http://www.labsafety.com/store/dept.asp?dept_id=5442）。

通常来说，符合OSHA规范的上锁/挂牌规程，要求员工完成以下3个方面的培训内容：

（1）雇主能源控制方案。

（2）与员工职责相关的能源控制方案具体要求。

（3）OSHA上锁/挂牌标准具体要求。

以下为保护员工，要求雇主必须遵守的职责：

（1）制定、实施和执行能源控制方案。

（2）对于可以上锁的设备，采用上锁装置。只有当挂牌装置能够提供与上锁装置同等效力的保护作用时，挂牌装置可以替代上锁装置使用。

（3）确保新装的或者大修的设备能够上锁。

（4）如果现有设备不能被上锁，应制定上锁方案。

（5）制定、记录、实施和执行能源控制程序。

（6）针对特定场合，应采用授权的上锁/挂牌装置，并确保该装置耐用、规范和实用。

（7）确保上锁/挂牌装置可被用户使用。

（8）建立一种规章制度，仅许可使用该装置的员工才能去除该上锁/挂牌装置（例外的情况，请参见29 CFR 1910.147（e）（3）[OSHA，2005]）。

（9）每年检查和更新能源控制程序。

（10）为该标准涉及到的所有员工，提供有效培训。

（11）当机械测试或者复位时，或有外部协作单位在现场作业时，或设备上锁时，或者在轮班或者员工变化期间，要遵守OSHA标准中的其他能源控制程序。

5.14　交通安全

交通安全主要可分为以下两类：（1）常规驾驶行为；（2）在街道上驾驶时，需要遵守的交通标识和模式。

5.14.1 防御性驾驶

常规驾驶行为可简单总结为防御性驾驶。重要的是要确保汽车处于良好工作状态。所有的信号灯、安全灯、制动装置、雨刷器工作状态良好，挡风玻璃清洗液处于充满状态（尤其是在山岭地区）。汽车驾驶的安全是与其他工作岗位所不同的，生死往往可在几分钟的时间内发生，因此驾驶时要格外仔细和当心。过去几年内，"路怒症"越来越多，其原因是多方面的。目前人们的生活节奏较快，机会与压力并存。人们通常很少有时间放松休息，加之交通状况不断恶化，而如果时间较为紧迫的话，人们往往会加速强行超车。此时，往往可能发生事故。要记住，没有必要在公路上强行超车，尤其是驾驶公司车辆时，安全顺利驾驶才是最为重要的。在污水处理厂，如果一个驾驶员由于发生交通事故而失去驾照的话，可能也就意味着他将会失去这份驾驶员工作。

5.14.2 酒后驾驶

汽车驾驶期间，严禁食用违禁物品。许多地方在雇佣员工时需要进行毒品测试，而且可能会在员工任职期间，随时进行毒品测试。任何获得交通部颁发的驾驶执照的人都可能会接受随机毒品测试，同时发生交通事故时，驾驶员必须进行强制毒品测试。法律规定的血液酒精合格含量在不断降低，目前在许多州该值为0.08。另外要注意的是，驾驶员对酒精的代谢能力和敏感度各不相同，应进行针对性治疗。同时，治疗药物也可能会存在副作用，降低机体的协调能力。酒后驾驶仍然是美国导致死亡的首要原因之一。

5.14.3 手机使用

手机使用大大方便了人与人之间的信息交流。然而对于驾驶员来说，使用手机也可能会引发交通事故。目前，已经开展了许多有关交通事故与手机使用相关的研究工作（Helperin，http://www.edmunds.com/ownership/safety/articles/43812/article.html［2006年1月]）。研究表明，使用手机引发交通事故的主要原因是驾驶时的精力分散造成的。拨打电话时，驾驶员的精力远离了汽车，而转移到了通话上。因此，如果在驾驶汽车期间，必须使用手机进行通话的话，请将汽车停靠在路边。而且，在一些地区已经制定了驾驶时使用手机是违法行为的法律规定。

5.14.4 交通标识和交通模式

污水处理厂工作人员可能遇到的较为危险的事情就是在污水处理厂外进行污水处理收集系统的维护和维修作业。此时，最好的防护措施是先用混凝土围墙后用警戒线将工作场合隔离起来。然而，这种做法通常来说是不可能的。另外一种较好的防护措施是进行交通管制。作业人员需要在作业区，设立一种管制交通方式，以避免可能的交通伤害。这就需要合理放置交通标识、交通锥标，如果可能的话，最好安排专门举旗人指挥交通。在公路场合进行作业之前，要联系当地警察或者地方政府，以确定作业时是否需要进行交通管制。在一些地区，在进行任何作业之前，必须提交交通管制计划。

通常，对于仅有一人作业，而交通道路不繁忙的情况，仅需要一辆卡车、交通锥标，以及基本的"前方施工"或"请绕行"标识就可以了（此处，可将卡车车厢放置于交通锥标之后，作为一种可移动的防护障碍物使用）。以下为布置简单交通标识时的推荐距离要求：

（1）"前方施工"标识通常应放置在任何其他标识之前至少46m（150ft）。

（2）"车道封闭"标识通常应放置在作业区之前至少30m（100ft）。

（3）"高级别警示装置"应放置在作业区的始端。可以采用多个旗子装置或者闪光标识。应该遵守当地的交通规章要求，采用正确的警示装置。

（4）交通锥标应放置在作业区周边，用以指示交通方向。

另外，设置交通标识时还需遵守一些基本准则。所有的举旗人应该穿着橘黄色马甲或衬衫。最近，一些地区也开始允许使用荧光黄绿色。夜间作业时，举旗人橘黄色马甲的边上必须配置有反光带。同时，应正确使用两侧带有"慢行"和"停止"的交通标识。举旗人应该值守在作业区前至少30m（100ft）处。"前有举旗人员"交通标识应该设置在举旗人之前大约152m（500ft）处。以下场合需要设置举旗人：

（1）作业人员或者设备将会间歇性阻塞交通时；

（2）单通道需变为双向通车使用时（举旗人需要指挥两个方向通车）；

（3）需要考虑公众以及作业人员安全时。

在正确放置交通标识时，需要遵守地方规章制度，各地区可能不尽相同。在特定地点，还可能需要申请设置交通标识许可证。常见警示装置建议布置间距如表5-3所示。

常见警示装置建议布置间距 表5-3

	速度（km/h[mph]）	距离（m[ft]）
交通锥标	0~48km/h（0~30mph）	3~6m（10~20ft）
	48~64km/h（30~40mph）	7.6~11m（25~35ft）
	72~88km/h（45~55mph）	12~15m（40~50ft）
高级警示装置	0~40km/h（0~25mph）	在作业区域前45m（150ft）
	40~56km/h（25~35mph）	在作业区域前76m（250ft）
	56~72km/h（35~45mph）	在作业区域前152m（500ft）
	72~88km/h（45~55mph）	在作业区域前229m（750ft）

在封锁区内作业时，要记住以下几项基本事宜：

（1）警示标识数量要超过最少使用数量。

（2）在制定交通管制计划之前，应该预设一下司机的不可预见的行为，然后实施。如果预设到了不良的驾驶行为，则更易于保护作业人员，避免发生事故和伤害。

（3）将所有作业工具和材料放置于受保护区域内。如果有作业工具等卷入车流中，在确保该交通区域能够安全进入之前，不要盲目随工具进入车流。

（4）在制定交通管制计划时，需要同时考虑行人、司机、设备和作业人员。

（5）最后，在作业开始之前，应与作业点所有工作人员共同评估安全计划。

5.15 污水处理厂设计中的安全考量

当进行污水处理厂新厂设计或者现有污水处理厂改造时，管理人员应该充分认识到可能存在的安全危害，并在设计中加以考虑，以确保提供安全的工作环境。另外，在铺设第一根管道或者浇注第一块混凝土之前，管理人员应该邀请污水处理厂监管机构和操作人员评估污水处理厂建设计划，要知道图纸调整总要比土建调整容易得多。以下为污水处理厂设计中的安全注意事项：

（1）采用楼梯取代垂直梯子。如果需要进行化学品搬运的话，应该采用坡道取代楼梯。

（2）采用防滑的地板和楼梯踏面。

（3）尽可能标识出所有管线，并用颜色进行区分。

（4）保持至少2m（7ft）的净空高度。

（5）对所有可能触及到的机械转动部件配置防护罩。

（6）在所有楼梯、敞口处、储罐、储池、梯子通道以及作业平台处安装标准防护栏。

（7）在所有危险区域，张贴合适的警示标识。

（8）配置足够的地面冲洗地漏。

（9）配置足够的起重设备。

（10）将消毒设施与其他建筑隔离开来。应考虑采用替代消毒系统，例如UV系统，以降低使用危险化学药剂消毒时的危险性。

（11）如果生产中使用氯气和二氧化硫，则必须配置安装检漏和警报系统。

（12）根据现场需要，安装可燃气体探测器、毒性气体探测器、缺氧报警器和指示器。

（13）污水处理厂供应设备中应包括SCBA。如果毒性化学药剂使用量可以减少的话，则可以从将来的运行预算中取消掉维护费用和培训。

（14）对于所有高度超过3.7m（12ft）的装置，应安装舷梯、楼梯或者机械起重设备。对于曝气池和好氧消化池必须提供逃生装置，因为在曝气液体中，身体会失去浮力。

（15）为所有设备的安全、高效操作和维护提供充足的空间。

（16）配置抽水马桶、厕所、洗手盆、冷热水和淋浴。

（17）配置餐用设备，包括冰箱、微波炉、灶具和水池。该区域应该远离交通道路布置，以利于保持清洁。

（18）配置更衣室、长凳、镜子和带锁金属衣柜，（最好2个锁柜，方便工作服和干净衣服分开放置）。

5.16 事故报告和调查

污水处理厂严格要求，任何伤害事故必须在发生后的48h内，报告至管理人员。该报告记录将用于为受伤害工作人员提供适宜的伤害治疗、企业伤害赔偿和保险索赔。对于受伤员工而言，保险索赔当然是越早做好。如果受伤员工伤势较重的话，管理人员应该立即联系指定的紧急救治机构。如果伤者有特殊情况需要说明的话，例如药物过敏或者患有糖尿病等，应将这些情况在紧急联系单上予以注明，以免治疗时引起并发症。另外，需保存受伤治疗和事故记录，以利于跟踪治疗过程。

如果事故报告是真实有效的，就可以通过跟踪事故报告，协助管理人员查找原因，某一工艺流程是否存在危险状况，是否需要重新设计予以调整，以更好地改善工作环境。

通常而言，需要指派固定的安全员，来对每一个事故进行详细调查记录，主要内容如下：

（1）谁当时在现场，谁应该在现场，是否存在有人离岗的情况？

（2）是否存在保护罩、踏板或其他防护装备丢失的情况？

（3）进出口是敞开还是关闭的？

（4）发生了什么？造成了什么样的伤害（事故可能会导致设备损坏和人员伤害）？

（5）有没有人员受伤？

（6）事故发生时，应该是谁在作业？

事故现场场景、录像带和照片均有助于进行事故调查。

图5-9~图5-11是负责人事故报告和雇员事故报告格式样本。调查人员应广泛征求意见，以避免类似事故再次发生。如果调查中发现，为安全起见，有些工艺或者设备需要进行改造的话，可将这些意见直接提请至管理人员，由管理人员负责提供经费并确定改造的优先顺序。如果事故的发生是由于操作人员忽视安全和操作规程而造成的，管理人员应该采取适宜的措施确保安全和操作规程的切实实施。对于事故发生时产生的化学品泄漏，应该采取安全的处置方法。调查和记录内容应通俗易通，并在最后建议给出防止类似事故再次发生的预防措施。

负责人事故报告
（职业伤害）

受伤害员工	员工编号	区域

事故日期	时间	员工岗位
	AM/PM	

事故地点

伤害性质

医生姓名

医院名称

证明人（姓名和地址）

图5-9 负责人事故报告

事故情况描述

该记录信息主要用于防止类似事故再次发生。以下问题的回答应具有针对性，而不能泛泛而谈。根据需要，安全员将会对事故进行独立调查。

1. 员工的工作内容有哪些？

_____

2. 正常情况下使用的工具、材料或者（以及）设备有哪些？

_____

3. 什么样的具体行为导致了事故发生？

_____

4. 员工对于事故发生，起到什么样的作用？

_____

5. 是否使用了合适的安全防护设备？

_____

6. 所使用的工具、材料等是否存在缺陷或不安全的地方？

_____

7. 什么样的工作方法或者作业过程导致了事故的发生？

_____

8. 已经采取了什么样的安全措施？

_____

9. 需要采取什么样的措施来防止类似伤害事故的再次发生？

_____

10. 为防止类似事故的再次发生，可能采取的措施还有哪些？

_____

11. 是否目击了事故现场？ □Yes □No

报告日期 _____ _____

直属负责人

调查结果意见 _____

_____

_____

_____

受伤员工年龄 _____ 工作年限 _____

以下内容用于安全管理部门

调查日期 _____ 由 _____

签名

调查结果意见 _____

_____

_____

_____

_____

图 5-10 事故情况描述

员工事故报告
24h之内填写完成，提交至安全员
打印或圆珠笔填写

员工身份

1. 姓名 _____	2. 街道地址 _____
3. 城市，州，邮政编码 _____	4. 家庭固定电话 _____
5. 办公电话 _____	6. 工作年限 _____
7. 社会安全号码 _____	8. 出生日期 _____
9. 职位 _____	

图 5-11 员工事故报告

事故信息（由员工填写）

10. 事故发生日期 _____   11. 事故发生时间 _____

12. 事故发生地点：

在室内（建筑或者房间号）_____   在室外（描述）_____

13. 是否通知了负责人 _____ Yes _____ No

14. 通知负责人日期、时间：_____

15. 直属负责人姓名 _____

16. 在事故发生时，受伤害员工是否正在完成正常的工作内容？ _____ Yes _____ No

17. 事故是否导致了伤害？ _____ Yes _____ No

18. 事故是否导致了财产损失？ _____ Yes _____ No

19. 事故完整描述 _____

20. 导致事故发生因素，例如，工作内容不熟悉，精力不集中，指南不正确，等。_____

_____

21. 防止事故发生，是否已经采取了一定的预防措施？

_____

22. 对财产损失情况进行描述。

_____

23. 是否有证明人 _____ Yes _____ No

24. 证明人姓名、地址、电话：

_____

25. 人身伤害—身体的伤害部位

	左	右
手、肘、脚踝	_____	_____
拇指、肩、脚	_____	_____
手指、大腿、脚趾	_____	_____
手腕、膝盖、眼睛	_____	_____
手臂、小腿、耳朵	_____	_____
脸部、牙齿、其他	_____	_____
头	_____	_____
腹部	_____	_____
腰部	_____	_____
后背中部	_____	_____
后背上部	_____	_____
腹股沟	_____	_____
颈部	_____	_____
鼻子、咽喉、肺部	_____	_____

26. 伤害性质

划破产生伤口、扭伤，其他刺伤 _____

昆虫、动物咬伤、脱臼 _____

吸入性灼伤 _____

擦伤 _____

挫伤、皮肤刺激 _____

体液暴露（bbp）_____

其他：

_____

描述：

_____

27. 该事故是否是由滑到、绊倒或跌倒引起的？ _____ Yes _____ No

图5-11 员工事故报告（续）

28. 该事故是否是由于物体起吊引起的？ _____ Yes _____ No
    起吊物体的大约重量：_____ 起吊高度：_____
    该种起吊作业是否是经常进行的？ _____ Yes _____ No

29. 伤害是否立即出现？ _____ Yes _____ No 说明：_____
_____

30. 伤害发生与出现症状之间的时间间隔长度？ _____

31. 是否经过了医生治疗？ _____ Yes _____ No
    如果是，医生姓名 _____ 治疗日期：_____

32. 是否去了医院进行治疗？ _____ Yes _____ No
    如果是，医院名称 _____ 治疗日期：_____

33. 是否采取了急救措施？ _____ Yes _____ No
    急救完成人员姓名（自己使用急救箱，护理人员，其他）：_____

34. 是否曾经申请过职工赔偿？ _____ Yes _____ No
    如果是，在何时何地：_____

35. 先前索赔性质：_____

36. 本次事故伤害是否加重了先前的事故伤害？ _____ Yes _____ No

本人，作为受伤害的员工，在此证明以上所提供的信息是真实和正确的。以下签字表明，本人同意对自己提供医疗护理、治疗或者检查，允许采用以上信息内容进行本人的伤害或者疾病索赔（日期）_____，可以将信息提供给雇主以及其他相关机构用于索赔调查。本表复印件与原件具有同等法律效力。

员工签名 _____ 日期：_____
打印名字 _____

图5-11 员工事故报告（续）

5.17 职业安全与健康管理300日志

OSHA 300日志（图5-12~图5-14）是有关事故及误工时长的记录，应于每年2月份公开张贴于员工集中的地方。通常，张贴在吃午餐或者或放置时钟的地方。请定期检查OSHA网站上的日志格式变化情况，以确保采用了适宜的日志格式，并提交至专门的监管机构。

5.18 安全方案和管理

本章节内容主要讨论的是有关安全作业方面的内容，包括强制性的安全条款和程序。然而，如何保证这些安全条款和程序的有效性？一方面，这些安全条款和程序主要来自美国国会通过的法律规定，是应该强制执行的。而另外一些安全条款和程序主要是一些工业标准常规操作规范。通常，在实际执行过程中，往往需要具体的书面安全和健康方案，包括安全与健康政策、应急处置程序和应急联系电话。当安全条款和程序相关法律、标准来源发生变化时，安全培训内容也应随之进行变化和更新。污水处理厂的常规做法是制定书面材料，并定期更新内容。然而，污水处理厂内可能仅有1~2个员工能够掌握每一岗位的工作内容，尤其是在小型的污水处理厂。当某一岗位有人离职、退休或受到伤害时，后来的上岗新人对该岗位的工作是陌生的。政府机构的管理部门有责任考虑如何处理这种情况。

图 5-12 工作相关伤害和疾病日志（OSH A300 表格；https://www.osha.gov/recordkeeping/new-osha300form1-1-04.xls;accessed January 2006）

107

OSHA 300A表格
因工伤害和疾病汇总

年

美国劳工部
职业安全与健康管理局
（美国行政管理和预算局）批准表格 no. 1218-0176

所有1904分节覆盖的机构，都需填写汇总页，即使一年内未曾发生因工伤害或疾病。
请在填写该表格之前，查看日志记录，以确保填写条目准确完整。

计算日志记录中每一分类的个数，将总数写在下面。如果没有，请写"0"。

现职员工、已离职员工及其代表均有权力核查该OSHA 300表格的完整性。同时，他们也可以经授权许可后核查或复制表格。有关这些表格和OSHA 300表格及其类似表格的详细规定，请参见OSHA记录存储规定中29 CFR 1904.35内容。

事故数量

总死亡人数	因伤无法工作事故数量	因伤调岗或工作受限事故数量	其他记录事故数量
0	0	0	0
(G)	(H)	(I)	(J)

天数

因伤调岗或工作受限天数	因伤无法工作天数
0	0
(K)	(L)

伤害或疾病类型

总数：
	(M)	
(1) 伤害	0	(4) 中毒 0
(2) 皮肤疾病	0	(5) 所有疾病 0
(3) 呼吸系统疾病	0	

机构信息

机构名称 _____
街道 _____
城市 _____ 州 ____ 邮编 ____

行业描述（例如，载重卡车生产）_____
如果可能，请给出标准行业分类号（SIC）（例如，SIC 3715）。

雇用员工信息
年度平均员工人数 _____
去年职员工总工作时数 _____

签名
故意伪造该资料将会受到处罚。

本人保证已经核查了该资料，且据我所知，上述内容是真实、正确和完整的。

公司主管 _____ 职务 _____

电话 _____ 日期 _____

将表格所包含的内容经汇总后，在第二年的4月1日到4月30日期间向进行张贴公示。

针对公众报告进行的信息收集工作，每次所用时间约为50min，包括查阅指南，收集查阅所需资料并给予评论。所用表格必须具有当前有效的OMB控制号码。如果你有任何关于该评论或该信息收集的意见，请联系：美国劳工部，OSHA Office of statistics，N-3644室，200 Constitution Ave. NW, Washington, DC 20210. 请不要将该表格寄至该办事处。

（美国行政管理和预算局）批准表格 no. 1218-0176
（美国劳工部 职业安全与健康管理局）

图5-13　因工伤害和疾病汇总（OSHA 300A表格；https://www.osha.gov/recordkeeping/new-osha300form1-1-04.xls；accessed January 2006）

OSHA表格301
伤害和疾病事故报告

美国劳工部
职业安全与健康管理局

（美国行政管理和预算局）批准表格 no.1218-0176

伤害和疾病事故报告是针对需要记录的因工伤害和疾病发生时，必须填写的表格之一。该表格连同因工伤害和疾病日志以及汇总页将用以详细记录描述所发生事故的严重程度。

在需要记录的工作或疾病发生7日之内，必须填写该表格或类似表格。一些州的赔偿、保险或其他报告表格可作为等同类似表格使用。类似表格必须包含本表格所含信息内容。

根据公法91-596和29 CFR 1904法律以及OSHA记录保存规则的要求，该表格归档后至少要保存5年以上。

该表格可复印使用。

注意：该表格包含了有关员工健康的相关信息，当将该信息用于职业安全和健康键目的时，请注意对员工信息进行隐私保护。

员工信息

1）全名 _____
2）街道 _____
   城市 ___ 州 ___ 邮编 ___
3）出生日期 _____
4）入职日期 _____
5）□男 □女

医生或其他卫生护理专业人员信息

6）医生或其他卫生护理专业人员姓名 _____
7）如果当时在工作场所之外进行了治疗，是在哪里进行？
   医疗机构名称 _____
   街道 _____
   城市 ___ 州 ___ 邮编 ___
8）职员是否在急诊室治疗了吗？
   □Yes
   □No
9）职员是否住院治疗的吗？
   □Yes
   □No

事故信息

10）日志内序故编号 在记录事故后，将事故编号登记此处。
11）伤害或者疾病发生日期 _____
12）职员当日开始工作时间 _____ AM/PM
13）事故发生时间 _____ AM/PM | 如果不能确定具体时间，请进行核查。
14）在事故发生之前，职员正在做什么？请详细描述当时的工作内容，包括使用的工具、设备或者材料。例如："在爬梯子，同时背部扣着簧簧氯气"；"用手动喷雾器喷洒氯气"；"在日常使用计算机"。
15）发生了什么？描述伤者的具体发生情况。例如："当梯子滑到到地板时，员工跌落了20英尺"；"在更换垫屑期间，垫圈发生破裂"；"长时间工作袋操作工人跌关节出现酸痛"。
16）请描述伤者或者疾病具体状况？请给出员工身体受影响的部位及受影响的严重程度，不能简单表述为"受伤"、"疼痛"或"酸痛"等，要进行具体描述。例如："背部扭伤"；"化学品灼伤手"；"腕管综合征"。
17）请在可能的情况下，给出直接导致职员伤害的具体物体或物质的名称。例如："混凝土地面"；"氯气"，"跳转锤"。
18）如果导致了职员死亡，请注明死亡时间和日期。

填表人 _____
职务 _____
电话 _____ 日期 _____

针对公众进行信息收集工作，每次所用时间约为22min，包括查阅指南、收集所需资料并验于评论。所用表格均必须具有当前具有效的的OMB控制号码。如果您有任何关于于核评估这种报告的建议，包括减少填写这种报告的时间，请联系：美国劳工部，OSHA Office of statistics，N-3644室，200 Constitution Ave. NW, Washington, DC 20210. 请不要将该表格邮寄至该办公室。

图5-14 伤害和疾病事故报告（OSHA 301 表格；http://www.osha.gov/recordkeeping/new-osha300form1-1-04.xls; accessed January 2006）

实际上，健康和安全方案的编制工作是由污水处理厂员工或政府行政人员共同完成的，而由谁来主导该方案的编制工作是不确定的。如果编制工作是由政府行政人员主导，则污水处理厂员工可以提出必要的信息，以提前进行预算考虑。而如果是由污水处理厂员工主导编制工作，则应该利用这一机会更好地对污水处理厂所有员工开展安全教育工作。

然而，无论是由谁来主导这一工作，健康和安全方案都应该确立一个宗旨，明确表明员工希望获得的安全工作环境，防止可能的工作相关的伤害、疾病的发生。同时应该确定实现这一目标的相关机构职责，包括识别危险、制定纪律、奖励程序以及员工培训等。更多的详细信息，请参见污水处理系统安全和健康（WEF，1994）或者安全和健康方案安全员指南（WEF，1992）。

在大型污水处理厂，安全和健康方案的责任是由行政管理人员和操作人员共同承担的，通常组建成委员会的形式。该委员会负责完成健康和安全方案的制定、检查和更新。然而，无论谁是最终负责人，都应该保存员工培训和事故记录，并进行事故调查。

5.19 管理人员职责

任何方案的制定、职责分配和执行都是从最高管理层开始的，如理事会、委员会、行政管理人员或污水处理厂负责人，他们将直接决定健康和安全方案的执行状况，是工作环境的直接决定者。管理人员职责如下：

（1）制定书面安全和健康政策，

（2）执行政策，

（3）制定实际目标，

（4）提供培训，

（5）委派权力机构，保证政策的实施。

这些职责的具体实施通常将会委派给现场主管、车间主任等来完成。他们有责任确保现场作业人员获得了适宜的作业工具，履行了安全的操作规程，作业人员得到了良好的培训。在大型单位，该职责将由安全专员完成。

5.20 员工职责

员工职责如下：

（1）熟悉安全政策、规章，并予以遵守。

（2）能够识别工作相关危险，并将非常见或者新的危险，及时报告给主管负责人员。

（3）报告所有伤害和事故。

（4）在操作设备前，接受足够培训指导。

（5）能够掌握道路限速标志、交通标识，小心驾驶，并预见可能存在的问题。

（6）保持工作场合整洁、有序。

（7）采用适宜的工具来完成相应作业。

（8）使用合适的PPE。

（9）为防止衣物缠绕到设备上引发事故，工作场合严禁穿戴宽松衣物。长发员工应采取措施，确保长发不会缠绕到转动设备上而引发事故。

（10）戴首饰（手表和戒指）的员工，应确保首饰不会卡到设备中。

（11）如果戴首饰（手表和戒指），应采取措施确保这些首饰不会掉落转动设备中。

（12）严禁在禁烟区抽烟。

（13）遵守个人卫生准则，避免传染。

（14）严禁饮食毒品后上班作业，禁止将毒品带至工作场合。

（15）严禁在工作场合打闹嬉戏。

（16）严禁在任何情况下，为提高效率而忽视安全问题。

5.21 培训

要贯彻执行好方案，首要条件是对员工进行成功培训，而培训效果的好坏主要取决于态度正确与否。培训材料再好，讲解再具体，如果管理人员不能严肃认真对待培训工作的话，员工也不可能获得良好的培训效果。同时，如果员工对方案没有热情，或者方案缺少激励机制的话，方案也无法得到员工的接受认可，而仅仅只是应付。

事故预防不可能一蹴而就，它需要员工的始终坚持，变成一种工作态度和工作习惯，系统学习危险、疾病和事故等相关问题，并将预防事故发生的方法应用到具体工作环境中去。

所有的新员工在入职之前必须进行基本的安全培训，每人获得一份安全和健康手册。新设备的培训工作，也要按照常规工作场合安全标准进行，而不能予以简略。对于持续发生伤害事故的工艺过程，应进行重新评估。安全工作检查应包含在常规质保/质检检查工作内。一经发现员工存在不安全的工作习惯或者马虎态度，管理人员应该立即予以纠正。

以下为培训方案内容：

（1）污水处理设施危害，包括常规性和特定设施危害。

（2）员工健康和劳动卫生。

（3）个人防护设备（PPE），包括呼吸防护。

（4）物料操作处置和存储。

（5）安全用电和作业工具。

（6）防火和消防安全。

（7）可能的急救和心肺复苏（CPR）救援。

（8）上锁/挂牌程序。

（9）受限空间和进入。

（10）MSDS及其应用。

（11）社区知情权。

（12）应急预案与响应。

（13）化学品处置和存储。

培训是防止事故和疾病发生的一项重要的预防性措施。好的培训始于入职，且在岗期间会不断获得新的培训。管理人员和现场作业人员两者都有责任和义务，来共同营造安全的工作环境。

第6章 管理信息系统——报告和记录

6.1 引言

近年来，随着环境指标的逐渐增加以及环境标准的不断提高，污水处理厂的运行数据也随之增多，并在不远的将来有成指数增加的趋势。操作人员通过数据对污水处理运行工艺进行控制、调节，以保持系统稳定高效。监管机构需要污水处理厂定期提供运行数据报告，以确定污水处理是否达标。污水处理厂的行政管理人员需要运行数据以获得污水处理厂的处理效率，并据此确定处理工艺更新改造的必要性。环境法律师可以根据运行数据确定污水处理厂的运行是否能够符合环境法的要求。而污水处理厂的对外宣传部门则需要通过这些数据来充分表明污水处理的重要意义所在。

有效地收集、查询、分析、报告、分配、存储和归档数据——电子、纸质、声音、照片、视频数据——已经成为污水处理厂高效运行，且获得良好运行处理效果的关键所在。以上数据处理工作是污水处理厂管理人员职责中的重要组成部分。今天，如果没有有效信息技术支持的话，大多数的污水处理厂是无法保持长期稳定高效运行的。

6.2 管理信息系统

纸质记录形式最为简单，对设备基本无要求，但是其缺点是记录过程和记录更新需要投入大量人力劳动。同时纸质记录查询和使用受到较大限制，最为常见的形式是复印使用。另外，纸质记录的更新或补充的内容往往与先前的内容会有一定的差别，需要对进行解释说明。同时，对纸质记录数据进行分析耗时费力。虽然存在以上诸多缺点，但由于其较为简单，目前纸质记录方式仍在使用中。

目前，计算机系统在数据处理过程中发挥了重要作用，它可以协助污水处理厂工作人员制定更快更好的决定，实现日常工作自动化，获得高收益，降低风险。污水处理厂的管理、运营和维护人员应该参与到管理信息系统规划中来，以便于获得有用信息。良好的管理信息系统具有以下功能：

（1）多个部门之间可以进行数据共享。

（2）便于选择、排序、打印等多种操作。

（3）便于形成图表进行分析。

（4）便于设定搜索条件，获得更为有效的数据。

（5）使日常办公自动化（例如，可以自动设定库存最低量。当达到最低值时，自动提示订购。)

（6）便于跟踪数据变化。

（7）数据整理和存储具有安全性。

（8）可以改善客户服务水平。

（9）及时掌握污水处理厂运行状况。

（10）可快速有效地与污水处理厂各部门以及污水处理厂外利益相关单位进行及时有效沟通。

目前，信息技术发展迅速，污水处理厂管理人员和操作人员也应不断掌握新的信息技术知识，以满足使用要求。污水处理厂"计算机数据部门"的名称也在不断发生变化，如数据处理中心（过去这么称呼）、管理信息系统（MIS）、信息服务中心等等。（这里，"信息技术"一词泛指信息系统、硬件、软件，以及用于选择、实施和管理该技术的相关流程。）

通常来说，管理信息系统可分为4个部分：硬件、软件、数据以及相关支持流程。硬件是指用于输入、储存、处理和交换数据的物理设备［例如，主机、服务器、路由器、交换机和其他网络设备、个人计算机、掌上电脑（PDAs）、打印机、复印机、程控交换机（PBXs）、摄像机和可编程逻辑控制器（PLCs）］。硬件使用寿命因设备而异，差别较大，一般为3~7年。软件是指运行在硬件上的程序。软件的有效使用年限一般为3~10年，当然可以通过软件更新以延长软件使用寿命。数据是指由计算机管理的内容。数据的有效使用年限一般较长——100年或者更长——将会跨越几代硬件和软件使用寿命。一体化概念是指硬件、软件和数据构成统一的系统（从用户角度而言）。

目前，许多污水处理厂仍然在使用一些相对较为原始的信息管理系统。虽然有一些污水处理厂购买了一些较为先进的信息管理系统，但是尚未真正发挥其作用。然而只有实现了有效信息管理的污水处理厂，才能更好地指导其达标稳定运行（AWWA，2001）。

为了使信息管理系统真正发挥作用，污水处理厂运行流程和软件必须在以下8个方面相互协调一致（AWWARF，2004）：

（1）整体性/共同性（MIS的具体实施不能太特殊，例如在人员培训、业绩管理和考核、用户反馈处理等方面）；

（2）应用和集成；

（3）数据（数据定义、标准、分析、报告、管理和质量相关作业规程）；

（4）IT架构管理（IT资产、架构和服务台作业规程）；

（5）提供服务和采购（提供可供选择的服务，服务水平管理，软件生命周期管理）；

（6）IT组织、指导、监督和规划（管理和政策定义、预算、总成本、业务连续性）；

（7）方案和项目管理（方案管理、项目管理、质量控制和测试方法）；

（8）安全［风险管理和安全问题（例如个人安全、生产控制、审计跟踪）］。

目前，污水处理厂通常会使用多种应用软件［例如e-mail、文字处理、电子表格、图形应用、实验室信息管理系统（LIMSs）以及财务管理系统软件等］。为了降低一体化软件的成本，这些应用软件应该建立在常规标准之上。

以下为污水处理厂常见的一些典型应用软件。

1. 计算机化维护管理系统

采用计算机化维护管理系统（CMMS）[也常称为计算机化作业管理系统（CWMS）或者作业管理系统（WMS）]进行管理维护工作，可以尽可能地缩短设备停机时间，提高成本效益。该系统设计主要用于计划、安排和管理维护作业，控制物资库存、协调物资采购，长期资产投资需求。

CMMS通常包括以下6个部分：

（1）作业管理（修复性、预防性和预测性维护安排、维护作业和作业程序）；

（2）设备库存清单管理（需维护的设备和支持系统清单和描述，以及其他技术信息或费用信息）；

（3）库存控制，材料和工具管理（材料、工具和备件的管理、安排和使用状况预测）；

（4）采购（维护的相关申请、采购和预算费用情况）；

（5）报告和分析（标准和专门报表）；

（6）人员管理（人员技能、工资和在岗状况）。

高效CMMSs系统包括从简单PC计算机到以客户服务器为基础的复杂系统，为保证其良好运行，维护人员可能多达几百人之多。对于小型的污水处理厂而言，人工维护可能就已经足够，但是他们应考虑采用以PC为基础的CMMS系统，以提高数据记录的共享和安全使用效率。

目前，虽然对于污水处理厂而言，CMMS的应用可能还属于起步阶段，但是CMMS已经被广泛应用于其他行业。CMMS在污水处理厂受到普遍重视，是基于保护污水处理设施、更好地实现污水处理厂资产管理，以及一些相关的新的规定的要求（例如，政府会计标准委员会（GASB）34和污水处理厂处理能力、管理、运营和维护（CMOM）等规定）。CMMS包含的一些信息，尤其是某些主要设备和作业记录的相关信息，是资产管理计划的重要组成部分。

一些污水处理厂将关键设备直接链接到CMMS，就可以根据设备的振动分析、润滑分析、热量状况以及其他实时数据，自动生成设备维护作业序列。另外，也可将作业管理系统直接链接至CMMS，从而根据设备运行时间，自动生成设备维护作业序列。

2. 地理信息系统

Huxhold（1991）指出，污水处理厂和环境信息系统所收集和使用的数据至少80%与地理信息有关。地理信息系统（GISs）将用户直接链接至数据库和地图，从而更好地查看与地形相关的各种模式和趋势。这一系统通常是污水处理厂数据处理的中心，可能会使用污水处理厂多个单元的数据，以满足某些特定设施的要求。

3. 实验室信息管理系统

根据优良自动化实验室规范（GALPs）（U.S. EPA，1995）的要求，实验室信息管理系统（LIMS）是收集和管理实验室数据的自动化系统。一般将实验室分析仪器连接至一台或者多台PCs上，而这些PCs又是污水处理厂整个网络系统的组成部分。（一般来说，设备与计算的连接端口软件为实现一定功能，需要专门定制，一般较为复杂。）功能强大的LIMS可以跟踪监管链表，为取样容器打印条形编码，在序列中保存数据直到完成所有任务，同时可以生成各种图表、报告，完成实时样品成本分析，生成客户账单，监控质量保证和质量控制任务完成状况，跟踪仪表校准和维护工作，并控制库存。目前，可以根据需要购买到满足多种安全和访问要求的LIMS。

可以说，LMIS的可能配置应该是无限制的。然而，并不是所有的自动化实验室系统都是LIMSs，例如那些仅实现数据记录而不允许变化（例如分析天平）的系统就不属于LIMSs（图6-1）。GALPs倾向于要求使用功能全面的LIMS配置，可以同时实现数据的输入、记录、处理、修改和检索。

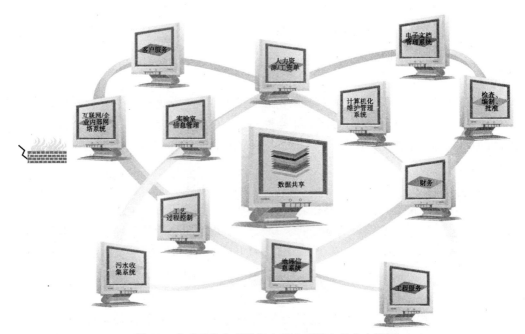

图6-1 集成系统实现数据在整个系统上的自由访问

当实施LIMSs时，实验室管理人员应该确保完成以下工作内容：

（1）人员、资源和设备能够满足所需要求；

（2）清晰明确各岗位人员在实施LIMS中的职责；

（3）遵守适用的优良自动化实验室规范（GALPs）；

（4）制定标准操作程序（SOPs）来保护原始LIMS数据的完整性；

（5）质量保证部门（QAU）监控LIMS的运行状况；

（6）对任何偏离SOPs和适用GALPs的行为进行及时纠正，同时应正确记录偏离和纠正操作；

（7）随后对SOPs作出适当修正；

（8）及时修正LIMS QAU检查报告或原始LIMS数据审核中标识的数据缺失。

4. 人力资源管理系统

完善的人力资源管理系统（HRMS）能够对薪资和所有员工的记录提供灵活准确的管理，对员工进行信息调查和报告，同时还包括薪资、福利和养老金管理。而高级HRMSs通常还支持实现员工职业发展、培训和接班人管理计划。有时也可以采用培训信息管理系统（TIMS）作为补充，对个人培训状况进行管理。

5. 财务信息系统

财务信息系统（FIS）通常包括总账、预算、应收款、应付款、项目管理、投资跟踪和运营成本等模块。（许多污水处理厂不使用应收款模块，因为污水处理厂应收款管理较为简单）。实际工作中，可以将FIS与CMMS系统以及其他涉及库存管理、固定资产管理和成本相关管理相链接。

6. 过程控制系统、监控与数据采集系统

过程控制系统（PCS）、监控与数据采集系统（SCADA）能够自动监测、控制污水收集、处理和处置的实时操作过程。除现场数据收集和设备控制（例如，水泵启闭控制）所使用的仪表外，该系统所使用的硬件和软件是与污水处理厂运行信息系统所使用的是相同的。实际上，PCSs和SCADA两系统与污水处理厂运行系统通过接口相连接，以提高成本效益（例如，可以通过对污水处理厂最近阶段的能源、药剂、人力以及其他成本分析，进行控制算法调整）。

目前，硬件设备的购置费用与先前相比降低很多，而且设备的安装、编程控制以及维护都变得更为简单，即使是最小型的污水处理厂也可以负担这部分费用以实现工艺控制自动化（WERF，2002）。同时，一些大型污水处理厂，已经将PCSs或SCADA直接连接至动态模型上，因此就可以根据进水状况，连续预测其对工艺处理效果可能产生的影响，继而可以根据需要自动调整关键运行参数（WERF，2002）。

另外，其他行业针对安全方面的考量，同样也适用于污水处理厂的PCSs和SCADA。

7. 人员生产率应用软件

目前有许多可以提高污水处理厂人员工作效率的应用软件（例如文字处理软件、电子表格软件、图形应用软件、E-mail和日历软件）。

8. 协作软件

基于互联网的软件（例如，维基、博客以及虚拟会议软件等），能够使污水处理厂员工、投资商、顾问以及监管人员，随时随地进行信息沟通，方便地解决问题、共同制定或者审查报告。

9. 其他支持系统

目前，对供暖、通风和空调系统（HVAC），室内照明、应急安全系统（例如火警、电子门禁系统、移动传感器和闭路电视系统），许多污水处理厂都采用电子控制方式。为了降低能耗，暖通空调系统的控制应该以工作时间进行优化控制。

除以上所提及的主要应用软件外，许多污水处理厂根据自身需要也配置使用了多种其他类型的应用软件。例如，污水模型软件能够预测污水处理厂进水情况，同时也可以

预测合流制排水系统发生溢流（CSOs）进入受纳水体的情况。投资项目规划和管理系统可以协助污水处理厂管理设施建设预算以及时间安排。现在许多污水处理厂采用了电子文档管理系统来管理运行数据文档，以便于多个部门间"共享"使用，其包含的功能主要有文档存取、版本控制、分类、检索和归档等。与记录管理系统相似，文档管理系统也提供了一个满足法律要求的用于集中存储、访问和检索关键信息资源的位置。目前，许多应用软件都可以根据顾客需要从供应商处直接购买到，而无需再进行自己开发。

另外，许多污水处理厂现在已经开发了定制的Web支持系统，可以通过内部网络（内部交流）或者互联网进行访问。这些Web支持系统应用了多种技术（例如关系数据库、用户界面和邮件系统），提供了预留接入端口，可以方便地实现与其他系统的集成使用。

大多数污水处理厂已经使用了局域网（LAN），实现了多个计算机用户的数据共享，同时可以连接至广域网（WAN），实现多个局域网（LANs）之间互相访问。污水处理厂通常也接入互联网，以方便员工随时随地进行电子通讯，或者与其他行业进行数据访问（例如，污水处理厂和银行之间的电子银行业务）。随着污水处理厂网站内容的逐渐丰富，提供了更多的服务功能（例如，允许重要用户直接访问污水处理厂数据），这就要求污水处理厂内部运行流程必须简单而更加安全，往往需要重新设计业务流程。

美国环保局目前更加倾向于接受符合跨媒体电子报告和记录保存规范［40 CFR3（新）和40 CFR 9（修订）］的电子报告该规范为电子报告和记录提供了符合环保法规的法律框架。这样做的目的，是为了在整个美国环保局采用统一的电子报告和记录保持模式。2005年10月出版在联邦公报中的最终条文，虽然并未强制要求提交电子报告和记录保存，但是却规定了以下内容：

（1）修定了联邦法规中的要求，删去了任何阻碍采用电子报告和记录保存的内容；

（2）一旦美国环境保护局宣布该文件已经有了电子形式的报告和记录保存，允许污水处理厂采用电子形式提交任何报告和保存任何记录；

（3）电子报告需通过美国环境保护局中央数据交换（CDX）或其他报告提交系统进行提交；

（4）需要在提交的电子报告上进行电子签名确认（电子签名与真笔签名具有同样的法律效力）；

（5）提出了电子报告要求，美国环境保护局授权法案必须提供简单操作流程，以实现批准电子报告的实施。

污水处理厂的应用软件可能应用于多种不同场合。例如，FIS可能应用于市区的政府行政大楼，GIS可能分布于多个位置，一部分CMMS可能由无线通信维护人员通过无线信息传输设备得以实施。

应用软件的支持和维护由污水处理厂员工、外单位协作人员或顾问以及第三方供应商或外包服务共同完成。

对这些应用软件进行集成，是许多污水处理厂的一个重要管理问题。集成具有许多优点，然而投资较大（图6-1）。实际操作中，有许多策略可以用来集成这些系统，并各具优缺点。

高效地执行、使用和支持这些系统，包括确保污水处理厂业务流程与所使用技术相协调，确保技术能够满足整个业务流程的要求（而非单个流程），并为终端用户和维护人员提供良好的培训、完善的资源支持以及标准化操作。技术的使用不仅要解决技术本身的问题，同时还要解决结构和业务流程方面的问题。

在实际过程中，遇到的重要问题通常包括集成、数据管理、行政管理和员工技能等相关问题。

6.3 信息技术管理

信息的有效管理，可以确保IT投资满足使用要求，达到预期目的。良好的信息技术管理方法应该确保：

（1）目标明确；

（2）业务和IT策略相一致；

（3）能够剖析IT问题；

（4）高效实施IT策略；

（5）管理相关风险；

（6）跟踪报告进展。

有效管理意味着技术决策和投资是建立在良好的业务实践的基础之上的。换言之，也就是解决了客户要求，管理人员得到了正常反馈，技术投资进行了规划，在最终签收之前达到预期结果，对技术实施后产生的结果进行了审计评估。

6.3.1 计划和组织

每个污水处理厂都应该有一个IT策略，由各职能部门在行政管理支持下进行开发。该策略应该设定总体方向，建立关键标准，识别和优化主要方案（包括每个方案的目的、时间安排和预算），阐述污水处理厂支持系统内容（例如培训、需要的资源以及报告要求）。该策略也应详细说明不同软件协同工作情况，以方便用户进行数据的输入、访问和使用。对于污水处理厂IT策略，应该每年更新一次，3~5年进行1次彻底检查（或者当污水处理厂IT策略发生重大变化时）。

除技术和财务问题外，IT策略还应该解决组织问题（例如，集中、分配、矩阵或组合问题）和人员需要。IT人员必须掌握实施IT策略的技术，否则该策略应该安排一定的机制，以使他们获得必要的实施技术。同时，另外一个重要的问题就是随着近期婴儿潮一代退休人员的增加，更加要求能够留住员工。

每年污水处理厂都应该制定一个IT运行计划，详细阐述每一IT人员将要完成的策略内容。而后，在年末时分，污水处理厂应该回顾IT策略实施情况，以及实施过程中获得的经验教训，并为未来的一年制定更为适宜的IT新计划。

在具体实施IT策略时，对于定制软件，IT员工应该进行明智选择。以往的情况是，所有的IT部门都各自编写定制软件，然而现在已经可以购买到许多较为适宜的商用软件。但是如果未能选择到商业软件以满足特定要求时，仍需要进行定制开发。

随着软件从用户定制到商业软件的转变，目前的IT工作已经从软件开发转移到项目管理上来。因此，IT策略应该考虑现有IT员工的培训，以实现高效项目管理（IT项目管理是与其他项目管理相类似的，它需要清晰的规章、团队、时间计划、费用，以及关键利益相关者的参与）。

6.3.2 采购和使用

为了确保新的信息技术能够满足要求，以获得需要的结果，项目组应该设定目标和要求。项目团队成员也应该了解购买到现有商业技术的可能性及其局限性，从而做出最佳决策。

另外，项目组团队应该检查可能受到新购买技术影响的业务流程状况。通常来说，当采用了新技术后，需要对该业务流程重新进行设计，否则将会增大员工的工作量，因为员工仍然是按照原有的工作路线做事，然而新的系统需要一种新的方式来完成。由于没有掌握新技术而导致的员工工作量的增加可能会引起新技术无法发挥作用，或者难以实现其带来的预期效益。

项目团队也必须确定最佳的采购方式，可以直接购买（即，可以购买软件使用许可证），也可以从供应商处租借，或者运行在第三方的网站上［即，租借，采用软件服务提供商（ASP）模式］。软件购买和获得使用许可的方式多种多样，而且变化较快，因此在选择新的技术时，团队成员应该仔细评估各种方式的优缺点而后做出决策。

系统的试运行与进行系统选择一样，都需要得到重视。其中有几个关键步骤，分析如下：

（1）记录新系统及其如何使用；

（2）培训技术人员和其他人员使用新系统；

（3）数据整理；

（4）制定必要的报告；

（5）进行实施后评估（即评估是否达到预期结果，是否提高了效益）。

当将数据从旧的应用软件转移到新的应用软件上时，需要进行数据整理，以提高所得数据的有效性。项目组应该评估现有数据的质量（例如，数据的丢失、错误，不完整或者冗余等），并采取必要的措施来予以解决。数据整理过程具有修正和完善数据的作用，这一点往往却被忽略掉。

6.3.3 持续支持

新的技术一旦得到应用，就需要来自供应商和污水处理厂IT员工的持续支持，以确保新技术能够正常发挥功能，优化使用效果。

1. 支持服务

污水处理厂应该确保获得来自技术供应商或者现场IT员工的最低水平的支持服务。当污水处理厂与供应商签订服务等级协议（SLA）时，应该明确确定最低服务等级，以确保污水处理厂能够获得与其支付费用相应的服务水平。此时需要确定的问题包括供应商响应时间、程序升级、问题跟踪机制、升级频率、升级文件、培训要求，以及支持合同期限等。一些污水处理厂认为供应商提供的服务不能与其支付费用相当，从而拒绝与供应商签订服务等级协议。他们更愿意选择在企业内部制定服务等级协议，由新技术终端用户和IT员工讨论确定预期服务内容要求，并确定所需支付费用。

未能良好执行的服务等级协议（SLA），会使服务提供者与接受者之间产生矛盾，而服务等级协议（SLA）的良好执行将会包含大量管理工作参与其中。例如，应该将预期和实际服务水平定期进行比较、报告，并根据需要予以调整。

2. 培训

人员培训应该"适时"。也就是说针对新入职技术人员，不能对其进行专家级的培训，因为他们仅能理解基本内容。而后，随着其经验的逐渐积累，需要不断进行及时后续培训，以强化新的概念，解决存在的对新技术的误解，逐渐提高其对新技术的接收。

3. 现有技术管理

技术管理包括修正报告，或者当用户获得经验后创建新报告，改变配置、解决问题和投诉，以及用户驱动的其他支持需要。

4. 维护

技术维护包括文件备份（备份正确内容，且备份存储系统状态良好），应用软件补丁和更新，优化数据库、运行系统和硬件，以及确保用户增加时能够符合软件的许可要求。

5. 安全

信息安全是污水处理厂整体安全策略的重要组成部分。适宜的安全措施应该配合新技术进行实施，同时每人都必须正确遵守适宜的IT安全规范（例如，密码维护、无共享密码，当有员工离职或者调岗时，需进行适宜的安全更新）。另外，安全系统应定期进行评估，以确保其适用和有效。对于关键任务系统，可能还包括进行探测和攻击测试，以判定保护功能是否能够正常发挥。

6.3.4 监测

监测可以确保新技术达到预期结果，降低风险，并合理管理了问题。有效监测是指测量和定期报告适宜的性能指标——可能是以记分卡的形式（例如，平衡记分卡、用户满意度评估、管理报告以及外部评估）。根据需要，监测报告应该阐述技术目前应用效果，并给出改进意见。

6.4 记录类型

记录是什么？根据44美国联邦法典第33章第3301节的内容所述，记录包括"根据联邦法律或者与公用事务处理相关的，由美国政府机构制定或者接受，并由该机构或者其合法继任者保存作为该组织、职能、政策、决策、程序、操作或政府的其他行为证据的所有书籍，报纸地图、照片、机读材料以及其他文献资料，或者其中包含的信息价值"。因此，记录具有多种存在形式（例如，打印件或者硬拷贝，电子件或者软拷贝，甚至是电子邮件和语音邮件）。

记录是所有管理系统的支柱。获取和管理记录不仅是监管要求，同时对污水处理厂的良好运营也至关重要。每一个记录都包含重要信息，当多个记录进行链接，并按照时间顺序、空间顺序或者其他形式组织时，便可以方便人员分析污水处理厂设施的使用年限、运行状况以及其他属性，从而作出更为准确的决策。因此，记录应该确保安全准确，同时应便于访问，以便于获得有效信息。

以下简介大多数污水处理厂需要管理的记录类型。

6.4.1 污水处理厂实物记录

员工应该便于访问污水处理厂的当前记录实物，包括建筑规范，设计报告，污水处理厂、水泵设施以及污水收集设施竣工图，污水收集系统地图，运行维护手册，设备描述，设备制造图，生产商提供的文字说明以及运行维护指南。

已有设施和设备的记录不仅对于运行维护人员处理日常操作较为重要，同时对于管理人员进行运行调度，监管机构评估排放达标情况，工程师和承包商对运行设施进行改造升级设计等也具有重要作用。另外，记录格式与记录内容应协调一致，以便于修订改进。例如，纸质运行和维护手册通常不要包括太多较大的图纸。而图纸应该保存在柜子、文件抽屉或者方案架上。电子图纸（CAD图纸）可以链接至电子运行和维护手册，便于工程师进行更新。

1. 图纸记录

污水收集和处理系统的记录（竣工）图纸对于每一设备、设备位置，以及各设备间的相互关系，提供了简洁而图文并茂的记录。图纸通常包括水力剖面图，流程示意图，阀门图表。这些图纸可按照所属专业分为机械、电气、土木或者结构、建筑、仪表控制、环境绿化等图纸。大型污水处理厂的图纸往往会有几百张之多。

工程师、运行维护人员、顾问以及承建商会使用到这些图纸，用于项目设计、建设和管理，设备和材料采购、施工管理、运行维护等。这些图纸记录通常在新建项目结束时保存下来，而且在项目进行改造大修后，需按改造后的项目状况进行图纸更新。图纸更新工作要在项目收尾之前进行检查核实，以保证图纸的完整性。

工程师可以根据污水处理厂的具体情况，建立图纸提交、更新、检索或者分类归档的具体标准。通常，工程师会在适当位置（或者CAD文件）标注出重大改造或补充，并据此调整图纸记录。这样可以大大简化图纸记录的修改和补充工作。

2. 运行维护手册

运行维护手册对每一设备都进行了描述，介绍了其功能、性能，可能存在的对其他设备的影响以及运行的影响因素（表6-1）。另外，一般情况下还包括一些技术信息（例如供应商提供的规范）、型号和序列号、图纸或者照片（尤其是水下或者地下作业的设备）。

该手册可以作为无经验人员的操作指南，也可以供有经验的员工参考使用，因此这些资料应该保存整洁且易于获得。完整的运行维护手册同样也有助于操作人员建立标准作业程序（SOPs）——针对污水处理厂的具体运行维护方法。该程序也应标明所有相关安全措施（例如，应急程序、有害物质和废物处置程序、上锁挂牌程序），指出PCS和CMMS集成的程度。

运行维护手册应该尽可能采用电子版本，以利于更新。当纸质运行维护手册转换成在线交互式文件时，应该包含有搜索引擎以便于员工实现信息的快速搜寻，同时应链接至相关SOPs，这样员工就可以利用便携式设备（例如PDAs或者笔记本电脑）进行打印或者访问，从而提高工作效率。

运行维护手册内容　　　　　　　　　　　　　　　　　　　　　　表6-1

1. 管理职责、排水水质要求以及污水处理厂概况介绍。

2. 水质排放标准和排放许可证复印件。

3. 污水处理厂设施运行和控制。

4. 污泥处置设施运行和控制。

5. 人员资格和要求，雇员人数。

6. 实验室测试。

7. 记录。

8. 安全。

9. 维护。

10. 应急运行响应程序。

11. 公用工程（Utilities）。

12. 电气系统。

3. 生产商文字资料

生产商提供了最佳的具体设备的详细信息，通常包括制造图纸（注明了制造和施工的细节）、安装指南、推荐运行方案以及润滑和维护要求。另外，还应该包括部件分解图和部件清单、推荐运行维护方案、部件信息（例如，名称、型号、类型、尺寸、合格证和保修证）、供应商名称、地址和电话号码等。

该信息可以通过CMMS系统获取，并可通过个人计算机查阅需要的信息。

4. 设备描述

在运行维护手册中，设备描述通常是1张表格，给出了设备的关键信息，包括维护清单、已完成的维修和大修记录情况。同时还包括所需工具列表，以及常规例行维护和应急维修所需要的易耗品清单（例如滤网和灯泡）。

5. 规格说明

规格说明包含了建设项目的详细资料，包括项目要求、尺寸、材料等。污水处理厂施工图部分的规格说明通常包括以下内容：

（1）设备及其性能（例如，水泵输送能力）；

（2）需要的适宜材料（例如，聚氯乙烯管用于药剂溶液输送，压力管线采用球墨铸铁管）；

（3）需要的材料、工艺和制作的详细说明；

（4）相关附属物和药剂详细说明；

（5）拟采用的施工程序说明（例如，适用的管道基础和回填程序）；

（6）建设过程中，保持现有设施正常运行的施工方案；

（7）可靠的关停计划（如果运行必须中断）；

（8）确保建设项目达到设计标准所需要的性能测试说明；

（9）其他没有包含在施工图纸中的内容。

污水处理厂员工应该保存每一个建设项目规格说明的复印件。附录往往可以取代规格说明中的一部分，应该与计划书一起保存。

6. 设计工程师报告

通常来说，设计工程师报告应该阐明项目的设计理念，包括项目简介、现状、设计参数探讨、设计工艺推荐及理由、成本估算等。同时应标明项目的服务区域、服务人口数量、设计处理能力、工艺参数以及项目地地质条件。

6.4.2 合规报告

1. 排放水质监测报告

按照1972年净水法（CWA）的要求，污水处理厂的处理出水排放必须首先获得美国国家污染物排放削减制度（NPDES）许可证。这个5年期限的排放许可证限定了具体的排放水量和排放水质要求，同时也规定了污水水质的监测频率（例如，每天1次、每周1次或者每周2次）以及采样方法（例如，随机水样、8h混合水样或者24h混合水样）。

另外，美国CWA要求污水处理厂必须向美国环境保护局和州监管机构提交NPDES监测月报［称为排水监测报告（DMRs）］。（一些小型污水处理厂也可能根据许可证要求提交DMRs季度报告。）报告内容应注明所有排水水质指标的标准限值，报告格式由美国环境保护局根据具体污水处理厂的排放许可证进行统一定制。

实际操作中，可以借助相应的应用软件快速生成DRMs。操作人员只需通过软件调用监测结果至DRMs模板即可，模板上带有许可证排放限值以及生成DMR报告结果的逻辑计算程序。在最终打印提交DRMs报告之前，污水处理厂工作人员可以对报告结果进行核查验证。目前一些污水处理厂提交的就是电子版本的DMRs报告——或者就是监测数据本身。

有时，排放许可限值、取样要求、报告频率或者联系信息也会出现问题。因此NPDES排放许可限值和相关信息应该始终保持更新，并易于在线访问和检索。

2. 处理负荷管理和预测报告

处理负荷管理和预测报告可以帮助污水处理厂预测未来5年内的有机负荷和水力负荷，以确定他们会否超出污水处理厂、泵站和污水收集系统的实际负荷接收能力，从而可以针对性地对改造污水收集系统和提高污水处理厂处理能力改造提供依据。该报告通常会提交至污水处理厂监管机构并每年进行更新。

这可以从年平均流量、连续3个月最大平均流量以及每人产生的BOD开始计算，继而根据进水BOD浓度、流量和污水处理厂的服务面积确定有机负荷和水力负荷。已有的统计结果表明，人均产生的BOD大约为0.07~0.09kg/cap（0.15~0.2lb/cap），人均污水排放量约为0.3~0.5m³/d（75~125gpd）。而后需将计算结果与污水处理厂设计规范进行比较，从而发现是否存在较大差异，否则需要对数据进行调查核实。

污水处理厂员工可以从设计工程师报告或者NPDES排放许可申请中，确定泵站、污水处理厂和污水收集系统的处理能力。而后应该按照人口普查资料和已有的人口增长模式，预测未来的人口数量。（在人口普查间隔期，应该利用已经获批的发展计划和已经公布的建筑许可证来预测人口数量的变化情况）。

而后，可以根据预测的人口数量以及每日可能贡献的水量和有机负荷情况，对有机污染负荷进行预测。如果未来5年的有机污染物负荷预测结果大大超出了污水处理厂的实际处理能力，污水处理厂应据此考虑扩建的可能，否则应考虑减小污水处理厂服务面积，以保证稳定运行。

3. 预处理项目报告和记录

预处理项目主要用于控制进入污水处理厂的已知优先控制污染物，以降低其对污水处理厂操作人员的危害，降低其对生物处理系统的影响，减小其在污泥或受纳水体中的积累（美国环境保护局，1983）。（更多预处理项目的信息，请参看第4章）。

预处理项目记录，通常应包括以下内容：

（1）方案报告，包括符合美国环境保护局模型的预处理条例；

（2）工业废水排放许可证申请；

（3）签发的许可证复印件，包括特殊备注；

（4）取样和测试费用的管理记录；

（5）检查记录；

（6）执法记录；

（7）达标时间安排；

（8）美国环境保护局要求的年度预处理项目报告。

实际上，因为要涉及到大量的数据和报告记录，应该为每个工业废水排放用户建立单独的文件进行管理，一般采用电子信息管理系统。这些记录将有助于污水处理厂员工解决工艺故障，提高工艺控制能力。

目前，有许多应用软件可以用来管理工业废水的排放许可（例如，计算大致的排放限值、跟踪排放许可证的修订、生成新的许可文件，同时方便信息检索）。另外，也可生成自我监测报告（SMR）供预处理项目参考使用。一旦预处理监测结果或者完整的SMRs添加到数据库（人工输入，或由LIMS或基于互联网的SMR模块进行输入），该应用软件即可自动检测工业废水的违规排放情况，并通过邮件通知污水处理厂和污水收集系统的工作人员。根据美国环境保护局指南文件（U.S. EPA，2002）要求，应用软件的另一个需要具有的特点是可以对重大的违规排放事故进行自动评估。无论何时该软件监测到违规，都将会进行记录以作进一步处理，并发布违规排放公告。

4. 毒物削减评估记录

美国环境保护局要求对排入污水处理厂的毒性物质（也称为优先控制污染物）进行监管。随着NPDES许可的更新，接受工业（例如，生产企业、医院、医学中心和净水厂）废水的污水处理厂必须测试污水处理厂进出水中毒性物质的浓度。（已知毒性物质一览表，参见CWA ξ307）。如果发现有毒性物质，则NPDES许可证应该为污水处理厂设定排水毒性物质限值。

为了满足排放标准，污水处理厂必须进行毒物削减评估（TRE）——取样分析毒性物质的潜在现场源和非现场源，以确定废水中毒性物质的最初来源。该项评估工作应该由多学科团队协作完成，包括毒物学家、化学家、工程师和污水处理厂人员。毒物削减评估的整体目标为：

（1）对潜在的毒性物质源进行取样；

（2）识别水样中发现的所有毒物；

（3）依据经过不同化学和物理处理工艺后的毒性变化情况，来查明毒性物质的来源；

（4）采取措施削减和消除毒性物质。

毒物削减评估过程中，分析团队必须对每个水样进行记录，包括现场采样形式以及确保水样质量的保存方法。根据这些记录分析，以确定废水中毒性物质的主要来源。根据毒性物质的不同来源，可以选择采用室内污染防治方案、增加新的预处理设施或者家用化学品管理条例（由美国环保署颁布实施）进行削减。已经确定的毒性物质，需要按照NPDES报告的要求进行连续监测。

5. 风险管理计划报告

按照清洁空气法案 ξ112（r）（7）的要求，美国环境保护局制定了风险管理计划（RMP），以防止监控物质（例如氯气、甲烷和各种易燃化合物质）的意外泄漏，并尽可能降低发生泄漏影响的严重性。因此，污水处理厂和其他机构必须按照美国环境保护局的事故泄漏预防规范（40 CFR 68），制定和实施RMP。

更多有关RMP指南和相关记录的信息，例如空气扩散模拟结果和记录存储，请参见http://yosemite.epa.gov/oswer/ceppoweb.nsf/content/EPAguidance.htm#Wastewater 和 http://yosemite.epa.gov/oswer/ceppoweb.nsf/content/RMPS.htm。

6. 污水收集系统输送能力、管理、运行维护（CMOM）合规报告

按照美国环境保护局草案提出的生活污水管污水溢流规定（SSO）要求，污水收集系统必须满足5项性能标准：

（1）合理管理、操作和维护污水收集系统的所有设施；

（2）提供足够的输送能力；

（3）减小污水溢流产生的影响；

（4）通知可能受到污水溢流影响的机构或企业；

（5）将CMOM方案记录到书面计划中。

CMOM方案主要设计用于协助污水处理厂合理管理污水收集系统，优化系统性能，进行设施维护，对污水溢流做出适宜响应。目前，大多数污水处理厂正在制定相应的策略以满足预期的CMOM要求。

培训和记录保存是CMOM方案的重要组成部分。实际操作中，较好的做法是确保运行维护人员获得必要的知识技能，以保证收集系统处于最佳运行状态。应该按照员工岗位职责进行培训，培训记录应保存在运行维护部门。

这里，另一个重要的内容是溢流响应计划（用于处理污水管溢流或者管路破裂的紧急预案）。污水管溢流响应计划准备：地方政府指南（APWA，1999），该书主要用于帮助当地政府准备溢流响应计划。该指南示范计划主要包括目标和组织、溢流响应程序、公众咨询程序、监管通知程序、媒体通知程序，以及发布和维护计划的步骤等。

CMOM计划的总体目的是建立一个常规的统一方法，以实现污水收集系统的良好维护。为了确保达到SMOM的要求，污水处理厂应该优化污水收集系统管理，重点消除可预防的SSOs，并对运行维护人员进行合理培训。为了判定CMOM方案的执行状况，污水处理厂应该跟踪考查与方案目标相符的一些性能指标。考查时常用的一些性能指标为：

（1）客户投诉数量；

（2）溢流次数；

（3）每英里管道发生堵塞次数；

（4）泵站故障次数；

（5）基本流量与雨天最大流量比值；

（6）检查井数量；

（7）无堵塞污水管道英里数。

制定CMOM计划和判定计划执行情况所需信息，分述如下：

（1）收集系统地图；

（2）收集系统设计和建设标准；

（3）投诉记录；

（4）作业顺序；

（5）污水管道评估报告；

（6）标准维护程序；

（7）SOPs；

（8）现场和办公室人员常用表格；

（9）组织结构图；

（10）安全和培训计划手册。

7. 空气污染控制许可报告

当地或区域空气污染控制管理部门将会监管来自污水处理厂的空气排放，可能要求污水处理厂报告臭气控制设备的故障、污水处理厂异常状况、污水或者污泥异常特征，以及公众或者其他机构的投诉情况。一般来说，相关的报告记录都是纸质的，但是SCADA系统、CMMSs以及客户信息系统提供了电子版本报告格式。

6.4.3 运行记录

运行记录包括运行日报、运行周报、运行月报以及实验室记录。由于记录生成——尤其是纸质记录——是一件费时费力的工作，因此应确保报告记录数据的准确性和有效性。以往的大多数记录都是纸质的，而现在主要采用的是电子记录格式。

运行管理系统（OMS）既收集污水处理厂的运行数据，也收集实验室的测试结果，还包括数据分析生成的监管和其他常规报告。目前有多种可供选择使用的OMS系统。一些系统将实时PCS或者SCADA系统数据与水质、水量和相关数据相结合，而另外一些系统主要致力于处理安全、质量控制和环境管理方面的要求。现在许多OMS系统都可以通过WAN进行访问，也可通过拨号设备进行远程访问。这些内容都需要定期进行更新，以保证用户可以获得最新的信息，同时该系统也与SOPs、监管机构主页、运行维护系统、健康安全或其他参考文件进行了链接。

本节中所提及的这些记录都可以集成到OMS中去。操作人员应该仅保存与污水处理工艺、管理相关的数据。[更多关于工艺控制测试方面的信息，请参看活性污泥一章（WEF，2002）。]

实验室测试结果最能表明最终的排放水质情况，因此所有测试结果——无论好坏——都必须如实进行记录，即使排放许可要求的监测频率高于监管机构要求的监测频率。NPDES许可制度要求所有通过NPDES测试获得的结果必须予以报告。

1. 运行记录日报

污水处理厂通常有3种类型的日报，分别为污水处理厂日报、实验室日报和例行报告，它们可以采用纸质的，也可以采用电子版本。其中记录的数据包括污水和处理工艺数据、能耗、天气状况（例如温度、降雨量和其他水文数据），以及其他相关信息。各指标数据采集的时间间隔差别较大，可以是几秒钟、几分钟，甚至几个小时，也可能是设定为仅当参数变化超过某一设定区间时才会进行数据采集。另外，这些数据可以手动输入，也可以采用PCS系统或者SCADA系统进行输入。

污水处理厂的日常行政管理数据主要包括人员、薪金、小额采购等，这些相关信息可能没有包含在运行管理系统内。

另外，污水处理厂日报也可能会记录建设或维护工作的进展情况、设备故障、员工事故、洪水或者偶发的暴雨、旁路超越排放、投诉登记、参观人员记录等，这些数据也具有很高的参考价值。污水处理厂运行记录日报是污水处理厂进行改造时的重要参考依据之一。

2. 运行记录周报和月报

除运行记录日报外，污水处理厂还有周报和月报记录，主要包括的是污水处理运行的相关信息，例如沉淀池、曝气池、消毒池和污泥等的管理。另外还包括一些工艺控制数据，例如曝气量、污泥脱水实验、药剂投加量、沉淀池负荷、消化气产量、进水量、生物池MLSS、有机负荷、污泥龄、细菌平均停留时间（污泥龄）、微生物显微镜分析、回流污泥量、沉淀池污泥液位（由污泥测量管或者液位计测量）、污泥沉降性能、污泥体积指数、剩余污泥量等。

运行记录月报首先应该包括一个整个月内日报的一个简介，然后计算控制参数的月平均值以表征工艺系统的运行状况（是高效稳定还是波动较大）。运行记录月报应以纸质形式提交至监管机构（月报格式及其所记录的指标，请参见见图6-2~见图6-7）。

通过将周报和月报数据与排放标准进行对比分析，尤其是将测试结果与运行参数绘制成图表进行比较，可清晰表征污水处理厂的运行现状。例如，将生物池混合液MLSS对时间关系图与MLSS的7d变化平均值图相比较，可以揭示出曝气池内的污泥浓度是否能够满足污水处理的要求，剩余污泥量是否正确。[更多信息，请参见活性污泥（WEF，2002）内容]。

20 _____ 年 _____ 月 　　　　　　　**污水处理厂综合数据报表**　　　　　　　操作员 _____

日期	天气				原水			沉砂量 (cu.ft./mil. gal)	栅渣量 (cu.ft./mil. gal)	出水粪大肠菌群数 (MPN/100L)	余氯量 (lb)	电耗 (kwh)	辅助燃料†	备注
	降雨量 (in.)	温度（°F）		类型★	T (°F)	流量 (mgd)								
		最高	最低			平均	最大	pH							
1~31															
平均															

★C——晴朗；W——有风；CL——多云；CA——无风；R——雨天；S——雪天　　　　　　　†注明类型和单位

图6-2　污水处理厂综合数据报表

20 _____ 年 _____ 月 　　　　　　　**污水处理厂初级处理数据报表**　　　　　　　操作员 _____

日期	BOD₅					SS					VSS				备注
	进水		出水		去除率 (%)	进水		出水		去除率 (%)	进水		出水		
	(mg/L)	(lb)	(mg/L)	(lb)		(mg/L)	(lb)	(mg/L)	(lb)		(mg/L)	(lb)	(mg/L)	(lb)	
1~31															
平均															

图6-3　污水处理厂初级处理数据报表

污水处理厂滴滤池数据报表

体积（cu.ft.）_____
20_____年_____月_____
回流模式_____
操作员_____

日期	R*	BOD₅							SS							VSS	去除率		备注
	初级处理出水（lb/d/1000cu.ft.）	沉淀池出水		去除率		初级处理出水 [lb/(d·1000cu.ft.)]		沉淀池出水		去除率		沉淀池出水	总厂						
		(mg/L)	(lb)	[lb/(d·1000cu.ft.)]	%			(mg/L)	(lb)	[lb/(d·1000cu.ft.)]	%	(mg/L)	(lb)	BOD（%）	SS（%）				
1~31																			
平均																			

*R= 滴滤池进水量 ÷ 污水处理厂进水量

图 6-4 污水处理厂滴滤池数据报表

污水处理厂活性污泥数据报表

20_____年_____月_____
操作员_____

日期	曝气		BOD₅			SS			VSS			去除率		最终出水DO（mg/L）	污泥混合液				回流污泥		剩余污泥（1000gal）	备注
	(h)	(cfm)	初级处理出水 [lb/d·1000cu.ft.)]	最终出水		最终出水		最终出水		总厂				MLSS（mg/L）	SV₃₀	SVI	DO（mg/L）	Q_{RAS}	SS（mg/L）		
			(cu.ft./去除 lbBOD₅)	(mg/L)	(lb)	(mg/L)	(lb)	(mg/L)	(lb)	BOD₅（%）	SS（%）										
1~31																					
平均																					

图 6-5 污水处理厂活性污泥数据报表

130

污水处理厂污泥厌氧消化处理数据报表

20____年 ____月　　　　　　　　　　操作员____

日期	生污泥					上清液						底部污泥					温度（°F）	生物气		备注（接种污泥量 gal）
	体积（gal）	负荷（lb/1000cu.ft.）	pH	TSS（%）	VSS（%）	体积（gal）	pH	TSS（%）	VSS（mg/L）	SS（mg/L）	BOD$_5$（mg/L）	TSS（%）	VSS（mg/L）	VFA（mg/L）	pH	碱度		产气量（cu.ft.）	损失气量（cu.ft.）	
1~31																				
平均																				

图6-6　污水处理厂污泥厌氧消化处理数据报表

污水处理厂污泥好氧消化处理数据报表

20____年 ____月　　　　　　　　　　操作员____

日期	生污泥							消化池内污泥						已消化污泥				上清液	
	体积（gal）	负荷（lb/1000cu.ft.）	pH	TSS（%）	VSS（%）	COD（mg/L）	N（mg/L）	pH	TSS（%）	VSS（%）	COD（mg/L）	N（mg/L）	DO（mg/L）	pH	TSS（%）	VSS去除率（%）	N（mg/L）	TSS（%）	N（mg/L）
1~31																			
平均																			

图6-7　污水处理厂污泥好氧消化处理数据报表

131

3. 实验室记录

实验室的测量数据必须要进行记录，且至少要记录在打印的实验室记录表或者记录本上。一般来说，各个污水处理厂都会根据自己的需要，来制作实验室记录表格，而无统一的表格格式。然而，这些不同形式的记录表格形式设计要求能够做到便于记录、检查或修订。

实验室记录的另一个方法是采用LIMS软件，它能够通过端口连接，自动从仪表获取和管理实验室数据，同时存储并打印测试结果。［更多关于LIMS的信息，以及完善的数据管理建议，请参见优良自动化实验室规范（GALPs）（U.S. EPA，1995）］。

实验室记录的内容主要包括样品保管和测试，以及测试结果相关的信息。

4. 工业废水管理记录

如果工业废水与生活污水水质特征较为相似，一般采用将工业废水引入城镇污水处理厂进行混合处理，以节省工业废水单独处理的费用。为了确保城镇污水处理厂的稳定运行，市政管理部门对引入的工业废水的水质指标有较为明确的规定。否则，将会严重影响污水处理厂的处理效果。

为了确保排入的工业废水能够达到纳管排放的要求，市政管理部门应该对排入的工业废水定期进行取样分析，同时应该确保排入的工业废水是适宜于生物工艺进行处理的。

工业废水管理记录主要包括以下内容：

（1）工业废水排放许可申请和许可证；

（2）工业废水取样、分析、样品保管记录；

（3）测试结果（最好为由认证测试实验室出具的分析证明）；

（4）违规排放通知，处罚通知书以及受到的其他处罚；

（5）当排入的工业废水适用生物处理工艺，但其浓度超过纳管标准时需要进行超标罚款（例如，含有高浓度的TDS、溶解性BOD_5、COD、TSS、磷和氨氮等）；

（6）纳管达标时间进度表；

（7）取样和测试的所有费用记录。

如果工业废水需要遵守预处理项目报告的要求，则至少要保存近三年的监测结果（如果处于超标处罚期间，则监测结果的保存期限要相对延长）。所有预处理的数据应该按照污水处理厂规定的方式进行记录和保存。

工业废水预处理项目管理机构应该保存以下记录内容：

（1）工业废水问卷调查；

（2）排放许可申请、排放许可证和备注说明；

（3）检查报告；

（4）工业污染源报告；

（5）监测数据（例如，实验室报告）；

（6）需要的计划（例如污泥管理、污染防治）；

（7）违规处罚情况；

（8）与工业废水排放单位来往信件；

（9）电话记录和会议摘要；

（10）预处理项目程序；

（11）符合污水处理厂NPDES许可要求的预处理项目批准和修订。

计算机数据管理系统可以方便地协助预处理项目管理人员跟踪预处理报告的提交状况，报告存在的不足，并计算出工业废水预处理超标排放的情况。目前，计算机数据管理系统均采用统一的标准记录格式（例如问卷调查、保管流程和现场实测结果记录）和程序（例如，取样和定期合规报告审查）来组织数据，确保记录数据的一致性。

预处理管理机构必须每年在当地发行量最大的日报上，刊登过去一年内发生严重超标排放的工业用户名单。同时，还要按照40 CFR ζ 403.12（Ⅰ）的要求，向NPDES排放许可证颁发机构提交年度报告。该报告必须记录预处理项目的实施状况。

所有实验室记录结果必须采用美国环保局授权的分析测试方法，具体测试方法请参见最新版的水和废水标准分析方法（APHA et al., 1998）。

一些预处理项目也制定了污染物（例如，重金属、氰化物、BOD_5、COD、TSS、油等）的地方排放限值，以防止工业废水纳管排放可能造成的对污水处理厂的影响，对剩余污泥的污染，对某些物质无处理效果，以及对操作人员健康和安全的影响。工业废水预处理达标情况的检测，一般在企业总排放口处进行取样分析。

5. 运行记录保存

污水处理厂记录的分析结果应该能够真实反映污水处理厂的运行状况（例如进水流量、水力负荷、污水水质特征、排水水质等）。通过简单的数据处理，就可以准确掌握该污水处理工艺的处理效果，并预测处理水排放对受纳水体可能产生的影响。

另外，污水管理系统可以将这些数据处理成图表形式，从而可更加直观地给出数据的各种变化趋势。例如，运行数据的不断变化，可以提前警示污水处理厂操作人员工艺运行可能存在重大问题。逐渐提升水力负荷的方式，可用来确定污水处理厂的最大处理能力。而运行数据的突变，则表明可能发生了污水的事故排放或者污水收集系统发生破坏等。

6. 能源管理

能源费用支出（例如，电、燃气和燃油）是污水处理厂运行成本的重要组成部分。许多污水处理厂的运行报告中都有关于能耗的报告或者图表说明。污水处理厂可以通过PCS、SCADA系统，或者其他特定监测设备，及时掌握所使用的每种类型能源的使用情况，绘制月度能耗趋势图，自动生成变化情况，以方便能源管理。综合监控数据和历史记录评估分析，可以清晰表明能源的使用情况，以及能耗的日变化、周变化或季节变化情况。工作人员也可以结合能耗以及处理水总量，计算出每一处理工艺单元的能源效率，并绘制出日变化或者月变化趋势。操作人员可以根据已经获得的工艺单元的基本能耗效率信息，进行工艺调整来提高能耗效率，并测算能耗效率的提高效果。

污水处理厂的主要能耗是电能，因此操作人员应该熟悉当地的分时电价时间安排。甚至操作人员应该在能耗评估的基础上，建立一个电能消耗设备列表，这样就可以在用电高峰期，在保证不降低处理效果的情况下，暂时停止某些设备的运转，以节省电能消耗。

6.4.4 预防性和故障维护记录

随着污水排放标准和污水处理厂运行自动化程度的不断提高，污水处理厂设备的运行维护工作变得更为重要。目前，污水处理厂的维护工作正从先前的修复性维护（当设备发生故障后进行维修）转变为预防性维护（使设备始终处于良好的工作状态下，以防发生故障而进行的维护），最终将会转变为资产的综合管理，以实现设备使用寿命最大化。

这种转变的结果，就使得污水处理厂需要配置一个专业的训练有素的维护作业队伍，来完成处理设施的良好维护工作，同时还需要一个综合维护管理系统来记录设施的维护工作实施情况。

无论维护管理系统是计算机化的还是手动的，都应该包括设备记录、库房记录、库存管理记录，维护工作安排记录，预算记录和维护费用记录。维护管理系统示例如图6-8~图6-11所示，给出了常用信息，以满足设备维护记录的更新要求。

维护作业联系单No. _____ 日期 _____

位置	申请人：（电话）	优先级别：
设备名称 No.	□检查 □更换 □保养	
	□维修 □大修 □刷漆	
	维护作业描述	
	维护作业完成情况/评价	
维护作业费用估算		
人工费 $ _____ 材料费 $ _____	轮班设备操作员 维护主管	

维护作业单

维修人员	工时	日期	完成维护作业情况	部件或材料
合计				

维修人员 _____ 日期 _____
签收人员 _____ 日期 _____

图6-8 维护作业联系单样式

污水处理厂No. _____   机器No. _____   仓库No. _____   电动机No. _____
功率 _____   生产商 _____

系列		并励		复励		同步		异步	
类型		基座型号		转速		电压		电流	
相		周期		温升		励磁电流		转子或电枢编号	
型号		单证编号		Style or S.O. NO.		序列号			
MFGRS order No.				本厂订单号					

转子或电枢接线图

规格		轴承		轴伸	皮带轮	齿轮	V形三角皮带传动		
敞开式	☐	轴承套	☐	直径 _____	直径 _____	轮齿 _____	槽No.	皮带截面	
防爆式	☐	滚珠	☐	长度 _____	皮带轮面 _____	齿距 _____		☐ A-1/2 × 11/32	
防滴式	☐	滚筒	☐	键槽 _____		齿轮面 _____		☐ B-21/32 × 7/16	
全封闭式	☐						槽直径	☐ C-7/8 × 17/32	
立式	☐							☐ D-1-1/4 × 3/4	
_____	☐								

电动机保养记录

安装日期	位置		使用情况	

维修日期	维修或者更换配件内容	原因	维修人员	总费用

图6-9　电动机保养记录示例——表1

Motor H.I.	交流	直流	类型	基座型号	转数	相	频率	电压	部位	部件
绕组	工具No.	型号		序列号		位置 (Location-section			颜色编号 COL NO.)	
安装日期		入库日期		安装日期		入库日期		安装日期		入库日期
驱动设备			工具No.	驱动设备			工具No.	驱动设备		工具No.

日期	杂音	轴承	轴端余隙	电刷或支架	通信设备	摇表	一般情况	检查人

停止运转日期 _____   报废日期 _____

图6-10　电动机保养记录示例——表2

一月	二月	三月	四月	五月	六月	七月	八月	九月	十月	十一月	十二月
1 2 3 4	1 2 3 4	1 2 3 4	1 2 3 4	1 2 3 4	1 2 3 4	1 2 3 4	1 2 3 4	1 2 3 4	1 2 3 4	1 2 3 4	1 2 3 4

预防性维护计划		设备记录号		
设备描述		电气或机械参数		
名称		尺寸		
序列号		型号		
供应商		类型		
供应商地址				
供应商代表	电话			
购置费用	日期			
维护作业内容			频率	时间

日期	完成维护工作内容	签字	日期	完成维护工作内容	签字	日期	完成维护工作内容	签字

图6-11　设备记录卡示例

1．预测性维护

预测性维护是保护贵重设备的重要方法，通过对设备进行测试以尽早发现设备存在的问题，并安排进行适宜的维护作业。最为常用的预测性维护技术包括红外热像技术、振动分析、润滑油分析和浪涌测试等。有时设备可在正常运行的情况下完成预测性维护测试。（更多关于预测性维护的方法，请参见第12章）。

预测性维护记录内容较为简单（例如，振动分析轴承检测结果，电气设备红外图像，或者电动机绕组的浪涌测试图）。然而，这写记录结果应该和相关设备相链接，并且在设备使用期间要进行完善保存，以备查用。

2．设备管理

在建立设备管理系统之前，应该确定对设备进行逐一编号的方法（主要是为了对设备进行识别，并实现相关记录的链接，以方便快速查找）。最为简单的设备编号方法是按照区域或者建筑采用四位数字进行编号（例如，预处理区域编号为1000，初级处理区域

136

编号为2000，初沉池区域编号为3000），继而对该区域内的设备进行逐一编号（例如，一级格栅编号为1001，二级格栅编号为1002，三级格栅编号为1003）。这里要考虑预留一定的编号以备后续增加的设备使用。规模较大设备较多的大型污水处理厂，可能需要借助CMMSs系统，生成特定的设备标识符进行设备编号。

除设备编号标识符外，每一设备记录应包括以下内容：

（1）设备名称、简介和安装位置；

（2）生产商、供应商或制造商名称和地址；

（3）设备造价和安装日期；

（4）类型、样式和型号；

（5）额定功率、外部尺寸；

（6）机械和电气参数；

（7）设备序列号；

（8）预防性维护要求（维护程序和维护频次）；

（9）适宜的润滑和油漆情况；

（10）配件列表链接。

另外，设备记录应该包括设备修复性维护和预防性维护的完成情况，例如故障情况、预定的维护作业、维护完成情况、维护人员姓名、费用情况、耗用材料和时间等。

3. 维护作业计划

设备维护的目的是减少设备故障、提高设备性能，遵守生产商推荐的质保要求，并制定维护计划确定维护优先顺序，降低设备的闲置时间，同时减少设备超时运行时间。制定维护计划时，要充分考虑维护作业人员数量、每个维护作业人员能力，以及所有设备的维护要求。另外，还应该考虑某些特殊维护任务（例如刷漆和清洗水池）对天气条件的要求，以提高完成任务的可行性。

对于相对简单的小型污水处理厂（处理能力小于1890m³/d［0.5mgd］），单个维护工作人员可能既要制定维护工作计划，又要跟踪和完成一部分计划内容。小型污水处理厂一般采用纸质维护作业联系单分派维护工作（图6-8），其中包括具体维护任务、分派的维护人员、需要的配件和工具、采取的维护步骤以及可能涉及的安全问题。例如，设备润滑维护作业联系单应该注明设备生产商推荐的润滑维护建议、润滑位置、润滑频次，以及润滑维护前需要的上锁/挂牌操作程序。

在完成维护作业之后，应在联系单上注明人工费和材料费。污水处理厂可以利用该信息来进行维护预算，并核算某些设备的成本效益。

而对于相对复杂的大中型污水处理厂（处理能力大于1890m³/d［0.5mgd］），通常采用CMMSs进行维护计划管理，将维护作业联系单、维护作业计划、完成情况、费用、设备运行历史、维护人员要求、预算、配件库存情况、未完成的维护作业情况等集成到CMMSs中。污水处理厂工作人员将设备的所有预防性维护计划、预期完成需要的时间和材料输入到CMMS中，然后该系统会自动生成维护作业计划，并派发维护工作联系单。而已经完成的维护作业联系单上的信息，需由污水处理厂文秘人员或者维护作业人员自已输入到 SMMS 系统中去。

最终，CMMS 能够自动生成有关维护作业计划、需要的人工和配件费用、维护作业完成历史记录，以及维护作业需要的人员的报告，同时也可以生成未完成的维护作业积累情况以及可使用的库存配件情况的报告。

污水处理厂管理人员应定期分析维护作业报告，以确保该系统的高效运行。例如，应该审查每日维护作业申请情况。在每月月初，都应该查看两个维护作业联系单报告：一个是上个月已完成的维护作业报告，一个是未完成的维护作业报告（应注明未完成的原因，以及维护作业计划与实际完成的差距）。这两个报告都应该统计维护作业数据（例如，维护类型、优先级别、维护作业申请与完成时间间隔）。管理人员可以通过对这些报告的评估，并与上个月的报告进行比较，以注明库存配件的使用情况和预定到货情况。

4. 库房和库存管理

库存记录至少应该包括配件和材料简介、编号、数量、送货时长、购买日期、价格以及供应商等，同时还应该注明已有库存材料和配件的预期使用时长，以便于对库存状况进行监控，安排再次订购。污水处理厂工作人员应该制定一份详细的库存设备和配件目录，并保持库存记录的不断更新。

CMMS 通常会带有一个模块，以自动管理库存变化。为了确保该模块的正确运行，并及时进行配件的再订购以补充库存，当某一库存配件或材料耗用完或者新订购到货之后，工作人员应及时更新 CMMS。同时，也应该定期对实际库存情况与 CMMS 模块记录情况进行人工核查比较，以确保该管理模块信息的准确性。

工作人员应该采用采购订单系统对订单进行跟踪（例如，订购物品名称、数量、价格、供应商、订购日期、收货日期、费用支付日期）。该系统可能集成到 CMMS 系统中，也可能集成到财务管理软件中去。如果是后者的话，应将其与 CMMS 库存管理模块之间建立双向数据传输接口。

5. 预算和维护费用

完整的维护记录可以帮助工作人员准确进行维护费用预算。这里应将预防性维护和修复性维护费用单独列出，同时，还应注明污水处理厂内部工作人员和水厂外合同维护作业人员的人工费用情况。

6.4.5 管理工作报告

1. 年度运营报告

对于市政债券融资投资建设的污水处理厂，金融机构会要求污水处理厂发布年度报告，包括污水处理厂运营现状以及过去一年污水处理厂的发展情况。

该报告主要包括4个部分，分别为概要、运营、维护和改造情况，同时还应该注明污水处理厂实际投资情况、财务状况（例如，运行维护费用、建设费用、债务情况）、改造预期完成日期。

运行部分应简要阐明污水处理系统及其运行状况，主要包括处理水量和负荷情况（过去、现在和未来5年的预测值）。这里最为重要的是应该包括过去一年的处理水量、处理效果（数据）、进水水质的变化情况、处理工艺存在的问题以及解决方案。

维护内容部分应简要概述过去一年内完成的预防性、预测性和修复性维护作业情况，列出设备维修和设备更换的费用。同时也应给出未来一年内的主要维护作业计划和预期投资情况。

改造内容部分应介绍存储设施、泵站、污水管路系统和污水处理厂改造投资情况，以及计划投资额和完工日期（以备参考）。

2. 保险责任范围

承保范围报告应该包括保险类型、保险公司名称、保单号码、生效和失效日期，以及保险金额。污水处理厂承保范围应以污水处理厂重置成本为基础，并每年进行更新。而基于污水处理厂资产基础上的承保范围，应在适当情况下予以更新。

污水处理厂应咨询经验丰富的保险经纪人，以确定适宜的承保范围。当然一些大型污水处理厂也可以选择自保形式。

3. 年度预算

年度预算可以包含在年度报告中，当然也可以作为一个报告单独给出。其内容应该包括过去一年的预算情况，今年的预算情况和实际收支情况，未来一年的预算情况。

4. 年度审计报告

按照法律要求，大多数污水处理厂需要由注册会计师进行年度审计，并保存年度审计报告，这是一种良好的商业管理惯例。通过收支核查，会计师就可以确认污水处理厂的财务管理是否符合会计操作规范。

5. 人员培训记录

污水处理厂应该保存每一员工的培训记录。按照美国职业安全与健康管理局（OSHA）以及其他管理机构的要求，污水处理厂应该能够提供出员工曾经参加的最低限度的培训的证据。培训记录应该包括雇员姓名、职位描述、工作经验、受教育状况以及培训要求。员工的培训要求，主要取决于其完成岗位工作所必须掌握的知识和技能。另外，维护工作也可以按照员工掌握的技能情况进行合理安排（通常通过CMMS链接至雇员的培训和资格认证记录）。

员工参加的培训类型可能多种多样，但是所有完成的培训内容都应该包含在员工的培训记录中，同时还应该包括培训时间长度及经过培训获得的技能。许多污水处理厂采用有经验员工与无经验员工结对子的形式，进行新员工的培训。另外，员工也可以利用污水处理厂图书馆的技术资料和手册进行自学。

室内培训会议对于员工掌握安全操作程序、工艺变化、急救和准备执业资格考试都具有重要的作用，例如专题研讨会、短期培训班和讲习班会涉及到多种运行维护作业主题。完成培训并达到培训要求的员工可以获得资格证书，注明参加的培训主题和培训时长。这些资格证书的复印件也应该包含在员工的培训记录中。

污水处理厂的培训工作不仅仅是针对新员工的，有经验的老员工同样也需要不断参加新的培训，以提高其操作技能，学习如何利用新的材料和设备。另外，鉴于目前全球恐怖主义的发展形势，所有员工都应该参加以下培训内容：

（1）恐怖袭击可能使用武器的特征；

（2）当地净水厂和污水处理厂的漏洞评估；

（3）应急响应预案；

（4）事故响应和恢复机制；

（5）恐怖袭击过程中和过程后的信息发布。

更多关于员工或者人力资源管理系统的内容，请参见第3章。

6.4.6 会计记录

1. 账单支付

物资申购系统可以使账单支付变得简单方便。申购系统或者CMMS能够自动将采购申请转换成采购订单（POs），并以电子形式发送至供应商。然后，当订购产品或服务收到的同时，会收到发票，需由主管人员签字确认。每一采购申请、订单、发票和账单都应该分配一定的编码，以方便财务信息的分类和跟踪管理（表6-2）。

对于污水处理厂而言，物资申购系统是一个有效的管理工具，可以协助员工方便地进行财务记录保存。同时也可以使用该系统对物资采购进行管理，以控制污水收集系统、处理系统和行政管理系统的费用支出。申购系统的数据记录是制定下一年度预算的重要参考依据。

污水处理厂费用支出分类示例　　　　　　　　　　　　　　表6-2

编　码	用　途
运行维护—污水处理厂	
101	人工费—正式人员
102	人工费—兼职人员
103	电费
104	燃料费
105	化学药剂（石灰、三氯化铁、硫酸铝、聚合物和氯气）
106	设备购置
107	设备维护
108	建筑和地面维护（清洗和地面护理用品）
109	应急维修（外包维修服务）
110	污泥脱水和处置
111	电话
112	杂项费用
113	设施改造
运行维护—污水收集系统	
201	人工费—正式人员
202	人工费—兼职人员
203	电费
204	燃料费
207	设备维护
208	建筑和地面维护
209	应急维修（外包维修服务）

编　码	用　途
210	计量仪校准维修和更换
211	管道清通
212	电话
213	杂项费用
214	设施改造
行政管理	
301	人工费
302	记账服务
303	法律咨询费
304	审计费
305	工程管理费
306	保险费
307	社保费
308	抄表费
309	杂项费用

2. 财务报告

从监管角度而言，污水处理厂财务报告的提交频率通常要和污水处理厂的实际运行安排相一致。

定期将污水处理厂的财务收支情况与年度预算相比较，可以使污水处理厂人员根据需要调整计划，避免在财政年度末出现大的透支问题（表6-3）。污水处理厂的周、月、季度财务报告都可以很方便地获得，因此就可以通过对比预算和实际收支状况，计划全年支出，防止发生预算超支。

在员工掌握污水处理厂财务状况的情况下，建立起来的定期财务报告系统将可以降低污水处理厂年度预算与银行加息之间的矛盾关系，从而更为合理地应对加息问题。

污水处理厂收入、支出与预算金额对比表示例　　　　　　表6-3

收入或支出编码	目前预算金额	本月收入或支出金额	本年度至今收入或支出金额	本年度至今收入或支出百分比

6.4.7 应急响应记录

污水处理厂应该记录发生的紧急情况，以及采取的应急响应，因为这些信息将有助于修订应急响应预案，并为新建污水处理厂提供参考。污水处理厂应该记录发生的一切紧急情况或事故。例如，如果污水处理厂发生了洪水，则该记录应该包含以下内容：

（1）污水处理厂收到即将发生洪水通知的时间；

（2）洪水进入厂区的时间；

（3）洪水进入污水处理厂的地点；

（4）污水处理厂内最高洪水水位（相对于污水处理厂实体建筑进行测量）；

（5）设备或建筑被洪水损坏情况；

（6）进入污水处理厂的最大洪峰流量报告；

（7）污水处理厂采取的保护措施；

（8）紧急联系的其他机构及其采取的应急措施；

（9）污水处理厂出水水质受影响的时间长度和受影响程度；

（10）污水处理厂恢复运行所需要的维修和设备更换要求；

（11）污水处理厂员工伤亡情况；

（12）维修和设备更换过程中涉及的任何合同服务单位及设备供应商（包括供应商代表的姓名）；

（13）维修和更换费用；

（14）预防再次发生洪水采取的措施；

（15）洪水及损害现场的照片或视频。

该信息大部分也应该包含在污水处理厂年度运行报告中，而且这些信息对于申请保险索赔也是必要的（尤其是如果需要提交至美国联邦紧急事务管理局（FEMA）时）。更多有关FEMA报告要求的信息（目前已经进行了大量修订），请参见该机构网站（www.fema.gov）。更多有关灾害管理的指导意见，请参见污水处理厂自然灾害管理一书（WEF，1999）。该书阐述了发生灾害（例如，洪水、地震和飓风）时的注意事项，并重点分析了灾害恢复计划与管理。

6.4.8 记录保存

通常，纸质的信件和报告应该存放在档案柜的文件夹中。设备记录的保存期限至少应该达到其使用期限。

电子数据应定期进行备份，且备份应异地保存。污水处理厂关键位置的计算机系统数据应该每小时备份一次或者备份的频率更高，并且应该备用一个次级远程控制系统。

为了防止记录因发生洪水、火灾或其他灾害而受到损坏，记录应该进行复制，并分散存放在污水处理厂的多个位置（表6-4）。目前，一些大型污水处理厂正在进行设备更新，以方便员工能够通过移动数据终端或无线网络笔记本电脑远程访问记录。

记录存放位置　　　　　　　　　　　　　　　　　　　　　　　　　　表6-4

	污水处理厂	操作人员汽车	工程师	联邦	州	代管处
收集系统图纸	■	■	■	■		
污水处理厂图纸	■		■	■	■	
运行维护手册	■		■	■	■	
生产商资料	■		■	■	■	
周运行报告	■		■		■	
年度运行报告	■		■			

	污水处理厂	操作人员汽车	工程师	联邦	州	代管处
支出报告（申购系统）	■					■
月运行报告	■		■	■		
保险证明	■		■			
与监管机构来往信件	■		■			
审计	■		■			
员工记录	■					

第7章　工艺仪表

7.1 引言

近年来，随着人们对环境质量要求的不断提高，污水排放标准也逐渐变得更为严格，不断出台新的指标或者更低的排放浓度限值要求。为了实现达标排放，污水处理厂不断增加新的处理单元，使得处理工艺越来越复杂。然而，污水处理厂操作人员的个人能力不可能随污水处理厂处理工艺复杂程度的增加而相应地得到提高。因此，如果要使复杂的处理工艺高效稳定运行，并达到排放标准，适宜的监测和控制变得越来越重要。

很早以来，实验室已经可以完成水样的多个指标的水质分析（例如，余氯、DO、pH、浊度、TN、TP、COD等）。然而，目前已经可以采用工艺仪表来实现上述部分指标的连续实时在线监测。从而可以在保证完成水质测定指标的前提下，大大节省实验室分析的能耗和药剂费用。

7.2 仪表

污水处理厂使用的仪表种类繁多，包括气动、水力、机械、电动和电子仪表等，从简单的压力表、流量计、控制面板指示器，到复杂的连接多个计算机、显示器和打印机的污水处理厂全厂控制系统。仪表具有以下功能：

（1）进行工艺实时监控；

（2）改善设备维护状况，提高设备性能；

（3）通过仪表记录设备运行时间，实现设备自动停转，避免设备长时间运转造成故障；

（4）便于预防性维护计划实施；

（5）便于信息系统管理。

污水处理厂内有些工艺采用的在线仪表可能过于简单，无法体现出在线仪表的经济性。不同污水处理厂在线测量的参数可能是不同的，有时即使是在同一污水处理厂，不同的处理单元内在线测量的参数也会不同。一般来说，在线仪表的使用可以为污水处理厂带来有形价值和无形价值。有形价值包括减少实验室药剂和人员工作量，从而节省资金，并避免超标排放受到的罚款。无形价值则是仪表能够较好地保护员工免受来自污水处理厂和污水收集系统的有害物质的危害。

无形价值是指无法用金钱进行衡量的价值形式，包括增强工艺绩效责任、降低员工工作强度、安心工作等。污水处理厂的管理部门最大程度决定了获得的无形价值的大小。

所得价值与付出是对等的。仪表和控制系统需要较大的资金投入和不断进行维护。同时，复杂的仪表和控制系统还需要对员工进行新的技能的培训，也可能导致产生新的部门，引起组织结构发生变化。要注意的是，设计或应用不当的仪表和控制系统虽然可能花费较高，但是其所能带来的价值却是甚少的，有时还不如不用。

7.2.1 传感器

传感器是指能够测量工艺变量（例如，流量），并可将变量测量值按照一定规律转换成可用输出信号供操作人员使用的器件或装置，又称为"变送器"。虽然传感器、仪表、变换器、转换器和变送器这些术语可能会有意义重叠的地方，但是这些术语的准确意义主要取决于具体设备、装置和系统的实际功能。

与工艺处理水或工艺设备直接物理性接触的传感器称为"插入式传感器"。它们不对设备进行控制，而仅为控制提供反馈信号补偿。运行状态良好的传感器使得工艺监测和控制成为可能。传感器就像仪表系统的眼睛和耳朵一样，是保证仪表系统发挥正常功能的最为重要的部分。良好安装和维护的传感器，能够给污水处理厂带来较大的使用价值。

传感器主要监测的参数类型有3种，分别为状态参数、物理参数和分析参数。通常情况下，状态参数传感器可以用来监测阀门或者闸门的状态（敞开或者关闭）、设备运转的状态（开或者关）和远程开关的状态（自动或手动），也可用于发送警报通知操作人员存在的工艺故障或者危险状况。实际操作中，可以将状态传感器与工艺设备进行连锁，实现设备自动关闭，以避免或减小昂贵设备的损坏。

物理参数包括流量、液位、压力、位置、温度、速度和振动。物理参数是进行工艺和设备控制的重要依据，主要用以监测设备性能状况，确定处理要求，生成历史记录，同时可结合分析数据，计算工艺处理效率。

分析参数包括pH、余氯、浊度（悬浮物SS）、MLSS、NH_4^+-N、DO、NO_3^-和COD等，这些参数主要用于自动控制反馈输入或者监管监测报告。通常而言，分析参数传感器要比状态和物理参数传感器更为复杂和昂贵。随着运行时间的不断延长，这些分析传感器可能会出现监测误差，实验室应根据需要密切配合，对在线分析参数传感器进行维护和校正，以确保在线监测数据的准确性。

7.2.2 末端控制元件

末端控制元件是一种电力、电子、气动或者水力装置或设备，用以调整并获得适宜的工艺变量值。传感器为其提供控制反馈，末端控制元件接受并执行控制动作。在污水处理厂，常见的末端控制元件通常为阀门、闸门或者水泵。每一末端控制元件都配置有二级转换装置，用以接收传输控制信号，并将其转换为机械或者物理控制动作。转换器包括阀门执行器、定位器、变速器以及水泵控制装置（例如电磁离合器、电动滚筒、变频器）。在安装、使用和维护良好的情况下，末端控制元件结合转换器能够实现良好的工艺控制过程。

7.2.3　控制面板仪表

控制面板仪表包括多种用以提供工艺信息和控制位置的设备，包括面板使用仪表、指示器、警报器、状态指示灯、记录仪、控制仪、按钮开关和选择开关等。传感器、末端控制元件和控制面板仪表三者的良好结合，能够更为方便操作人员检查和控制工艺过程。另外，已经安装在控制面板上，而操作人员无法直接观察到的装置包括继电器、信号传输调节器和转换器以及供电装置等。

7.2.4　微处理器与计算机

目前，工业生产中微处理器和计算机得到了广泛应用，包括单个仪表以及数字控制系统。微处理器具有体积小、耗电省而可以高速完成较为复杂的功能。例如，在使用微处理器之前，将水槽内的测量液位转换为信号流这么简单的工作，所需要的计算过程也必须采用粗大的电缆电路系统才能完成，占用了流量计室的较大空间。然而，今天的微处理器不但占用空间小、可靠性强，而且易于进行编程操作，得到了灵活应用。

目前，可编程逻辑控制器（PLCs）已经取代了过去设备控制所采用的大型继电器控制柜（图7-1），在工业企业中得到了广泛应用。适用于工业环境的PLCs，可以方便地通过改变控制程序实现设备的有效控制。

污水处理厂使用最多的微处理器就是个人计算机（PC），它能够帮助污水处理厂人员简单方便地输入、存储、检索和处理污水处理厂的大量数据记录。在计算机使用之前，每年即使是最为简单的计算和记录保存过程，也会消耗数以百计的工作时间，而现在PCs可以快速准确地完成这些工作。另外，现在的计算机和软件包并不昂贵，这就保证了即使是小型的污水处理厂也可以购买得起。

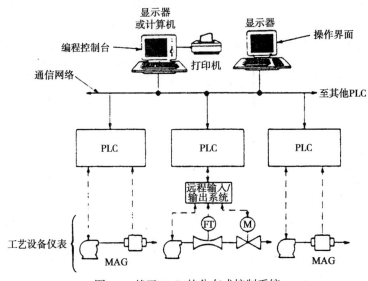

图7-1　基于PLCs的分布式控制系统

7.2.5 控制系统

基于污水处理自身要求，污水处理厂通常面积较大，而仪表和自控能够实现数据报告和控制命令的集中操作。这种集中操作能够大大节省操作人员的时间，因为他们不再需要走到每一设备处去现场完成例行监测或者控制操作。然而，集中操作并不能取代操作人员定期对设备的检查，任何控制系统都不能取代这种功能。

控制系统包括由各独立电动、电子、气动元件构成的整个网络系统。而冗余控制设备元件可以确保当单个设备元件发生故障时，不会导致关键处理工艺单元发生故障，造成设备损坏或者人员伤害。无论控制系统如何复杂，功能如何强大，所有设备都必须配置现场手动控制操作。

7.3 控制传感器应用指南

7.3.1 安装

操作人员应该按照生产商推荐的方法安装传感器，同时应该同生产商讨论安装中出现的任何偏差和问题。如果设备安装不正确，可能会导致产生无法修复的损坏或故障。同样，粗心大意也可能会导致安装时损坏传感器。安装过程要结合操作人员掌握的有关传感器所测量的液体或者气体的经验知识。例如，所有的污水处理厂的操作人员，应该熟知污水中存在的颗粒物质可能会导致细小通道发生堵塞，所以安装仪表时，操作人员应该周全考虑污水和悬浮物的各种性质。例如，对于嵌入式仪表安装，需要设置旁路或者套管（spool piece），以方便仪表的更换、维护和校准，这些操作无法在现场实施，而必须拆卸后异地完成。

7.3.2 环境

操作人员应该尽可能地减少或者消除仪表使用环境内的灰尘、湿度、极端温度和腐蚀性气体。虽然低于检测限以下的腐蚀性气体（例如H_2S）对人体基本没有伤害，然而如果电子部件长期连续工作在该环境条件下，将会最终导致设备损坏或故障。为了防止潮湿和腐蚀性气体的进入，操作人员可以将仪表和电路密封起来。多个仪表应该布置在仪表箱内，并采用清洁、干燥且露点在4.4℃（40°F）以下的压缩空气保持仪表箱内处于微正压状态。

7.3.3 安装位置

污水处理厂内仪表安装适宜位置的选择既重要又较为困难。对于一些仪表（例如，流量计），说明书已经提供了了一些不适于安装位置的科学数据。而对其他仪表（例如pH计或DO测定仪），最好的安装位置是参考以往的安装经验或进行试验后确定。安装超声波仪表时，要注意墙体或者管道堵塞均会影响到超声波的传播，进而影响仪表的测量结果。

有时当测量结果出现较大误差时，可能会认为仪表有缺陷或者不可靠，然而实际上主要是由于安装位置不当造成的。在确认某一仪表因存在缺陷而放弃使用之前，负责人应确保仪表的安装位置是适宜的，并且如果条件允许，应该在同一位置采用相同仪表进行实验，以确保排除安装位置对测量结果的影响。对于传感器的安装位置选择，生产商通常会提供重要的建议和指南，这是安装位置选择的重要参考依据。

7.3.4 测量范围

仪表测量范围的选择应该主要考虑满足目前的需要，取决于量程比（即，最大预期测量值与最小预期测量值之比）。最大预期测量值越大，仪表的测量范围越大。然而过大的测量范围，会降低仪表的测量敏感度和准确性，因为如果测量值较小，仪表仅仅使用的量程中的低位部分。

7.3.5 准确度与重复性

准确性是指仪表测量值与真实值接近的程度。测量误差是指仪表读数与真实值之差。仪表准确性表征方法较多，操作人员应该根据具体场合的实际情况选择使用。最为常用的仪表准确性表征方法是表示为仪表测量范围或者测量值的百分比的形式（图7-2）。例如，如果电磁流量计的测量范围是0~5451m³/d（0~1000gal/min），而准确度是测量范围的1%，则仪表测量误差为 ±55m³/d（10gal/min）。如果该仪表准确度为读数的1%，则测量误差就是一个变值，要取决于实际测量值。当仪表读数为545m³/d（100gal/min）时，测量误差为5m³/d（1gal/min），而当读数为4910m³/d（900gal/min）时，测量误差就是49m³/d（9gal/min）。

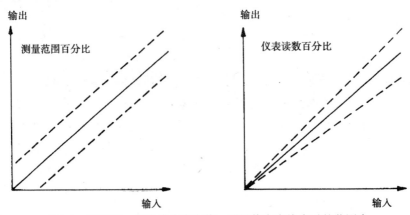

图7-2 准确度：实线代表真实值；测量值在虚线表示的范围内

仪表重复性是在全量程范围内，并在同一操作条件下，从同方向对同一输入值进行多次连续测量所获得的多个连续输出结果的一致性程度。如果仪表重复性较好，而操作人员又掌握了仪表固有的内在误差，则这种输入通过仪表所获得的输出结果是完全可以用于设备控制的。

仪表使用过程中，其他重要的特性还包括仪表的滞后性、灵敏度、线性度、测量死区、飘移和响应速度。

7.4 流量测量

流量是污水处理厂最为重要的测量参数之一。流量计种类繁多，有3个因素决定了其性能：截面面积、流速和设备特性。两种最为基本的流量测量位置是明渠和管道。为了确保测量设备的正常运行，测量环境内均不能存在障碍物，同时截面面积和流向不能发生突变。否则，障碍物或截面面积以及流向的突变将会导致流速曲线失真，导致测量结果错误。

7.4.1 明渠流量测量

大气压条件下，明渠或者非满流管道内液体的流量通常采用薄壁堰或者计量槽进行测量（图7-3和图7-4）。该装置使水流呈现出一定的特性（例如形状或大小），这取决于所选用的设备情况。流量的变化可在测量装置位置处产生可测量的液位变化，而液位与流量之间符合一定的函数关系。具体的测量装置决定了液位测量的位置及其准确性，从而决定了测量装置的准确程度。已有许多相关资料广泛讨论了明渠流量计问题，更多相关信息，请参见《明渠流量测量手册》一书（Isco，Inc.，1989）。

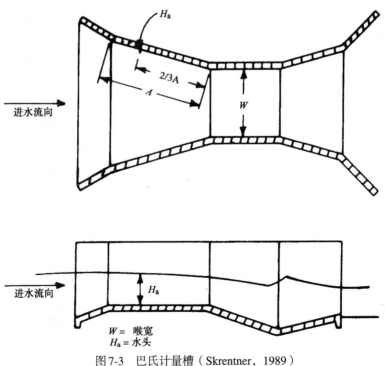

图7-3　巴氏计量槽（Skrentner，1989）

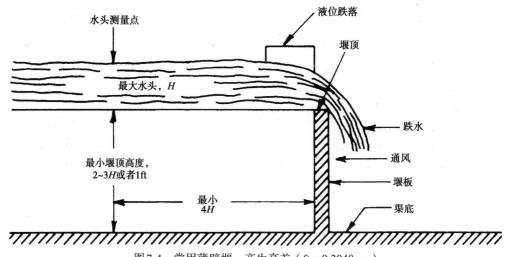

水头测量点

液位跌落

堰顶

最大水头，H

跌水

通风

最小堰顶高度，
2~3H或者1ft

堰板

最小
4H

渠底

图7-4 常用薄壁堰：产生高差（ft×0.3048=m）

7.4.2 密闭管道流量测量

当密闭管道为满管流时，能够较为准确地计算出其流量截面面积。但是，流速的测定却较为困难，因为管壁摩擦、流体黏度以及其他因素都会影响到流体流速。污水处理过程中常用的密闭管道流量计共有5种，分别为差压流量计、机械流量计、电磁流量计、超声波流量计和质量流量计。

1. 差压流量计

差压流量计包括孔板、文丘里管（图7-5）、喷嘴、皮托管和转子流量计（浮子流量计），主要用于清水测量（例如饮用水和过滤处理水）和相对较为清洁的气体（例如低湿度消化气和压缩空气）。

当充满管道的流体流经管道内节流件时，将在差压流量计节流件处形成局部收缩。流速增加，静压力降低，在节流件前后产生压差。按照质量和能量守恒定律，该压差大小与被测定的流体流速和流量成一函数关系。该流量计的测量范围，最大与最小测量流量之比为4∶1。差压流量计在节流件上游和下游分别设置一管道丝口，用于压差测量。该流量计的日常维护包括通风去除管道丝口内积累的潮气。

2. 机械流量计

螺旋桨式流量计是最为常见的机械流量计，其基本原理是液体流动，冲击叶轮引起的叶轮的旋转速度是与液体流量具有一定的比例关系（图7-6），要求测量流体含有的悬浮物SS量较低。叶轮与指示器相连接，通常是流量计算仪或变送器。

3. 电磁流量计

目前，电磁流量计应用较为广泛，从过滤出水到浓缩或消化污泥的计量（图7-7）都可以使用。其基本工作原理是电磁感应，导体通过磁场产生的感应电压是与导体的速度呈线性比例关系。当流体（导体）通过流量计（磁场）时，测量产生的电压，并将其转换成流速，即可计算出流量。由以上可知，电磁流量计的工作场合必须为满管流状态。对于一些品牌的电磁流量计而言，安装使用时要求良好接地。另外，在使用过程中，电极可能会受到脏污，因此需要配置电极清洗设备。电磁流量计具有无阻塞特性，并采用了耐磨、耐腐蚀内衬，可以用于污泥流量计量。其主要缺点是相对而言，价格较高。

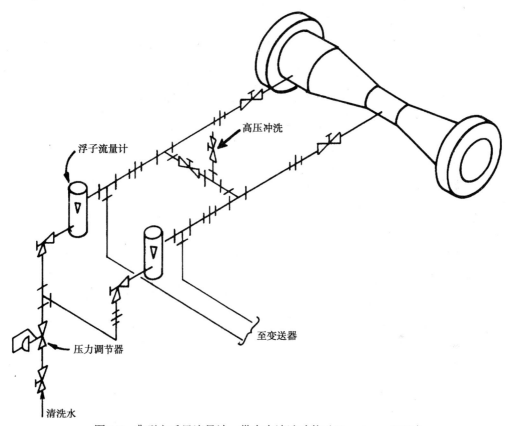

图7-5 典型文丘里流量计，带有自清洗功能（Skrentner，1989）

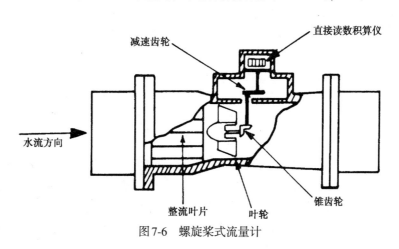

图7-6 螺旋桨式流量计

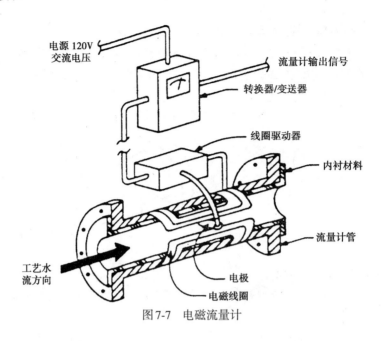

电源 120V
交流电压

流量计输出信号

转换器/变送器

线圈驱动器

内衬材料

流量计管

工艺水
流方向

电极

电磁线圈

图7-7　电磁流量计

4. 超声波流量计

超声波流量计工作原理是基于测量液体流动引起的超声波传播时间或频率的变化，其中通过测量超声波传播时间获得流量的，称为时差式或反射接受超声波流量计。已知频率和周期的超声波以一定的角度穿过测量管道，继而可以采用对面接收器直接接收或采用相同侧面接收器间接接收反射波的方式接受超声波。流体引起的超声波的传输时间或频率的变化与流体的流速成线性比例关系，因此流速（即流量）可通过转换电极输出到显示器上。测量流体中空气气泡以及污泥的密度都会影响到测量结果。因此，操作人员应该严格按照生产商的具体要求，根据具体场合选择使用超声波流量计。

5. 质量流量计

质量流量计测量的是一定时间内通过某一单元的物质的质量。它利用输送液体或者气体的密度，并基于科里奥利效应或者热扩散原理，将测量得到的科氏力或温差结果转换成质量流量。

在科氏流量计中，安装有直型或者弯曲型科氏力测量管。当流体通过测量管时，产生的平移和旋转的科里奥利力同时会引起测量管发生一定角度的形变或移动。其形变量大小取决于通过流体的速度和密度。另外一种方法是采用振动代替一个恒定角速度的旋转运动。两个平行放置的测量管发生反向振动，就像一对音叉。当流体通过测量管时，会产生相移。随着流体的变化，置于进口和出口处的电动传感器可以测量振动相移值，该值是与流体质量成比例关系的。

热扩散质量流量计采用测量传输的热量来确定单位时间内通过的流体质量。流体流经一确定热量输入之后，测量流体的温升情况。从流体物质的热力学特性，可以计算获得流体的体积和质量。

这些质量流量计管壁内易于结垢，应避免用于含有较多悬浮颗粒物流体的物质测量，目前主要用于测量聚合物、空气和消化气的质量流量。

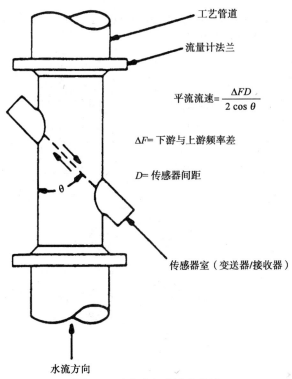

平流流速$=\dfrac{\Delta FD}{2\cos\theta}$

$\Delta F=$ 下游与上游频率差

$D=$ 传感器间距

图7-8　时差式超声波流量计

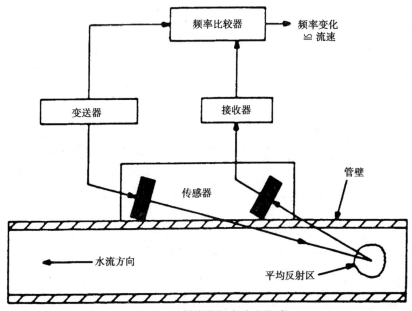

图7-9　反射接收超声波流量计

7.5 压力测量

压力是污水处理厂中广泛使用的一个重要参数。压力测量主要用于以下场合：

（1）监测多种类型的水泵输送设备；

（2）在多种带压工艺中，用于压力调节；

（3）在润滑和密封系统中用于保持适宜的压力。

一些压力测量设备是带有指示仪的纯机械装置（例如波登管压力表、螺旋管压力表、膜盒压力表和波纹管压力表）（图7-10）。它通过气动或者电子压力变送器测量压力，并将测量值传送至远程接收端。差压变送器在液位和流量测量中也得到了广泛应用。根据具体情况经合理选择和使用后，这些设备均具有很强的可靠性。

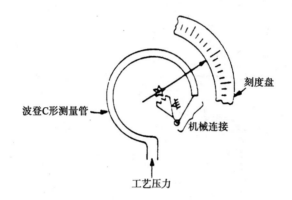

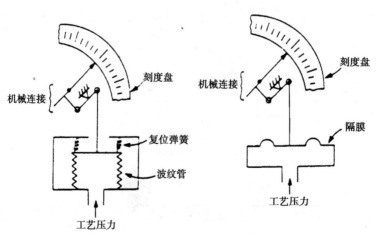

图7-10 机械压力表元件

7.5.1 机械压力表

机械压力表的工作原理是压力变化会引起物理位移（图7-11）。压力测量值，可以通过连接到刻度盘上的指示仪或指针显示出来。可供选择的机械压力表测量量程较为广泛。一般而言，压力表安装时通常会在测压处配置安装一压力表接口，因此使用过程中，应确保压力表接口管路不被固体颗粒或碎屑所堵塞。为了防止脉冲高压对压力表机械连接造成损坏，操作人员应该为压力表设置隔离装置。为了确保测量结果的准确性，压力表一般应选择在选定量程的中间位置工作。在需要高度精确的测量场合，不经常使用的压力表应该予以拆除。

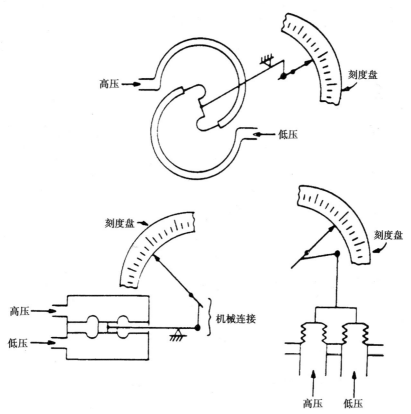

图7-11 机械差压元件

7.5.2 气动压力变送器

气动压力变送器采用压缩空气传输系统，将传感器检测到的压力传送到远程接收端。该变送器的工作原理基于金属隔膜两侧的压力平衡原则，待测工艺流体和压缩空气（由喷嘴—挡板系统调控）分别位于金属隔膜两侧。工艺流体压力的任何变化都会引起隔膜发生移动，继而引起喷嘴—挡板系统发生联锁作用，增大压缩空气压力使系统返回平衡状态。该设备在使用过程中，应同使用机械压力表一样，不应受到堵塞和强烈冲击振动。同时，应定期进行校核，以保证工艺压力的变化与所引发的压缩空气压力的变化保持确定的关系。

7.5.3 电子压力变送器

机械压力装置可以配置使用电子部件（通常为隔膜），产生与压力成正比关系的电子信号。不同电子压力变送器所采用的电子部件（电容或应变仪）的电学特性也是不同的。电子压力变送器在带有电子显示和控制的远程压力输送系统中得到了广泛应用，然而该设备需要定期进行校准，以保证实际工艺压力与所传输的电子信号大小之间保持确定的关系。

7.5.4 差压变送器

差压变送器利用上述压力测量装置之一，并配置使用一特定的安装室或者配件，实现压力平衡。差压变送器通常主要用于压力储罐的液位测量，以及压力管道上的差压流量测量。

7.6 液位测量

液位测量主要用于保护水泵，保持集水井等水池内一定的液位高度。另外，液位测量还可以与其他设施（例如槽或者堰）相配合用于测定明渠流量。主要的液位测量方法有三种，分别为从上部测量液面、从下部测量水压以及电学液位测量方法。

7.6.1 浮子和超声波设备

浮子和超声波设备是从上部测量液位的。浮子作为使用最为长久也是最为简单的液位测量装置，今天仍被广泛应用于集水井或者污泥池内，也可用于储罐或者明渠内液位的指示。浮子需要配置独立的高、低液位指示装置。在使用过程中，浮子维护需要考虑的主要问题是在静置的集水池内可能发生的悬浮物、碎屑以及结冰的积累（图7-12和图7-13）。

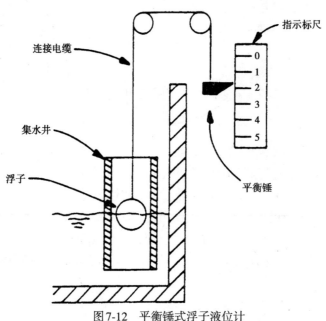

图7-12　平衡锤式浮子液位计

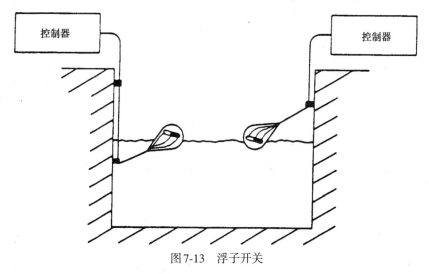

图7-13 浮子开关

超声波液位测量设备安装于液面之上，发射的脉冲超声波碰到液面后会发生发射。然后采用仪表接收反射波，计算回波的传播时间，将其转换为液位（图7-14）。工作环境中的空气温度、液面泡沫以及水雾都会严重影响超声波液位的测量结果。操作人员应该保护敏感电子元件免受仪表工作环境内湿气和腐蚀性气体的损坏。

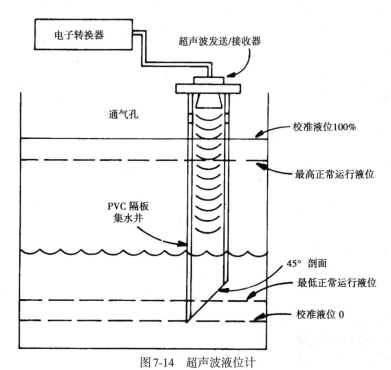

图7-14 超声波液位计

7.6.2 差压式液位计

气泡管系统和隔膜球系统通过测量液位水压确定液位高度，通常用于明渠或者常压储罐中（图7-15）。

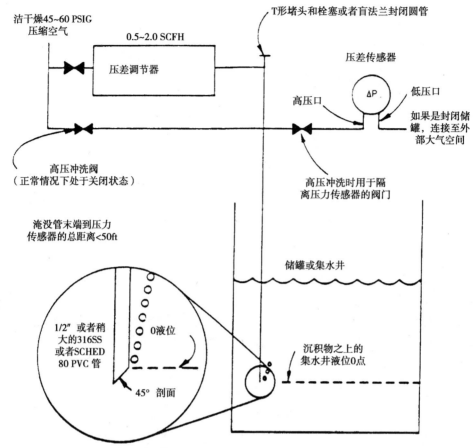

图7-15 气泡水准仪液位计示意图（ft×0.3084=m，in×25.4=mm）

1. 气泡管系统

气泡管系统采用小流量、可调节的空气流，不断地在液体内产生气泡。由于空气流量较小，系统会产生一个静水压的背压，并可采用常用的压力表或者变送器来测量该背压值，以水柱高度进行表示。当被测量液体的比重与水差别较大时，需进行修正。由于空气不断地从气泡管里释放出来，因此该系统通常带有自动清洗功能。当积累了污垢，而采用高压气流向下冲洗测量管进行维护时，需要设置阀门来隔离保护气泡管系统的压力测量装置。同时，为了保护气动仪表和调节器，通入的空气应防止湿度过大和油污进入气泡管。

2. 隔膜球系统

隔膜球系统的工作原理是密闭在干燥隔膜（毛细管内）和接收器之间的空气的压缩或者膨胀作用，均会引起隔膜的移动。被测液体的静压会推动隔膜移动，而隔膜内截留的空气的压力是与液体静压相等的。阳光照射和建筑物热辐射引起的温度变化，尤其在毛细管周围发生时，会引起截留空气膨胀，带来测量误差。为了降低温度的影响，在毛细管内可以填充不受温度影响的液体，然而这种做法通常会影响到该测量装置的响应时间。

7.6.3 电学法

　　液位的电学测量方法主要包括电导和电容探头（图7-16）。电导探头是一个独立设备，与浮子类似（例如，启闭水泵以及报警）。电导探头利用液体来实现两个探头或者一个探头的两个部分构成闭合回路。该设备通常用于相对较为清洁的液体的液位测量，否则探头上积累的污染物质，会导致提前或者延迟形成闭合回路，从而影响测量结果。

　　电容器是由两个相互绝缘的电极板构成，在污水处理厂使用中，电容探头相当于电容器的一个带绝缘的极板，而待测液相当于另一个极板。随着待测液位的变化，系统电容也成比例相应发生变化。可以采用仪表测定该电容值，并转化显示成液位。如果电容探头上积累了固体颗粒，就会出现测量误差。但是目前许多生产商已经设计了带有固体颗粒影响补偿功能的电容探头。

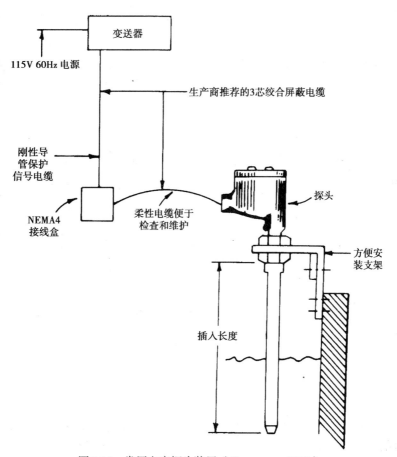

图7-16　常用电容探头装置（Skrentner，1989）

7.7 温度测量

虽然大多数污水处理工艺不进行温度控制，但是在污水处理厂仍然有许多地方需要进行温度测量。最为典型的例子是厌氧消化池、液氯蒸发器、焚烧炉以及需要进行高温保护的设备，同时还有一些分析仪和流量计。温度测量设备包括液体温度计、双金属温度计，液体或气体压力膨胀球，热敏电阻，电阻温度检测器（RTDs），红外探测器以及液晶记录仪。RTD通常用于低温环境温度测量，而热电偶在高温环境中具有较高的可靠性。另外，气体或液体填充的温度传感器和热敏电阻常被用于设备保护以及冷却系统。为了确保温度测量设备的正确运行，操作人员应定期采用准确度较高的标准温度测量设备进行校准。

7.7.1 热球

最常用的热球温度测量装置是充气的，其工作原理是基于密闭气体的绝对压力与绝对温度成比例关系这一物理定律（图7-17）。热球通常安装在测量井内进行保护，并便于检查和维护。目前可购买到多种量程和准确度要求的热球，通常主要用于温度现场控制和显示。

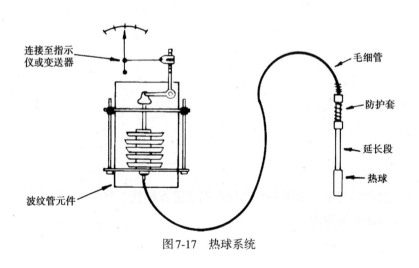

图7-17 热球系统

7.7.2 热电偶

热电偶测量温度的工作原理是在两种不同金属材料构成的闭合回路中，当两种金属结合点两侧的温度不同时，回路中会产生电流（图7-18）。构成热电偶的多种不同的金属可以在多个工程手册中查询到，金属的选择主要取决于需要测量的最高温度。热电偶最高测量温度为980℃（大约1800°F），准确度为量程的1%。

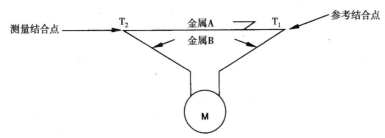

图7-18 典型热电偶闭合回路

7.7.3 电阻温度检测器

电阻温度检测器带有一热敏元件，其电阻会随温度的升高而逐渐增大，且其在不同温度下的电阻值是可知的。热敏元件通常由直径较小的铂、镍和铜导线缠绕在特殊的线架或其他无张力的支架上。该温度检测器通常用于准确度和稳定性要求较高的场合。最常见的RTD使用场合为电动机中轴承和绕组的温度测量。

7.7.4 热敏电阻

热敏电阻由半导体固体材料制成，其电阻值随温度升高既可能增大，也可能减小。一些热敏电阻在一些特征温度点会发生电阻突变现象。热敏电阻有时能够取代RTD作为温度传感器使用。与传统RTD相比，一定温度变化引起的热敏电阻的电阻变化量更大，然而其准确度虽然较高，但还是要低于传统RTD。

7.7.5 温度传感器安装

温度传感器的使用寿命与其能否正确安装直接相关。实际使用过程中，应采用金属或者陶瓷材料的套管，穿过管道或储罐壁，既可保护温度传感器，又方便维护拆除，而且与工艺过程隔离开来，不会影响到工艺的正常运行。在污水处理厂使用现场，尤其是悬浮物含量较高的地方，要确保不会引起管道堵塞，同时还要注意温度传感器套管外侧可能存在的沉积物（绳，塑料和大块物质）的积累，否则不仅降低其使用寿命，更会影响测量结果。通常情况下，如果安装套管占据管道直径低于25%，并且是弯头或者T字形时，沉积物可以随水流带走。

7.8 重量测量

重量测量也是污水处理厂运行中的重要参数之一，例如准确计算药剂投加量以及需要处理或者处置的污泥浓度，以确定污泥的脱水和卡车运输运行成本。常用的机械和电子重量测量方法是杠杆秤、水力称重装置和应变仪。

7.8.1 杠杆秤

标准杠杆秤是最为简单常用的机械重量测量装置，其工作原理是基于杠杆原理，位于一个支点两端的两个力处于平衡状态（图7-19），支点两侧负载力矩等于平衡物力矩。杠杆秤量程从几分之一千克（磅）到吨级，准确度为实际重量的0.1%。

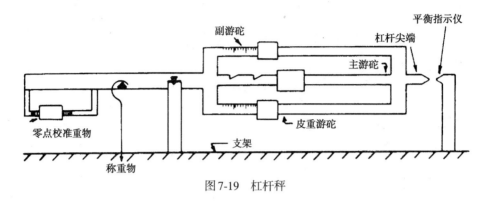

图7-19　杠杆秤

7.8.2 液压称重装置

液压称重装置为一密闭系统，液压油受到外部负载作用，并将相应的压力通过隔膜传送至压力表（图7-20）。可能会同时使用多个密闭液压油单元，其合力共同作用于杠杆梁上。液压称重装置在较高重量测量场合使用效率较高，准确度为量程的1%。

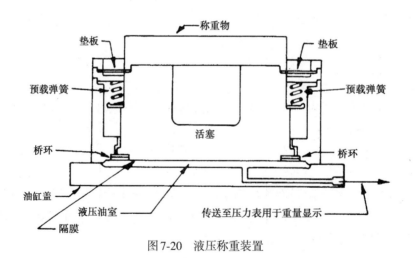

图7-20　液压称重装置

7.8.3 应变仪

应变仪是一种电子重量测量方法。待测重物通过负载单元将自载力传送至贴附应变片的钢性试件，引起钢负载体发生应变或者位移，导致应变片电阻发生变化。多个单元发生联动，并通过电子放大器产生标准输出信号。该装置准确度为量程的1%。

7.9 速度测量

污水处理厂内，有许多机械设备需要进行速度测量（例如带有变速装置的水泵、风机以及一些机械搅拌器等配置的变速驱动器），用以产生反馈信号或者现场显示。常用的速度测量方法包括直接机械连接至旋转轴或者齿轮，或者利用磁或者光学方法进行间接测量。

7.9.1 测速发电动机

测速发电动机包括一定定子和一个转子。定子（非转动部分）通常由导磁钢板叠压而成并在内圆凸极上镶嵌拾取线圈。转子（旋转部分）是安装在轴上的永磁体。测定速度时，该轴与待测物体进行耦合，则待测物体的转速会显示在指示器上，或者通过转换装置进行信号放大，产生标准输出信号，其测量准确度为量程的1%。

7.9.2 非接触频率发生器

非接触频率发生器包括一个固定在轴上的齿轮和一个靠近而非接触齿轮安装的电子或光学接收器。该接收器可以检测轮齿间隙及轮齿运转频率，然后将该频率转换成每分钟转数或者齿轮转速百分比进行显示。该测速装置准确度较高，且不使用转动部件。

7.10 接近传感器

接近传感器按照其工作原理可分为磁感应式、电容式或者光学式，可用于无接触情况下测定设备转速、对准度或位置以及分度。

7.10.1 磁感应式接近传感器

磁感应式接近传感器包括3个基本元件，分别为传感振荡器、固态放大器和开关设备。当一个金属物体（目标）进入传感区域时，就会引起磁性区域发生变化，而这种变化又会反过来改变振荡器的内部阻抗，作为传感信号输出，进而激活固态放大器和开关设备。

7.10.2 电容式接近传感器

电容式接近传感器通过检测电容的变化，来完成对非金属材料物质（例如，水或者汽油）的传感作用。该传感器可用于探测液位，能够直接通过非金属池壁、储罐孔嘴、金属池壁，以及浸没于储罐内的密封非金属管，获得传感信号。

7.10.3 光学式接近传感器

光学式接近传感器利用可见光或红外线，来探测设备或者工艺中流体的存在与否。在污水处理厂中，光学式接近传感器主要用于传感阀门位置或者储罐内的液位高度。

7.11 物理化学分析仪

物理和化学分析仪主要用于测量工艺流体的物理和化学性质（例如，污水处理厂进水、出水、污泥、离心机分离液、工艺废气和药剂等）。随着监管机构对污水处理厂处理要求的不断提高，物理化学分析仪在其运行中正在发挥越来越重要的作用。污水处理厂常用的物理化学分析仪，有些测定的是离子类指标，而有些测定的是化学类指标、物质类指标或者是反应类指标，分述如下：

（1）离子类指标——溶解氧、pH、氨气和氧化还原电位（ORP）；

（2）化学类指标——余氯和氮氧化物（通常为NOX）；

（3）物质类指标——总悬浮物和悬浮物；

（4）反应类指标——生化需氧量和化学需氧量。

7.11.1 离子选择性电极

目前，可选择购买和使用多种类型的离子选择性电极，其中包括一些特殊离子电极。最为常用的离子电极主要用于测量NH_4^+、CN^-、DO、Cl^-，Ca^{2+}、pH值、F^-和S^{2-}。这些离子电极在实验室分析中准确度较高，如在现场使用则需要进行定期检查和维护。然而近年来，这些电极现场使用的可靠性也得到了较大提高。污水处理厂在线监测或控制的常用电极分述如下。

7.11.2 DO

好氧微生物生长代谢过程需要消耗溶解氧DO。DO是污水活性污泥处理工艺最为重要的运行参数（图7-21）。为了优化污水处理过程，好氧池内必须保持一定浓度的DO，尤其是硝化过程。通过空气量控制可以较好地降低工艺运行成本。温度、压力和溶解盐浓度均会影响溶液中的DO浓度，目前大多数DO测定仪都能够自动进行温度和压力补偿。

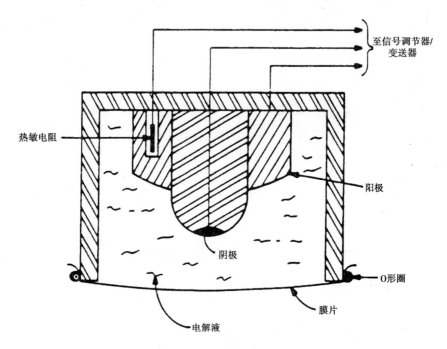

图7-21 膜片式DO测量电极

DO的容积（电位）测量方法是基于分子氧在带负电电极发生还原反应时会产生电流，该电流大小与DO浓度成一定的比例关系。常用的这两个DO容积测量系统是主动和被动系统。

1. 主动系统

主动系统通过还原阴极分子氧来测定DO值。还原分子氧所使用的电子由主动系统利用不同的金属及电解液产生，其基本原理同铅蓄电池。

2. 被动系统

被动系统测量DO值的工作原理同主动系统，是通过在极化的阴极还原分子氧进行测量。主动系统电子的来源是主动系统本身的金属，而被动系统电子的来源则是外加电源（例如电池）。当电源电压加至阳极和阴极两端时，任何通过渗透膜的溶解氧均会在阴极发生还原反应，产生电流。该电流值的大小与溶解氧含量成比例关系，从而可转换为待测溶液的DO值。

之所以能在含有其他离子和有机物的溶液中，测量获得DO值，主要是因为采用选择性渗透膜将传感元件与待测溶液进行了隔离，因此可用于DO的反应器现场测量。通常情况下，DO测量仪需每周校准一次，且需要定期对渗透膜进行清洗，以去除表面积累的污染物质。

实际应用过程中，不同位置的DO测量需要使用便于移动的电极，目前可以购买到多种使用方便的DO电极固定配件。

7.11.3 pH

pH的测定是反映工艺流体的酸碱性。污水处理厂需要在线连续测量进水的pH值，尤其是pH波动较大的进水（可能是工业废水的排放）将会影响污水处理系统的正常运行。

一般采用对H^+活性敏感的玻璃电极测定溶液的pH（图7-22），通过测量对比参比电极的电压来确定pH。通常认为溶液中存在的Na^+对pH电极有一定的影响，而其他离子的影响较小。pH电极需要进行温度校正，通常pH计带有自动温度校正功能。

7.11.4 氨

自然界中的氨可通过氧化还原作用生成多种类型的氮化物。为了降低受纳水体的耗氧量，许多污水处理厂要求出水应实现氨的氧化，排水达到NH_3-N的排放标准。同时，硝酸盐和亚硝酸盐的量也用于判定好氧池内溶解氧是否充足，或者好氧硝化池环境条件是否能够满足好氧要求。氨分析仪采用离子选择性电极法测定溶液中的氨氮含量。操作人员应定期利用氨氮标准溶液校准氨分析仪，同时取样应具有代表性，并进行过滤以提高测量准确度。

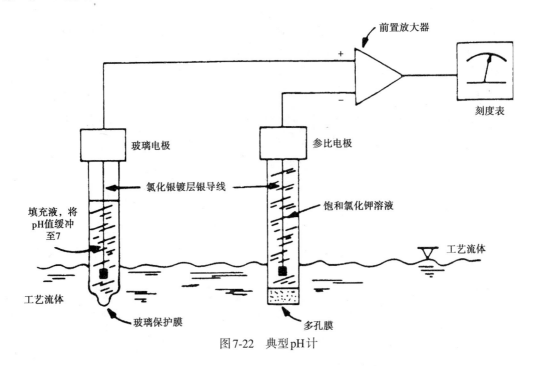

图7-22　典型pH计

7.11.5　氧化还原电位

氧化还原电位是测量污水水样中易于被氧化或易于被还原物质的量。通过测定污水中是否存在大量还原性物质（例如S^{2-}和SO_3^{2-}），这些物质会快速消耗大量溶解氧，从而导致后续处理工艺微生物供氧不足，据此操作人员可以更好地控制工艺系统的运行。ORP测定的是污水中的瞬时值（利用电极），可以确保好氧池内保持一定的DO浓度。另外，可采用ORP衡量厌氧消化系统内的消化进程以及工艺的稳定性。

7.11.6　余氯

消毒出水余氯量的测定是非常重要的，以满足消毒要求。然而，在美国的一些地方，则要求对出水进行脱氯，以降低余氯对受纳水体水生生物的毒性影响，这同样要对余氯进行测量。从逻辑上而言，氯化消毒后，余氯量越稳定，脱氯越简单。

最常用的余氯分析仪是通过测量余氯形成的电流（图7-23）。该分析仪包含一个带有铂测量电极和铜参比电极的测量室。当水样流过电极时，产生的电流与水样中的余氯量成比例关系。其他测量装置利用光学方法，先产生颜色，而后采用光吸收进行分析。通常采用手动电流滴定法来校准余氯分析仪。

自然界中氯的存在形式有多种，通常关注的主要是游离氯或者是总余氯（见第26章）。目前，可购买到用于分析多种含氯物质的分析仪。

余氯测量仪需要定期进行维护和校准，其年度维护费用可能会超过购买费用。然而，大型污水处理厂良好的运行稳定性以及药剂耗量降低所节省的费用，可能会大大超过分析仪器的投资费用。

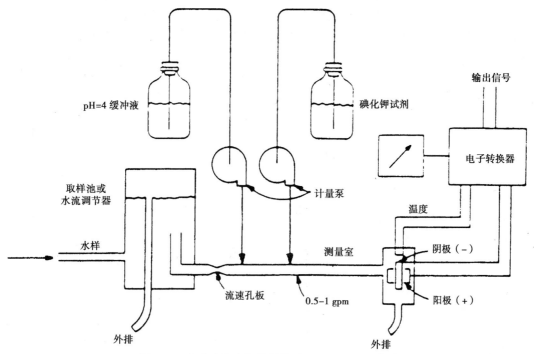

图7-23　电流法总余氯分析仪（gpm×5.451=m³/d）

7.11.7 硝酸盐和亚硝酸盐

带有脱氮除磷（BNR）功能的污水处理厂，通常需要检测和控制硝酸盐指标。在污水处理过程中，亚硝酸盐能够很快被氧化成硝酸盐或者被还原为氮气，因此对硝酸盐的检测意义更大。在线硝酸盐测量仪在脱氮除磷污水处理厂中的应用，主要是用于控制缺氧区循环率以及好氧系统的间歇曝气操作过程，同时监测出水水质。

硝酸盐和亚硝酸盐离子在240nm处吸收紫外线。在线监测主要是基于这一原理，采用紫外线直接穿过水样，而后对穿过的紫外线量采用监测器进行检测，而吸收的紫外线可以转换成硝酸盐量。该测量仪提供了浊度补偿功能。

实际操作中，由于亚硝酸盐含量通常较小，测量值一般直接认为是硝酸盐总量而用于污水处理厂运行控制。

另外，也可采用特殊离子法进行硝酸盐监测，但干扰因素较多，在污水处理厂很少使用。

7.12 固体浓度

通常而言，由于废水中固体的种类较为复杂，因此一般无法对其中某种具体类型的固体进行测量。实验室分析中通常将这些固体分为悬浮固体、溶解固体和可沉固体三类。有时，密度会被误认为等同于固体浓度。实际上，密度是指单位体积的流体的重量，而不是单位体积流体含有的固体物质的重量。大多数污泥密度要高于纯水。引起污泥密度变化的最重要的因素主要包括温度、夹带气体量以及其内包含的颗粒物的量。高固体浓度、低密度污泥的典型例子是沉淀池内的上升或者漂浮污泥。实际应用中，操作人员应采用"固体浓度"一词，而非"密度"，以避免引起混淆。

由于连续在线监测仪器无法进行样品的干燥，因此所有的固体浓度测量仪均采用非直接的测量方法（例如，光学、超声波和核子），这些测量方法将测得的结果转换为固体浓度进行表达。这些固体浓度分析仪虽然准确度不是很高，但是足以满足工艺控制的要求。

7.12.1 散射光式浊度仪

当有光线直接照射进入含有悬浮颗粒的液体时，悬浮颗粒会使一些光发生散射。散射光式浊度仪可以检测出悬浮颗粒引起的散射光量（图7-24），该值与颗粒物质量、颗粒粒径以及表面光学性质成一定的定量相关关系。散射光式浊度仪是一种光电设备，它利用白炽灯作为光源，可产生从蓝光到红光的光波。灯光直接照射进入含有悬浮颗粒的液体，光发生散射。然后在与入射光成一定角度的位置，采用光电元件或者光检测器接收散射光。通常情况下，散射光式浊度仪将光学检测器放置于与白炽灯光源成90°角的位置上。

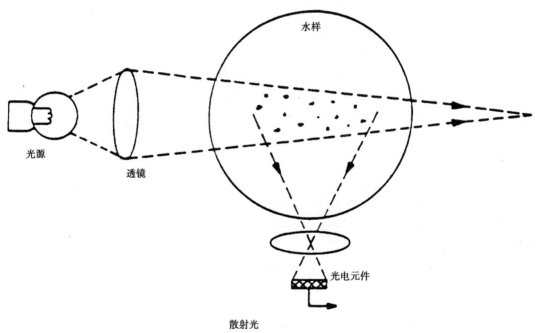

图7-24 散射光式浊度仪

7.12.2 反射光式浊度仪

在工艺控制中，另外一种确定固体浓度的方法是将固体浓度与由于悬浮物质引起的浊度相关联。浊度是水样的光学属性，引起射入光线发生散射和吸收，而不会全部沿直线传输通过水样（图7-25）。通常情况下，标准光源光束直接通过洁净的设备玻璃窗，进入待测工艺流体。由于悬浮物的存在，一部分光发生反射，一部分会被吸收。光敏检测器通过对衰减的反射光的测量来确定固体浓度。另外，一些浊度仪利用第二（参比）检测器进行温度和光源变化补偿。

为了减小检测水样室内积累的脏污、污泥或者气泡的影响，某浊度仪生产商已经开发了一种处理方法，采用往复电动机驱动活塞每隔几秒钟抽取和排出检测室内的水样，同时冲洗测量管光学表面。其他生产商采用特殊光学表面或者采用工艺水流冲洗方式来保持测量管光学部件表面的清洁。另外，某些传感器利用表面散射技术来保持光源和检测器避免污泥的污染。

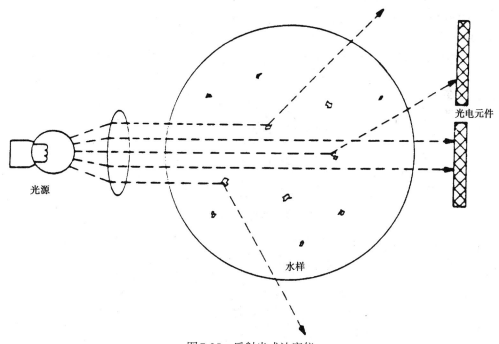

图7-25　反射光式浊度仪

7.12.3 超声波固体浓度测定仪

超声波固体浓度测定仪的工作原理是基于固体物质存在导致的超声波的机械振动衰减。衰减测量仪包括发射和接受传感器。发射器产生振动信号穿过流体，而后由于悬浮物的散射作用，导致信号衰减，并由接收传感器接收。信号强度的衰减量与固体浓度相关。通过污泥的超声速度大小可用于测定流体中的污泥浓度。虽然速度的变化较小，但却可以精确地测量到。该测量仪需要进行校正，以补偿温度和压力对声速产生的影响。

7.12.4 核子密度仪

伽马辐射（核密度）检测仪采用一种放射性物质释放伽马射线，同时利用检测器对该能量进行检测（图7-26）。辐射源和检测器分别放置于管道两侧。对于浓缩污泥而言，污泥浓度与污泥密度成比例关系，因此可以通过核子密度仪测量密度后转换成污泥浓度。

核子密度仪的优点如下：

（1）较高的灵敏度；

（2）无运动部件；

（3）不接触监测物质，对维护要求低。

核子密度仪的缺点如下：

（1）对于非满管污泥管道或者污泥分层，测量结果不准确；

（2）由于温度会影响密度，因此如果污泥温度发生变化的话，需定期进行校准或补偿；

（3）由于夹带空气原因使得该方法在许多情况下不适用；

（4）油脂和油的密度是与污泥不同的，因此污泥中油脂和油的存在，会导致测量结果不准确；

（5）需要美国核管理委员会（Washington, D.C.）授权使用、校准和处置放射性物质。

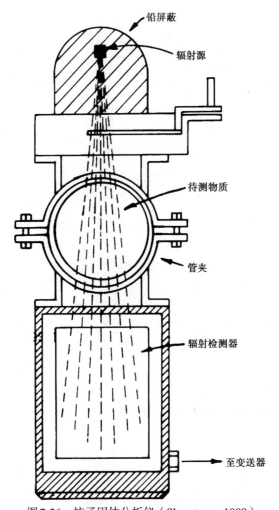

图7-26 核子固体分析仪（Skrentner，1989）

7.12.5 污泥层传感器

目前，有许多污泥浓度测量技术用于污泥层监测。监测仪表安装于某一深度，以监测污泥层是否存在。同时，监测仪表也可移动，以确定实际污泥层的位置。对污泥层进行自动监测可提高工艺运行的稳定性。

7.13 信号传输技术

目前，各种传感器和仪表所产生的信号采用传感器方式被传送至接收器或者另一位置。通常，传感器输出信号被传送至控制面板或计算机系统，操作人员可同时检测多个工艺变量的变化情况。

信号传输系统由3个部分组成，分别为发射器、接收器和传输介质（发射器和接收器之间的连接）。发射器将来自传感器的机械信号或者电信号转换为传输介质可使用的形式。传输介质携带信号传输至接收器。接收器最终将信号转换成接收系统可以使用的形式。

7.13.1 模拟信号传输

模拟信号传输系统连续地、成比例地将来自传感器的连续输送信号转换成另外一种形式。例如，模拟气动传输系统将传感器输出信号从机械位移转换为成比例的压力值，典型范围为20~100kPa（3~15psig）。模拟系统的重要特征是传输信号是连续的，而且与传感器输出信号是成比例关系的。

在模拟电子传输系统采用之前，模拟信号的传输主要采用气动（压缩空气）和液压（压缩液体）系统。这两个系统均为将机械传感器位移进行转换和传输，而没有采用电子形式，是过去污水处理厂和工业废水处理厂主要使用的传输系统。该系统优点包括使用安全（无火花潜在风险），同时易于操作和维护。然而该系统响应时间较慢，尤其是进行长距离信号输送时。

电子模拟信号传输系统信号响应速度快，而使用较低的电压和电流，耗电量较小。标准电子传输系统使用的是4~20mA-DC或者1~5V-DC信号。同气动和液压传输系统一样，它们提供了与传感器输出信号成比例的连续信号。信号传输电缆应进行屏蔽，以避免工厂环境内高电压和其他电子噪声的干扰。虽然电子传输系统响应速度快，安装使用费用较低，然而对电子工程师的维护技术要求较高。

7.13.2 数字信号传输

如同计算机系统一样，数字信号发射器采用二进制数字系统，将所有十进制数字表示为0和1的组合。在电学上，就可以表现为电压的有和无。为了通过数字系统传输模拟信号，需要使用将模拟信号转换为数字信号的转换器，将接收到的传感器的模拟信号，以电子形式转换为适宜的0和1的序列。当然，如果不能直接使用数字信号的话，接收器也可以使用将数字信号转换为模拟信号的转换器进行接收使用。

数字信号传输系统采用电子传输技术或光行（光学技术），能够准确经济地实现大量数据信息的高速传输。

7.13.3　信号传输网络

多个传感器和控制信号可以联合组成电子或者光纤传输网络。各个单独的电子元件和计算机系统连接起来构成污水处理厂网络系统，进而可以在污水处理厂不同位置访问污水处理厂的数据库。网络系统的使用，可以大幅减小从现场传感器至控制中心用于数据传输的数据电缆总量。由于数据传输介质类型以及所使用的网络元件的不同，许多网络系统也是不同的。随着数字传感器的广泛使用，目前可以将多个现场仪表或者末端控制元件连接至网络系统（现场总线）。

7.13.4　遥测

模拟信号和数字信号传输技术实现了远程设备（例如，提升泵站）与监控中心相连接（图7-27）。其中，一些专门系统采用无线电、电话、微波或者激光作为传播介质，在长距离或者复杂地形处用以传送信息，通常被称为遥测系统。与计算机结合使用，遥测系统能够方便地实现对远程设备的监测和控制。由于遥测系统是纯电子系统，这就要求电子工程师掌握较强的电子技术以完成该系统的预防性维护。

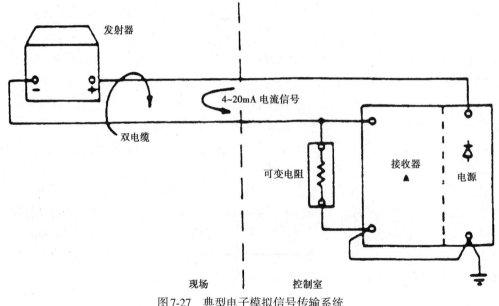

图7-27　典型电子模拟信号传输系统

7.14　控制概念

持续处于稳态（即运行状态无变化）的工艺过程，是没有必要对其进行工艺过程变量控制的。但是，污水处理厂进水污水量和污水浓度是不断变化的。这些变化使得污水处理厂的运行不断偏离设定的工艺最佳条件，导致处理效率降低，出水水质处于不断波动变化中。工艺变量（例如流量或者液位）的控制可以通过调节阀门或者改变水泵转速而实现，通常被称为变量控制。

7.14.1 手动控制

手动控制由操作人员手动操作完成。例如，如果操作人员观察到湿井液位上升，就可以稍微提高水泵转速以平衡湿井的进出水量，使液位保持在一个新的位置。为了使液位回到原来的位置，操作人员需要先提高水泵转速以提高水泵输出量来降低液位，然后再降低水泵转速达到与进水量保持平衡。操作人员往往利用经验来估计保持湿井适宜液位所需要的水泵转速大小，但是随着流量的变化，湿井液位会再次偏离湿井的最佳液位。这种控制被称为开环控制，因为工艺变量预期值（设定值）、工艺变量瞬时值和变量控制操作之间没有直接联系，除非污水处理厂操作人员不断地观察和改变工艺变量。

7.14.2 反馈控制

在上述示例中，如果操作人员连续地监测湿井液位，就可以为工艺操作提供反馈。然而，这样做对人力资源的消耗较大，不是有效的利用人力资源的方式。反馈控制是最为简单的实现该过程自动控制的方式。反馈控制器（图7-28）接收传感器输出信号，该信号是工艺变量值，同时将接收信号值与操作人员设定值进行比较。控制器自动计算两者的差别，而后根据变量输入值确定适宜的控制操作。由于反馈控制器始终处于工作状态，湿井内的液位能够保持在较为接近最佳液位（操作人员设定值）的位置。

反馈控制过程要考虑所有可能存在的误差、工艺干扰以及工艺输入。对于个别误差和干扰要进行具体量化，因为反馈控制机制的原因会使得控制器不断积累这种错误结果。

反馈控制的一个缺点是工艺调整和需要进行调整的证据出现之间存在时间滞后。当在一个相对较小的容器内进行流量和液位控制时，时间滞后通常不会产生问题。但是如果时间滞后达到或者超过30min，则单独采用反馈控制是不够的。

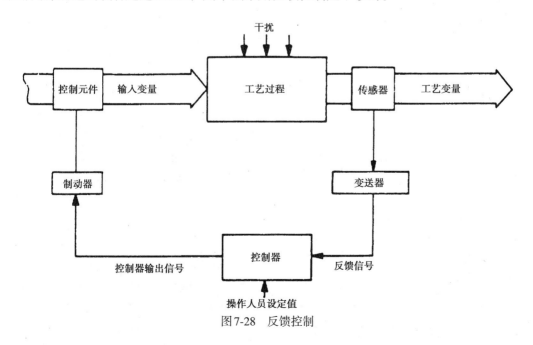

图7-28　反馈控制

7.14.3　前馈控制

前馈控制采用工艺过程输入信息以防止工艺过程产生错误（图7-29）。前馈控制使用较好的示例是比值控制。在加氯系统中，加氯速率是基于进入加氯设施的污水处理厂的水量而设定的。自动比例控制系统使得操作人员能够建立起加氯量与污水量比例关系。而后，随着污水处理厂流量的变化，加氯速率就会按照比例进行调整。

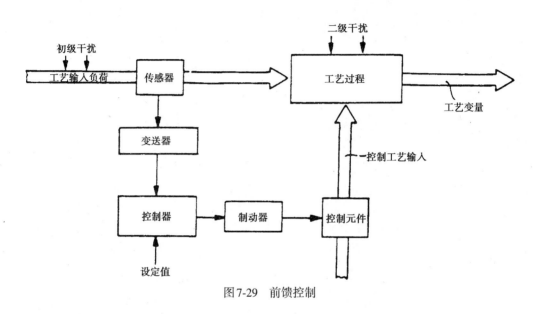

图7-29　前馈控制

7.14.4　复合控制

复合控制是指将反馈控制与前馈控制相结合以为某些工艺过程提供最终自动控制操作。例如，在上述加氯系统示例中，操作人员虽然确定了随污水处理厂流量变化的加氯比例，而且前馈控制器根据这一要求严格确定了加氯量。但是前馈控制设备没有检测的SS、pH以及其他水质特征均会影响氯气消毒效果，导致出水中余氯量发生较大变化。

然而工艺的最终目标是保持处理后水中一定浓度的余氯量。在加氯复合控制系统中，反馈控制调整前馈控制系统设定的加氯比例值。余氯分析仪连续监测消毒出水中的余氯量。当余氯量偏移预期值时，新的设定值会被传送至比例控制器，前馈控制系统将会据此重新调整加氯量与流量的比例关系。

7.14.5　高级控制

计算机、微处理器和其他可编程设备使得可将独特的控制概念应用到具体工艺过程或者多个工艺过程中去（例如，顺序控制或者逻辑控制概念中，可将工艺条件与预编程设定工艺条件相比较，将具体结果输出用于工艺设备调整）。控制系统输出准确模拟了操作人员响应工艺变化的操作动作。单纯反馈控制或者前馈控制仅能部分满足所遇到的工艺条件。高级控制通常最为适用于多个并行处理单元共存或者仅通过一个工艺变量输入或输出无法实现工艺条件改变的场合。

高级控制方案采用多个工艺传感器操作指定的设备来实现预期的工艺控制过程。高等数学计算、模型或者条件矩阵常被用于保持正确的设定值或者用于修正极端的工艺条件。除变速泵或者阀门之外，设备调整可能需要进行启动或者停止。这些方案的产生通常需要进行反复试验，直到获得最佳组合工艺参数值。反馈控制和前馈控制概念通常是整体逻辑控制的组成部分。

7.15 自动控制器

自动控制器为标准化设备，不仅可以接收来自传感器和操作人员的输入信号，同时可将计算出的控制信号传送至末端控制元件，以保持为操作人员输入设定值或者其他计算设定值。现在使用的控制器主要为电子控制器，虽然在一些场合，气动和机械控制器仍在广泛使用。以下控制模式可根据控制要求选择使用。

7.15.1 开关控制

开关（差分）控制是工业和民用控制中应用最为广泛的自动控制方式，仅适用于不需要严格控制符合具体设定值的场合（图7-30）。工艺变量的控制是一个范围值，而不是一个具体值。从本质上来说，开关控制是非连续的。

最为常见的民用开关控制设备是恒温装置。污水处理厂常见开关控制示例是小流量仅有一台水泵工作的提升泵站。两个浮子（传感器）指示湿井内的设定的高低液位。当液位达到高位浮子位置时，浮子开关闭合，水泵启动并运行直到低位浮子开关断开，水泵停止。这样，就可以将湿井液位保持在两个浮子液位之间（可接受的液位范围）。

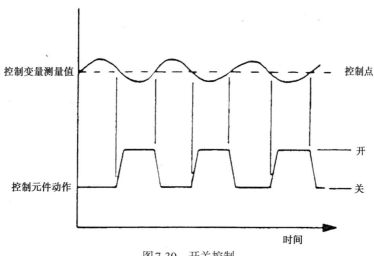

图7-30　开关控制

7.15.2 比例控制

当需要进行连续控制，而又要求工艺变量波动不能较大时，则需要采用比例控制。比例控制是基于线性数学关系式，其中控制器的输出等于工艺变量设定值与真实值之差乘以一个常数因子，即增益（图7-31）。随着该差值增加，控制器输出也随之成比例增加而进行补偿。增益量越大，对单位差值进行修正的输出量也越大。

比例控制有一个主要缺点，即在稳态条件下，控制器最终预期值与真实值之间存在一个偏移量。通常该偏移量较小，因此比例控制足够满足使用要求。

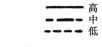

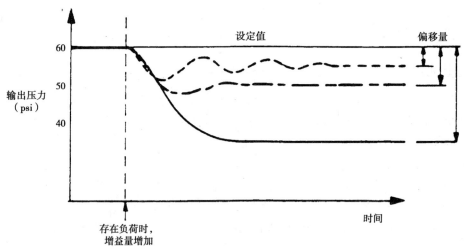

图7-31　比例模式控制响应：压力控制示例（psi×6.895=kPa）

7.15.3 复位控制

一旦比例控制的固有偏移量达到了无法接受的程度，就需要进行复位控制。复位控制对差值信号进行数学积分，使控制器输出变化与差值信号变化相适应。结合比例控制器，复位控制能够纠正比例控制器本身固有的偏移状况，常被称为具有比例积分作用（图7-32）。该控制器的缺点是具有比例控制器本身固有的更高的不稳定性，因此在使用初期调节可能较为困难。

7.15.4 三模控制

三模控制器（通常是指比例—积分—微分控制器）是目前反馈控制回路中使用最为复杂的标准控制器（图7-33）。

该控制器利用了比例—积分控制器特征，同时增加了第三个作用（微分控制），以实现更好的控制响应。微分作用为在控制回路中添加主导作用提供了作用机制，以弥补控制回路中的时间滞后。该控制不能单独使用，因为大的连续恒定的差值不能产生控制响应。微分控制器在污水处理厂中使用较少。这里介绍这种类型控制器的目的，主要是因为安装使用的控制器通常都带有三模控制功能。但是操作人员应该意识到污水处理厂的控制是不需要进行三模控制的，比例—积分控制已经可以满足污水处理厂的控制要求。

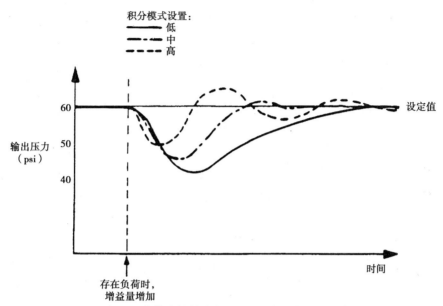

图7-32　比例—积分模式控制响应：压力控制示例（psi×6.895=kPa）

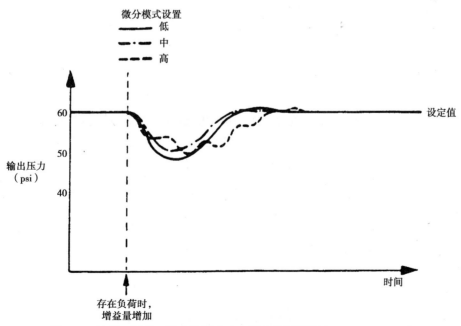

图7-33　比例—积分—微分控制响应：压力控制示例（psi×6.895=kPa）

7.16 个人防护仪表

专业气体检测仪表是现代个人防护方案的重要组成部分。仪表系统可检测污水处理厂构筑物单元或者人孔内的环境空气质量，对危险状况提供早期预警。这些系统同时可以自动激活通风设备和其他警报系统。危险空气状况尤其存在于污水收集和污水处理单元中，包括缺氧、爆炸性气体、毒性气体（例如硫化氢、氯气、二氧化硫和一氧化碳）等。《污水系统安全和健康》（Water Environment Federation，1994）一书提供了更多有关个人防护方案的信息。

个人防护仪表系统主要包括便携式和固定安装式两种。便携式仪表的使用包括进入受限空间（人孔和湿井）进行检查和维护。固定安装式仪表的使用包括地面以下设备单元（例如提升泵站和管廊）以及可从污水或污泥中释放出气体的任何密闭区域（例如格栅间、沉砂池或者脱水间等）。无论处理规模的大小，任何污水处理或收集系统都应配置能满足要求的最低限度的危险状况检测仪表，因为这些仪表购置费用不高，且可靠性较好。

7.16.1 便携式设备

使用电池电源的便携式警报系统，用以多种气体的检测，是任何人进入受限空间甚至作为安全预检测的必备设备。当环境气体浓度达到预设值水平时，该设备会发出警报，警告操作人员。健康安全机构和联邦、州、地方监管部门设定了报警限值。便携式多种气体检测设备的基本特征有：

（1）根据实时接触限值、15min短时间接触限值和8h时间加权平均限值，对每种被检测气体发出闪光和声响警报；

（2）以数字方式显示每种被检测气体的实际浓度；

（3）电池使用时长至少10h，并带有电池低电量声音警报；

（4）危险环境中设备自身安全认证；

（5）具有一定的工作温度范围，从零度以下至大约49℃（120°F）；

（6）附带校准和远距离采样附件；

（7）文字说明书清晰介绍了设备的操作、校准以及设备部件，并列出了干扰设备传感器工作的气体名单。

操作人员所使用的便携式气体检测系统，应符合污水处理厂标准安全程序。

操作人员应该记录便携式检测器使用过程中，所发生的所有常规校准、维修、更换传感器以及警报事件。传感器的使用寿命取决于其存放和使用环境。操作人员应该在对比生产商推荐意见和传感器故障历史记录的基础上，采用两者中较高的更换频率，对传感器进行定期更换。

7.16.2 固定安装设备

固定安装系统包括气体传感器和电子转换器，它们被固定安装在一确定位置上。药剂存储和投加区域、泵站、消化气压缩机房等区域，通常采用固定安装设备，同时连接至污水处理厂警报系统并联动通风设备。对于固定安装的气体检测器，首要考虑的是适宜的安装位置的选取，以确保检测区域内大气采样的准确性。对于比空气重的气体的检测，传感器安装位置不应高出地板0.3m（1ft）。毒性气体检测装置应该就近地面安装，甚至就安装在地面以上的地板上。如果固定检测系统使用辅助设备（例如采样泵），辅助设备发生故障应该被作为危险状况进行处置。

通常而言，大多数固定检测设备的安装区域是较为潮湿的，且可能存在不同浓度的腐蚀性气体，因此操作人员应该将检测设备的电子和电源部件置于清洁环境或者适宜的保护罩内进行保护。许多毒性气体会在电源发生故障时产生危害，因此对于固定安装检测设备，污水处理厂应考虑提供不间断电源（例如干电池）。固定安装系统和便携式系统的基本特征是相同的。同便携式气体检测设备一样，应该完整记录固定检测设备的校准、维修和所有报警状况。

7.16.3 缺氧

缺氧传感器测量并显示取样空气中的氧的百分比。由于与空气密度不同的气体会形成气体层，因此需检测取样空间内的不同气体分层的氧气浓度水平。同时还要注意，有时氧气处于安全水平并非表明该区域没有其他的潜在危险，因为该区域内同时还可能存在其他有毒气体。

7.16.4 爆炸性气体

爆炸性气体是氧气和碳氢化合物气体（例如甲烷、乙烷、汽油和油漆溶剂蒸汽）所形成的危险混合气体。针对这些气体的检测必须要十分小心，避免因火花存在而引发爆炸。

7.16.5 硫化氢

硫化氢气体常可见于污水处理和收集系统，具有恶臭气味（低浓度时具有臭鸡蛋气味）。高浓度的硫化氢气体会短时间内使嗅觉失灵，而误导操作人员认为作业状况是安全的。硫化氢气体除具有毒性和潜在的致命性之外，还具有腐蚀性。

7.17 污水处理厂人员防护和安全

污水处理厂通常采用全厂性仪表系统来对操作人员、设施和设备进行保护。这些系统可能包括火灾监测、门禁、呼叫/通话系统和闭路电视系统。火灾探测系统主要用于警告操作人员火灾情况，以便于人员疏散，确定火灾发生位置，并通知当地火灾应急机构。门禁系统用于限制进入污水处理厂区域或污水处理厂内的一定区域，以及用于人员进入情况记录和安全应急响应。闭路电视系统用于监视污水处理厂周围的公共区域，以协助防止未经授权进入污水处理厂区域。呼叫通话系统用于在紧急情况下发出警告，为事故现场人员提供通信，协助定位事故现场人员位置。

7.17.1 火灾探测系统

污水处理厂火灾探测系统由美国国家消防协会（Quincy，Massachusetts）创建，并经各州和地方建筑法规进行修正，定义了报警系统和灭火系统的最低要求。典型灭火系统包括水喷淋或喷雾、泡沫、哈龙、二氧化碳、干粉药剂，以及预作用喷水灭火系统。火灾探测系统通过光电、电离和温度检测器管理这些系统，同时监测区域内的火灾和烟雾情况。在喷雾区域，该系统还可以监控手动报警按钮。

火灾探测系统，通过声光指示装置，对建筑现场人员提供早期预警，以实现安全和有序疏散。现场火灾指示面板能够给出探测器位置，从而协助火灾应急人员尽快发现火灾源头。同时面板可以通过端口连接暖通和空调系统，以帮助排除烟雾，连接电梯系统以禁止电梯使用并将其停靠在适宜楼层，连接呼叫通话系统以提供疏散指南，连接闭路电视系统以监测受影响的区域，也可以连接电话系统以联系当地市政消防部门采取适宜响应措施。

在大型数字系统中，现场面板通过数据高速公路进行连接，并采用CRT显示器进行监控。每一设备的实时状态都可以进行监控，并针对不同区域的具体状况，对报警限值进行修正（减少报警错误）。运行和警报历史记录应保存在系统数据库中。

火灾探测系统必须每季度完成一次测试，以确保检测设备清洁，并进行校准，其性能能够满足使用要求。

7.17.2 门禁安全系统

门禁系统用于限制某些区域的进入。目前，可以购买到独立的门禁设备，并通过电子方式连接到磁性闭锁装置（或者开关马达），以允许进入，同时可与红外探测器（或压力传感设备）连接，以允许出去。也可以采用复杂的读卡器或扫描仪，将该设备与计算机系统相连接，编程管理进入污水处理厂内的某些区域或设施。另外，也可以进行编程，以限制一天内的某一时段或者一周内的某一天禁止进入一定区域，还可以完成包括轮班工作交接等更多内容。系统内存储的信息可用于确认个人进入情况，并保存进入时间以及出勤记录。

7.17.3 入侵检测

同门禁系统类似，入侵检测器主要用于监控污水处理厂无人值守区域。取决于需要保护的区域类型，可在门、窗或舱口上选择使用安装限位开关、导电胶带和磁入侵检测器，也可在指定区域安装使用被动红外移动探测器。远程控制泵站通常安装使用这种设备，并通过无线电或者电话遥感技术通知污水处理厂人员正在有人进入泵站。同时，可以采用铁丝安全护栏系统以及双基站和单基站微波系统，对污水处理厂周界提供监控。采用后者时，需存在一定重叠布置，以防止出现监控盲点。

7.17.4 闭路电视系统

闭路电视系统采用摄像头和CRT显示器监控区域。这些设备一般是采用直连电缆或者网络系统将现场图像传送至中心控制室或者安全管理办公室。摄像头应该配置防晒装置，镜头应该能在弱光下工作。应带有云台功能，即可观测较大区域，又可获得近距离图像。另外，应配置加热器在冬天使用，配置雨刮器除去雨雪。针对某些区域，如果存在未经授权的进入可能或者在正常工作时间之外希望可以进入，则可以采用门禁系统或者入侵检测设备。摄像头可以连接至录像机，用以记录先前发生的事件。同样火警系统也可通过端口连接录像机，以记录发生的火灾事故。

7.17.5 呼叫通话系统

呼叫通话功能支持两种类型的语音通信，一种为呼叫，用于信息发布，另一种为共线电话，可通过共用线进行电话通信。呼叫通话系统可以利用集成呼叫通话基站，采用同一扬声器提供两种类型的语音通信，同时可利用线路将集成呼叫通话基站连接起来。另外，呼叫通话系统也可以是一个独立的呼叫系统，采用放大器、线路和扬声器来进行呼叫，而利用单独听筒来提供点对点语音通信。混合解决方案采用以上两种类型的呼叫通话系统，提供呼叫通话功能。集成呼叫通话系统的优点是可在污水处理厂工艺生产区域以及管理区域实现简单高效的信息传递。

每一个呼叫通话基站，包括听筒、扬声器、放大器，都应配置内部监控和诊断功能，以便于使用和维护，同时可用于监控未经授权的使用者。

7.18 仪表维护

7.18.1 保存记录

好的记录保存方案对污水处理厂而言是极为重要的。仪表性能和维修记录可以使操作人员或者维护人员正确地评估仪表的效用，以确定仪表是否达到了其购买和安装使用的目标。污水处理厂的各种仪表，应至少保存以下基本信息：

（1）污水处理厂设备标识号码；

（2）生产商名称；

（3）型号和序列号；

（4）类型；

（5）安装和拆除时间；

（6）拆除原因；

（7）安装位置；

（8）校准数据和校准程序；

（9）完成维护需要时间；

（10）更换配件费用；

（11）操作和维护手册及其存放位置。

7.18.2　维护

预防性维护具体实施内容，最好应结合设备生产商推荐意见，以及操作和维护人员长时间积累的经验和知识。通常仪表的预防性维护，主要包括合理性检查、清洗、详细检查和校准四个内容。

合理性检查是指工艺条件变化时，对仪表进行观察，并与其他相关仪表进行比较的过程。例如，主提升泵站循环开启与否，会引起污水处理厂干流流量的阶跃变化，此时可通过观察进水流量计的读数变化情况，来判定其准确度是否处于可接受范围。同一流量计也可与其下游的多个平行流量计读数之和进行比较。对于DO探头，可采用另外一个便携式DO测定仪进行快速比较。合理性检查不能代替详细检查和校准。仪表技术人员可以进行合理性检查，但是往往委托由操作人员来完成。

清洗包括从清洁记录仪盖，到拆除内置pH或DO探头以去除沉积或者固体沉淀的所有工作。详细检查可以作为清洗工作的一部分，也可以单独进行。为了防止损坏仪表，仪表的详细检查工作应由专业技术人员来完成。为了保持一致性，且确保仪表未受到损坏，应遵守具体的仪表清洗程序要求。仪表安装使用的具体环境决定了其适宜的清洗频率和方法。

校准是确定、检查或者纠正仪表刻度的过程，它通过将仪表性能与一些可接受的标准相比较，进而进行调整以符合标准要求。如果某一仪表需要过于频繁的校准，本身就说明该仪表已经无法正常工作了。当某一仪表显示故障时，操作人员应首先确认它显示的不是工艺瞬时状态或者其他非仪表相关状态。不要草率地根据观测值，对仪表进行强制校准，否则将会导致检测结果无法正确地用以监测工艺运行状况。当仪表确认已经发生故障，或者当仪表需要进行预防性维护时，操作人员应该更换仪表配件。污水处理厂应该储备有充足的仪表配件，因为配件的配送时间可能会长达几个月，当然配送时间长短取决于仪表类型。仪表的某些复杂配件最好由生产商进行更换，而其他配件则可以根据说明书的操作程序由操作人员进行简单更换。电子元件必须小心操作，因为静电甚至是弱磁场都可能对其产生严重损坏。配件更换人员需根据具体工作内容进行良好培训。

7.18.3　人员培训

无论污水处理厂规模大小或者员工数量多少，每一个污水处理厂都应该制定其具体的仪表培训计划。至少操作人员必须经过培训以掌握仪表工作的基本原理，可以进行仪表故障检测。维护人员应该培训进行仪表维护所需要的专业设备的使用。培训包括由仪表生产商或顾问人员提供的短期课程、研讨会或者正式课程。同时还包括由专业组织［例如，美国仪表、系统和自动化协会（Research Triangle Park，North Carolina）］提供的录像培训教材。无论培训资料来源如何，培训方式主要包括讲座以及更为重要的实践操作。如果条件允许的话，污水处理厂实践培训应该采用现场实际需要维护的仪表进行实践培训操作，同时应记录培训过程。

人员培训费用应该包含在污水处理厂预算中。由于仪表和控制系统领域的科技进步要比污水处理厂其他领域设备的维护（例如工艺机械设备维修）要快得多，因此仪表维护人员需要接受更多的技术培训，以保持对仪表和控制领域技术能力的不断更新。

7.18.4 维护合同

污水处理厂除配置全职维护技术人员外，还可以选择与仪表或者控制系统供应商，或者合格的第三方维护单位签订维护合同，完成维护工作。对于小型的污水处理厂，尤其应该如此，而大型污水处理厂应该仔细评估选用维护合同的相对经济性。信誉良好的维护单位通常可以提供给污水处理厂熟练的维护工作人员以及专业的测试设备。污水处理厂可以根据要求，从承包商处获得不同类型的维护服务，从完善的维护服务（例如，提供配件、定期维护以及应急维修）到简单的季度维护，而所更换的配件则由污水处理厂提供。

维护合同的年度费用可能是设备费用的10%或者更多，这主要取决于合同规定的服务条款。采用维护合同的一个缺点是同本厂员工相比，维护服务单位工作人员对污水处理厂设备相对而言不够熟悉，同时他们也不清楚污水处理厂各设备的相对重要程度。因此，污水处理厂管理人员必须为外部维护人员提供维护设备说明，并确定维护优先顺序。同时，为确保维护工作达到已签署的维护合同要求，应对维护人员工作状况进行监督检查。

一些污水处理厂设立了混合的操作——仪表技术岗位，增强了员工与设备的熟悉程度，同时不再需要专职的维护人员。这种岗位设置方法还有另外一个好处，就是操作知识能够使员工较好地理解工艺单元功能以及特殊设备的重要性。

第8章 污水与污泥的泵送

8.1 引言

水泵输送系统（包括水泵、电动机、阀门和控制装置）是污水处理系统必不可少的组成部分。污水收集和处理系统依靠水泵输送系统将污水与其含有的悬浮颗粒泵送至污水处理厂以及各处理单元。水泵输送系统将流体物质从一个位置输送至另一个位置，或者将水位提升到一定高度后依靠重力作用进行输送。（本章中，流体是指任何可采用水泵输送的物质，液体是以水为主要成分的流体物质，而污泥是指含有大量固体颗粒的流体物质。例如，污水中通常含有200~300mg/L的总悬浮颗粒（0.02%~0.03%），如此低的悬浮固体含量是不会影响其流动性的。曝气池回流污泥的浓度一般为原污水SS浓度的10倍以上，对其流动性有一定的影响。而浓缩和脱水污泥，一般含固率在20%以上，会严重影响其流动性。）

污水处理厂现场操作人员应该较好地认识水泵系统的组成及各部分功能，了解不同水力条件对水泵性能的影响，掌握如何优化水泵系统使之达到长期高效运转，同时也应该熟悉废水可能造成的相关危害。例如，废水中含有的高浓度的砂粒和纤维会阻塞水泵系统或者磨损泵壳。废水和污泥中含有高浓度病原菌时，会对人体产生危害。另外，水泵系统易于受到生物反应的影响，会增大水泵系统压力，产生毒性气体。如果通风不佳的话，毒性气体会产生积累，并达到危险水平。

实际运行过程中，应设计制定水泵输送策略（例如，尽量增加集水池非高峰抽送的时间，保持集水池处于高水位），以降低能耗和平衡污水处理系统的水量。但是，这些泵送策略将会改变不同单元的设计和运行，可能会引起以下问题：

（1）污水处理厂夜间处理能力的增加将会增大下班后化学药剂和污泥泵的监测要求，而此时操作人员是不在现场的；

（2）保持集水池处于高水位将会降低水流流速，导致固体悬浮物沉淀；

（3）收集系统内停留时间的延长会产生酸化而导致更多臭气生成；

（4）收集系统内保持一定的流量将会减小紧急排水或者雨天的预留容量。

因此，在实施任何水泵运转策略之前，污水处理厂应该充分调查可能会发生的问题。

（更多信息请参见"水力学会标准"，它提供了有关水泵类型、命名法则、水泵规格、测试标准和水泵使用的详细信息，同时也给出了离心泵、转子泵、往复泵的安装、操作和维护指南。）

8.2 水泵及其工作原理

水泵输送系统通常包括水泵、吸水池、排水池、连接管道以及各种附件（例如阀门、流量计和控制装置）。为了实现流体输送，水泵必须将足够的能量传递给流体来克服系统能量消耗。

以下内容分别定义了水泵输送系统中所产生的各种能量消耗（水头损失），并阐述了水泵传输给流体的能量（扬程）。扬程是特定以水柱高度表示能量的形式，单位为mH$_2$O，或者ftH$_2$O。

8.2.1 系统扬程

水泵系统需要一定能量才能实现以一定的速度输送一定量的流体物质。"系统曲线"描述了一定流量条件下的总的能量要求（图8-1）。总能量要求既要克服一定流量流体通过输送系统时的速度水头损失，也要克服吸水口到出水口的高差。

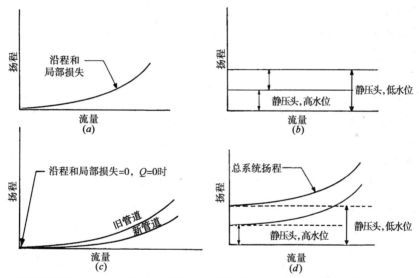

图8-1　水泵系统扬程曲线：（a）总水头损失与流量关系图；（b）速度水头和静压头与流量关系图；（c）新旧管道总水头损失与流量关系图；（d）总系统扬程与流量关系图

1. 静压头

静压头是指水泵吸水口液面与出水口液面间的液位差［图8-1（b）］。对于水泵输送系统，集水池液位是不断变化的，而出水口液位是相对稳定的。因此，当集水池液位低时，静压头较大，而集水池液位高时，静压头较小。静压头可以等于或者小于零，这取决于下游要提升的液位的高度和压力大小。

2. 速度水头

速度水头是指将流体从静止加速到一定速度所走过的距离。这取决于达到的流体速度的大小，计算公式如式（8-1）所示：

$$速度水头 = v^2/2g \qquad\qquad (8-1)$$

式中　v——流体流速，m/s 或 ft/s，1ft/s = 0.3048m/s；

　　　　g——9.80m/s^2（32.2ft/s^2）。

通常速度水头被加到水泵输送系统的水头损失上。

3. 水头损失

水泵输送系统水头损失包括沿程和局部损失。

（1）沿程损失

沿程损失是指由于管道摩擦阻力而产生的流体能量损失，可以通过各种公式进行计算（例如 Darcy 公式、Darcy-Weisbach 公式以及 Hazen-Willams 公式）。运行一段时间之后，一定流速下的沿程损失可能不再等于设计水头损失，主要是因为：

1）"已建"管道系统与设计管道系统存在了较大不同；

2）机械设备制造公差发生了变化；

3）流体黏度随温度发生了变化［适用于流体黏度远远大于水的情况（例如，污泥）］；

4）输送系统由于污泥积累或者空气滞留，导致局部阻塞；

5）管道系统老化损毁。

这些变化可能会导致沿程损失的增加或减小，因此污水处理厂员工应该分别单独计算新建和已建管道的沿程损失。

（2）局部损失

当流体通过水泵输送系统的阀门、弯头以及其他附件时，其流向和速度可能发生变化，这时就产生了能量损失，称为局部损失。计算公式如式（8-2）所示：

$$局部损失 = kv^2/2g \qquad\qquad (8-2)$$

式中　k——附件水头损失系数（Brater 等，1996；Street 等，1995）。

虽然单个附件的局部损失都较小，但是加起来水泵系统的总的局部损失却会很大，甚至超过水泵系统的沿程损失。

（3）总水头损失

水泵输送系统的总水头损失是沿程水头损失与局部水头损失之和，与流体流量平方成正比［图8-1（a）］。通常情况下新建管道的总水头损失要远小于旧管道总水头损失［图8-1（c）］。

4. 总系统扬程或者总动力水头

总系统扬程，即一定流量条件下的总动力水头，是静压头、速度水头、局部水头损失（包括进口和出口损失）以及沿程损失之和［图8-1（d）］。该定义阐明了以下两个主要内容：

（1）定义了一定流量条件下水泵输送系统的总能量损失；

（2）明确了在一定速度条件下输送和提升流体物质所需要的总的能量。

通常速度水头往往被忽视不计，因为它与局部和沿程损失相比较小。总的局部损失是根据参数 k 估算出来的，准确性仅为10%~20%（除非水泵输送系统进行了实地测量校正）。由于水泵输送系统结构方面的原因，一定流量条件下的总系统扬程可能为零，但这是不常见的。

大多数水泵输送系统都不是定义一个确定的系统扬程曲线，而是定义间于最大和最小系统扬程曲线之间的总系统水头损失或者扬程要求范围。这个范围的大小主要取决于水泵输送系统的不同。

8.2.2 水泵性能

每个水泵输送系统都需要水泵来提供必要的能量来满足水泵工作点所需要的总系统扬程。生产商通常会采用图示来表征水泵性能曲线、效率曲线和汽蚀余量（NPSH）3个重要指标，以表明在不同流量下的水泵特性。

1. 水泵性能曲线

水泵性能曲线（又称"水泵曲线"）用以表示水泵能将多少能量（水头）传递给输送流体。通常情况下，相似泵壳同一转速不同叶轮直径的水泵性能曲线，如图8-2（*a*）所示，而同一叶轮和泵壳不同转速的水泵性能曲线，如图8-2（*b*）所示（Karassik，1982）。

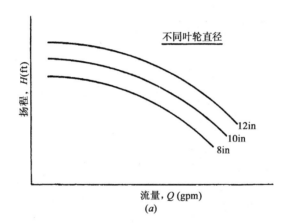

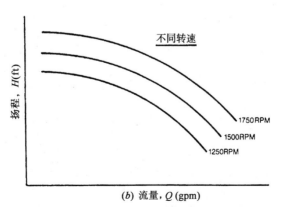

图8-2　离心泵性能曲线：（*a*）一定转速下不同叶轮直径水泵性能曲线；（*b*）一定叶轮直径不同转速水泵性能曲线（ft×0.3048=m；gal/d×5.451=m³/d；in.×25.4=mm）

2. 水泵、电动机功率和效率

（1）功率

水泵消耗和产生的功率可采用以下3种形式表示：

1）水功率（P_W），是指将流体从一个位置抽送至另一位置需要的能量，以及流体离开泵时具有的能量（它等于水泵输送系统内的总能量损失）。

2）轴功率（P_B），是指由电动机提供给水泵的能量（它等于电动机传给泵轴的功率）（$P_B > P_W$）。

3）电功率或电动机功率（P_M），是指电动机消耗的电功率（$P_M > P_B$）。

（2）效率

水泵效率反映的是输入轴功率与输出水功率的差异，该值通常小于1.0。电动机效率反映的是输入电动机功率与输出轴功率之间的差异。

水泵效率计算如式（8-3）所示：

$$100 \times P_W/P_B \tag{8-3}$$

电动机效率计算如式（8-4）所示：

$$100 \times P_B/P_M \tag{8-4}$$

式中　1hp=550ft·lb/s，33000ft·lb/min，或0.7457kW

水泵效率曲线表明了水泵叶轮将能量转移给流体的效率情况（图8-3）。水泵生产商一般会将水泵效率与流量关系曲线图与水泵性能曲线图表示在同一张图上。

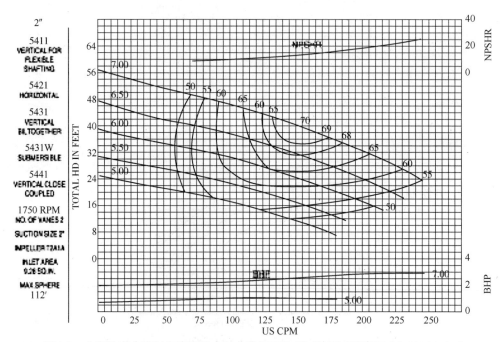

图8-3　水泵效率曲线与允许汽蚀余量曲线NPSH$_R$图（资料来源于Fairbanks Morse）

3. 水泵相似定律

水泵相似定律给出了水泵性能与水泵转速、叶轮直径之间的关系。污水处理厂操作人员可以利用相似定律来调整水泵输送系统以满足设计和运行要求。例如，如果流量增大了，水泵转速或者叶轮直径就需要随之增大，相似定律给出了定量调整的方法。

（1）水泵转速

当水泵转速发生变化时，适用以下3个关系式，见式（8-5）~式（8-7）：

1）流量 Q 与转速成正比关系

$$Q_2/Q_1 = \omega_2/\omega_1 \qquad (8-5)$$

2）扬程与转速平方成正比关系

$$H_2/H_1 = (\omega_2/\omega_1)^2 \qquad (8-6)$$

3）轴功率（马力）与转速立方成正比关系

$$P_2/P_1 = (\omega_2/\omega_1)^3 \qquad (8-7)$$

角标1为已知状态，角标2为未知状态。

（2）水泵叶轮直径

当叶轮直径发生变化时，适用以下三个关系式，见式（8-8）~式（8-10）：

1）流量 Q 与叶轮直径立方成正比关系

$$Q_2/Q_1 = (D_2/D_1)^3 \qquad (8-8)$$

2）扬程与叶轮直径平方成正比关系

$$H_2/H_1 = (D_2/D_1)^2 \qquad (8-9)$$

3）轴功率（马力）与叶轮直径五次方成正比关系

$$P_2/P_1 = (D_2/D_1)^5 \qquad (8-10)$$

角标1为已知状态，角标2为未知状态。

（3）范例

针对某一具体水泵，污水处理厂人员可以采用以下方式绘制出一条新的水泵性能曲线：

1）在已有水泵性能曲线上选择一个点并标注其坐标值（Q_1，H_1）；

2）选择一个新的运转速度；

3）利用相似定律中的水泵转速关系式，计算出新的水泵性能曲线的一个点的坐标值（Q_2，H_2），并绘制在新水泵性能曲线图上；

4）利用以上方法获得水泵新运转速度条件下的多个点的坐标值，绘制出新水泵性能光滑曲线；

5）判定新水泵性能曲线的准确性；

6）如果需要绘制其他速度条件下的新的水泵性能曲线，可以重新确定一个水泵转速后，重复以上过程。

4. 比转数

叶轮比转数在数值上等于几何相似的叶轮在扬程为1英尺时的转数。它基于叶轮几何特性，并结合最高效率条件下的流量、扬程和转速对叶轮进行分类。比转数计算式见式（8-11）：

$$\omega_s = \frac{\omega\sqrt{Q}}{H^{0.75}} \tag{8-11}$$

式中　ω_s——水泵比转数；

　　　ω——转速（rpm）；

　　　Q——最高效率条件下的流量（L/s或者gal/s）；

　　　H——总扬程（m或者ft）。

　　由于水泵主要构造尺寸是按照比转数以一定比例进行变化的，因此比转数可以确定水泵叶轮的形状及其特性（图8-4）。它有助于设计人员预测叶轮需要的比值，同时帮助操作人员检查水泵的吸水限制。

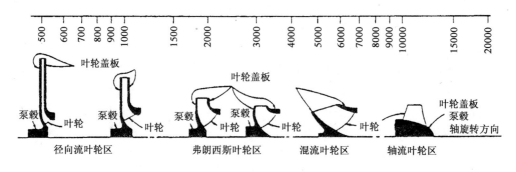

图8-4　标准比转数大小和叶轮类型

　　水泵传统上可分为3类（径向流、混流、轴向流），每一种类型水泵都有一个较宽范围的比转数：

　　（1）在径向流泵中，流体物质进入泵毂后，在离心力作用下液体质点迅速向泵毂周边流动，并在与进口呈90°出口排出水泵。单吸叶轮泵的比转数一般低于4200，而双吸叶轮泵的比转数一般低于6000。

　　（2）混流泵为单吸叶轮，进水沿着轴方向，而出水是沿着轴向和径向之间的方向（与进口呈45°）。比转数范围为4200~9000。

　　（3）轴流泵为单吸叶轮，进水沿着轴的方向进入，出水也几乎是在轴方向上（与进口基本成180°）。比转数通常在9000以上。

　　（4）介于径向流泵型和混流泵型之间的水泵，比转数通常在1500~4000之间。

　　各种不同类型水泵比转数之间的差值并不严格，不同泵型的比转数范围可能存在重叠。同时，在比转数为1000~6000的范围内，双吸叶轮和单吸叶轮均较为常见。

　　5. 水泵工作点

　　水泵工作点是指在一定转速下水泵性能曲线和水泵总扬程曲线的交叉点（图8-5），给出了在某一确定水泵输送系统中水泵流量的大小。（如果水泵输送系统设计合理，该流量值应该大于设计流量值。）水泵设计和运转的目的就是使水泵工作点等于或者接近最佳效率点（BEP）。水泵最佳效率点是指水泵性能曲线上水泵工作效率最大时的工作点。

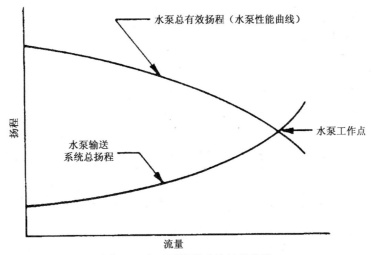

图8-5 离心泵输送系统扬程曲线

6. 汽蚀余量

汽蚀余量是指在水泵进口处，单位质量的流体所具有的超过饱和蒸汽压力的那部分富裕能量。如果吸水管路的水头损失过大，进水管内水的能量和压力就会降低。如果压力过低（达到流体蒸汽压），流体就会转化为气体，形成气穴，该过程即为水泵发生汽蚀现象。当气穴破裂时，会对水泵产生损害作用。

水泵所需要的最小吸上水头［必需汽蚀余量（$NPSH_R$）］因水泵而异。为了判定水泵能否正常工作，工程师需要比较必需汽蚀余量与有效汽蚀余量（$NPSH_A$）之间的大小，后者取决于提升高度与水泵输送系统特性（但是，该值与水泵无关）。通常汽蚀余量及其相关计算和分析将会在水泵设计中进行考虑，但是如果水泵输送系统发生了变化，那么应该对水泵汽蚀余量进行重新核查。

（1）必需汽蚀余量

必需汽蚀余量是指水泵系统输送流体时，为避免水泵发生汽蚀作用，在水泵吸水口位置需要的最小水头。水泵生产商提供了水泵必需汽蚀余量与流量关系图，同时在该图上注明了水泵性能曲线（图8-3）。

（2）有效汽蚀余量

有效汽蚀余量计算见式（8-12）：

$$NPSH_A = \frac{P_{atm} - P_{vp}}{\gamma} \pm Z_W - H_L \qquad (8-12)$$

式中 P_{atm}——泵吸水口一侧自由液面的绝对大气压，此处大气压是基于自由液面的绝对海拔高度；

P_{vp}——流体物质蒸汽压，此处蒸汽压是基于水泵吸水口处的流体温度；

Z_W——液面与水泵中心线的垂直距离（当液面在水泵中心线以下时为负值，当液面在水泵中心线以上时为正值）；

H_L——吸水管路总水头损失（图8-6）。

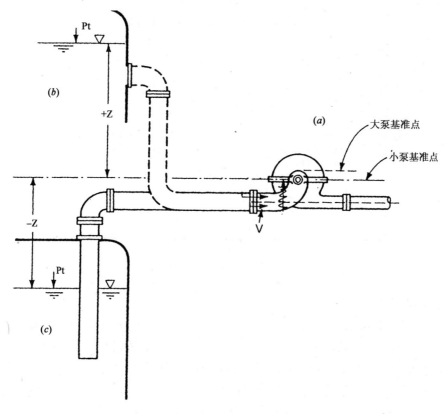

图8-6 NPSH计算图（Karrasik等，1976）

（3）汽蚀余量评估

为了避免水泵发生汽蚀作用，必须满足：

$$NPSH_A > NPSH_R$$

（4）水泵能耗和运行成本

以下示例给出了水泵能耗和运行成本计算过程。计算水泵传送的功率（hp）、水泵配套电动机功率（hp）、电动机消耗电能以及每年电费情况。

已知条件：

①流量 =300gal/min；

②总扬程 =175ft；

③水泵效率 =85%；

④电动机效率 =90%；

⑤水泵运转时长 =12h/d，4d/w；

⑥电价 =$0.07/kWh。

计算过程：

第一步 计算水泵的水功率

$$P_W = \frac{Q \times 8.34 \text{lb/gal} \times \text{TDH}}{33000 \text{ft} \cdot \text{lb/min}}$$

$$= \frac{300 \times 8.34 \times 175}{33000}$$

$$= 13.3 \text{hp}$$

第二步　计算电动机的轴功率

$$P_B = \frac{P_W}{\text{水泵效率（\% /100）}}$$

$$= \frac{13.3}{（85/100）}$$

$$= 15.6 \text{hp}$$

第三步　计算电动机消耗的电功率

$$P_M = \frac{P_B}{\text{电动机效率（\% /100）}}$$

$$= \frac{15.6}{（90/100）}$$

$$= 17.3 \text{hp}$$

第四步　计算电动机电能消耗

$$W_M = P_M \times 746 \text{W/hp}$$

$$= 17.3 \times 746$$

$$= 12900 \text{W}$$

$$= 12.9 \text{kW}$$

第五步　计算水泵年度电费

年度电费 = 电价/kWh × 年度运行时间(h/a) × kW

年度运行时间 = 12（小时/天）× 4（天/周）× 52（周/年）= 2496h/a

年度电费 = \$0.07kWh × 2496h/a × 12.9kW

$$= \$2253.89$$

8.2.3 水泵分类

本手册中，按照能量的传递方式，水泵可分为动力泵和容积泵两种（图8-7）。

1. 动力泵

动力泵持续地将能量传递给输送流体。最常见的动力泵是离心泵，主要用于液体输送（例如原水和处理后出水）。

2. 容积泵

容积泵周期性地通过可移动界面将能量传递给一定体积的流体。按照可移动界面运动方式的不同，容积泵可分为往复式或回转式两种，主要用于污泥输送。

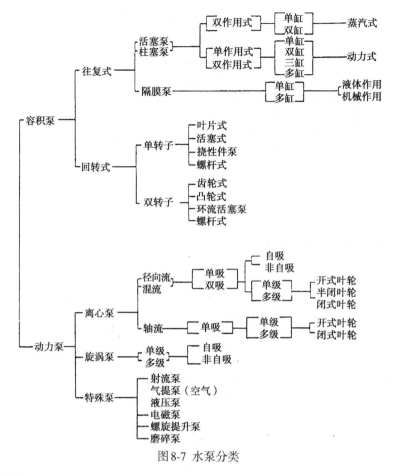

图8-7　水泵分类

8.2.4　水泵密封

大多数水泵都是通过旋转的机械部件（例如，转轴）将机械能转移给流体的。这里机械部件既和电动机相连接，同时当流体通过固定泵室时，又和流体相接触。这些机械部件进出水泵的泵室空间，必须进行密封，从而泵送的流体才不会从泵室外漏。同时，应尽量减小密封摩擦和磨损。

水泵通常采用的密封方式有3种：填料密封、水密封和机械密封。良好的运行维护应确保水泵良好密封和运转。密封失效往往可能导致水泵泄漏或者造成水泵损坏。

1. 填料密封

填料密封是指采用棉麻绳填塞在运动和静止部件间的空间位置。由于棉麻绳的材质是碳和其他的物质，因此不会黏结在运动的部件上，这样既降低了泄漏的可能性，同时又不会影响运动部件的运动性能，而且不会摩擦过热。由于填料会随时间产生磨损，应当定期更换。

2. 高压水密封

高压水密封不是一种机械的方法来阻止或减少泄漏，而是通过提供超过水泵泵体内流体压力的高压水来阻止泵体内流体的外漏。然后，这些水封水流出水泵，并收集排入排水管中。在水泵运转过程中，水封水必须连续供给（例如平均每分钟多少加仑）。一般城市污水处理厂采用过滤后的二级出水作为水泵密封用水。

水密封方法的缺点是需要对密封水进行布管、控制、监测和排放，同时应在水泵运转、维护过程中连续供应水封水，并需要进行常规简单观察以防密封水外漏（即当密封水从水泵滴落地面时，将会弄脏地面）。

3. 机械密封

机械密封是采用一种装置固定于运转与静止部件之间，来阻止水泵外漏，同时保证水泵的运转部件能够自由运转（即是一种更为精确的填料密封方式）。所有的机械密封都由以下3个基本部件组成（图8-8）。

（1）一套主密封端面：一个旋转端面，一个固定（例如一个密封圈、一个销子）；

（2）一套副密封件，称为轴封填料和销子固定装置（例如"O"形圈、楔子和"V"形圈）；

（3）金属部件（例如气封圈、定位套、压圈、销子、弹簧和波纹管）。

主密封件的两个密封端面垂直于转轴，紧密贴合以减小外漏可能。其中一个由低摩擦材质（例如石墨）做成，另外一个由硬度相对较大的材质（例如金刚砂）做成，因此它们不会粘连在一起。硬度较小的一面面积较小，通常称为耐磨鼻（wear nose）。

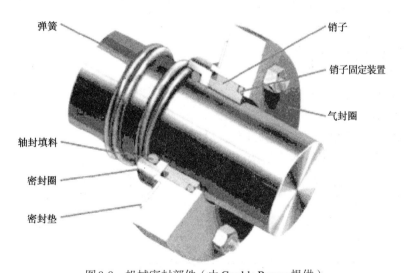

图8-8　机械密封部件（由Goulds Pumps提供）

例如，机械密封的端面有四个主要的密封点，如图8-9所示A、B、C、D 4点。主密封件在密封面（A）。B点泄漏路径由"O"形圈、"V"形圈和楔子密封阻止。而C点和D点泄漏路径由垫圈或"O"形圈密封阻止。

两个密封面之间填充润滑油形成气体或者液体层进行密封。由设计工程师来确定选用适宜的润滑油类型、密封使用寿命以及能耗损失情况。而由操作工人具体添加润滑油，同时监测密封圈的使用情况并及时更换磨损的密封圈。

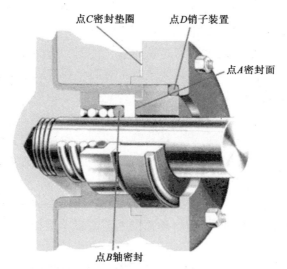

点C密封垫圈　　　点D销子装置

点A密封面

点B轴密封

图8-9　机械密封的4个主要密封点（由Goulds Pumps提供）

虽然机械密封与填料密封较为相似，但是机械密封效果更好，而密封摩擦更小（因此降低了泵的能耗）。同时机械密封使用寿命更长，大大降低了维护费用。然而机械密封的缺点是初期投资要比填料密封更大，而总投资要比水密封更大。

8.3 常规运行维护要求

所有的水泵输送系统都需要相似的运行维护措施来尽可能延长水泵的使用寿命。除了以下推荐的措施之外，污水处理厂操作人员还应该遵守生产商提供的运行维护建议，这些建议均来自生产商的专业人士，而且也是水泵质保所必需的。

当发生机械故障时，操作人员应该进行检查以确定是正常运行过程中产生的，还是因为设备使用不当或异常状况引起的。如果是由后两种原因之一引起的，则可以通过工艺或者设备调整以降低该类机械故障的发生。

8.3.1 运行

以下所提及的操作措施将会直接影响水泵性能的发挥。

1. 附属设备

水泵输送系统的主要附属设备包括电动机或者驱动系统（电动机可能是恒速、变速或者变频的）、备用水泵、管路和阀门、浪涌或过压保护设备。同时监测和控制附属设备也很重要（时钟和定时控制、压力表、流量计、固体物质分析仪、液位计）。

这些附属设备在设计过程中是经过专业选择和布置的，并将影响到水泵的运行和维护。无论附属设备或者监测系统维护的多好或者有多么精密，如果附属设备不适宜或者监测不准确的话，都会降低水泵的运行效率。为了保证工作人员安全并避免运行中断，操作人员应该掌握水泵的主要附属设备及其工作原理。例如，当水泵两侧均配置有阀门时，通过关闭阀门就可将需要更换的水泵同其他水泵和管道隔离开来，从而使水泵更换维护变得更为简单。否则，水泵的更换维护可能会需要停止整个泵站。

选择附属设备时，设计人员应尽可能地预想可能遇到的工艺或者机械问题，从而提供足够的操作灵活性来满足运行要求。同时，水泵输送系统通常也必须能够允许流量逐渐增大（即较小的启动流量以及较大的设计流量）。另外，应根据需要进行灵活设计，以满足旁路、待机或者增加输送能力等要求。

2. 测试程序

水泵可能是工厂测试，也可能是现场测试。工厂测试是在一种人为控制环境条件下，采用规定的水力、机械和电气设备完成的。同时，应该严格按照水力学会（Parsippany，N.J.）指南要求，以确保水泵达到额定性能。

现场测试包括所有水泵输送系统部件（例如水泵、电动机、电气设备、管路及整个系统）。由于现场条件所限，可能取得精确的测试数据较为困难（例如埋设管道以及空间限制），但是现场测试能够评估出实际工作状态下整个水泵输送系统的工作性能。一般而言，水泵效率的现场测试结果要低于工厂测试结果。

水泵测试具体所采用的测试程序主要取决于受测水泵的类型，但是水泵流量、总扬程、流速和输入功率等应该在水泵投入运行前进行测试，并且在以后的运行过程中也应该定期进行测试。

3. 启泵

水泵启动前，操作人员应该按照以下操作流程进行：

（1）阅读生产商提供的关于水泵输送系统及其子系统的文字说明。

（2）阅读生产商提供的水泵启动程序。

（3）检查和清理集水池、管道和吸水井内的污泥沉积物。

（4）检查所有手动操作阀门，确保能够顺利操作，固定良好并且安装方向正确。

（5）确保进水和出水阀门处于敞开状态。

（6）确保所有设备安装正确，并且需要润滑的位置润滑正常，即水泵润滑正确。

（7）检查所有传送带或者耦合位置安装正确。

（8）确保所有保护或者警报设施安装正确。

（9）检查所有密封处润滑油正常，或者水密封水压正常（这取决于水泵采用的密封类型）。

（10）确保所有电器连接正确完成（不正确的电动机接线会导致电动机反转），并且确保所需的电动机电压。

（11）点试电动机，确保电动机运转正常。

4. 停泵

停泵时，操作人员应该按照以下操作流程进行：

（1）切断电动机电源。然后，锁定断路器并贴上"停止运行"标签，以防止意外或者误操作。

（2）关闭进水和出水管路阀门，将水泵与外部管路或设备隔离开来。在污泥输送或者其他场合，水泵内可能会积累压力，这时需要保持阀门处于较小的开度，或者安装一个合适的泄压阀。

（3）如果水泵长时间停止运行（尤其按照保养单的要求，可能几个月或者更长的保养期——请联系生产商来确定具体的时间长度，因为不同类型的水泵需要不同级别的保养周期），请参考运行维护指南规定的水泵长期停机要求。

5. 监测

运行过程中，通过监测不同的输送系统部件，以确定水泵运转状态是否正常或者是否需要进行维护。典型的监测设备及其应用情况如下：

（1）水泵电动机指示器指示电动机是否处于运转状态（即水泵开关是否处于"自动"或"工作"状态）。

（2）流量计指示水泵系统输送流体的流量大小。

（3）压力传感器指示管道中压力大小。吸水管路压力过低，表明吸水管路堵塞或者集水井液位较低。出水管路压力过低，表明即将发生汽蚀，或者管道破裂、泄漏或其他管道问题，导致系统总扬程变化。出水管路压力过高，表明出水管路发生堵塞。压力和流量两者综合表征了水泵的水功率大小（即水泵的工作能力）。水功率的增加表明管道发生堵塞或者存在限制作用（例如阀门开启度不正确）。

（4）电压和电流表能够表明该设备耗用电量情况，从而操作人员能够优化水泵的运转。水泵电耗的增加表明存在一个处于发展中的故障（例如，如果电动机耗电量增加，而出水量没有发生变化，则表明由于叶轮磨损、轴承磨损以及电动机磨损等原因，导致水泵系统效率降低）。

（5）温度传感器能够指示出水泵部件（例如轴承）的温度。温度变化能够表明一个潜在问题的发生。

（6）振动传感器能够指示出水泵或者管道的振动情况。振动增加可能是由于内部问题引起的（例如轴承故障或者叶轮损坏），也可能是由于销子或者电动机底座固定松动造成的。在大型水泵装置中，关键设备均配置有在线振动传感器，这样就在水泵发生故障或者导致严重损坏之前，可以给出振动信号。

水泵输送系统输送的污水和污泥都具有一定的腐蚀性，将会影响到与之接触的设备性能的发挥。安装在这些环境中的监测装置，将需要更为频繁的维修更换等维护工作。例如，电磁流量计利用外部安装的磁传感器来测量流速或流量。如果传感器必须安装在输送液体中，则需要对传感器采用隔膜密封处置进行保护。

6. 控制

水泵控制包括开关通断，通常是由压力传感器、温度传感器或者吸水井内的液位计（例如浮球开关、气泡液位计、压力传感器或者超声波液位计）来进行控制的。同时还包括变速或者变频装置，以通过改变速度实现流量调节。另外，污泥泵也可以通过时钟、处理流量等来进行控制。

虽然控制系统的选择是设计问题，但是控制系统将会极大地影响到水泵运转和维护。掌握控制系统的功能将有助于操作人员更好地维护污水处理厂的水泵输送系统。例如，假设泵站水泵是由吸水井液位自动控制的，而其中一个水泵隔离不用或者拆除维修去了，但是控制系统却没有随之进行调整的话，将会导致严重后果。其实，解决方法很简单（例如，仅仅需要将开关从"自动"转到"停机"，同时锁定并将停转水泵贴上标签即可），但是操作人员必须知道为了确保安全运行，具体应该如何去做。

复杂的控制系统同时监测设备和处理工艺，对每个水泵或附属设备连续监测其工作状态。从而操作人员可以掌握正在运行的设备和水泵系统状况，并随时跟踪运行状态变化情况，以指示出潜在的问题或者不合标准的运转状态。

目前，可采用可编程逻辑控制器或者数据采集与监控系统（SCADA），并将两者结合起来构成整体控制方案（例如Wonderware系统），来对水泵和处理工艺进行控制。但是，当自动控制系统不可用，或者当非常规负荷或者非常规状况发生时，操作人员仍然需要知道如何手动操作这些设备。

8.3.2 维护

以下维护作业不会直接影响水泵性能，但是会影响到水泵的使用寿命。例如，振动监测不会影响到水泵输送系统的运转，因为振动的水泵仍然能够达到设计输送能力。但是，过度的振动将会导致水泵及相关设备故障损坏。

对每台水泵进行定期清洗和常规巡视，是发现早期故障的审慎的、系统的方法。这些步骤与方法仅仅需要几分钟的时间，却往往可能节省大量的维修资金并避免不必要的故障出现。

当进行设备巡视时，操作人员应该考虑以下问题：

（1）观察水泵、电动机和驱动装置是否有异常噪声、振动、发热或者渗漏现象；

（2）检查出水管路渗漏情况，确保出水阀门处于正确位置；

（3）检查水泵密封水，并根据需要进行调整（如果水泵采用的是机械密封，该项省略）；

（4）确认控制面板开关处于正确位置；

（5）监测水泵流量和转速；

（6）监测水泵吸水和出水管道压力状况。

这些监测作业均可以通过水泵控制系统自动完成，因此操作人员必须熟悉控制系统。

1. 磨损

所有旋转设备随时间都会产生磨损问题，但是磨损程度取决于输送的流体磨蚀性、水泵运转时长以及运行状况。例如，如果水泵运转速度超过最佳转速，无论输送的流体性质如何，均会加快水泵磨损。

早期监测水泵的磨损，将有助于降低水泵维修费用，同时缩短维修停工时间。例如，流量和压力逐渐降低，则表明叶轮或者耐磨环可能已经磨穿。而密封垫处过度泄漏，则表明该密封圈或者密封填料已经磨穿。振动、噪声或者水泵出现发热点，则是水泵轴出现严重磨损的信号。

2. 标准维护

水泵是一种保养密集型设备，可能会超过污水处理厂其他设备的保养频率。污泥泵和磨碎泵磨损现象较为常见，经常会很快引起水泵严重损坏而需要更换（或者更换部件或者整体更换）。通常生产商会针对水泵推荐具体的维护程序，以尽可能延长水泵的使用寿命。

预防性维护（例如，添加润滑油、清洗和部件检查）能够减小主要设备损坏、故障、停止运行以及设备更换的可能性，从而提高设备可靠性，降低设备运行成本。这对于污水处理水泵输送系统尤为重要，在水泵停转可能引起较大问题的地方，应配置备用水泵。主要水泵大修费用应该包含在污水处理厂运行维护预算中，并应在污水处理厂或者水泵系统未达到设计能力之前就应该进行计划。

预防性维护可以人工跟踪也可以电子跟踪。一个简单的卡片或者纸质表格系统就可以记录所有设备的运转时间间隔、维护历史、故障问题、维修频率以及所使用的维修材料和费用。计算机维护管理系统更加优化了这一工作，不但能够保存设备的管理历史资料，同时能够制定和跟踪维护通知单，并确保工作人员分析了所有运行维护数据。设备维护信息对于计划安排资金与维护要求，评估相关预算情况，进行故障问题的早期监测和诊断等是有重要参考价值的。

设备维护作业必须严格按照生产商提供的运行维护指南进行，以满足设备保修规定。这些指南可以保存在运行工作办公室或者其他适宜的场合，但是必须保证现场操作人员能够方便地获得这些资料，以便于维护作业。目前，一些污水处理厂已经将这些资料转换为电子文档，以方便信息查阅和检索，同时方便发布维护通知单至员工个人数字助理（PDAs）。

有时，润滑油公司会检查污水处理厂设备，同时制定给出主要设备润滑方案。污水处理厂员工可以将该润滑方案同设备运行维护指南相结合。推荐的润滑方案应该充分考虑润滑不足可能会带来的危害。例如，需要或几乎需要连续添加润滑油的设备，应该配置有自动加油或润滑系统，同时储油装置应方便例行检查和补充润滑油。

当需要添加润滑油时，操作工人应该首先对机体内未过滤润滑油取样，分析其pH、磨损颗粒含量、水含量及其黏度。分析结果将可以表明轴承或者密封是否存在过度磨损，是否有流体通过水泵密封。润滑油分析要比振动分析监测到轴和密封的磨损结果，提前6周时间。（许多润滑油公司免费进行润滑油样品分析，但是如果润滑油供应商不能进行分析或者仅能为自己公司进行分析的话，污水处理厂应考虑建立一个独立分析实验室。）

如果对设备的维护工作不在制造商提供的维护指南范围，则员工需咨询生产厂商。他们当中大多数会非常愿意重新评估设备维护建议，并作出相应调整。但如果更多的维护是由于使用不当或偏离工况引起的，则需对设备和工艺进行调整。

3. **预测性维护**

预测性维护包括检测运行状态，跟踪设备性能趋势，以监测何时设备运行开始脱离最佳运行状态。然后，操作人员就可以在设备发生故障之前，对其进行维护。

典型的预测性维护措施包括振动监测、红外分析、对中检查、电动机电流分析、超声测试以及油分析。振动监测用于确定设备磨损情况。振动监测可以由专业测试人员或者操作人员（采用便宜的振动笔）完成，这主要取决于污水处理厂的财务状况。关键设备可以采用振动月报，而非关键设备可以采用振动季报。（如果振动是自动进行监测的，在可能的情况下，应该对这些振动数据每月或每季度进行核查其准确性。）应该在水泵、电动机和耦合装置三者的内外轴承的水平、垂直和轴方向，分别测定振动情况，并对每一位置分别绘制振动曲线图。振动曲线图中水平（X）轴为监测日期，垂直（Y）轴为监测振动数据值（cm/s或者in/s）。当振动幅度达到0.3in/s时，应加强该设备监测次数，而当达到0.5in/s时，应立即停止设备工作。每次水泵大修之后，都应该进行一次完整的振动分析，以建立一条振动基线用于以后的振动分析比较。

红外分析可用于检测水泵在运转过程中是否存在温度变化现象（例如轴承位置），这可以在故障发生前，指示出潜在的问题。

如果水泵、耦合装置和电动机三者轴线发生错位，水泵输送系统振动就会增强，同时缩短轴承寿命。水泵轴线会在正常运转状态下，随运行时间延长逐渐发生变化，因此应定期进行检查（按照生产商提供的推荐意见进行）。同时应配置水泵输送系统定位检查所需工具。

电动机电流分析是检查电动机的供电电流。如果电动机运转不正常，其工作电流就会发生变化，可能过热而烧坏电动机。

超声测试利用水泵超声信号的变化，跟踪和检测轴承磨损情况，也可用于检查漏电和电晕现象。

油分析是指进行前述润滑油分析，以检查密封是否开始发生泄漏情况。

4. **备件**

即使执行了良好的运行维护计划，水泵设备也会逐渐发生磨损而最终出现故障停转。通常而言，污水处理厂应该会设置备用泵，但是一般不会为备用泵再设置二级备用泵，因此，必须在污水处理厂现场保存水泵关键备件清单。

操作人员应该从确定每一水泵输送系统组件所需要的配件开始准备备件清单，具体可参考生产商提供的运行维护指南。而具体每一备件在现场需要准备的数量多少，主要取决于水泵输送系统的重要程度、备用水泵数量、备件损坏频率快慢以及备件供应速度快慢。

污水处理厂内，应单独设置备件存放区，且应按照备件生产商的要求，保持存放区清洁、干燥，避免振动。同时，应每6个月检查一下是否存在腐蚀现象。当备件使用后，应随时对备件清单进行更新，否则备件管理计划就失去意义。

在水泵输送系统较为重要的情况下，应在水泵输送现场存放一些关键备件，以便随时对故障水泵进行维修更换。

当计划或确定购买水泵之后，污水处理厂应当要求生产商推荐备件清单以及从订货到交货之间的估计时间要求。如果水泵较为重要，水泵及其备件应同时购买，以防止水泵运行中意外出现故障。污水处理厂应该确保生产商保存有他们所使用的所有水泵的详细记录（水泵序列号）。

5. 故障诊断

水泵除监测渗漏、过度噪声、振动和过热之外，操作人员还可以跟踪监测水泵水力变化情况，来发现水泵即将发生的故障迹象。水力学监测是最为简便的故障预检方式，因为一个性能正常的水泵是可以按照设计流量进行输送的，而达不到设计流量的水泵显然是有问题的。这种方法仅能提供即将发生故障的第一线索，然而却不能诊断原因所在。（虽然水泵输送系统在污水处理厂设计时就已经选定，但是操作人员需要掌握如何利用水泵水力学监测来提示故障的发生。）其他诊断水泵故障的简单工具还包括：

（1）压力表，表明有效汽蚀余量（NPSHA）是否充足，水泵是否工作在水泵曲线上可接受的范围内（压力表应当尽可能安装在靠近水泵出水口的位置上）；

（2）流量计，它可以进一步帮助确定水泵工作点；

（3）电压和电流表，这可以确定输入电源是否满足电动机工作，电动机是否有问题；

（4）转速计，可以用来检查干式泵转速。

一些水泵具体的故障诊断方法，请参见生产商提供的运行维护指南。

8.4 液体泵

大多数污水和一些污泥的输送采用的是动力泵，而污水输送应用最为广泛的是离心泵。

8.4.1 动力泵类型

常用的动力泵（在很多情况下，"动力泵"也被称为"叶片泵"）共有3种类型，分别为离心泵、旋涡泵（又称涡流泵再生泵）、特殊泵（图8-7）。

1. 离心泵

离心泵内有一个旋转部件，即在泵壳内旋转的叶轮（图8-10）。叶轮固定在轴承支撑的轴上，而后轴连接到电动机上。沿轴应进行密封以避免渗漏。

2. 旋涡泵

旋涡泵是一种低流量、高扬程的水泵，它利用旋转叶轮上的凹槽将能量传递给泵送流体。旋涡泵与离心泵不同，流体沿叶轮外径进入，而出口和进口基本在同一圆周上。由于离心力作用，流体在叶轮旋转切线和泵壳周边通道之间不断实现增速，压力增大。当流体从叶片被甩向泵壳时，又会被反射进入靠近的叶片凹槽上，从而再次实现能量传递。

旋涡泵可在一定的叶轮直径条件下获得比相同直径的任何离心泵高得多的扬程。然而，为了获得较高的扬程，致使叶片和泵壳之间的通道较窄，从而不能用于污泥输送。

3. 特殊泵

特殊泵包括旋桨泵、螺旋提升泵和磨碎泵。

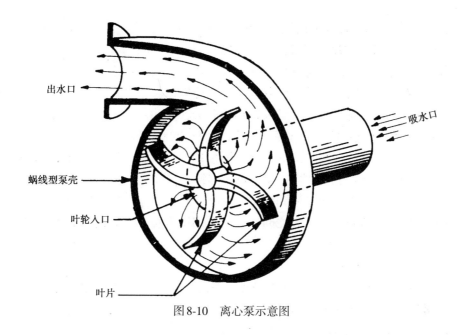

图8-10　离心泵示意图

（1）旋桨泵

除叶轮组成像船用螺旋桨形状之外，旋桨泵与离心泵较为相似，流量可达5000L/s（50000gal/min），扬程可达10m（30ft）。流体是沿着轴向传输的。（图8-11）

（2）螺旋提升泵

螺旋提升泵包括一根盘旋上升的螺杆、上部轴承、下部轴承以及驱动装置。螺杆泵应用广泛（污水输送、活性污泥回流以及雨水输送），具有大流量、低扬程的特点，能够在一定的恒定转速条件下，根据进水水深自动调节水泵输送流量和电耗量。它能在流量降低至最大设计流量30%的情况下，保持经济运行。同时，螺旋提升泵维护要求较低，不需要进行格栅预处理，但是安装使用空间大，且对输送液体具有一定的预曝气作用。

（3）磨碎泵

磨碎泵是在水泵进水口一侧安装有机械磨床的特殊的离心泵。机械磨床将吸入的大固体研磨成细小颗粒，因而水泵叶轮仅需要传输细小颗粒。

8.4.2 分类

通常情况下，水泵是按照叶轮类型、吸水方式、安装位置以及安装角度进行分类的。

1. 叶轮

动力泵通过旋转部件（称为叶轮）将能量传递给输送流

图8-11　旋桨泵剖面示意图
（由ITT Flygt公司提供）

体，并具有一定的压力。加压后的流体流出水泵的方向有3种，分别为垂直于叶轮轴（径向流）、平行于叶轮轴（轴流）以及位于两者之间的方向（混流）。

径向流和混流泵通常称为离心泵，这是因为叶轮是通过离心力作用将能量传递给输送流体的。流体沿着叶轮入口进入水泵，而后高速以垂直于轴的方向流出水泵。在这个过程中，流体大部分的速度水头通过泵壳和旋涡被转化为压力水头。而混流泵叶轮水头的获得，主要是通过离心力作用，而部分是通过轴向推力实现的。

不同形式的叶轮安装在泵室内的情况见图8-12。叶轮将产生涡流将流体吸入并通过泵体，而流体与叶轮的接触面积很小（Krebs，1990）。

水泵的选择主要取决于需要达到的水力状态。径向流泵所能获得的扬程最高，轴流泵扬程最低，混流泵扬程位于两者之间。混流泵用于流量相对较高，而扬程相对较低的场合。

（1）开式和半开式叶轮

开式和半开式叶轮主要用于含有较多悬浮颗粒污水和污泥的输送，通常流量较大而扬程较低。其对固体颗粒的输送能力主要取决于吸水一侧叶轮和泵壳之间间距的大小。间距一般为0.38mm（0.015in）到几英寸的范围。

开式叶轮没有前后盖板，主要用于输送固体颗粒含量较高的污水。（叶轮盖板看起来就像鸭子的脚蹼）。图8-13中的叶轮为逆时针旋转方向。

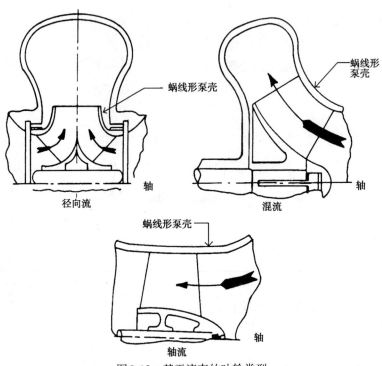

图8-12　基于流态的叶轮类型

204

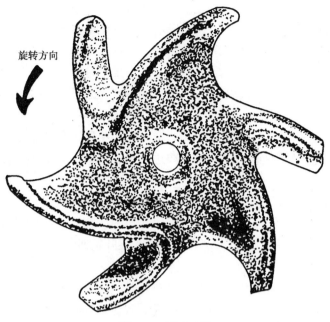

图8-13 开式叶轮

半开式叶轮有后盖板和几个叶片（图8-14），主要用于输送含有中等大小粒径悬浮颗粒的流体，如回流污泥以及污水原水等（Karassik等，1976）。

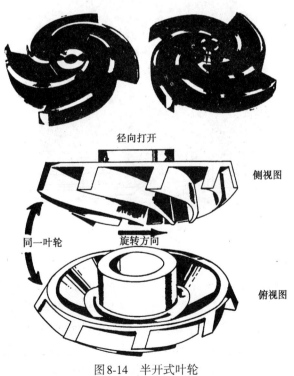

图8-14 半开式叶轮

（2）封闭式叶轮

封闭式无堵塞叶轮有两个叶片，实际应用中80%的悬浮颗粒含量较低的污水是由该种叶轮水泵输送的（例如原污水、沉淀池出水、回流污泥（二级处理工艺）、剩余污泥、滤池进水以及污水处理厂总排水）。封闭式叶轮，在逆时针旋转的情况下，能量传递效率最高（图8-15）。封闭式叶轮所能通过的最大颗粒粒径，取决于叶轮前后盖板的间距。

（3）螺旋桨

轴流（螺旋桨）叶轮通过螺旋桨叶片的推力作用将能量传递给流体，主要适用于低扬程且运转速度较低的场合。一些旋桨泵输送流量较大，但是必须工作在有正吸入水头的工作场合。

（4）磨碎装置

虽然磨碎装置不是叶轮，但是和叶轮密切合作的。磨碎装置可以安装在离心泵或者容积泵的吸水端。在离心泵中，机械磨碎装置和水泵叶轮通常是采用轴进行连接的。

2. 吸水方式

水泵有单吸（一端吸水）和双吸进水两种方式。一般来说，以上所提及的所有叶轮类型的动力泵，两种吸水方式均可采用。轴流泵需要单吸和开式或封闭式叶轮，它不支持双吸或者半开式叶轮（图8-7）。而径向流泵和混流泵可以采用两种吸水方式以及所有的叶轮类型。

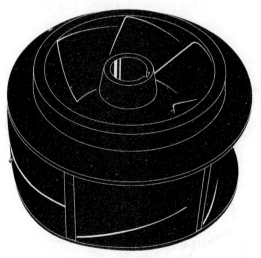

图8-15　封闭式径向叶轮

（1）单吸

单吸泵主要用于输送原污水或者其他含有固体颗粒的流体。在这些水泵中，流体仅进入叶轮的一侧，叶轮与泵壳间隙较大、叶片较少，同时叶轮没有盖板。这样的开式叶轮（无堵塞）水泵能够输送含有不同大小粒径颗粒的污水（请咨询生产商，以确定具体水泵可安全输送的最大颗粒粒径）。然而，污水中的绳以及破布可能会缠绕在叶片上，造成水泵堵塞，因此必须在水泵输送前，将绳、破布以及较大粒径的固体颗粒予以去除。

（2）双吸

在双吸泵中，内部通道将吸入的流体平分在叶轮两侧。这些泵的叶轮和泵壳之间的间隙较小，主要用于输送颗粒含量较小的流体（例如相对"洁净"的密封水、冲洗水、消防供水以及饮用水加压）。

3. 安装位置

水泵可以安装在输送流体内或者流体外。

（1）潜水泵

安装在输送流体内的水泵称为潜水泵或者湿式泵，可以水平安装，也可以垂直安装。水泵叶轮浸没或者几乎浸没在流体中，无需额外的吸水管路将流体送入叶轮。

（2）干式泵

水泵安装在液体之外的称为干式泵，可以水平或者垂直安装在泵坑内。流体需要通过吸水管路进入水泵吸水口。

4. 安装角度

水泵可以垂直或者水平安装，通常称为立式或者卧式泵。

（1）垂直安装

立式湿坑泵垂直安装，叶轮浸没在液体中，而驱动装置安装在吸水口和最高液位之上。在叶轮出水口一侧，叶轮凹槽（逐渐扩大的通道并带有导向叶片（折板））将速度水头转变成压力水头（图8-16）。带有径向流叶轮或者低速、混流叶轮的垂直潜水泵称为旋涡泵。因为旋涡泵能量的传递是通过叶轮凹槽而不是蜗线形泵壳，因此这种泵可以设计成较小的直径（接近于吸水井直径）。旋涡泵可通过连接至泵轴上的多个凹槽和叶轮个数，方便地进行水力调节。

（2）水平安装

卧式泵一般安装在干式泵坑中，驱动电动机就近安装，主要为离心泵（例如标准离心泵、无阻塞离心泵、凹式叶轮离心泵以及刚性连接离心泵）。

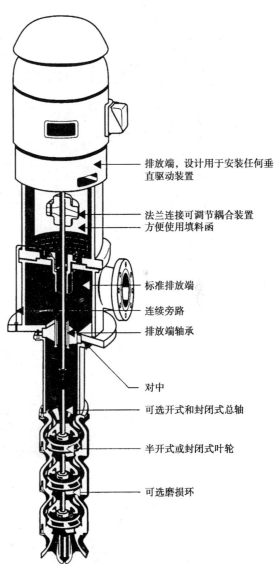

排放端，设计用于安装任何垂直驱动装置

法兰连接可调节耦合装置
方便使用填料函

标准排放端

连续旁路

排放端轴承

对中

可选开式和封闭式总轴

半开式或封闭式叶轮

可选磨损环

图8-16　典型垂直旋涡泵

207

8.4.3 应用

1. 卧式或立式无阻塞离心泵

卧式或立式无阻塞离心泵（图8-17和图8-18）可用于多种污水输送（例如原污水、回流活性污泥和循环滴滤池出水），在污水处理领域中应用最为广泛。

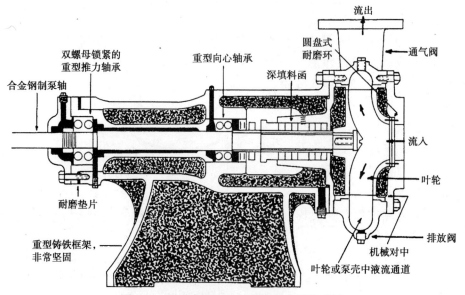

图8-17　原污水和污泥回流输送典型卧式泵

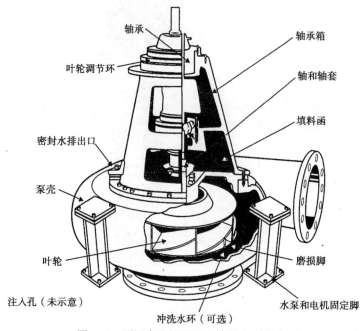

图8-18　原污水和污泥回流输送典型立式泵

2. 立式离心泵

立式旋涡泵主要用于输送"净"水（例如二级处理出水、雨水和冲洗水）。例如科罗纳（加利福尼亚州）城市污水处理厂，就是利用立式旋涡泵输送二级处理出水至滤池，经过滤消毒后的出水排入受纳水体。水泵效率可高达70%以上，能够获得高扬程和高流速。

立式湿坑泵通常采用多级工作单元，每一级平均获得总水头的一部分（图8-16）。所需级数取决于生产商所设计的叶轮、轴和叶轮凹槽状况。径向流叶轮旋涡泵工作单元往往可能高达25级。而混流叶轮泵一般不会超过8级。旋桨泵通常是单级的，也可以购买到两级的，主要取决于水泵尺寸和性能（图8-19）。对于多级泵的使用，操作人员应该咨询生产商可提供的某种类型泵的最大工作级数。

大多数生产商会在旋涡泵吸水喇叭口处设置进水滤网。这些"标准"滤网空隙较小，因此很快就会完全堵塞（Canapathy，1982），从而降低了进水压力，这是水泵运转的一大

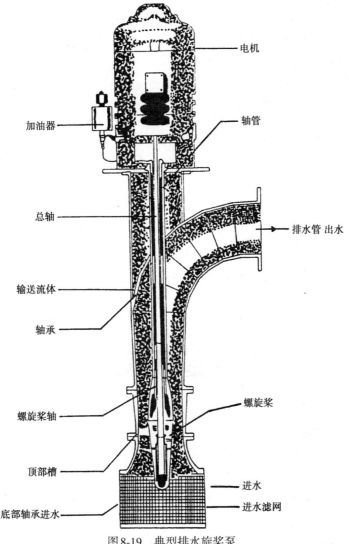

图8-19　典型排水旋桨泵

忌。操作人员应当去除这些滤网。如果进水确实需要过滤，污水处理厂应该在水泵吸水井前安装转动格栅或者低速滤网。

8.4.4 运行与维护

水泵生产商通常会提供保持水泵正常运转的运行维护指南。操作人员可参照以下信息制定或者评估污水处理厂水泵运行维护计划。

1. 运行

以下所提及的操作措施将会直接影响水泵性能的发挥。

（1）附属设备

水泵采用的驱动装置类型较为重要，可以是电驱动、水力驱动、发动机或蒸汽机驱动。恒速或变速驱动装置的选择主要取决于具体的输送系统要求，因为设计、流速和总水头等方面的原因，水泵的输送流量范围较广。

（2）测试程序

离心泵适宜的工厂测试和现场测试，主要取决于水泵尺寸大小、重要性、设计条件、预算状况、水泵工作环境以及安装要求。两种常见的工厂测试方法包括静压测试和性能测试。静压测试是指以1.5倍水泵关死扬程来确定泵壳和垫圈的密封效果。性能测试是指确保水泵达到所有具体的设计性能。这种测试可能要求，或者也可能不要求现场证明。

三种常见的现场测试分别为性能测试、振动分析和噪声测试。现场性能测试和工厂性能测试的结果可能会有所不同，主要是由于设备参数配置和现场测试工具的准确性引起的。

（3）启泵

在启动无阻塞水泵前，操作人员必须完成以下操作，以确保建立正确的水流和电流模式：

1）关闭集水池或集水井以及旁通排放阀门；

2）打开吸水管上从集水池到集水井的阀门；

3）打开水泵进水阀门和排水阀门；

4）打开出水管路上的阀门；

5）将进水阀设定在需要的位置。

当开启和关闭阀门时，操作人员永远不要像操作节流阀一样来操作闸阀，因为闸阀能够截留大颗粒物质，并最终可能导致堵塞。一旦水泵正常工作之后，操作人员应该开启水密封系统（如果使用的话），同时应保持水封压力超过出水管路压力100~140kPa（15~20psi[①]）以上。密封水流量应该根据生产商提供的具体要求进行调整。

（4）停泵

在关停无堵塞水泵时，操作人员应该完成以下操作：

---

① psi=pounds per square inch 磅/吋^2=lb/in^2
  1psi=0.068atm=0.070kg/cm^2

1）将水泵控制模式调整至"手动"模式；

2）将手动/停止/自动（H/O/A）切换到"停止"状态（O）；

3）关闭水泵吸水和出水管路阀门；

4）将电动机控制中心断路器断开至"Off"状态（锁定并贴上标签）；

5）停止水泵水密封供水系统；

6）如果需要，按照上述启泵操作将一台备用泵投入运行。

如果停泵时间较长（尤其是按计划停泵几个月或更长时间，请咨询生产商以确定具体的停泵时间长度要求，因为不同类型的水泵需要不同的维护要求），操作人员同时应该完成以下操作：

1）排空所有集水池和集水井，冲洗管道，彻底清洗水泵系统；

2）打开电器设备断路器，锁上并贴上标签；

3）每月转动水泵泵轴几次，将轴承涂抹润滑油，减少氧化和腐蚀；

4）每月运行一次空气压缩机（如果使用了的话）；

5）如果需要，可采用防锈剂。

（5）监测

请参见上述常规运行维护的监测要求。

（6）控制

请参见上述常规运行维护的控制要求，同时操作人员可将水泵优化控制同污水处理厂整体工艺的优化相结合。

2. 维护

以下维护作业将会影响水泵的使用寿命。

（1）磨损

水泵所有旋转部件都将随运行时间最终磨损损坏，但是当水泵转速过快或者输送的液体中固体含量过多时，将会加快磨损进程。因此，操作人员的实际操作将能够极大影响水泵的使用寿命。

理想情况是，离心泵工作状态应该尽可能地接近水泵性能曲线上的最佳效率点（BEPs）。如果水泵在最佳效率点右侧运行，水泵内的高速液流将会引起冲刷、再循环和汽蚀现象发生，加速磨损，同时增加驱动装置的径向荷载。如果水泵转速过快，在最佳效率点的左侧运行，将会发生流体的分离和再循环现象，从而降低水泵效率，增加阻塞的几率，导致过热（如果是采用水泵输送液体冷却的话）并加速磨损。

如果磨损无法避免，离心泵最易于发生磨损的部件是吸水嘴、叶轮叶片及叶片外边缘、靠近叶轮外边缘的泵壳、填料函密封和泵轴。水泵叶轮、蜗线形泵壳以及密封位置应该设计有一定磨损余量，并采用耐磨材料。泵轴应该有一个耐磨轴套，另外如果使用机械密封，应该采用耐磨面。

大多数轴承设计使用寿命可达30000~50000h，因此轴承磨损通常不会存在很大问题。大多数轴承都是因为恶劣的运行环境而不是由于轴承磨损而导致损坏的。

（2）标准维护

由于水泵泵体材料、工作环境以及使用频率的不同，水泵维护计划应根据水泵具体使用地点以及生产商推荐意见进行制定，应同时强调预防性维护和修复性维护。另外，操作人员应通过培训，以掌握正在发生的部件磨损的迹象。

一般而言，每日、每周巡查和定期清洗是较好的维护方法，可以帮助操作人员检测到即将发生故障的早期信号。检查往往只需要几分钟时间，却可能节省大量的维修资金并避免较长的停转时间。水泵检查人员应完成以下操作：

1）确保噪声、振动和轴承以及填料函温度正常；

2）从垫圈、O形圈和配件处，查找异常流体和润滑油泄漏；

3）确保润滑油液位正常，且润滑油质量良好；

4）按照生产商的推荐意见更换润滑油（基于水泵运转时间）；

5）观察轴封渗漏情况，确保在可接受范围内。

每隔6个月，检查人员应完成以下操作：

1）检查填料函压盖（填料）是否能够自由活动，清理并润滑压盖螺栓和螺母；

2）仔细观察填料函是否存在过度渗漏现象，根据需要调整压盖以减少渗漏，如果调整之后不能解决问题就要更换压盖；

3）查找所有紧固件和基础螺栓是否存在腐蚀现象，确保所有紧固件安全固定；

4）确保所有耦合装置或者皮带对位，检查磨损情况。

水泵大修所需时间长短主要取决于水泵泵体材料、工作环境、运转时间以及预防性维护安排。当完成水泵大修后，操作人员应该完成以下操作：

1）检查叶轮、泵壳、磨损环、轴承、轴和轴套的磨损、腐蚀情况；

2）更换所有垫片和O形圈；

3）如果需要，首先采用刷子和热油或者洗涤剂刷洗轴承箱，而后采用轻矿物油冲洗轴承箱，清除所有残留洗涤剂以避免生锈，并采用干净无绒毛布擦拭轴承，同时采用清理轴承箱的方法清洗轴承。

以上所有水泵维护工作，必须在停泵之后才能进行（具体停泵操作程序，请参见运行维护指南）。如果需要更换配件，操作人员应参见运行维护指南，以查找合适的操作程序，并仔细检查更换配件的兼容性。

（3）预测性维护

操作人员应在水泵启动时，以及水泵使用期间定期监测水泵振动情况。水泵振动强度过大，往往表明水泵存在机械故障或者存在误操作现象。引起振动的机械原因主要包括安装不正确或固定基础不合适、水泵未对中、轴承损坏、部件或螺栓松动、转动部件（叶轮、轴或轴套）不平衡或已经损坏。引起振动的水力学原因主要包括发生汽蚀、再循环、水锤，以及输送液体夹带空气、吸水井发生湍流、水泵工作点偏离BEPs较远等。如果忽视水泵的过度振动，往往可能导致部件损坏。

（4）备件

现场水泵备件的储备情况，主要取决于水泵、应用场合以及生产商的推荐意见。例如，对于离心泵而言，通常应在现场备置一套完整的垫圈、O形圈和密封填料。

（5）故障诊断

水泵的故障诊断措施，主要取决于水泵、应用场合以及生产商的推荐意见。表8-1示例给出了凹式叶轮离心泵的故障诊断指南。

凹式叶轮离心泵故障诊断指南　　　　　　　　　　　　　　　　表8-1

故　障	原　因	解决方法
不能输送液体	水泵启动未注水。转速太慢	水泵注水。检查电源电压和频率
	吸水管或填料函漏气	维修泄漏
	吸水或出水管堵塞	清通管路
	运转反向	调整转向
	出水阀门关闭	打开出水阀门
压力不够	转速太慢	检查电压和频率
	吸水管或填料函漏气	维修泄漏
	叶轮或者泵壳损坏	维修或者更换
	运转反向	调整转向
电动机过热	输送液体密度过重，或者黏度超出水泵工作范围	增加稀释倍数
	密封过紧	调整密封
	叶轮绑定太紧，摩擦太大	正确校正叶轮
	电动机故障	维修或者更换电动机
	水泵或电动机轴承过度润滑	正确润滑轴承
填料函过热	填料太紧，没有足够渗水进入填料	调整填料
	填料没有充分润滑和冷却	调整填料
	填料使用等级错误	更换填料
	填料函没有正确填充	正确填充填料函
	轴承过热	正确润滑，检查紧密度
	油液位过高或者过低	调整油液位至正确位置
	不正确或者劣质润滑油	更换正确级别润滑油
	轴承内有杂质或水	清洗并重新润滑轴承
	错位	校正
	过度润滑	正确润滑轴承

续表

故　障	原　因	解决方法
轴承磨损较快	错位	校正
	轴弯曲	维修或者更换。查找纠正振动源
	润滑不足	润滑轴承
	轴承安装不正确	重新正确安装轴承
	润滑油受潮	更换润滑油
	轴承内有杂质	清洗并重新润滑轴承
	过度润滑	正确润滑
出水水量不足	吸水管或填料函漏气	维修泄漏
	转速太慢	检查电源电压和频率
	吸水或者出水管局部堵塞	清通管道
	叶轮或者泵壳损坏	维修或者更换
水泵工作一段时间之后，失去吸程，开始振动	吸水管路漏气	维修吸水管路
	吸水管或填料函漏气	维修泄漏
	耦合装置和泵轴错位	校正耦合装置和泵轴
	轴承磨损或者松动	更换或者紧固轴承
	转子失衡	校正转子平衡
	轴弯曲	维修或者更换。查找纠正振动源
	叶轮损坏或者失衡	维修或者校正平衡叶轮

8.5　污泥泵

实现污泥在各处理工艺单元间的顺利输送，是操作人员必须完成的重要工作内容之一。污水处理厂通常采用污泥泵进行污泥输送。

污水处理厂使用多种污泥泵，如表8-2所示。随着污水处理厂处理工艺的不断完善和更新，污泥输送系统也需要进行不断完善，以满足多种触变性污泥的输送要求。

触变性是指某些胶体状物质，静止时处于半固体性，而搅拌或者摇晃后变成流体的性质（例如，容器内静止成一定形状的似冰淇淋奶昔样的液体，只有当容器受到拍打或者振动时，"奶昔"才可以流出来（美国国家环保局，1979））。如果污泥管路在停泵之后没有进行良好冲刷，污泥将可能发生触变（污泥发生触变可能在几个小时也有可能在几天之后才能完成，这主要取决于污泥的性质），在再次启动污泥泵时，将需要更大的压力，以使污泥开始流动。一般来说，污泥开始流动时的摩擦最大，这时污泥管路中的水头损失较大。随着污泥流速的增加，污泥管路摩擦和水头损失都开始降低。（这就是即使在转速恒定的条件下，污泥泵总水头依然变化较大的原因）。

污泥的滑移和渗流是指当污泥开始流动时，污泥在管道内壁附着液面表面的"滑动"作用。这种作用部分抵消了触变效应的影响，有助于污泥的水泵输送过程（美国环保署，1979）。

<table>
<tr><td colspan="2" align="center">污泥类型及其特性</td><td colspan="2" align="right">表8-2</td></tr>
</table>

污泥类型	总固含量（%）	黏度	
		低	高
初次沉淀污泥	0.5~5.0	×	
二级处理污泥			
剩余活性污泥	0.3~2.5	×	
生物滴滤池污泥	0.25~1.5	×	
微生物脱氮除磷污泥	0.5~4.0	×	
化学污泥			
石灰沉淀污泥	2.0~10.0		×
铝盐/铁盐沉淀污泥	1.0~5.0	×	×
浓缩污泥			
浓缩剩余活性污泥	1.5~6.0		×
浓缩初次沉淀污泥	1.5~8.0		×
浓缩化学污泥	2.0~1.5		×
稳定污泥			
厌氧消化污泥	1.5~7.0	×	×
好氧消化污泥	0.5~4.0	×	
石灰稳定污泥	1.5~10.0		
脱水污泥			
带式压滤脱水/离心脱水	10~25		×
板框压滤脱水	20~40		×

8.5.1 污泥泵类型

污泥泵种类较多，包括容积泵、凹式叶轮离心泵、蠕动泵、气压喷射泵、排砂泵、磨碎泵和气力提升泵等。高效污泥输送的完成，主要取决于水泵的正确选择、输送污泥的特性以及实际输送系统的扬程要求。

1. 容积泵

污水处理厂大部分污泥的输送都是通过容积泵完成的，尤其适用于浓缩污泥（含固率超过4%）的输送，如图8-7所示。两种常用的容积泵为计量泵和转子容积泵（例如螺杆泵和转子凸轮泵）。这些污泥泵有时可互换使用，主要取决于污泥的输送要求。

（1）计量泵

计量泵每个冲程周期性地输送一定体积不连续的液体。（基于水泵驱动装置的运动方式，通常也称为往复泵）。这里主要讨论3种类型的计量泵，包括柱塞泵、活塞泵和隔膜泵。

1）柱塞泵

柱塞泵（图8-20）利用一个柱塞推动输送液体通过圆柱形泵室。沿着轴线移动的柱塞在泵室内积累压力，打开泵体两侧的止回阀（图8-21）。当柱塞向上冲程运动时，产生的低压自动关闭出口阀门，同时打开进口阀门，液体被吸入泵室。当柱塞向下冲程运动时，产生的高压自动关闭进口阀门，打开出口阀门，将泵室内的液体强行推出。每个冲程输送液体的体积大小等于柱塞截面积与冲程长度两者的乘积。

污泥输送流量可通过改变冲程长度（在泵体范围内）或者每分钟的冲程次数进行调节。为了提高柱塞泵的输送能力，可以由同一驱动装置同时驱动多个柱塞。通常污水处理厂主要使用单缸、双缸、三缸和四缸柱塞泵，输送能力为32L/s（500gal/min）范围内，输送压力范围为690~1030kPa（100~150psi）。对于脱水污泥，输送能力通常为0.6~6.3L/s（10~100gal/min）范围内，输送压力可达10340kPa（1500psi）。

球形止回阀可以通过快开阀盖，使流体迅速通过。在水泵出口一侧安装有气室（气室通常安装在进口一侧，以降低高冲击负荷）。将压力表安装在气室上以减小或者消除压力表沉积结垢污染现象。

图8-20　三缸柱塞泵

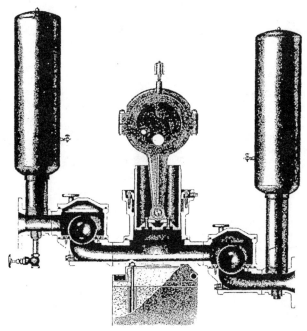

图8-21　污泥容积泵（由 ITT Marlow 提供）（Steel and McGhee，1979）

2）活塞泵

活塞泵与柱塞泵较为相似，只是推动液体运动的是活塞而非柱塞，一般由液压驱动，有更高的紧密度容限。它比柱塞泵适用于压力要求更高的场合，主要用于输送脱水污泥。活塞泵最重要的部件是顺序阀（通常为锥阀），将水泵与管道内流体隔离开来，同时避免管道倒流产生水锤效应危害。

3）隔膜泵

在隔膜泵（图8-22）中，一个灵活的膜组件将输送污泥同驱动装置（机械装置（例如，凸轮轴或者偏心轴）或者液压装置）隔离开来。污泥流量通过膜组件的往复冲程和阀门或者止回阀进行调节。水泵输送能力为6L/s（100gal）以内，输送压力为690kPa（100psi）。

双盘泵™（图8-23）是基于自由隔膜技术，将柱塞泵和隔膜泵两种技术结合起来。它利用两个互相连接的螺杆和圆盘的往复运动，先后实现泵送和阀门调节。该泵的输送能力和输送压力与其他容积泵较为相似。

（2）转子容积泵

污水处理厂常用污泥输送转子容积泵包括螺杆泵、凸轮转子泵，叶片泵和齿轮泵。其中螺杆泵是污泥输送最为常见的泵型。凸轮泵、叶片泵、齿轮泵以及挠性件泵主要用于油类物质以及化学药剂的计量投加，而少用于污泥及其他含有颗粒物质的输送。

1）螺杆泵

自吸螺杆泵的输送能力为40L/s（600gal/min）以内，压力可达1700kPa（250psi）

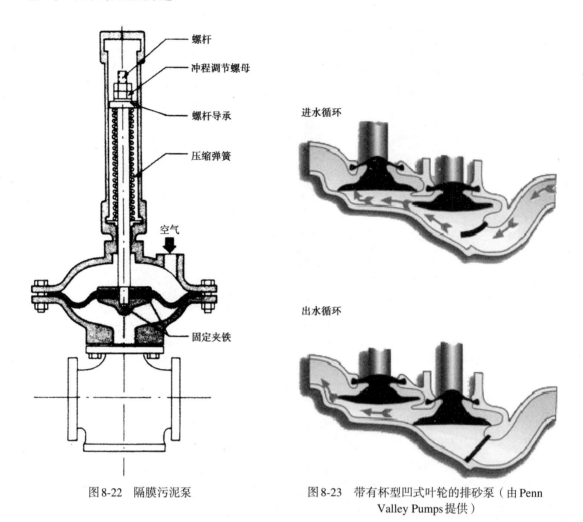

图8-22　隔膜污泥泵

进水循环

出水循环

图8-23　带有杯型凹式叶轮的排砂泵（由Penn Valley Pumps 提供）

（图8-24）。固定在定子上的螺杆实现流体的连续输送（螺杆泵与螺旋泵是不同的，因为螺杆泵的螺杆是封闭的，上部没有轴承）。使用铸铁泵壳、镀铬工具钢转子和丁腈橡胶定子（65~75计示硬度）的螺杆泵，可以用于输送浮渣和二沉污泥。但是如果用于输送含有更多砂粒以及其他磨蚀性物质（例如初沉污泥）污泥时，需要采用陶质涂层超大转子以及计示硬度为50~55的丁腈橡胶定子。

如果水泵空转，将可能在几分钟内损坏。因此，必须保证水泵进口液位高度或者安装防空转保护设备（例如电容式流量检测器、低液压传感器或者低液压开关，以及定子内嵌式热电偶）。

2）凸轮转子泵

凸轮转子泵主要通过将污泥吸至凸轮转子和泵室之间，然后将污泥推至出口（图8-25）。凸轮转子在出口处不断互相啮合，挤压泵腔内空间，将污泥推入污泥管道。正时齿轮将凸轮转动分成几个连续的阶段。这种分阶段转动、转子的形状以及恒定的转速，就实现了污泥的连续输送。

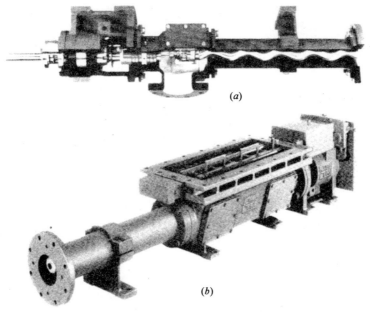

(a)

(b)

图8-24　螺杆泵：(a)污泥泵；(b)带有破桥装置的泥饼输送泵

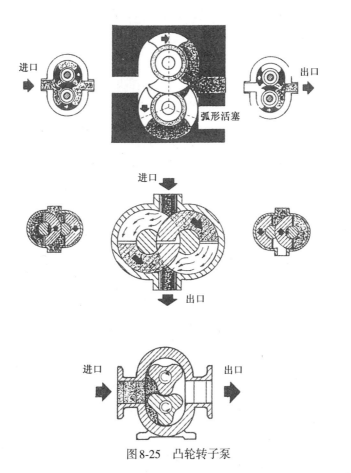

图8-25　凸轮转子泵

其他类型的凸轮转子泵利用环形泵腔内的弧形活塞（转子旋翼）（图8-25）实现污泥输送。两个活塞反向转动，由外部同步齿轮驱动。当活塞转动时，进口处泵腔扩大，污泥进入泵室。然后转子将污泥沿着环形泵腔推至泵出口，开始挤压泵腔，将污泥推出。

2. 其他类型污泥泵

虽然最常采用的污泥泵是容积泵，但是也可以采用凹式叶轮离心泵、蠕动泵、射流泵、排砂泵、磨碎泵和气提泵进行污泥输送。

（1）凹式叶轮离心泵

两种常用的用于污泥输送的离心泵分别是两端敞开径向流无堵塞泵和旋涡凹式叶轮泵（图8-26）。在流速能够克服污泥触变性的条件下，这两种泵都可以用于输送沉砂。然而当输送沉砂以及其他磨蚀性物质（例如石灰浆）时，需要采用特殊的内衬和叶轮来降低磨损。

（2）蠕动泵

蠕动泵是一种容积泵，它通过软管在滚柱和轨道间的挤压作用完成污泥输送（图8-27）。蠕动泵避免了倒流和虹吸作用，不采用任何止回阀，同时无任何机械部件与输送污泥接触。维护较为简单，因为所有运动部件均与流体和管道隔离开来。但是，蠕动泵输送能力较小，仅为350gal/min。同时，过度挤压软管和机械驱动部件是没有意义的，然而若挤压压力不够，会降低水泵效率，并造成倒流现象。

（3）射流泵

气动射流泵利用空气和输送的液体加压泵腔。然后驱动打开排放阀门，高压喷射出流体—空气混合物。

（4）排砂泵

排砂泵简而言之就是一个凹式叶轮离心泵（图8-28）。沉砂的输送可能要比其他污泥要困难得多，因为砂粒可能会堵塞污泥泵，同时可能会磨损沉砂输送系统。为了降低磨损，排砂泵通常采用耐磨合金制成，以满足频繁使用要求，加快沉砂排放。

（5）磨碎泵

机械磨碎装置可以安装在离心泵或者容积泵进口端。机械磨碎装置是将吸入的颗粒物质研磨成细小颗粒，降低水泵或管道堵塞的可能性。

（6）气提泵

气提泵曾被用于二沉池污泥回流，目前主要用于旋流沉砂池排出沉砂。首先将扩散空气送至提升污泥底部，并与污泥相混合，从而降低污泥的密度，而使输送污泥液位提升至排放位置以上，实现污泥输送。气提泵所需要的淹没水深以及较小的允许水头，限制了气提能力仅在出水管和污泥池液面之间。

气提泵的污泥流量是由空压机所提供的气体流量决定的。无限制地关小进气阀门将可能导致管道堵塞，污泥倒流回沉淀池而无法提升出去。实际操作中一个较为常见的问题是流速往往过大（为了避免发生喷射，该种污泥泵通常采用非恒定流运行方式）。为了避免该问题的发生，操作人员应该定期测量流量大小（通常只需要采用水桶和秒表进行测量，而后计算出输送流量）。

气提泵中污泥的输送不是通过机械力实现的，因此往往易于发生堵塞，必须定期运行。如果气提泵发生了堵塞或者不能运行，操作人员应该首先确认空气阀门已经打开，然后检查配置空压机，并确保其正常运行。如果气提泵仍然无法正常运转，操作人员可按照以下作业步骤进行运行：

1）关闭空气阀门；

2）去除气提泵顶部T形位置处的插销；

3）搅碎堵塞物质；

4）更换T形部位的插销；

5）打开空气阀门。

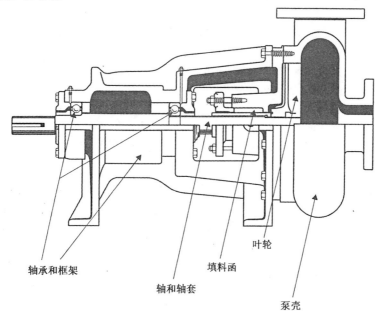

图8-26　凹式叶轮离心泵

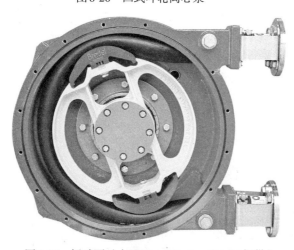

图8-27　蠕动泵（由Waston-Marlow Bredel提供）

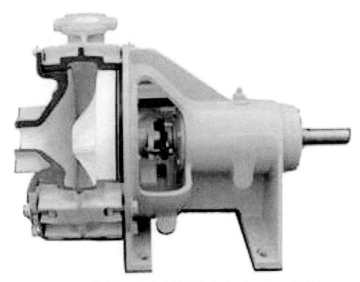

图8-28　带有杯型凹式叶轮的排砂泵（由Wemco提供）

8.5.2　分类

污泥泵可以按照叶轮类型、进泥方式、安装位置和安装角度进行分类。

1.　转子或叶轮泵

除离心污泥泵外，其他类型的污泥泵不采用叶轮进行能量传递。例如，螺杆泵采用转子，凸轮转子泵采用凸轮，容积泵采用其他能量传递方式。（叶轮是污泥泵最显著的特征。）

2.　进泥方式

污泥泵主要采用单吸工作方式。

3.　安装位置

污泥泵通常安装在输送流体之外。气提泵是例外，因为空气必须通入淹没在污泥中的管道中。

4.　安装角度

污泥泵，尤其是螺杆泵一般采用水平安装方式，然而即使是螺杆泵也可以垂直安装。电动机可以安装在顶部，或者在一侧，或者甚至在轴向上。（安装角度对于污泥泵不像对于水泵那么重要。）

8.5.3　应用

1.　计量泵

（1）柱塞泵

作为污泥泵使用时，柱塞泵应采用焊接钢基础，以及铸铁或者钢质泵壳和阀门。柱塞表面一般需进行表面硬度强化处理，以降低磨损。

过去浓缩污泥和磨蚀性物质的输送采用最多的就是柱塞泵，因为往复运动柱塞的脉冲作用能够降低管道堵塞，同时可有效避免污泥斗内污泥发生桥连作用。但是，由于浓缩和脱水工艺对污泥进行加药预处理时，需要一个较为稳定的流量，目前柱塞泵的使用已经大为减少。尽管如此，目前有时仍将其作为疏通污泥管路系统堵塞的有效方法。另外，柱塞泵也常用于输送脱水泥饼（此时又称为动力泵）。

（2）活塞泵

活塞泵通常用于输送脱水污泥。

（3）隔膜泵

隔膜泵可以通过调整每分钟的冲程次数实现流量无级调节。由于没有填料或密封，因此隔膜泵即使空转也不会产生任何损坏。在配置空压机的情况下，就可以使用气动隔膜泵。此时投资费用较低，但是运行动能消耗较高，是电动机驱动隔膜泵的5~6倍。

隔膜泵可输送与柱塞泵同样的污泥，而不会产生磨损问题。同时，它也可以更为安全地用于强腐蚀性或者有毒化学物质的输送，因为隔膜泵能够防止或者大幅降低渗漏的可能性，从而降低渗漏可能带来的破坏，以及对健康和安全所产生的威胁。

2. 转子容积泵

（1）螺杆泵

螺杆泵的定子适用于大部分污泥的输送，但是当进行特殊性质污泥或者化学物质的输送时，需要进行一定的改造。螺杆泵可以选择采用水平或者垂直安装角度，而不会影响到其效率或者正常运转。

螺杆泵操作简单，可提供稳定的流量输送，并可通过改变转速快速改变流量大小（最大为300r/min，240kPa（35psi）每级泵）。但是，在高扬程条件下输送磨蚀性物质时，必须降低水泵转速（最大为200r/min，100kPa（15psi）每级泵）。

螺杆泵可以用于输送浓缩污泥，甚至可以输送含水率高达65%的脱水泥饼（图8-21）。由于螺杆泵对输送物质的剪切力较小，因此常被用于输送聚合物，而这些聚合物往往因搅拌而效果降低。在选择适宜材质的情况下，螺杆泵可以用于输送化学泥浆（例如石灰浆或者三氯化铁溶液）。

（2）凸轮转子泵

过去多年来，凸轮泵主要用于输送非磨蚀性物质，而目前大多用于输送浮渣和市政污泥（栅渣、沉砂、堆肥污泥、化粪池底泥除外）（Cunningham，1972）。两个凸轮在反方向旋转过程中发生啮合，在凸轮和泵壳内形成空穴，不断吸入和推出污泥，实现连续输送（图8-22）。凸轮泵转速范围为200~300r/min（低速主要用于磨蚀性物质输送）。虽然有生产商曾经获得了高达515kPa（75psi）的总系统扬程，但是操作人员应该避免较高的污泥排放压力以降低液压损失，该值与静压差成正比关系。

8.5.4 运行与维护

对于任何污泥泵，生产商均会提供特定的运行维护指南，污水处理厂应严格执行这些指南要求。以下信息可作为参考用于制定和评估运行维护计划。

良好的运行维护计划能够避免污泥泵不必要的磨损和故障停转。操作人员应该从确定不同污水流量条件下实际产生的污泥量入手，包括沉砂、栅渣、初沉污泥、回流污泥、剩余污泥、浓缩和脱水污泥。一般来说，这些信息可在污水处理厂运行维护手册或者设计报告中找到，否则可根据处理工艺单元以及污水量情况计算确定。同时，应考虑重要工艺单元的污泥负荷以及季节变化情况。综合以上信息，操作人员就可以确定污泥输送系统所需要的污泥泵的数量以及各种条件下污泥泵的运行控制要求。

例如，沉砂泵如果在晴天每小时需要运行5min，那么在雨天操作人员就应该根据雨水量来计算，暴雨过后可能需要每小时运行8min。与此类似，初沉池污泥泵在雨天也需要增加运行时长。另外，操作人员需要根据污泥特性的变化，调整浓缩池污泥调理需要的絮凝剂的投加量以及厌氧消化池内污泥的碱度。污水处理厂应当根据这些变化制订计划，从而可以更为方便地根据变化采取相应的处置措施。

1. 运行

以下操作措施将会直接影响污泥泵性能的发挥。

（1）附属设备

容积泵配置有驱动装置驱动转子转动，有时还包括人工和自动定时启泵和停泵，以及调节水泵输送流量附属设备。污泥泵的变速调节可以通过机械可变驱动装置、可变螺距皮带轮、直流变速驱动装置、交流变频驱动装置、涡流电磁离合器，或者液压调速系统实现。每一种调速装置都有其优缺点，包括投资成本、维护要求、效率、可靠性以及精确度。由于容积泵是恒转矩机械，因此操作人员应该确保在污泥泵运行的任何工作点，变速驱动装置的输出转矩都要大于污泥泵对转矩的要求。目前变速驱动装置往往是污水处理厂正常运行或者是提高其运行效果的必要设备，因此必须提供持续的维护和服务。

（2）测试程序

容积泵应该现场测试流量、转速、电流、电压、压力和空转保护装置状况。同时，这些测试应当由污泥泵生产商授权代表来进行，以避免系统发生过压。

（3）启泵

在启动污泥泵前，操作人员应完成以下检查，以确保每一设备部件安装正确：

1）泵、驱动装置、耦合器或者皮带轮对中；

2）至填料函冲洗水连接正确；

3）打开泵进出口两侧阀门。

容积泵不能在出口阀门关闭的情况下启动。

在第一次运行污泥泵之前，操作人员应该：

1）确保污泥泵已经充满输送污泥；

2）确保密封水的流量和压力能够满足填料函密封要求（机械密封除外）；

3）点试驱动装置，检查运转情况。

污泥泵启动之后，操作工人应该进行以下检查：

1）进出口流量；

2）噪声或者振动情况；

3）轴承箱温度；

4）工作电流；

5）泵转速；

6）压力。

空转运行对于容积泵是有害的，因此应当尽量避免发生空转。

（4）停泵

在容积泵停转之前，操作人员应该确保所有隔膜阀或者出水阀处于敞开状态。然后，按照启泵程序反方向进行停泵操作。

（5）监测

除了常规的水泵维护措施以外，操作人员应该严密监视污泥泵的高压保护装置，因为在运转的情况下，容积泵会产生持续流量输送。高压保护装置能够确保水泵在达到预设压力之前停泵，避免严重故障的发生。如果采用防爆片，应该安装在二级安全防护壳内，因为防爆片破裂泄压后，输送物质会渗漏出来进入二级安全防护壳内。另外，容积泵运转在严格紧密度容限条件下，或者依靠输送流体进行润滑并冷却泵部件，因此操作人员应当考虑设置空转保护装置，例如低液压开关、有/无流量保护装置、流量开关、温度传感器，以及以上几种组合装置等。

（6）控制

污泥输送系统的主要控制设备包括时钟、运转计时表、污泥含固率分析仪、流量表、压力表、压力开关、流量开关、污泥液面指示器等，重点应确保污泥泵不要发生过压或者空转运行。操作人员应该采用运行指示模式或者控制模式，或者结合两者使用。

2. 维护

以下维护措施将会影响污泥泵的使用寿命。

（1）磨损

过度磨损是容积泵最为常见的问题，其磨损程度主要取决于污泥泵运转状况及其使用场合。例如，高磨蚀性物质的输送以及较高的运转速度，将会大大增加污泥泵的磨损。

（2）计量泵

柱塞泵的磨损通常发生在柱塞密封和圆柱形泵壳之间。泵轴和柱塞密封周边过多的渗漏将会加剧泵缸磨损，同时也会加剧密封损坏。如果发生了严重磨损，就需要更换整个泵轴或柱塞。因此，操作人员应该时刻监测泵壳周边的密封情况，评估渗漏程度，以便于根据需要进行填料补充或更换，从而延长泵壳使用寿命。

如果污泥泵长期运转在短冲程条件下，就会在泵轴该段距离处造成严重磨损，加剧密封损坏和渗漏。污泥泵运行较为理想的状态是长冲程低频率，从而减少磨损。

同时，机械密封可以采用水密封代替，这更适用于磨蚀性物质的输送。然而操作人员必须评估密封渗漏和磨损情况，以减轻泵壳的磨损。

（3）螺杆泵

随着螺杆泵转子或者定子产生严重磨损，污泥泵的输送能力会大为降低，已经不能克服输送污泥在泵体内产生的滑移效应。过度的磨损一般是由于泵转速过快造成的。对于磨蚀性物质的输送，螺杆泵的转速不宜超过200~300r/min。

根据磨损程度，可能需要对定子甚至转子进行更换。由于定子磨损要快于转子，因此转子生产时表面可以镀上0.8~1.0mm（0.030~0.040in）厚的镀层，这样发生磨损后的定子还可以继续使用。在磨损严重的适用场合，这种转子镀层技术，可以将定子的使用寿命延长2倍。

（4）磨碎泵

磨碎泵磨损较快，如果不进行调整、维修以弥补磨损，其输送能力将会逐渐下降。磨碎装置需要进行适宜的清理以保持较强的磨碎能力，避免泵的过度磨损。切碎器进行了特殊设计，以方便更换，且其表面进行了高硬度处理。对于磨碎泵而言，保持前端磨碎装置良好的粉碎能力，将能够较好地防止泵的磨损或损坏。

（5）标准维护

以下内容分类给出了各种污泥泵的维护清单。

1）柱塞泵

为了正确维护柱塞泵，操作人员应该完成以下作业：

①检查主要污泥泵电动机的发热、噪声或者振动状况；

②检查柱塞泵油箱油位（如果需要的话，补充润滑油）；

③检查偏心注油器内油位；

④检查连接杆对位情况；

⑤检查安全销状况（传动法兰盘或者偏心轮内外都不允许存在弯曲）；

⑥检查气室内污泥液位；

⑦检查齿轮减速机运转温度（同时听一下有无非正常噪声）；

⑧检查柱塞内油位（柱塞销润滑）。如果柱塞充满了水或者污泥，应先排除，而后重新加油；

⑨每周润滑一次电动机主轴轴承；

⑩检查传动法兰螺栓固定情况（要求固定紧固，防止发生后座）；

⑪采用59mL（2oz）煤油刷洗巴氏合金衬套轴承。然后每周一次加入适当的润滑油进行润滑；

⑫检查偏心轮衬面由于缺少润滑油而产生的异常磨损情况；

⑬检查主轴生锈情况（如果有生锈现象，除锈后涂上一层润滑油进行保护）；

⑭检查减速器油位；

⑮检查阀球和阀座。如果输送的是磨蚀性物质，要增加检查频率；

⑯检查电动机和减速器之间耦合器的状况；

⑰检查柱塞侧壁磨损情况；

⑱每月更换一次柱塞内油；

⑲检查柱塞销状况（不能太松动）；

⑳检查传动法兰固定螺钉紧固状况；

㉑检查电动机和减速器密封性。定期每月或者每运转500h更换一次齿轮减速器内润滑油。

2）螺杆泵

为了正确维护螺杆泵，操作人员应该完成以下作业：

①检查齿轮减速器内润滑油油位及其性能；

②确保高液压保护开关工作正常；

③检查轴对中状况；

④检查所有刷漆位置防护状况；

⑤肉眼检查紧固件紧固状况；

⑥清除设备表面脏污、灰尘和渗油；

⑦检查电路连接状况；

⑧启闭电气设备实验，检查工作电压和电流，以及由于轴承损坏、润滑不良或其他原因而引起的非正常运转情况；

⑨检查电动机非正常发热、噪声或者振动情况；

⑩检查机械密封和填料密封渗漏或者磨损情况。

3）凸轮转子泵

为了正确维护凸轮转子泵，操作人员应该完成以下作业：

①检查预防性维护总计划、润滑总计划和设备维护历史记录，制定润滑和预防性维护任务安排；

②完成维护任务后，更新设备历史记录；

③检查所有设备紧固件紧固状况；

④检查污泥泵所有外部可见部件和相关部件的工作状况；

⑤检查泵壳和叶轮磨损状况；

⑥检查齿轮箱内润滑油油位及其油质量状况；

⑦检查控制和启动设备的工作状况；

⑧定期检查皮带松紧度；

⑨检查机械密封和填料密封渗漏或者磨损情况。

（6）预测性维护

对污泥泵进行振动检测意义较大。由于容积泵采用脉冲输送方式，因此存在一定的振动是正常的，而输送管路系统应该通过适宜的基础设计、管道膨胀节以及减震装置隔离开来。污泥泵的过度振动往往是由于对中偏移、基础固定螺栓松动、固定支撑不正确、NPSH问题或者机械问题引起的。

（7）备件

污泥泵所需要的备件主要取决于应用场合、污泥泵类型以及生产商的要求。

（8）故障诊断

故障诊断方法主要取决于污泥泵应用场合、水泵类型和生产商要求。表8-3~表8-5分别给出了柱塞泵、螺杆泵、凸轮转子泵的故障诊断指南，以帮助操作人员判断水泵所出现的故障问题，并确定解决方案。图8-29是生产商提供的凸轮转子泵故障诊断指南。

柱塞泵故障诊断指南 表8-3

故 障	原 因	解决方案
旋转方向错误	电路连接错误	参考电路连接图，重新连接电路
没有污泥输出	阀球堵塞或者未安装	打开阀室进行检查
	吸水管路漏气	采用带压清水进行实验检查
	阀门关闭，管道堵塞	检查阀门，反冲洗污泥管路
输出流量较小	泵冲程设置太短	增大泵冲程
	吸水管路漏气	采用带压清水进行实验检查
耗电量过大	水泵填料过紧	检查填料并进行调整
安全销故障	出水管路压力过大	
	偏心螺栓松动	紧固至合适位置
	法兰盘面脏污	用煤油清洗法兰盘和偏心轮，并重新安装
	水泵填料过紧	检查填料并进行调整
	偏心轴承间隙过大	根据需要去除垫片
齿轮或轴承过热	润滑不足	检查齿轮箱和偏心注油器油位
	润滑过度	检查齿轮箱油位。如果油位正确，排出润滑油，重新加入推荐等级润滑油。按照指南设定偏心注油器加油速率
噪声或者振动	进水阀剧烈撞击声响	打开通气阀
	偏心轴承间隙过大	根据需要去除垫片
	气室充满水	将水排出
运转过热	润滑不足	检查润滑油油位，调整至推荐油位
	润滑过度	检查润滑油油位，调整至推荐油位
	用错润滑油	排出用错的润滑油，重新加入推荐的正确润滑油
运转噪声	固定螺栓松动	紧固螺栓
	配流盘磨穿	拆卸并更换配流盘
	减速箱内润滑油油位不稳定	检查润滑油油位，调整至生产商推荐油位
	销子和滚柱损坏	拆卸并更换环形齿轮，销子和滚柱
	减速器超载	检查减速器负荷
输出轴不转动	输入轴断裂	更换输入轴
	销子丢失或者剪切力消失	更换销子
	偏心轴承损坏，润滑不足	更换偏心轴承。按照推荐重新加入润滑油
	耦合器松动或者断开	正确对中减速器和耦合器。紧固耦合器
漏油	由于灰尘或砂石进入密封导致密封磨损。通气滤网堵塞	更换密封圈。更换或者清理滤网
	减速箱内油位过高	检查润滑油油位，调整至推荐油位
	通风口堵塞	清理或者更换部件，确保能够防止灰尘进入减速器
电动机无法启动	保险熔断	更换正确类型和功率的保险
	启动时超负荷	检查并重新设定启动负荷
	电源不正确	检查电源，应与电动机铭牌和负荷相符
	电路连接错误	按照电动机电路图连接电路
	控制开关闭合时，电动机绕组或者控制开关短路，并发出嗡嗡声音	检查电源线连接松动情况。同时检查确保所有控制元件都处于连接闭合状态
	机械故障	检查电动机和驱动装置是否能够自由转动。检查轴承及其润滑情况
	短路	保险熔断可以表明该问题。重新绕电动机线圈

故　障	原　因	解决方案
电动机无法启动	定子线圈接触不良	去除电缆终端盒，采用测试灯进行定位
	转子故障	检查转子断条或者端环断裂情况
	电动机过载	减小电动机负荷
电动机停转	电源中一相可能断开	检查断开的电源相
	电动机过载	减小电动机负荷
	电动机电压过低	检查是否能够符合电动机铭牌电压。检查电源连接情况
	断路	检查保险情况。检查过载继电器、定子和按钮情况
电动机转动后停止	电源故障	检查电源、电缆、保险、控制连接松动状况。检查启动过载情况
电动机达不到额定转速	由于电源相断开，导致电动机端子电压过低	采用更高的电压或者变压器终端，变压器前终端，或者减小负荷。检查电气连接状况。检查电缆规格
	启动负荷过高	检查电动机所能承载的最大启动负荷
	转子断条或者转子松动	检查转子断条情况。如果需要的话临时使用备用转子
	主电路断开	利用仪表定位故障位置，并进行维修
电动机启动时间过长	过载	减小负荷
	电路接触不良	检查高电阻原因
	鼠笼式转子故障	更换转子
	电源可用功率过低	请电力公司提高分配电功率
转动方向错误	电源相接线错误	调整电动机或者开关箱电源相连接方式
运转过程中电动机过热	过载	降低负荷
	电动机外壳或者支架通风口因灰尘堵塞，阻止了电动机正常通风	打开通风口，检查电动机通风情况
	电源连接缺相	检查电源连接，确保所有电动机电源相连接良好
	电动机线圈接地	定位接地位置并进行维修
	电动机终端电压不平衡	检查导线、连接和变压器故障状况
维护后电动机振动	电动机未对中	重新对中
	支撑不稳	加固支撑
	耦合器失衡	平衡耦合器
	被驱动设备不平衡	重新平衡被驱动设备
	滚珠轴承故障	更换轴承
	轴承未对中	对中轴承
	平衡重量变化	重新平衡电动机
	多相电动机单相运行	检查电源连接断相情况
	轴向间隙过大	调整轴承或者增加垫片
多相电动机正常运转时电流不平衡	终端电压不平衡	检查导线和连接状况
	单相运转	检查触点断开情况
刮擦噪声	风扇摩擦风扇罩	去除刮擦异物
	风扇摩擦隔热装置	清洗风扇
	电动机固定基础松动	紧固螺栓
运转噪声	气隙不均匀	检查并调整电动机支架或者轴承
	转子失衡	重新平衡转子
轴承过热	轴弯曲	校正或者更换轴
	皮带过紧	调整皮带松紧度
	皮带轮太远	将皮带轮移动靠近电动机轴承
	皮带轮直径太小	采用大皮带轮
	未对中	重新对中驱动装置

续表

故 障	原 因	解决方案
滚珠轴承过热	润滑不足	保持轴承适度润滑
	润滑油油脂变坏，或者润滑油脏污	去除旧的润滑油，用煤油冲洗轴承，并加入新的润滑油
	润滑过度	减少润滑油加量。轴承内润滑油量不超过其内空隙的50%
	轴承过载	检查对中、轴侧推力和轴端推力状况
	滚球破碎或者滚道磨损粗糙	彻底清理轴承室，而后更换新轴承

螺杆泵故障诊断指南　　　　　　　　　　　　　　　　表8-4

故 障	原 因	解决方案
水泵不转	供电电源不正确	检查电动机铭牌资料。测试电压、电源相和频率
	水泵内存有异物	去除异物
	如果水泵或者定子是新的话，可能是摩擦太大	进水后，用手转动。如果仍然较紧的话，用甘油或者肥皂水（家用）润滑定子
	由于输送液体温度高，定子热涨	降低输送液体的温度，或者采用小于常用直径的转子
	输送液体中固体颗粒堵塞	减少输送液体中的颗粒含量
	停泵后输送液体沉淀变硬	每次使用后清理和冲洗污泥泵
无污泥输出	进泥管路漏气	旋紧连接防止漏气
	水泵转速过低	提高电动机转速
	定子严重磨损	更换定子
	转子严重磨损	更换转子
	旋转反向	反向调整电动机旋转方向
输送流量较小	供电电源不正确	检查电动机铭牌资料。测试电压、电压相和频率
	进泥管路漏气	旋紧连接防止漏气
	水泵转速过低	提高电动机转速
	定子严重磨损	更换定子
	转子严重磨损	更换转子
	输出压力过大	拆开出泥管路阀门，去除阻塞物
	进泥管路渗漏	旋紧管路连接
	轴填料渗漏	旋紧填料压盖，更换填料
不能输送污泥	旋转反向	反向调整电动机旋转方向
	水泵启动未注水	释放内压后，注水启动
	皮带松动	调整皮带松紧度

凸轮转子泵故障诊断指南　　　　　　　　　　　　　　表8-5

故 障	原 因	解决方案
输送流量低于额定流量	污泥在进泥管路中蒸发	检查污泥温度。如果高于35℃（95°F），需要调整污泥温度
	空气进入进泥管路	检查并处理进泥管路阀门渗漏
	填料过度渗漏	调整填料至渗漏速度为5~10滴/min
	污泥浓度过高，不能通过管道	检查污泥浓度，不能高于9%
	转子磨损	检查转子厚度，同设备说明书对比。如果磨损严重，需要更换转子
污泥泵启动后停转	污泥浓度过高	检查污泥浓度，不能高于9%
	正时齿轮磨损或者不同步	更换正时齿轮
	转子上有金属摩擦接触	更换转子

故　障	原　因	解决方案
水泵过热	污泥浓度过高	检查污泥浓度，不能高于9%
	污泥温度过高	污泥温度不能高于35℃（95°F）
	填料压盖过紧	调整填料压盖至渗漏速度为5~10滴/min，如果没有调整余地的话，更换填料
	轴承磨损或者损坏	检查轴承，如果磨损或者损坏的话，更换轴承
	正时齿轮磨损或者不同步	更换正时齿轮
	齿轮箱润滑油油位低或者润滑油质量差	检查润滑油状况；如果脏污的话，进行更换。如果油位低，添加润滑油
	转子上有金属摩擦接触	更换转子
电动机过热	污泥浓度过高	检查污泥浓度，不能高于9%
	填料压盖过紧	调整压盖至渗漏速度为5~10滴/min
	速度过快	检查电动机速度，根据需要进行调整
	皮带轮未对中	皮带轮对中
	轴承磨损或者损坏	检查轴承，如果磨损或者损坏的话，更换轴承
	正时齿轮磨损或者不同步	更换正时齿轮
	齿轮箱润滑油油位低或者润滑油质量差	检查润滑油状况；如果脏污的话，进行更换。如果油位低，添加润滑油
	转子上有金属摩擦接触	更换转子
噪声和振动	空气进入进泥管路	检查进泥管路渗漏情况，处理渗漏
	污泥浓度过高	检查污泥浓度，不能高于9%
	皮带轮未对中	皮带轮对中
	水泵和电动机固定松动	检查固定松动情况，进行校正
	轴承磨损或者损坏	更换轴承
	正时齿轮磨损或者不同步	更换正时齿轮
	齿轮箱润滑油油位低或者润滑油质量差	检查润滑油状况；如果脏污的话，进行更换。如果油位低，添加润滑油
	转子上有金属摩擦接触	更换转子
泵芯严重磨损	污泥温度过高	不要超过35℃（95°F）
	轴承磨损或者损坏	更换轴承
	污泥浓度过高	不能超过9%
	正时齿轮磨损或者不同步	更换正时齿轮
	转子上有金属摩擦接触	更换转子
过热	过载	降低负荷或者更换输送流量较大的水泵
	润滑油油位不正确	添加或者排出润滑油至指定油位
	未安装通气阀塞或者受到堵塞	安装提供的通气阀塞，或者取下后用溶剂进行清洗
	轴承间隙过大或不足	调整圆锥滚子轴承以提供适宜的轴向间隙
	润滑油等级错误	排出润滑油，重新加入正确等级的润滑油
轴承损坏	过载	降低负荷或者更换输送流量较大的水泵
	悬臂荷载率过高	降低悬臂荷载或者更换输送流量较大的水泵
	轴承间隙过大或不足	调整圆锥滚子轴承以提供适宜的轴向间隙
	润滑不足	检查润滑油油位，根据需要补加润滑油
轴损坏	耦合器未对中	根据需要进行调整
	悬臂荷载率过高	降低悬臂荷载或者更换输送流量较大的水泵
	高强度重复性冲击负荷	采用具有吸收冲击能力的耦合器，或者更换成具有足够输送能力的水泵

故　障	原　因	解决方案
齿轮磨损或者损坏	过载	降低负荷或者更换输送流量较大的水泵
	高强度重复性冲击负荷	采用具有吸收冲击能力的耦合器，或者更换成具有足够输送能力的水泵
	润滑不足	检查润滑油油位，根据需要补加润滑油
	轴承间隙过大	调整轴承间隙
	润滑油等级错误	排出润滑油，重新加入正确等级的润滑油
润滑油渗漏	润滑油油位不正确	添加或者排出润滑油至指定油位
	未安装通气阀塞或者受到堵塞	安装提供的通气阀塞，或者取下后用溶剂进行清洗
	油封磨损	检查，并按要求更换
	管塞、后座盖或者支架松动	检查并根据需要旋紧。如果问题仍然存在，打开清洗结合面，涂抹密封胶，重新组装
噪声	固定基座或者耦合器松动	检查并根据需要紧固
	轴承磨损	降低负荷或者更换输送流量较大的水泵 降低悬臂荷载或者更换输送流量较大的水泵。调整圆锥滚子轴承以提供适宜的轴向间隙。检查润滑油油位，根据需要补加润滑油
	齿轮磨损或者损坏	降低负荷或者更换输送流量较大的水泵，排出润滑油，重新加入正确等级的润滑油
皮带打滑（皮带光滑）	未拉紧	更换皮带，调整至适宜松紧度
电动机发出尖锐声音	冲击负荷	调整皮带至适宜松紧度
	接触弧面不足	增大两皮带轮中心间距
	启动负荷过大	增大皮带紧度
皮带翻转	由于皮带轮摩擦，皮带钢芯断裂	正确更换皮带
	电动机过载	重新设计电动机
	冲击负荷	调整皮带至适宜松紧度
	皮带轮和轴未对中	对中电动机
	皮带轮槽磨损	更换皮带轮
	皮带轮空转	对齐托辊。重新定位松弛一侧，使之靠近电动机皮带轮
	皮带过度振动	检查电动机设计。检查设备固定状况。考虑使用联组皮带
皮带不匹配	新旧皮带混合使用	更换为匹配皮带
	皮带轮槽磨损不均。槽坡口角度不适宜，给人以皮带不匹配的感觉	更换皮带轮
	皮带轮轴不平行，给人以皮带不匹配的感觉	对中电动机
皮带断裂	冲击负荷	调整皮带至适宜松紧度。重新检查电动机
	启动负荷过大	调整皮带至适宜松紧度。重新检查电动机。采用补偿器启动
	皮带在皮带轮上翻转撬起	正确更换皮带
	电动机进入异物	给电动机安装防尘罩
皮带磨损过快	皮带轮槽磨损	更换皮带轮
	皮带轮直径较小	重新设计电动机
	皮带不匹配	更换为匹配皮带
	电动机过载	重新设计电动机
	皮带打滑	增大皮带紧度
	皮带轮错位	对中皮带轮
	有油或者温度过高	除去油。电动机通风

VOGELSANG 维修手册

维修手册
泵型号：
Q系列泵

故障诊断

无污泥输出	输送流量低于定额	流量不稳定	启动注水漏失	污泥泵启动后停转	污泥泵过热	电动机过热	耗电量过大	噪声或者振动	泵芯进水	卡死	原因	解决方案
X											旋转反向	反转电动机
X											水泵启动未注水	吸水管排气，向泵室注水
X	X	X	X					X			有效汽蚀余量不足	增加吸水管直径。增大吸水扬程
	X	X	X					X			吸水管路中输送物质蒸发	简化输送系统管路/或缩短管道长度。降低水泵转速。降低输送液体温度。检查由于输送液体黏度增大而引起的电耗的影响
X	X	X	X					X			吸水管路进入空气	再次启泵进水
	X	X	X					X			吸水时空气进入管路	吸水管排气，向泵室注水
X	X	X	X					X			集水池水头不足	输出液位高度有问题。降低出口位置。增大吸水管路淹没深度
		X						X			底阀滤网堵塞	更换滤网
	X		X	X	X	X	X	X			输送流体黏度高于额定值	降低泵速。提高液体温度
	X										输送流体黏度低于额定值	增加泵速。降低液体温度
					X			X	X	X	输送流体温度高于额定值	降低液体温度
				X		X	X				输送流体温度低于额定值	给输送液体加热
								X	X	X	输送流体中有颗粒物质	清理系统。给进水管路安装过滤器
	X					X	X	X	X	X	输送压力高于额定值	检查堵塞情况。简化管路
							X	X			密封圈冲洗不足	检查输送液体进入密封圈状况。增大流量
	X					X	X	X			泵速高于额定值	降低泵速
											泵速低于额定值	提高泵速
	X				X	X	X	X	X	X	泵壳受到管道影响	校正管道。使用柔性管或者伸缩接头
					X	X		X			皮带驱动打滑	调整皮带至一定紧度
								X			耦合器错位	调节对中法兰
					X	X	X	X	X	X	电动机固定不稳	添加止动垫圈并紧固
				X	X	X	X	X	X	X	轴承磨损或者损坏	咨询Vogelsang或者销售商
					X	X	X	X		X	正时齿轮磨损不同步	咨询Vogelsang或者销售商
				X	X	X	X	X	X	X	齿轮箱油位不正确	参考指南，调节油位
X	X										输送系统元件有金属摩擦接触	检查额定和实际工作压力
		X				X					输送系统元件磨损	更换新配件
		X					X				安全阀渗漏	调节压力设定值。检查清理支撑固定面。更换新配件
		X					X				安全阀颤振	检查密封面和指南。更换新配件

图 8-29　凸轮转子泵故障诊断指南（由 Vogelsang USA，Inc. 提供）

8.6 其他类型水泵及其应用

下面介绍一些不属于动力泵或者容积泵范畴的其他类型的水泵输送系统，例如粉碎装置、计量装置和射流装置等。

8.6.1 粉碎装置

粉碎装置主要包括两种类型，分别为粉碎输送装置和粉碎研磨装置。

1. 粉碎输送装置

为防止大颗粒物质损坏或者堵塞后续输送管路或者设备，通常采用粉碎输送装置（图8-30）用于液体和污泥的粉碎和泵送，同时也可用于粉碎浮渣和栅渣。在该装置中，颗粒物质沿着轴向流入带有锯齿的摇盘转子，将大固体颗粒粉碎后，挤压推出置于出口的格栅。粉碎颗粒粒径的大小主要取决于定子边缘锯齿大小以及格栅的间隙大小。由于该装置工作方式与离心泵较为相似，因此其进水应该是未经浓缩的污泥，当然它也能够粉碎直径较大的垃圾颗粒。该装置输送能力一般为1.5~20L/s（25~300gal/min）。

图8-30 污泥和垃圾粉碎与螺杆泵组合装置

2. 粉碎研磨装置

粉碎研磨装置（图8-31）其实不是一台真正的水泵，它的主要功能是研磨颗粒物质成细小颗粒，仅仅是产生足够的压力来推动颗粒物质通过研磨装置。该装置利用高能冲击刀片，在颗粒物质通过狭缝出口前，将其粉碎成细小颗粒。根据应用要求、输送能力以及研磨机结构的不同，研磨颗粒直径可达6~10mm（0.25~0.38in）。该装置主要用于研磨浓缩后的污泥、浮渣、栅渣等，以防止后续污泥脱水设施发生阻塞。该装置为减小密封压力，通常安装在污泥泵进水口一侧。该装置对维护保养的要求较高。

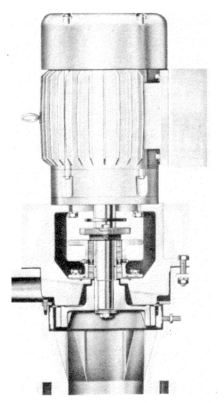

图8-31　污泥研磨装置

8.6.2　计量装置

计量泵与容积往复泵结构较为相似，主要用于控制输送流量。流量大小可通过冲程频率和冲程大小来进行调节。污水处理厂主要使用的计量泵有3种，分别为柱塞计量泵、机械驱动隔膜计量泵和水力驱动隔膜计量泵。

计量泵的运行维护要求与容积泵较为相似，可参考使用。但是，它们配置有进水和出水管路止回阀，应该每6个月检查一次，以确保流量计量准确性。

8.6.3　射流装置

污水收集系统使用射流装置（图8-32）已有多年历史，主要用于流量较小的居民区。由于其对维护的要求较高，目前许多射流装置已被潜水泵所取代。然而，该装置较适宜于污水处理厂浮渣和漂浮物的输送。Anthony Ragnone 污水处理厂（Genesee County，Michigan）采用射流装置输送浮渣已经使用了30多年。

1. 启动准备

在启动射流装置之前，操作人员应该完成以下作业：

（1）检查、清理和润滑上部钟杆、连接杆和水平臂四周的所有外部连接点；

（2）确保所有空气管路、进水管路和出水管路阀门处于关闭状态；

（3）打开活塞阀位置处空气管路排气闸阀；

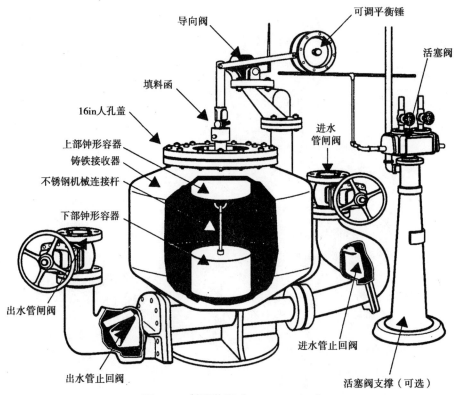

图8-32 射流装置（in×25.4=mm）

（4）打开进水阀，并半注满喷射器。

如果水流进入时，平衡锤倾向于掉落，请将平衡锤拿起，使下部钟形容器注满液体。然后关闭进水闸阀，使平衡锤平衡上部和下部钟形容器的重量。（这是喷射器启动时，平衡锤的大致位置。而一旦喷射器正常运转后，平衡锤的位置可能会有少许变化。）

2. 启动

启动射流装置时，操作工人应该按照以下作业程序进行：

（1）启动空压机升压至需要值（该值取决于输送流体通过具体水泵系统所需要的扬程大小），并将控制按钮置于"自动"位置；

（2）打开射流装置空气管路进气阀；

（3）打开射流装置空气管路排气阀；

（4）打开出水管路阀门；

（5）打开进水管路阀门；

（6）关闭进水管路阀门；

（7）将喷射泵置于正常运行状态。

3. 停止

停止喷射装置，操作工人应该按照以下作业程序进行：

（1）关闭进水管路阀门；

（2）按下平衡锤，排空喷射装置接收器；

（3）关闭出水管路阀门；

（4）关闭空气管路排气阀；

（5）关闭空气管路进气阀。

要注意的是空气压力管路上的阀门在启泵时是最先开启的，而停泵时是最后关闭的。

4. 测试程序

针对喷射装置，包括以下几种测试。

（1）进水止回阀测试

为了检查进水止回阀安装是否正确，请关闭出水阀门，使射流装置注水，同时通入高压空气。如果喷射泵接收器是空的，这可以从上部钟形容器下降，而平衡锤上升看出来，这就表明进水止回阀存在故障。

（2）出水止回阀测试

为了检查出水止回阀安装是否正确，请关闭进水阀门，拉下平衡锤，让接收器处于放空状态。如果接收器发生再次注水，这可以从上部钟形容器升起看出来，这就表明出水止回阀存在故障。

该测试仅适用于排水管路存有足够的输送流体，倒流时能够充满接收器的场合。否则，在关闭进水阀门之前，接收器必须是处于半充满或者3/4充满状态，这样出水管内的存水在倒流时才能够充满接收器。

（3）活塞阀测试

为了检查活塞阀是否能够正常工作，请移除活塞阀盖，观察活塞阀能否来回自由运动（仅能在射流接收器未排空的状态下进行）。

（4）导向阀测试

为了检查导向阀是否能够正常工作，请关闭进水阀，将活塞阀活塞向出水口方向移动（关闭主压力进口），并输入少量的空气。在活塞阀一端的6mm（0.25in）的小孔应该喷射空气。然后，将活塞阀向进水口一端移动，这时活塞阀一端应该停止喷射空气，而活塞阀的另一端应该开始喷射空气。空气的喷射应该随导向阀杆的前后移动不断改变喷射位置。（少量的空气会吹过位于高压端的主活塞，这是因为活塞盖移除后，活塞能够保持的压力要远小于它在实际作业中所能保持的压力。）

如果出水管路或者泵是空的，带压空气将会直接通过接收器进入出水管路。如果活塞阀被固定位置，从而导致主压力口是敞开的，这样无论导向阀杆如何移动，压力都不足以反向阀门而关闭出气口。如果发生了这样的问题，请将导向阀杆置于钟形容器末端向下的位置（此为合适的位置，以防如果射流装置处于空置状态时，能够使带压空气通过）。迅速关闭空气压力管路上的截止阀。这样通常就能反向活塞阀。如果仍然不能反向的话，请关闭进水和出水管路上的闸阀，使空气在接收器内积累。这样活塞阀就能反向，切断空气排放。打开所有的阀门；重复该过程几次。

（5）上部齿轮装置清洗

射流装置接收器应该每周至少进行一次人工吹扫，以去除积累的浮渣、漂浮物或者颗粒物质。最简单的方式是拉下平衡锤2min，清除射流装置接收器内存留的所有异物。

如果平衡锤粘住无法移动，这时移除上部钟形容器导杆的开口销，将螺母松至顶部。然后，紧固下部的螺帽。这样做能够推迟需要完全拆卸保养齿轮大约6~8个月，主要取决于射流装置的使用环境。

当再次发生平衡锤粘住无法移动时，就需要移除齿轮装置，清理上部钟形容器以及接收器周边区域，然后重新安装起来。

8.7　泵站

本手册中所述泵站，包括用于将流体从一个位置输送至另一外置，所需要的所有设备、附属设备和设施（不包括输送流体离开水泵设施后压力管道）。水泵输送系统良好的运行维护应该同时包含所有这些组成部分，而不仅仅是水泵本身。

泵站通常应该至少包括2台水泵以及集水池液位控制系统。其中一台被认为是"备用泵"，但是2台水泵是互为备用关系，这样2台泵的使用频率和磨损情况是基本相同的。

8.7.1　类型

泵站布置类型多种多样，主要取决于泵站的规模和使用环境。在本手册中，泵站主要根据水泵及其附属设备是安装在输送液体之外、靠近输送液体，或者是在输送液体之内进行分类，分别为湿坑/干坑、湿坑/潜水泵、湿坑/非潜水泵。

1. 湿坑/干坑

在这种布置类型中，通常采用两个坑，湿坑用于集水，干坑用于安装水泵及其附属设备。这里要求进水管路不能太长，通常用于大流量污水输送。需要注意的是该种水泵布置方式，水泵不能断流，而污水中的固体颗粒可能会堵塞吸水管路。该种泵站布置方式也常用于消化池以及其他污泥处理单元间的污泥输送。该种泵站布置类型建设费用较高，而当位于地面以下时，需要考虑采用暖通空调（HVAC）系统。因为该种布置类型，操作人员能够观测和接触到水泵设备，因此对于运行维护操作较为有利。

2. 湿坑/潜水泵

在这种泵站布置类型中，同一湿坑既用于水泵安装，又用于集水。水泵叶轮淹没或几乎淹没在输送流体中，不需要安装吸水管道。这种泵站布置类型应用较为广泛，采用的是效率较高的潜水离心泵（图8-33、图8-34）。

3. 湿坑/非潜水泵

在这种泵站布置类型中，仅设置湿坑用于集水池。水泵安装在集水池液面以上，或者一定高度之上的位置，以防止地下水或者其他水的渗入影响。这种泵房布置类型主要用于流体能够吸入进水管的地方（例如处理后水），或者突然停泵或故障不会造成严重事故的场合（例如，污水处理厂原水提升泵站、二级处理水提升排放泵站和污水处理厂自来水供水系统）。

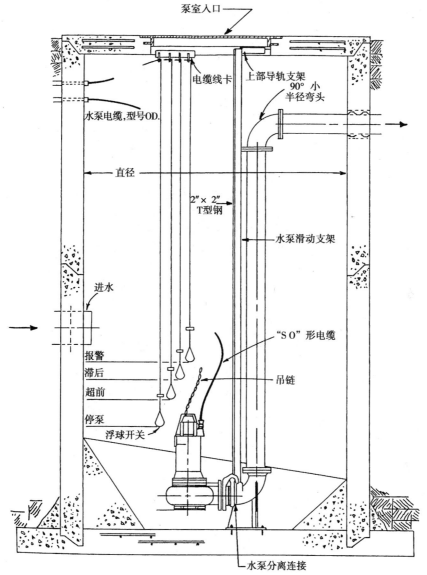

图8-33　常用潜水泵站（in×25.4=mm）

8.7.2　管道和附属设备要求

泵站管道和附属设备通常要满足以下要求：

（1）每台水泵单独设立阀门；

（2）每台水泵出水管路上设置止回阀；

（3）水泵与进水管路或出水管路连接处设置膨胀节（减小外部对水泵的影响）；

（4）主干管上安装流量计（测量泵站总流量）；

（5）空气释放阀（通常安装在管路的最高位置处，用于释放管路中的残留高压空气）；

（6）真空安全阀，用于当管路排水时使空气进入，防止管路中形成过度低压（主要

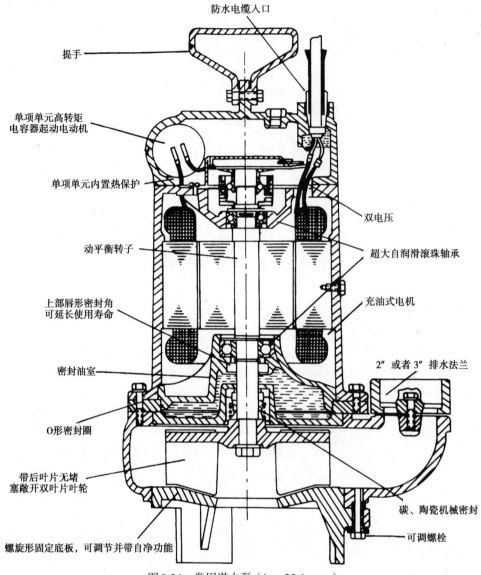

防水电缆入口

提手

单项单元高转矩
电容器起动电动机

单项单元内置热保护

动平衡转子

上部唇形密封角
可延长使用寿命

密封油室

O形密封圈

带后叶片无堵
塞敞开双叶片叶轮

螺旋形固定底板，可调节并带自净功能

双电压

超大自润滑滚珠轴承

充油式电机

2″或者3″排水法兰

碳、陶瓷机械密封

可调螺栓

图8-34 常用潜水泵（in×25.4=mm）

安装在低压能够导致管道破裂的位置）；

（7）排水系统；

（8）冲洗系统；

（9）检测系统；

（10）控制系统。

作为常规运行维护计划的一部分，操作人员应该检查每一个附属设备，以确保其运转正常。例如，"冻结"的隔离阀将会使水泵的拆除变得较为困难。失灵的止回阀将会减小输送流量或者泄漏回流至集水井，从而增大水泵自循环作用，增加运行费用。

8.7.3 泵站维护

水泵输送系统良好的维护计划能够减少或者防止不必要的设备磨损和故障停转时间。（以下维护信息均适用于污水与污泥输送系统。）

1. 基本维护

泵站基本维护作业清单如下：

（1）定期检查集水池液位（最好一天一次，如果流量较大时要增大检查频率）；

（2）每次运行时间内，至少记录一次每台泵的运行时间长度（运转时间测量表），确保每台泵的运转时间基本相同；

（3）确保控制面板开关处于正确位置；

（4）确保控制阀门处于正确位置；

（5）检查不正常的水泵噪声；

（6）每周至少一次，人工排空集水池，清除可能堵塞水泵的杂物；〔请采取适宜的安全措施（第5章）。〕

（7）检查浮球液位计和电缆的状况，去除所有的杂物，以确保其正常工作。解开扭曲的电缆，否则可能影响浮球的正常功能；

（8）如果泵站的水泵被拆除，就需要将主泵选择开关调整至与运行中的其他水泵相关联（这样能够通过主泵的液位来控制泵的启闭）；

（9）按照以下操作，定期检查水泵轮值控制和报警控制功能：

1）将每台泵的H/O/A选择开关调整至"off"（O）位置。

2）将集水池注满水，直到"高液位"报警启动。

3）将每台泵的H/O/A选择开关调整至"auto"（A）位置。水泵将会按照次序依次启动。（如果水泵同时启动，调整控制程序，在水泵启动间隔中加入适当时间延迟。）

4）将所有3台水泵设置为自动运行。当液位降低至"低水位"位置时，关闭所有水泵。

5）不断向集水池内注水，直到主泵启动，然后停止进水。让主泵运转至低液位时停泵。

6）再一次，向集水池内注水，直到第二台泵启动，然后停止进水。让第二台泵运转至低液位时停泵。

7）针对每一台水泵重复以上过程。

8）仔细检查所有3台水泵的H/O/A选择开关设定至"auto"（A）位置。

2. 启动水泵

启动水泵时，操作人员应该完成以下操作：

（1）关闭所有现场控制；

（2）开启主电动机控制中心断路器；

（3）开启主电动机、所有水泵和变压器的现场控制；

（4）全开阀门井内每台水泵出水管路阀门；

（5）全闭水泵旁路连接（如果有的话）；

（6）调整H/O/A选择开关或者每台泵至"hands"（H）位置，并监测水泵运转一小段时间（大约10min，但是要确保集水池不会被抽干）；

（7）调整H/O/A选择开关至"auto"（A）位置；

（8）针对每台泵重复第6和第7步骤；

（9）调整主选择开关至所需位置（1/auto/2）。（通常，一般选择为"auto"。）

为了检查水泵轮值控制和液位报警控制的功能，向集水池内注水，监测这两个控制系统的工作状况。

3. 停泵

停泵时，操作人员应该完成以下操作：

（1）将H/O/A选择开关调整至"off"（O）位置；

（2）将主泵选择开关调整至与正在运行的水泵相关联；

（3）将水泵现场控制开关断开至"off"（O）位置；

（4）关闭出水阀门；

（5）如果需要维修，让维修人员将水泵移出泵坑。

8.7.4 管道和附属设备维护

泵站管道、阀门和其他附属设备的良好维护，能够降低水泵运行负荷。进水管路或出水管路过大的水头损失，均会增大能耗及磨损，从而增加运行维护费用。过大的水头损失也会导致处理工艺产生问题，因为污泥的输送速度较慢，从而无法保持各处理单元间的污泥平衡。操作人员可以通过例行监测水泵两侧进出水管路上的压力表读数，来监测水头损失情况。

1. 管道

当发现水头损失过大时（可以通过吸水管路压力的下降或者出水管路压力的增大表现出来），操作人员应该查明水头损失是否是管道局部堵塞或者是泵室内产生物质积累的结果。堵塞位置应该从检查进水和出水管路不同位置处的压力开始，确定水头损失的突跃点（例如，阀门或者其他管道渐缩位置）。如果阀门或者其他附属设备中确实存在杂物堵塞，则可以采用高压水进行反冲洗。污泥输送系统通常会采用冲洗系统来协助完成泵、附属设备和管道的运行维护工作。

如果反冲洗无法完成清通工作，操作人员就需要将堵塞部位拆除清通。如果同一位置再次发生堵塞，则需要更换不易于堵塞的阀门或者附件（生产商或者设计工程师通常可以推荐适宜的替代附件）。

管道内逐渐累积起来的浮渣、油脂或者其他物质，通常很难采用机械或者化学方法进行清通。如果这种累积是一个渐进的过程，操作人员应该制定出一种例行操作程序，在堵塞影响正常运行之前，实现清通。内衬玻璃或者聚四氟乙烯的管道不易于杂物的累积，但是很多污水处理厂还没有采用这种管道。（如果污水处理厂已经采用了玻璃或者聚四氟乙烯内衬的管道，操作人员在采用机械方式清通杂物时，要注意避免对管道造成损坏。）

管道内累积的浮渣沉淀可以采用化学清洗或者机械刮除方式进行清通。一般将化学溶剂（例如，碱性洗涤剂混合物）泵入管道内，经过几个小时（甚至几天）的时间来溶解浮渣或者油脂。加热后的碱性溶剂效果较好。随后，根据所使用的化学溶剂的性质以及后续的处理工艺要求，管道内的化学溶剂必须排出后，管道方可重新投入使用。（为了确定排出的化学溶剂的适宜处置方法，操作人员应该咨询化学溶剂供货商或者参看该化学品安全技术说明书MSDS。）

机械刮除是管道清通的最终可选方法。通常要求停泵，并排空管路积水。

管道内的浮渣积累通常采用源头控制予以解决，例如，在怀疑可能或者确定产生油脂的位置（饭店等污水收集系统处），安装除油装置。

［注：如果污水处理厂的管道没有采用颜色进行标记，操作人员应该建立起颜色编码系统来方便培训，同时降低污泥、污水或者其他物质输送至错误处理单元的可能性。同时应该在管道上标记输送流向箭头、注明输送物质以及输送去向位置（例如，初沉池污泥至1号污泥浓缩池）。］

2. 阀门

阀门应该定期进行润滑（参照生产商手册要求），同时阀杆应该定期转动以确保能够灵活转动，这些措施应该包含在水泵维护计划中。

污泥泵冲洗系统应该在阀门上游一侧建立一个连接，以方便使用高压水冲洗球阀（或隔膜泵柱塞阀）内累积的杂质。即使不能冲洗出阀门内累积的杂质，高压水也可以将泵内积累污泥冲洗出来。

第9章 化学药剂存储、转运与投加

9.1 引言

本章主要介绍污水处理所用化学药剂，在装卸、存储和投加过程中使用的设备的运转与维护问题。物理—化学处理（第24章）一章内，给出了一些利用化学药剂提高污水处理效果的具体应用情况。针对每一具体处理工艺，都应该对投加的化学药剂进行评估，以考察其对后续处理单元的潜在影响以及处理出水可能存在的毒性。针对具体处理工艺中化学药剂的选用以及投加剂量的确定，将在WEF出版的其他手册中予以讨论，如城市污水处理厂设计（WEF and ASCE，1998）和污水处理厂臭气控制与排放（WEF，2004）。

9.2 化学药剂使用系统

所有化学药剂，无论是固体、液体还是气体形式，都需要一个加药系统来精确并重复性控制加药量。化学药剂作用是否能够充分发挥，取决于精确剂量的投加以及良好的搅拌作用。某些药剂的效果受药剂量和混合作用的影响要高于其他影响因素。加药系统的设计必须考虑化学药剂的物理化学性质，最低和最高环境温度或者室温情况、最小和最大水量、最小和最大药剂使用量以及加药装置的可靠性。药剂投加系统通常包括将药剂从供应商运输至污水处理厂存储区域、化学药剂的存储、药剂溶解（偶尔也可能不用）以及校准化学药剂或者溶液的投加速度的整个过程。

化学药剂投加系统的输送能力、潜在的运输交货延误问题以及化学药剂的使用速率，都是药剂存储和投加中需要考虑的重要问题。存储能力必须考虑一次大批量购买时的价格优惠优势，同时也要对照考虑大型仓库的建设成本、潜在泄漏以及化学药剂随时间分解变质的劣势。一次少量购货，势必价格较高，而且运输和卸料成本都会增大。然而，药剂的大量存储和投加装置往往需要配置更多更大的设备，导致建设和运营成本的增加。固体化学药剂储罐或者储柜必须设计有适宜的放置角度，并提供必要的环境条件，如温度和湿度。加药管线的直径大小和坡度也是需要考虑的重要因素。储罐、加药设备、泵、管道和阀门材质的选择也是极为重要的，因为许多化学药剂对于多种材料是有腐蚀作用的。

加药装置的规格要能够满足药剂最小和最大投加量的广泛要求。人工控制加药系统通常加药能力范围为10：1，而如果采用双控系统，加药能力范围可提高至20：1。为了提高运转的灵活性，当选择化学药剂投加能力的适宜范围时，操作人员应该考虑未来可能的设计条件。常见的问题是不能够将加药泵调节至足够小的流量。加药装置可以手动调节，或者自动换算成与流量的比率，或者关联与某一工艺参数（如pH）。也可以采用以上3种中任何2种相结合的方式进行控制。如果手动控制系统需要考虑将来自动控制的可能性，所选择的加药装置应该考虑花费较小的费用就可以进行改造。通常往往希望有备用装置，但并不是每种类型的加药装置都必须配置，除非监管机构对此有备用要求。为了应对污水水质的变化，加药点的位置以及加药量应该足够灵活以便于调节。料斗、储罐、加药装置和药剂管线设计的灵活性是以较低投入获得最大效益的关键所在。

由于不同种类的干粉化学药剂的性质差别较大，因此加药装置必须认真加以选择，尤其是在规模较小的污水处理厂中，一个加药装置往往可能会被用于投加多种化学药剂。一般来说，操作人员应该采取措施确保所有化学药剂处于通风干燥状态。保持较低的湿度尤为重要，因为潮解后的化学药剂可能会结块、变黏，甚至结成较硬的大块。而其他吸潮能力较低的化学药剂会形成黏性表面颗粒物质，在料斗内造成粘连作用增加。通常情况下，采用干粉化学药剂配置化学溶解时，往往配制量都是一定的，因为溶解后药剂的保质期较短，尤其是聚合物。操作人员应该咨询化学药剂供应商，以确定每种化学药剂及其配制化学溶液的推荐保质期。

操作人员应该保持化学药剂卸料区和设备尽可能干燥。否则，吸潮可能会影响到药剂的密度，进而导致加药量的不足。同时，可能会降低干粉化学药剂的效果，尤其是聚合物。为了清洁、防止腐蚀和安全考虑，在用铲装卸地点、倒袋站、斗式提升机、料斗和加药装置处，应该安装使用除尘装置。收集的化学粉尘通常可以与存储的化学药剂一起使用。

9.3 安全注意事项

污水处理厂所使用的许多化学药剂，如果没有进行适宜地存储、转运以及使用的话，往往都是较为危险的。污水处理厂操作人员应该始终保持与国家监管机构和地方应急管理机构相一致，并进行报告和计划发展要求。联邦法规要求职员可以得到化学品安全技术说明书（MSDS）。MSDS提供了化学品信息，包括危害以及安全处置程序。MSDS应该保存在化学药剂使用现场，同时还应该保存在污水处理厂文件保管区。操作人员必须使用正确的安全设备，并遵守MSDS中提供的安全处置程序。这包括个人防护设备的使用，例如面罩、护眼镜和防护服。而且，污水处理厂应该配备有充足的紧急冲淋洗眼器、喷淋设备、抑尘设备（用于干式加药系统），以及二级防渗漏围堰（用于液体药剂或者溶液加药系统）。

表9-1简要给出了污水处理厂常用药剂的物理性质，以及处置时安全方面需要考虑的主要问题。表9-2简要给出了这些药剂使用、加药系统类型选择以及操作中需要注意的问题，以及其他注意事项。操作人员应该查询MSDS以获得具体化学药剂的完整指导资料。

污水处理厂化学药剂——物理性质及安全注意事项

表9—1

化学药剂名称	别称	物理性质	安全注意事项
氨	液氨	沸点=-33.4℃(-28.1°F)，极易溶于水。LEL^a=15%，UEL^b=28%。氨气比空气轻	液氨可致皮肤灼伤。对眼睛和肺部具有强烈的刺激性作用。与氯气、酸会发生剧烈化学反应。空气中浓度为5ppm时有臭味感觉，浓度达到25~50ppm时有刺激性气味、中等火灾危险。氨气与空气混合有爆炸危险
氯		活性强，有毒，黄绿色气体。沸点=-34℃(-29°F)。微溶于水。氯气比空气重	氯气与水反应生成酸。对眼睛、黏膜和呼吸道产生急性窒息。能够与多种化学物质反应引起火灾或者爆炸
二氧化氯		黄红色或橙色气体，有刺激性气味，氧化剂，漂白剂。沸点=10℃(50°F)	能够刺激呼吸系统，应避免吸入。能够损伤眼睛，发生剧烈反应。有爆炸危险。在阳光照射下不稳定，易分解
消泡剂	泡敌	有许多商业产品。性质差别较大	一些消泡剂具有腐蚀性和易燃性。避免接触眼睛和皮肤。避免吸入挥发蒸汽
三氯化铁	氯化铁	商品形式有固体或者溶液。溶液比重：1%=1.0084；45%=1.487。极易溶于水。溶解度高于33%时会产生结晶	腐蚀性液体。避免接触眼睛和皮肤。中等毒性。吸入本品粉尘会刺激咽喉和上呼吸道。当无水固体用水稀释时有大量放热
硫酸铁		溶液具有腐蚀性	避免接触眼睛和皮肤
盐酸	氢氯酸	常见浓度为31%和35%，溶液比重：31%=1.16，35%=1.18。极易挥发。具有强氧化性和腐蚀性	强腐蚀性液体和蒸汽。避免接触眼睛和蒸汽。在5~10ppm时有刺激性气味。活性较强。高温下或与金属接触时，分解释放有爆炸危险的氢气。与浓硫酸不能共存
过氧化氢	双氧水	纯液体沸点=151℃(304°F)。活性强，不稳定。具有强氧化性和腐蚀性。商业产品常见浓度为30,35,50和70%溶液。通常存储和使用浓度为等于或者小于50%。溶液比重：30%=1.112，50%=1.196	对皮肤、眼睛和黏膜具有刺激性。避免吸入双氧水烟雾。数金属有机物质不能共存。高浓度条件下具有引发火灾或者爆炸的危险。金属接触能够导致其剧烈分解，可能导致储罐剥坏
石灰	氢氧化钙，熟石灰，氧化钙，生石灰	白色粉末固体，具有苦味，微溶于水。干燥的生石灰具有较强的吸水性，与水混合时会释放出大量热量	对皮肤和肺部具有刺激性。装卸固体石灰时可能带来粉尘问题，需使用防尘口罩和眼罩
臭氧	三原子氧	无色气体，沸点=-112℃(-169°F)	强氧化剂，具有刺激性和毒性。TWA=0.1ppm，检测低限值=0.01ppm。与油和其他可燃物质不能共存。能加剧燃烧。AGGIN能够刺激眼睛、黏膜和呼吸系统
聚合物	阴离子型、阳离子型、非离子型聚合物	商业产品有干粉和高浓度溶液两种形式	一些聚合物溶液有腐蚀性。有些具有高黏性和高光滑性。避免接触液时要注意安全操作。在配制溶液时要注意安全操作
高锰酸钾	灰锰氧	具有特征紫色的强氧化剂。密度为90~100 lb/cu ft^c	具有毒性，易制毒。能与有机物、过氧化氢发生硫酸反应。与盐酸反应产生氯气。避免吸入粉尘颗粒。能与有机物发生剧烈反应。与木材接触
氢氧化钠	氢氧化钠	白色至黄色晶片，具有硫化氢气味(臭鸡蛋)	能够刺激眼睛、皮肤和黏膜。尤其要避免接触眼睛。与酸接触能够产生毒性硫化氢气体

续表

化学药剂名称	别　称	物理性质	安全注意事项
氢氧化钠	烧碱、苛性钠碱液	商业产品有固体和溶液两种形式。50%溶液熔点≈11.6℃（53°F）；50%溶液比重=1.53	对人体组织具有强腐蚀性。避免吸入粉尘或者烟雾。与水混合能够释放大量热量。与酸接触会产生腐蚀性气体。避免吸入烟雾、烟气、皮肤。避免人烟雾。存放应避免阳光直射。
次氯酸钠	氯漂白剂	浅黄色或绿色溶液，有氯气味。商业产品溶液浓度为5%，10%和15%	强氧化剂。对眼睛和黏膜具有腐蚀性。避免接触眼睛、皮肤。避免吸入烟雾。受热分解成氯化钠和氧气。遇酸、温酸、氢气、有机物和金属会发生反应。
二氧化硫	亚硫酸酐	无色气体，具有强烈窒息性气味。沸点=-10℃（14°F）。比空气重	刺激黏膜，具有毒性。检测低限浓度为0.5ppm。OSHA[d] TWA限值为2ppm。避免吸入。与水蒸气混合产生酸雾
硫酸		无色透明油状液体。常见浓度为93%溶液；93%溶液比重为1.834	强腐蚀性。当碰到皮肤时，能够灼伤和碳化。尤其对眼睛伤害较大。用水稀释时释放大量热量。能够与有机物质、高氯酸盐、高锰酸盐、雷酸盐或者金属粉末反应，引发火灾或者爆炸

[a] LEL= Lower exposure limit　暴露下限。
[b] UEL= upper exposure limit　暴露上限。
[c] lb/cu ft × 16.02 = kg/m³。
[d] OSHA= 职业安全与健康管理局。

表9-2

污水处理厂化学药剂——使用注意事项

化学药剂名称	用途	投加方式	使用注意事项	备注
氨	作为外加营养元素。消毒	气体	小心搬运氨气瓶;储藏室顶部通风	在氨气使用中,严禁使用紫铜或者黄铜。通常使用铁或者钢材质
氯	消毒、除味	气体	氯气钢瓶存储要求低温、干燥、良好通风。操作要小心	用沾有氨水的抹布来监测氯气是否有泄漏。严禁向泄漏氯气直接冲水
二氧化氯	消毒	气体	通常现场发生制备	
消泡剂	活性污泥系统或者氧化塘内控制泡沫	液体		
三氯化铁	调理污泥、絮凝、除磷	固体或者液体		对大多数金属有腐蚀作用,尤其是铝、铜、碳钢以及尼龙
硫酸铁	混凝、除磷	固体		铁或者钢不能用于使用盐酸的场合
盐酸	中和	液体		铁或者钢不能用于使用过氧化氢的场合。避免使用铜。可采用不锈钢、铝以及塑料材质
过氧化氢	除臭、补充溶解氧、控制污泥膨胀	液体	低温存储。远离可燃物质	
石灰	混凝、pH调节、调理污泥、除磷	固体	石灰熟化器会产生大量热量,必须注意观察,避免热量积累。吸水后会结块,体积增大	
臭氧	除臭、消毒	气体	通常现场制备	
聚合物	混凝、助滤剂、调理污泥	固体或者液体		铁或者钢通常不适用于使用聚合物的场合
高锰酸钾	除臭、除铁	固体	不要存放在敞口容器内。避免与可燃物质混合	与木材接触能够引起火灾
硫氢化钠	脱氯、除铬、调节pH,杀菌剂	固体	遇酸能生成硫化氢气体,该气体易燃且具有毒性	
氢氧化钠	pH调节、除臭、清洗	液体	高浓度氢氧化钠能在高温条件下疑固。者凝固的氢氧化钠管路有爆裂或爆炸引起的危险	使用时不要靠近铝质物品。镀锌管不适于使用氢氧化钠的场合
次氯酸钠	消毒、除臭	液体	存放易分解,应远离光和热	
二氧化硫	脱氯、调节pH,还原铬	气体	低温下,在管路中能够再次液化	在高温潮湿条件下具有比氯气更高的腐蚀性
硫酸	调节pH	液体	干燥容器存放	铁和钢可以用于存放浓硫酸,但是稀硫酸对钢具有强腐蚀性

9.4 风险管理

一些气态化学药剂，例如氯气、二氧化硫或者氨气，如果释放到大气中会造成严重危害。因此，某些化学药剂的存储必须遵守联邦、州或者地方法律法规的要求，同时需要遵守这些化学药剂的溢流、泄漏、处置的报告程序。美国环保署（U.S. EPA）风险管理计划（RMP）特别关注化学物质的突发泄漏事件。该计划是1990净水法修正案（112r节）（预防，2002）的组成部分，要求污水处理厂识别危害，管理风险。美国环保署和职业安全与健康管理局（OSHA）两者都有类似的法规来预防危险化学物质的泄漏事故。美国环保署风险管理计划着重强调了对公众健康和环境的保护，而职业安全与健康管理局的工艺安全管理标准主要倾向于工作场所内雇员对于化学药剂的防护问题（29 CFR 1910.119）（职业，2003）。

美国环保署风险管理计划适用于污水处理厂处理工艺中化学药剂存储量超过某一临界量的情况。使用、生产和存储表9-3中所列任何一种化学药剂的污水处理厂，当等于或者超过规定临界量限值时，必须遵守该规则的所有规定条款。为了预防泄漏事故，监管有毒物质列表及其临界值，请参见40 CFR 68.130（表1-4）（清单，2003）。

预防泄漏事故部分监管有毒物质及其临界量列表		表9-3
化学药剂名称	美国化学文摘服务社登记号CAS	临界量（lb）
氯	7782-50-5	2500
氨（无水）	7764-41-7	10000
氨（20%或更高浓度溶液）	7764-41-7	20000
二氧化硫（无水）	7446-09-5	5000
丙烷	74-98-6	10000
甲烷	74-82-8	10000

如果污水处理厂内化学药剂超过了临界量，那么污水处理厂操作人员必须记录所发生的严重事故（5年内），分析化学药剂泄漏最严重事故状况，联系并协调地方应急响应人员，并向政府机构、州应急响应委员会和地方应急计划委员会提交风险管理计划。风险管理计划（RMP）中的预防计划应该包括风险识别、实施程序、员工培训计划、维护要求、应急响应计划以及完整的事故调查过程。当存储气体化学物质，例如氯气或者二氧化硫，并且其存储量超过某一具体量时，应考虑设置二级防泄漏和应急吸收处理系统，以阻止或者尽可能地减少化学药剂的对外泄漏释放。污水处理厂应该与地方应急处置官员共同协商制定应急响应程序。联邦法规要求某些药剂的存储超过一定量时，需要通报地方应急计划机构（参见第5章 职业安全与健康）。

9.5 化学药剂卸料与存储

化学药剂卸料和存储时，需要特别注意安全预防措施。本章完整给出这些预防措施是不现实的，操作人员必须直接从化学药剂生产商或者供应商处，获得污水处理厂使用的每种化学药剂的存储和卸料时，需要注意的安全预防措施信息。

9.5.1 化学药剂卸料

一般来说，污水处理厂所使用的化学药剂，通常是采用干粉固体、液体或者气体三种形式之一的方式送至污水处理厂的。液体化学药剂可能是多相和多种黏度的混合物。例如，液体聚合物可以是单相液体、多相乳化液、曼尼希态（高黏度聚合物的一种特殊形式）和凝胶状态。同时，化学药剂也以多种存储方式进行运输，包括袋、桶、手提袋、钢瓶（气体）、吨级集装箱、槽罐卡车和槽罐火车。干粉化学药剂常见为袋装、桶装、小型或者大型箱装。小型集装箱包括超级囊袋或者集装袋。当日使用量较小时，可采用袋装，因为无论是人力还是机械操作，袋装化学药剂的使用与存储相对简单。袋装化学药剂，无论是采用散装运输还是采用货盘在敞篷卡车或者厢式货车运输，都需要采用手动升降机或者叉车将其送至仓库。对于散袋化学药剂，如果卸料点距离存储区域较远的话，就需要采用传送装置进行输送。而对于货盘上的装箱，可以采用叉车托运至存储区域或者使用场地，这样可以节省大量人力。桶装比袋装能够容纳更多的化学药剂（通常每桶容量大约为181kg（400磅）），但是使用起来较为麻烦，可以采用机械搬桶车或者翻斗车进行转运。

对于使用速率中等的化学药剂，可以购买使用小型集装箱，超级囊袋或者集装袋装形式都可以大大减少人力劳动。小型集装箱规格通常为907kg（1t容量），大约等于40袋23kg（50磅）的袋子容量。对于小型集装箱，通常应该配置一个支架，将药剂集装箱容器固定在加药装置之上，并在药剂袋或者加药装置上安装阀门，以控制药剂投加量。另外，通常要使用叉车来运输或者提放袋装药剂。因此，需要考虑叉车通道或者卷帘门留有足够的空间。对于小型集装箱容器而言，即使其加药装置费用和所需要的操作空间要高于袋装或者桶装药剂，但是前者转运的人工劳动可以大大减少。

固体或者液体化学药剂的大批量运输，是通过厢式货车或者铁路车皮形式完成的。通常在污水处理厂现场需要配备散装卸料设备。火车车皮采用顶部卸料时，需要配置供气系统，以及一个灵活的联接装置，以通过空气置换作用，实现化学药剂卸料。而底部卸料可以通过采用输送泵或者气动传输系统完成。应当遵守美国交通部（US DOT）有关化学品储罐车卸料的相关管理条例。

卸料区应该预先进行配置，以防发生泄漏时，可以实现对化学品的回收、中和或者及时处置。应当预备一些泄漏控制措施，例如泄漏阻拦栅和吸收垫，中和化学药剂，以及废物处置储桶，并对泄漏响应人员进行针对性培训。所有卸料区应该水平，确保满足托运的前行通道要求。重型卡车道路和卸料区应该设计为混凝土。另外，必须考虑预留有适当的卡车转弯半径。在任何卸料操作之前，操作人员应该确认卸料储罐容积能够满足卸料槽罐车的容量要求，同时应确保储罐通风良好。当卸料输送过程带有空气时，在最后输送过程中将会发生剧烈空气流现象，因此需要考虑设置适宜大小的减压孔。在卸料站，推荐采用液位计协助操作人员检测储罐液位，避免溢流。一般而言，卸料站需要提供快速断开联接，供卸料使用，这可以咨询化学药剂供应商，协助操作人员选择合适的快速断开联接型号和大小，以简化卸料操作过程。

所有卸料操作过程必须全程由经过培训的操作人员进行监管。如果操作人员需要离开卸料操作点，应该立即停止卸料过程。卸料过程中，操作人员必须使用防护眼镜、手套和防护服。紧急冲淋洗眼器和喷淋设备应该就近卸料站设置，而且每月应该至少检测一次，以确保随时可以正常使用。另外，任何化学药剂卸料点禁止烟火，卸料应该在白天进行，而如果需要在夜间进行卸料操作，则必须提供充足的照明。

美国交通部（U.S. DOT）和美国海岸警卫队（U.S. Coast Guard）均将氯气、氨气和二氧化硫视为不易燃压缩气体。这些物质，在美国通过铁路、水路或者高速公路运输时，必须封装在容器内，而且要符合美国交通部和美国海岸警卫队有关装载、转运和标记的相关条例规定。

商品氯气常见运输形式为45kg和68kg（100lb和150lb）钢瓶、907kg（1t）钢制容器，以及（更大量存储）铁路罐车、槽罐卡车或者驳船。氯气操作手册（The Chlorine Manual）（The Chlorine Institute，Inc.，美国氯气协会，1986）详细阐明了有关氯气存储容器的装载、转运相关具体要求。

对于68kg（150lb）氯气容器的转运，可采用多种机械装置，例如斜板、卸料槽和卸料翻斗。当从卡车或者高位平台卸料时，严禁将钢瓶直接抛落地面。如果需要提升或者降低钢瓶，而缺少升降机械时，可推荐使用特殊设计的卸料支架或者平台，并结合起重机进行操作。但是吊链、起重磁铁以及吊绳均不安全，而不应该使用。需要进行水平转运时，可采用平衡搬运托板车。搬运中的钢瓶，应该始终保持阀门保护罩处于保护状态。因为这些保护罩设计不能用于承担钢瓶及瓶内的氯气重量，因此，不能通过提拉钢瓶保护罩进行转移。

吨级容器的转运有许多方法可以采用，包括滚动、单轨吊重起重机系统，或者专门定制卡车或推车。如果需要进行提升，例如从多节铁路罐车或者槽罐卡车卸料，较为实用的方式是采用适宜的吊钳或者吊梁，并结合起重机，这样可以获得至少1814kg（2t容器）的起吊能力。

单节铁路罐车、槽罐卡车或者其他船运容器的接收和卸料区，及其安全防范措施，要符合联邦、州和地方的相关法规。

9.5.2 化学药剂存储

污水处理厂化学药剂存储和转运所使用的设备，随化学药剂的类型、形态（液体或者干粉）、药剂使用量以及污水处理厂规模不同而发生变化。

化学药剂储罐或者容器必须采用标签，表明其存储物质名称。每一储罐或者存储区域都应该清晰标注存储物质名称和美国消防协会（NFPA）危险源识别系统（美国消防协会，2001）。

化学药剂存储区域的布局及其设计，必须遵守地方法规和条例的规定要求。存储区域必须保持清洁，进行温控，保持良好通风，并采取措施防止腐蚀性蒸汽发生腐蚀作用。在一些存储位置，尤其是干粉存储区域，尤其需要进行湿度控制。钢瓶和吨级容器应该存储在防火建筑物内，并远离热源、易燃物质以及其他压缩气体。存储和使用区域应该配置适宜的机械通风系统，并保证良好运转，同时应该配置泄漏检测设备，并可以收纳有毒蒸汽。已经实施了NFPA指南的州和地方，将会要求使用气体洗涤器。其他有关氯气和二氧化硫应急气体洗涤器的内容，将在第26章（出水消毒）内进行阐述。二氧化硫洗涤器与氯气洗涤器相似。在一些场合，在洗涤器的安装位置，可以安装使用散装容器二级收集装置。但是，在所有情况下，对气体存储区域，都应进行正确的通风控制（即，当检测到气体泄漏时，需要终止正常通风）和配置应急气体洗涤装置（通常情况下，其设计能力要能够容纳最大单体容器发生泄漏情况）。严禁将钢瓶和吨级容器存放于室外。同时，应该在存储和使用区域均配置现场和远程报警设备，以警告化学药剂任何潜在泄漏情况的发生，例如氯气、二氧化硫和氨气等。

1. 大容量存储

图9-1所示为一个典型密封型大容量干粉储罐（储柜）。在手动和气动进料罐场合，应该配置粉尘收集装置。空气中飘浮的化学粉尘不仅对操作人员健康有害，同时也有爆炸的危险。储罐材质、出口倾斜度以及挡板，随存储的化学物质不同而发生变化。一些干粉化学药剂，例如石灰，需要密闭存储以降低潮解的可能。干粉化学药剂大容量存储罐通常要配置振荡器以减轻储罐内化学药剂的桥连作用。

液体或者干粉化学药剂的大容积储罐容积的大小，应该根据所存储的化学药剂的平均使用速率、购买运输时间以及运输量来确定。总存储量应该至少是预期单次最大供货量的1.25~1.5倍，可以提供至少15~30d的平均日设计使用量。气体存储区域面积应该能够满足所需钢瓶和散装容器的存放，气体存储量也是根据日平均使用量进行确定，其总存储量与以上所述数据相当。在许多情况下，最小存储使用天数要符合监管要求。大部分液体化学品储罐，室内室外存放均可。但是，室外存放时，需要注意保温和隔热，因为在特定地理位置区域的低温环境温度下，化学药剂往往可能发生结晶或者黏度增加，从而影响其流动性。另外，室外存放储罐，要求其材质应该能够抵抗紫外线照射，同时应该能够抵御外部温度变化，而不至破裂。所有液体储罐必须设置通风孔，以避免储罐内产生高压或者负压。化学药剂存储系统的通风孔应该合理进行布置，保证通风量不受影响。另外，通风孔应该避免设置于人行通道内。一些液体化学储罐，例如带有排气洗涤器的盐酸储罐，也应该配置有正压/负压安全阀，以保护在正常通风孔不慎发生堵塞的情况下，储罐不至于产生高压或者负压问题。

2. 检漏

液体储罐通常放置于地面上，应该配置二级收集装置来收集可能发生的泄漏液体，例如混凝土池或者双壁罐二级收集装置的容积至少应该是最大液体储罐容积的1.1倍。在任何情况下，水泵控制面板应该布置在二级收集装置区域和阀门安装区域之外，这样才能保证在事故发生时，可以顺利进行操作。水泵和其他设备应该高位安装在混凝土基础上，以防液体化学药剂渗漏可能对其产生腐蚀。液体储罐二级收集装置，应该配置带有连锁报警功能的自动检漏装置。检漏系统能够主动警报操作人员存储区域内可能存在的潜在泄漏问题。另外，应该在二级收集装置区域内，进行常规巡视（通常每日1次），以确保未发生溢流或者泄漏事故。如果可能的话，污水处理厂应该避免将储罐地下存放。

当必须进行地下存放时，应该配置带有检漏系统的二级收集装置或者双壁罐。如果没有配置二级收集装置，一旦发生泄漏事故，将会污染土壤和地下水。

两种常见的压力液体加药系统是带有高位储罐的重力自注系统（图9-2）和利用放置于地面储罐的上吸系统（图9-3）。图9-2所示为依靠重力作用送至计量泵的高位储罐系统。同时，重力加药系统也可以采用转子流量计。图9-3所示为配置有吸水泵的地面储罐系统。压力加药系统通常采用隔膜计量泵。

3. 袋装、桶装和手提袋存储

通常，化学药剂存储方式的选择主要取决于污水处理厂规模、化学药剂平均使用速率、可用药剂存储空间大小，以及可用搬运人工情况。小型污水处理厂可能仅采用袋装

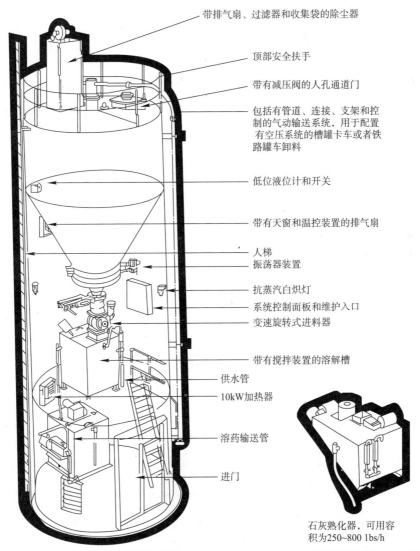

图9-1　典型密封型大容量储罐及其附件（1lb/h × 0.4536=kg/h）（美国石灰协会，1995）

253

或者桶装（或者手提袋装），即可以满足其所用化学药剂的存储要求。如前所述，化学药剂的存储量最少应该满足15~30d的日平均使用量。小型污水处理厂一般化学药剂使用速率较低，所需要的袋装、桶装或者手提袋装不会占用较大的空间，不需要消耗较多人工进行搬运。然而，对于大型污水处理厂而言，尤其化学药剂的使用速率较大时，将需要大容量存储罐，来减少满足其药剂最小存储量所需要的存储空间以及人工使用量。大型存储系统可以采用附属搬运设备，从而提高效率，并减少人工消耗和搬运费用。对于中等规模的污水处理厂而言，大袋或者手提袋存储是一种性价比较高的利于搬运的存储方式。同时，对于中等规模的污水处理厂而言，用于搬运大型存储容器所需要的人工劳动通常要少于搬运许多袋装或者桶装的情况，因为中等污水处理厂采用大型容器时，其使用数量要大大减少。另外，在满足最小存储量的情况下，大型容器可以大大减小存储空间。然而，大袋确实需要一些附属的搬运设备（与袋装或桶装相比较而言）。但是，所需要的搬运设备的数量通常要小于大型存储系统搬运所需要的附属设备。

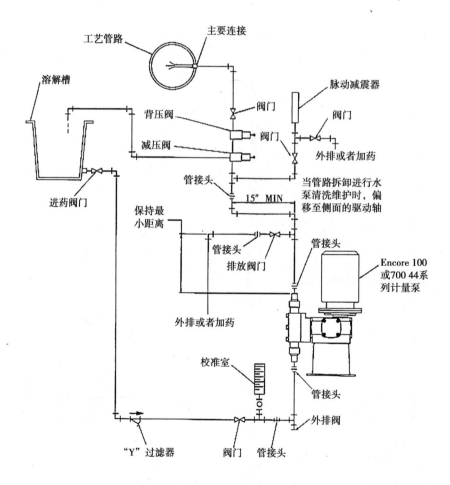

图9-2 重力自注系统（USFilter/Wallace and Tiernan）（in.×25.40=mm）

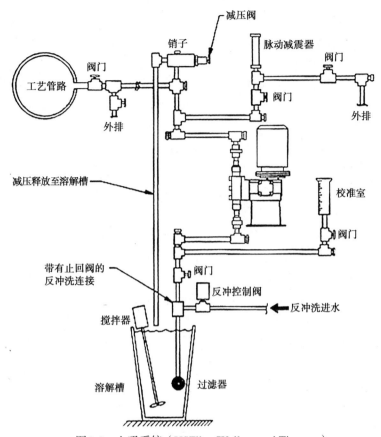

图9-3　上吸系统（USFilter/Wallace and Tierman）

一般来说，化学药剂存储袋、桶或者手提袋应该存放于干燥、控温且湿度较低的区域，而且应该按照"先存放先使用"的原则进行使用。存储袋应该架空放置于地面之上，液体存储桶或者手提袋存放区域必须合理设置围堰，以防发生泄漏。袋或桶送料斗通常设计为正常使用速率情况下8h使用量，因此操作人员就不用每班进行多次料斗进药。

4. 圆柱形和吨级容器存储

如果化学药剂的存储或者使用采用了圆柱形容器（68kg，150磅），则需要使用合适的支架以避免意外倾翻。圆柱形容器支架应该链接或者锚定在墙上或者其他固定支架上，且便于移动。大型容器应该水平存放，并应稍微高于地面，同时应该进行阻挡固定，防止发生滚动。在存储区域内，通常采用单轨火车进行大型容器的搬运。另外，可以采用横梁作为存储支架。大型容器严禁堆积或者层叠放置。氯气钢瓶和容器应该避免碰撞，并应尽量缩短搬运距离。满的和空的钢瓶和大型容器应该分开放置，并应根据它们的处置方式进行标识。

氯气钢瓶在使用现场也需要采用链接或者锚进行固定。在使用过程中，可能会由于没有合理固定而发生移动，从而损坏氯气管道、钢瓶连接以及其他设备。

对于操作人员的安全与健康而言，在化学药剂存储区域或者加药区进行适宜的强制机械通风也是非常重要的。如果气体比空气重，例如氯气，应该靠近地面进行通风。而如果气体比空气轻，例如氨气，则通风应该在天棚高度处进行。按照污水处理厂推荐标准要求（Great Lakes，1997），每1min换气1次（每1h换气60次）对于有工作人员存在的氯气存储区域和加药区域应该是足够的了。美国防火规范推荐的建筑物的通风速率大约是$5.08 \times 10^{-3} m^3/(m^2 \cdot S)$（1cfm/ sq ft），但是这种通风量是远小于上述每小时的换气速率要求的（美国防火规范，1999）。通常，当房间或者区域内有操作人员时，房间通风会被自动开启（通过采用门禁系统或者其他方式来检测操作人员进入）。通风排放点应该避免靠近其他通风入口，或者占用外部区域。另外，如果法律要求的话，排风时需要安装洗涤器。应急洗涤器所能处理的最大排放量通常依据单个最大容器破裂的情况进行确定。例如，907kg（1t）容器破裂时，通常需要的通风速率为$1.42 m^3/s$（3000cfm）。

针对化学药剂的泄漏和污染的检测，在药剂存储区和加药区也是极为重要的。氯气和二氧化硫自动检测设备，能够高效地检测到较低浓度的该类气体的泄漏。同时，应该配置连锁装置，一旦检测出泄漏，应该立即停止正常通风，并自动启动现场和远程警报，同时开启应急洗涤器和排风扇。另外，在药剂存储和使用区域，需要配置满足美国职业安全与健康国立研究所要求的泄漏维修工具箱、自助呼吸器以及其他安全设备，并确保其处于良好工作状态，能够随时投入使用。只有进行了应急响应完整训练和认证的操作人员，才能够参与化学药剂事故应急处置。

5. 药剂化学纯度

一般而言，高纯度化学药剂价格较高，为了降低药剂使用费用，污水处理厂一般使用工业级别纯度的化学药剂。但是，必须注意避免化学药剂中含有过量的有害杂质，否则将可能影响污水处理厂的正常运行，或者导致处理出水超标。有害物质的具体排放限值，可参见排放标准或者是建立在全废水毒性测试（WET）结果之上。较低浓度的许多有害物质，例如重金属，都有可能会在WET测试中对微生物产生毒性作用，导致测试失败，排放超标。对于重金属，例如铅、汞、铜和锌等，处理出水的排放标准较低，常规所采用的污水处理工艺无法将这些物质处理至排放标准。另外，许多重金属将会在污水处理产生的污泥中进行富集。其他化学药剂，例如氯气和二氧化硫，将会降低处理出水水质。处理出水中低浓度的氯气即会表现出毒性，而二氧化硫会消耗降低水中的溶解氧。处理出水中实际排放的污染物量，将主要取决于处理出水排放标准以及使用的化学药剂的最大数量。

污水处理厂应该仔细保管存放的化学药剂，避免受到污染。同时，应根据化学品安全技术说明书（MSDS）和供应商提供的指南，确定药剂可能发生的污染类型。药剂污染可能会导致药剂使用效果明显降低，同时，在一些条件下，对于一些药剂发生污染，也可能产生危害较大的物质，甚至危及污水处理厂内操作人员的生命健康。例如，双氧水发生金属污染（例如铁锈）时，将会导致其发生分解，继而急剧释放大量气体。

9.5.3 故障排除

在实际操作过程中，化学药剂卸料和存储系统可能会出现各种问题。表9-4简要给出了化学药剂卸料和存储系统故障诊断指南，以协助操作人员找出问题，并采取可能有效的解决方案。

故障现象	检查和修复
气力输送（低压）	
化学药剂不能从铁路罐车或者槽装卡车送至药剂仓	检查风机压力。 　如果压力过高，管路可能存在堵塞。关闭系统，将管道内存留药剂先排放至系统，清洗管路后，重新启动。 　如果压力正常或者较低，那么就是化学药剂未能进入输送管路。检查槽装卡车或者铁路罐车的阀门是否开启
药剂仓排放飞尘	确保药剂仓上的除尘器处于良好工作状态。 　检查除尘器是否存在布袋或者收集管破裂问题。 　确保药剂仓上除尘器的处理能力，能够满足风机排气要求
链斗升降机输送和螺旋输送	
化学药剂在进口处积累	听声音确定输送系统是否处于工作状态中。如果处于工作状态，减少进口进药量，继续输送。 　如果输送装置停止工作，而电动机仍然工作，检查安全销是否损坏。 　如果电动机跳闸，检查输送机有无损坏和超载

9.6 药剂的泵送、管路和转运

只有在污水处理厂选定了具体的使用药剂之后，才能确定不同药剂输送和投加所需要的管路及其配件。操作人员应该选择使用与所输送药剂相符合的材质。例如，许多化学药剂使用系统需要特殊材料容器，以及特殊材质的管道、输送沟渠、水泵、阀门和垫圈。表9-5列出了与常用的几种化学药剂相符合的储罐、水泵、管路和阀门的材质，概述了这些化学药剂的材料相容性。操作人员在选择确定存储容器和输送管路材质之前，必须咨询设备生产商和化学药剂供应商的意见。次氯酸钠是诸多化学药剂中需要特别注意的一种，表9-6给出了次氯酸钠投加和输送设备有关材质选择的一个详细示例。

化学药剂	储　罐	水　泵	管　道	阀　门
明矾	FRP[a]	非金属	PVC[b]，CPVC[c]，FRP	非金属
氯气	钢瓶	N/A	至汽化器为碳钢	碳钢
三氯化铁	FRP，橡胶内衬钢	非金属或橡胶内衬	FRP，CPVC，PVC，橡胶内衬钢	橡胶内衬，CPVC
硫酸亚铁	FRP	非金属	PVC，CPVC，FRP	非金属
过氧化氢	铝合金5254，316L型不锈钢	316L型不锈钢，聚四氟乙烯	铝，316L型不锈钢	316L型不锈钢，聚四氟乙烯
甲醇	碳钢	铸钢	FRP，碳钢	碳钢
臭氧	N/A	N/A	316型不锈钢	CF-8M（不锈钢）
聚合物	FRP	非金属	PVC，CPVC	非金属
亚硫酸氢钠	FRP	非金属	PVC，CPVC，FRP	非金属或塑料内衬
氢氧化钠	FRP，特种结构	不锈钢或碳钢	CPVC，FRP，不锈钢	不锈钢，非金属
次氯酸钠	FRP，特种结构	非金属	FRP，CPVC	非金属或塑料内衬

续表

化学药剂	储　罐	水　泵	管　道	阀　门
二氧化硫	碳钢	N/A	碳钢	碳钢
浓硫酸（93%）	酚醛树脂内衬钢	CN-7M（合金20）	304型不锈钢，最大流速1.8m/s	节流阀：CN-7M；开关阀门：CF-8M

[a]FRP——玻璃纤维增强塑料
[b]PVC——聚氯乙烯
[c]CPVC——氯化聚氯乙烯

次氯酸钠输送适用材质（美国氯气学会，2000）　　表9-6

部　件	次氯酸钠溶液适用材质
刚性管	内衬（PP[a]，PVDF[b]，PTFE[c]）钢，CPVC[d]/PVC[e]（Sch 80）和钛
配件	同刚性管
垫圈	Viton™（氟橡胶）
阀门	PVC，CPVC，PP
泵（离心）	
泵体	非金属（PVC，TFE，Kynar，Tefzel，Halar）
叶轮	同泵体
密封圈	碳化硅（金刚砂）
储罐	橡胶内衬钢，玻璃钢和HDPE[f]

[a]PP——聚丙烯
[b]PVDF——聚偏二氟乙烯
[c]PTFE——聚四氟乙烯
[d]CPVC——氯化聚氯乙烯
[e]PVC——聚氯乙烯
[f]HDPE——高密度聚乙烯

考虑到管道系统化学药剂的泄漏或者溢出问题，在新的管道系统设计时，目前逐渐开始采用双壁管（带有检漏传感器），或者采用单壁管时需要将其安放在收集沟槽内。实际上，涉及安全、法律和风险等的诸多原因，都要求采用双壁管系统来减少和避免有害化学药剂从传统设计管道系统泄漏而可能产生的对土壤和地下水的污染，同时保护现场操作人员的生命健康。二级围堰收集系统将可以避免化学药剂管路系统的严重泄漏或溢流。一旦发生泄漏，双壁管二级围堰收集系统就可以收集和检测泄漏，并警报操作人员。

如果可能的话，目前有害化学药剂的输送管路普遍推荐采用焊接管道和配件，以减少潜在的泄漏问题。塑料材质通常采用溶剂焊接、加热焊接或者热熔粘结。金属材质通常使用热焊接，如电弧焊以及铜焊接。如果需要使用法兰，则需要在法兰盘周边，安装特殊设计的二级收集袋，以收集法兰处可能存在的化学药剂的泄漏。

化学药剂管路系统应该根据要求配置一定数量的排放控制阀，以便于阀门和设备的检修维护。每一个阀门都应该配有一个可移除的阀盖，以减小阀门移除后的泄漏量。

9.7 化学药剂投加系统

本节讨论气体、液体和干粉加药系统，包括现场制备药剂。表9-7给出了具体化学药剂的加药系统类型。对于任何具体处理工艺单元，完整的药剂投加系统都有化学药剂接受、存储、输送、计量、混合、投加的相关规定。

表9-7

化学药剂投加方式推荐（污水处理，1997）

通用名/分子式 使用范围	最佳投加方式	连续溶解配药时，药剂与水的比例关系 [a]	加药装置类型	配 件	溶液适用材质 [b]
明矾：$Al_2(SO_4)_3 \cdot xH_2O$ 液体 1gal 36波美度 = 5.38lb 干粉 明矾，60°F 混凝 pH为5.5~8.0 污泥调理 沉淀 PO_4^{3-}	不稀释时需要严格控制温度，或者进行稀释以避免结晶。减小表面蒸发；导致流动出现问题。干粉应保持湿度在50%以下避免结块	根据应用要求，将其稀释至3%~15%，需要搅拌	*溶液投加* Rotodip 柱塞泵 隔膜泵 1700泵 失重式加药机	储罐计量表 输送泵 储罐 温控装置 溶药器	铝或橡胶内衬储罐 硅钢 FRP° PVC-1，乙烯基，Hypalon，环氧树脂，16不锈钢，Carpenter20ss，Tynil塑料
硫酸铝：$Al_2(SO_4)_3 \cdot 14H_2O$（明矾，16合水明矾） 混凝 pH为5.5~8.0 投加量为0.5~9格/加仑 沉淀 PO_4^{3-}	块状，颗粒或者米粒型粉状容易引起粉尘，具有不沉性 [d]	0.5lb/gal 溶药HRT：块状为5min（颗粒状为10min）	*重力投加* 皮带给料机 失重式加药机 *体积投加* 螺旋 通用 *溶液投加* 柱塞泵 隔膜泵 1700泵	溶药器 机械搅拌机 加药装置体积计量表 粉尘收集装置	铝，橡胶内衬，FRP，PVC-1，316不锈钢，Carpenter20ss，乙烯基，Hypalon，环氧树脂，耐蚀玻璃，陶瓷，聚乙烯，Tynil塑料，Uscolite塑料
氨：（无水） NH_3（氨） 蒙乃尔 厌氧消化营养物	纯气体或者溶液 参见"氨水"	—	气体加药装置	计量装置	钢，耐蚀镍合金，316不锈钢，Penton，氯丁橡胶
氨水：NH_4OH（氢氧化铵） 氨—氨处理 pH调节 营养物	不稀释投加	—	*溶液投加* 失重式加药机 隔膜泵 柱塞泵 Bal. 隔膜泵	计量装置 药剂桶移动设备或者 储罐 输送泵	铁，钢，橡胶，Hypalon塑料，316不锈钢，Tynil塑料（室温，湿度要求低于28%）
氢氧化钙：$Ca(OH)_2$（熟石灰，消石灰） 混凝，软化水，调节pH，废水中和，污泥调理和沉淀PO_4^{3-}	颗粒越细，效果越好，但是转运和加药越困难	干粉投加：0.5lb/gal 最大浓度：0.93lb/gal（即，10%浓度）（低浓度时，20%为最大浓度）（高浓度时，25%为最大浓度）	*重力投加* 失重式加药机 皮带给料机 *体积投加* 螺旋 通用 *泥浆投加* Rotodip 隔膜泵 柱塞泵°	料斗搅拌机 安装在大料斗下的非淹没式转子 粉尘收集装置	橡胶软管，铁，钢，混凝土，混凝土，Hypalon塑料，Penton，不含铝 PVC-1

续表

通用名/分子式 使用范围	最佳投加方式	连续溶解配药时，药剂与水的比例关系 [a]	加药装置类型	配件	溶液适用材质 [b]
次氯酸钙：$Ca(OCl)_2 \cdot 4H_2O$ (H.T.H., Perchloron, Pitchlor) 消毒 防腐 除臭	最大浓度为3%溶液（实际应用中）	0.125lb/gal浓度时，为1%有效氯	液体投加 隔膜泵 Bal. 隔膜泵 Rotodip	为了排出沉淀物，需要两只带有排放口的溶药罐 喷嘴 底阀	陶瓷，玻璃，橡胶内衬储罐（室温），PVC-1, Penton, Tyril 塑料（室温），Hypalon塑料，乙烯基，Saran, Uscolite塑料（室温），不含锡Hastelloy C合金（好）
氧化钙：CaO（生石灰、石灰石、化学石灰）混凝，软化水，调节pH，污泥调理，沉淀PO_4^{3-}	0.25~0.75英寸鹅卵石状石灰石 磨碎石灰石具有不沉性，轻度煅烧后，形成多孔结构，便于干熟化	2.1lb/gal（根据熟化情况，范围为1.4~3.3lb/gal）熟化后，最大石灰浆浓度为0.93lb/gal（10%浓度）	重力投加 皮带给料机 失重式加药机 隔膜泵 体积投加 通用 螺旋	料斗搅拌机 块状或磨碎石灰需要采用浸湿式温子 记录式温度计 水比例调节器 石灰熟化器 高温安全切断与警报装置	橡胶、铁、钢、混凝土，Hypalon塑料，Penton, PVC-1
活性炭：C (Nuchar, Norit, Darco, Carbodur) 脱色，除臭，除味 投加量为5~80ppm	粉末：重力密度为12lb/ft³ 泥浆：11lb/gal	根据其蓬松性和润湿性，活性炭溶液最大浓度为10%~15%	重力投加 失重式加药机 螺旋 Rotolock 泥浆投加 Rotodip 隔膜泵	冲水式液体储合器 涡流混合器 料斗搅拌机 可浸泡转子 粉尘收集装置 大容积液体储罐 储罐搅拌机 输送泵	316SS，橡胶，青铜蒙乃尔，铜—镍合金，Hastelloy C合金，FRP, Saran, Hypalon塑料
氯：Cl_2（氯气、液氯）消毒 防腐 除臭，除味 废水处理 活化硅 [f]	气体：由液态蒸发至气态	1lb加入45~50gal或更多水	加氯机	大容量蒸发器 流量计 防毒面具 余氯分析仪	无水液体或气体 钢，铜，氧化铁黑 湿氯气 Penton, Viton（氟橡胶），Hastelloy C合金，PVC-1(好)，银，但 氯气溶解水 Saran, 瓷制品，Carpenter 20SS, Hastelloy C合金，PVC-1，氟橡胶，Uscolite塑料，Penton
二氧化氯：ClO_2 消毒，除臭除味（尤其是除酚）废水处理用量为0.5~5磅$NaClO_2$每磅耳加仑水	现场制备 $NaClO_2$与氯气反应 或者$NaClO_2$与NaClO中加酸反应生成。最大使用浓度为2%	水中氯含量等于或者大于500ppm, pH ≤3.5。用水比例取决于采用的方法	溶液投加 隔膜泵	溶药罐 防毒面具	对于含量为3%ClO_2的溶液 陶瓷，玻璃，Hypalon塑料，PVC-1, Saran, 乙烯基，Penton, Teflon

260

续表

通用名/分子式 使用范围	最佳投加方式	连续溶解配药时、药剂与水的比例关系 [a]	加药装置类型	配 件	溶液适用材质 [b]
三氯化铁： $FeCl_3$—无水 $FeCl_3 \cdot 6H_2O$= 晶体 $FeCl_3$—溶液 （三氯化铁） 混凝 pH = 4–11 剂量：0.3–3 格令/加仑 （污泥调理为1.5%–4.5% $FeCl_3$） 沉淀 PO_4^{3-}	溶液，最大浓度为45% $FeCl_3$（无水 $FeCl_3$ 溶解时会释放大量热量）	无水 $FeCl_3$： 45%: 5.59lb/gal 40%: 4.75lb/gal 35%: 3.96lb/gal 30%: 3.24lb/gal 20%: 1.98lb/gal 10%: 0.91lb/gal （用1.666乘以 $FeCl_3$ 量，可得20℃条件下 $FeCl_3 \cdot 6H_2O$ 的量）	溶液投加 隔膜泵 Rotodip Bal. 隔膜泵	液体储罐。 溶药罐用于块状或者颗粒药剂溶解	橡胶，玻璃，陶瓷，Hypalon，塑料，Saran，PVC-1，Penton，FRP，乙烯基，环氧树脂，Hastelloy C 合金好，UScolite 塑料，Tyril 塑料（Rm）
硫酸铁： $Fe_2(SO_4)_3 \cdot 3H_2O$ （Ferricfloc） $Fe_2(SO_4)_3 \cdot 2H_2O$ （Ferriclear） 混凝 pH = 4–6 和 8.8–9 剂量：0.3–3 格令/加仑 沉淀 PO_4^{3-}	颗粒	2lb/gal（范围） 1.4–2.4lb/gal 停留时间为20min（水温升高，停留时间可以缩短） 水不溶物可能能高	重力投加 失重式加药机 体积投加 螺旋混合器 通用混合器 溶液投加 隔膜泵 Bal. 隔膜泵 柱塞泵 Rotodip	配置电动机驱动搅拌机和水量控制装置的溶药槽。 蒸汽脱臭器。 溶液储罐	316 SS不锈钢，橡胶，玻璃，陶瓷，Hypalon 塑料，Saran，PVC-1，乙烯基，Carpenter 20 SS，Penton，FRP，环氧树脂，Tyril
硫酸亚铁： $FeSO_4 \cdot 7H_2O$ （Copperas，iron sulfate，sugar sulfate，green vitriol） 混凝 pH = 8.8–9.2 还原 Cr^{6+} 废水除臭 沉淀 PO_4^{3-}	颗粒	0.5lb/gal（溶解池最短溶药时间为5min）	重力投加 失重式加药机 体积投加 螺旋混合器 通用混合器 溶液投加 隔膜泵 柱塞泵 Bal. 隔膜泵 Rotodip	溶解槽 计量装置	橡胶，FRP，PVC-1，乙烯基，Hypalon，Penton，环氧树脂，塑料，UScolite 塑料，陶瓷，Carpenter 20 SS，Tyril 塑料
过氧化氢： H_2O_2 除臭	不稀释 或者可以任何比例进行稀释	—	隔膜泵 柱塞泵	储罐 液体流量计 溶液过滤装置	铝，Hastelloy C 合金，钛，Viton（氟橡胶），Kel-F，聚四氟乙烯，氯化聚氯乙烯（CPVC）

261

续表

通用名/分子式 使用范围	最佳投加方式	连续溶解配药时，药剂与水的比例关系 [a]	加药装置类型	配件	溶液适用材质 [b]
甲醇: CH₃·OH 又名木醇 / 反硝化	不稀释 或者可以任何比例进行稀释	—	齿轮泵 隔膜泵	储罐	304SS, 316SS, 黄铜, 青铜, 铁, 铜, Carpenter 20 SS, 铸铁, Hastelloy C 合金, buna N橡胶, EPDM, Hypalon塑料, 天然橡胶, PTFE, PVDF, NORYL, Delrin, 氯化聚氯乙烯（CPVC）
臭氧: O₃ 除臭 消毒 废水处理 除臭: 1~5ppm 消毒: 0.5~1ppm	现场制备 发生气中臭氧浓度约为1%	将臭氧气体扩散至处理水中	臭氧发生器	空气干燥器 气体扩散器	玻璃,316SS,陶瓷,铝,Teflon
正磷酸: H₃PO₄ 锅炉软水剂 降低碱度 锅炉清洗 营养盐	50%~75%浓度（85%浓度为糖浆状，100%为结晶）	—	液体投加 隔膜泵 Bal. 隔膜泵 柱塞泵	橡胶手套	316SS（无氟）, Penton, 橡胶, FRP, PVC-1, Hypalon塑料, Viton（氟橡胶）, Carpenter 20 SS, Hastelloy C 合金
聚合物、高分子合成聚合物干粉	粉末，分散颗粒	最大浓度1% 均匀地加入到大涡流中进行溶解（搅拌过快将会阻碍胶体的生长），1~2h停留时间	重力投加 体积投加 失重式加药机 螺旋混合器 溶液投加（胶体） 隔膜泵 柱塞泵 Bal. 隔膜泵	特殊分散过程 搅拌机：可能要悬吊安装，有时需要摆动	钢, 橡胶, Hypalon塑料, Tynil 无腐蚀性。不含锌，溶解用水pH值要与其pH值相同
聚合物、液体和乳液 [g] 高分子合成聚合物 Separan NP10 食品级, Magnifloc 990; Purifloc N17 Ave. 剂量: 0.1~1ppm	配制: 溶液　0.5%~5% 乳液　0.05%~0.2%	随电荷类型不同而变化	隔膜泵 柱塞泵 Bal. 隔膜泵	搅拌机 可能需要水箱	同干粉选用材质

续表

通用名/分子式 使用范围	最佳投加方式	连续溶解配药时，药剂与水的比例关系 [a]	加药装置类型	配件	溶液适用材质 [b]
高锰酸钾：KMnO₄ 公司名 Cairox 除臭、除味用量为0.4~4.0ppm 除铁除锰用量为1:1	晶体加防结块添加剂	浓度为1.0%（最大浓度2.0%）	*重力投加* 失重式加药机 *体积投加* 螺旋混合器 *溶液投加* 隔膜泵 柱塞泵 Bal. 隔膜泵	溶解罐 机械搅拌机	钢，铁（中性和碱性），316SS，PVC-1，FRP，Hypalon塑料，Penton，Lucite透明合成树脂，橡胶碱性
铝酸钠：Na₂Al₂O₄，无水（Soda alum） 比例Na₂O/Al₂O₃=1:1或1:1.5（高纯） 含有结晶水为Na₂Al₂O₄·3H₂O 混凝 钠炉水处理	可以购买到颗粒或溶液 标准级别药剂溶解时会产生污泥	干粉0.5lb/gal 溶液可稀释至需要的浓度	*重力投加* 失重式加药机 *体积投加* 螺旋混合器 通用混合器 *溶液投加* Rotodip 隔膜泵 柱塞泵	干粉溶解时需要搅料斗搅拌机	铁，钢，橡胶，316SS，Penton，混凝土，Hypalon塑料
碳酸氢钠：NaHCO₃（小苏打） 活化硅 pH调节	颗粒或者粉末，外加添加剂TCP（0.4%）	0.3lb/gal	*重力投加* 失重式加药机 皮带给料机 *体积投加* 螺旋混合器 通用混合器 *溶液投加* Rotodip 隔膜泵 柱塞泵	如果使用大型料斗存储，粉末形态需要料斗搅拌机和可浸润转子	铁和钢（溶药时要当心），橡胶，Saran，SS，Hypalon塑料，Tynil塑料
亚硫酸钠，无水： Na₂S₂O₅（NaHSO₃） （焦亚硫酸钠） 脱氯除1ppmCl₂用量为1.4ppm； 废水处理中的还原剂（例如除Cr⁶⁺）	晶体（不要使其静止沉淀） 存储困难	0.5lb/gal	*重力投加* 失重式加药机 *体积投加* 螺旋混合器 通用混合器 *溶液投加* Rotodip 隔膜泵 柱塞泵 Bal. 隔膜泵	粉末级别需要料斗搅拌机 溶解槽需要对外通风	玻璃，Carpenter20SS，PVC-1，Penton，Uscolite塑料，316SS，FRP，Tynil塑料，Hypalon塑料

263

续表

通用名/分子式 使用范围	最佳投加方式	连续溶解配药时，药剂与水的比例关系 [a]	加药装置类型	配件	溶液适用材质 [b]
碳酸钠：Na_2CO_3（纯碱，苏打灰：58% Na_2O）软水剂 pH调节	高浓度溶液	干粉投加 0.25lb/gal：10min停留时间，0.5lb/gal：20min停留时间 溶液投加 1lb/gal 如果该药剂没有存放过长时间，没有结块的话，水温高以及有效搅拌时可以缩短停留时间至5min	重力投加 失重式加药机，体积投加 螺旋混合器 溶液投加 隔膜泵 Bal.隔膜泵 Rotodip 柱塞泵	轻级药剂要进行连锁控制，以防不浸润。对于中等、轻级和较轻级药剂，需要使用箱式溶解搅拌机	铁、钢、橡胶、Hypalon塑料，Tyril塑料
亚氯酸钠：$NaClO_2$（工业级亚氯酸钠）消毒，除臭，除味 工业废水处理（与Cl_2反应产生ClO_2）	溶液产品	0.12~2lb/gal	溶液投加 隔膜泵 Rotodip	加氯机和二氧化氯发生器	Penton，玻璃，Saran，PVC-1，乙烯基，Tygon塑料，FRP，Hastelloy C 合金（好），Hypalon塑料，Tyril塑料
氢氧化钠：NaOH（苛性钠）pH调节 中和	溶液投加	溶解放热	溶液投加 柱塞泵 隔膜泵 Bal.隔膜泵 Rotodip	护目镜 橡胶手套 围兜	铸铁、钢，为了防止污染，采用Penton、橡胶、PVC-1、316SS、Hypalon塑料
次氯酸钠：NaClO（Javelle water，bleach liquor，chlorine bleach）消毒 防腐 漂白	溶液最高16%有效氯浓度	1.0gal为12.5%（有效氯）溶液稀释至12.5gal水，可得1%有效氯溶液	溶液投加 隔膜泵 Rotodip Bal.隔膜泵	溶解槽 底阀 水流量计 喷嘴	橡胶，玻璃，Tyril塑料，Saran，PVC-1，乙烯基，Hastelloy C 合金，Hypalon塑料
二氧化硫：SO_2 脱氯消毒 滤床清洗 大约1ppm SO_2与1ppm Cl_2反应（脱氯）污水处理中还原Cr^{6+}	气体	一	气体投加 转子流量计 SO_2加药机	防毒面罩	湿气：玻璃，Carpenter 20 SS，PVC-1，Penton，陶瓷，316（G），Viton（氟橡胶），Hypalon塑料

续表

通用名/分子式 使用范围	最佳投加方式	连续溶解配药时，药剂与水的比例关系 [a]	加药装置类型	配件	溶液适用材质 [b]
硫酸: H₂SO₄ (oil of Vitriol, Vitriol) pH调节 活化硅 中和碱性废水	可根据需要稀释至任意浓度，H₂SO₄稀释时放热	可稀释至任意需要浓度；稀释时，严禁将水加入酸中，而要将酸加入水中	液体投加 柱塞泵 隔膜泵 Bal. 隔膜泵 Rotodip	护目镜 橡胶手套 围兜 稀释槽	浓度>85%: 钢、铁、Penton、PVC-1（好）、Viton(氟橡胶) 40%~85%: Carpenter 20 SS、PVC-1、Penton、Viton(氟橡胶) 2%~40%: Carpenter 20 SS、FRP、玻璃、PVC-1、Viton(氟橡胶)

[a] 通过乘以系数0.083，可以将单位 g/100mL 转化为 lb/gal。溶液推荐浓度单位为 lb 药剂/gal 水，这是基于商业药剂在水厂中的实际使用情况而确定的。下表给出了为获得不同百分比浓度溶液，加入 1gal 水中药剂的磅数：

% 溶液	lb/gal	% 溶液	lb/gal	% 溶液	lb/gal
0.1	0.008	2.0	0.170	10.0	0.927
0.2	0.017	3.0	0.258	15.0	1.473
0.5	0.042	5.0	0.440	20.0	2.200
1.0	0.084	6.0	0.533	25.0	2.760
				30.0	3.560

[b] 铁和钢可以用在药剂的干粉状态下，除非该化学药剂易于吸湿或吸潮解，或者是微湿存在形式时，将具有一定的腐蚀性。

[c] FRP，通常是指抗化学药剂级（双酚 A+）玻璃纤维增强塑料。

[d] 表中不沉水性与干粉连用是指在某些条件下，该物质会混入空气，变成"流化"状态，从而可以从某些小孔像水一样流出。

[e] 当加药量超过100磅/h时，考虑到经济因素可以使用氧化钙（生石灰）。

[f] 对于需要投加小剂量的氯气时，可以使用次氯酸钙或者次氯酸钠。

[g] 关于其他投加助凝剂（或混凝剂）的信息可参见 Nalco、Calgon、Drew、North American Mogul、American Cyanamid、Dow，等。

注：gal ×3.785×10⁻³ =m³; in.×25.40=mm; lb/ft³ ×16.02=kg/m³; lb/gal ×0.1198=kg/L; ppm=mg/L。

9.7.1 气体投加装置

气体化学药剂包括氯气、氨气和二氧化硫。通常，这些化学药剂以液化加压的方式进行运输和存储，以气体的形式进行计量并投加到污水处理工程中。

1. 设备说明

如果氯气或者二氧化硫以液态压缩气体的形式存储，则在使用前需要采用蒸发器先将其从液态转化为气态形式。图9-4给出了一个蒸发器系统示例。氯气蒸发器包含一个置于热水浴内的氯气室。液氯首先加入到氯气室内，加热蒸发，而后气态氯气被送至加氯点（White，1986）。电加热器、循环热水浴以及蒸汽均可向蒸发器提供热量。在实际操作中，蒸发器常见操作问题是随着气体离开氯气室，截留液滴结霜或结冰，氯气室外结垢，以及氯气中含有的杂质在氯气室内产生浓缩积累。结霜和结冰是由于蒸发器处理能力不足产生的，这可以通过降低氯气流量予以消除。结垢和杂质将会降低蒸发器的输送处理能力，因此需要定期进行清洗，以防止由于结垢和杂质而导致其突然中断使用。

气体加药装置可分为投加溶液，或者直接投加气体。采用溶液形式加药时，真空加药机是最为常用的加氯以及投加SO_2脱氯加药装置（White，1986）。真空加药机示例见图9-5。气体也可以采用压力系统进行投加（图9-6），但出于安全考虑，气体多选用真空系统。实际上，一些州已经出台规定，将只允许采用远程真空加药系统，以消除压力气体加药系统可能存在的泄漏问题。

气体加药系统的主要优点是输送和加药系统相对简单。通常情况下，仅依靠药剂本身的气压就可以实现药剂的输送，从而大大降低对附属设备的要求。

药剂可以直接以气体的形式注入处理单元中去。然而，直接投加存在一些潜在的问题。一些湿气腐蚀性较强，会产生搅拌机的维护问题，同时降低其可靠性。另外，直接投加系统可能会在气压低时，导致加气管路回水，损坏设备。

大多数常用气体投加系统是先将气体与水在喷射器（或释放器）内混合形成溶液，而后再注入处理水中。溶液投加方式的优点是可以将腐蚀问题限制在加药系统的一个较小的一个组件内，例如喷射器，从而可以较为经济地采用喷涂防腐或者采用防腐材料的方式予以解决。

药剂溶液与处理水的混合是药剂投加的关键。如果混合不够充分，就会大大降低药剂使用效果，导致药剂过量投加，甚至导致处理工艺运行失败，达不到处理要求。因此需要认真选择加药点，实现与水的充分混合。在一些高紊流条件下，若想在管道内实现充分混合作用，则要求混合管路至少满足10倍管径的长度。管路静态混合器也可以提高混合效果，然而混合器需要考虑实际应用条件，因为一些工艺处理水可能会堵塞混合器，导致其无效或者停止工作。另外，在仅使用静态混合器前，应该评估其对工艺控制系统的影响。静态混合器能够在整个管道直径上提供较好的轴向混合作用，但是通常提供的径向或纵向混合作用较小，即使存在的话。目前，加药系统通常采用的是隔膜式化学计量泵，仅能提供脉冲流而不是连续流。因此，如果控制参数，例如pH值，是在静

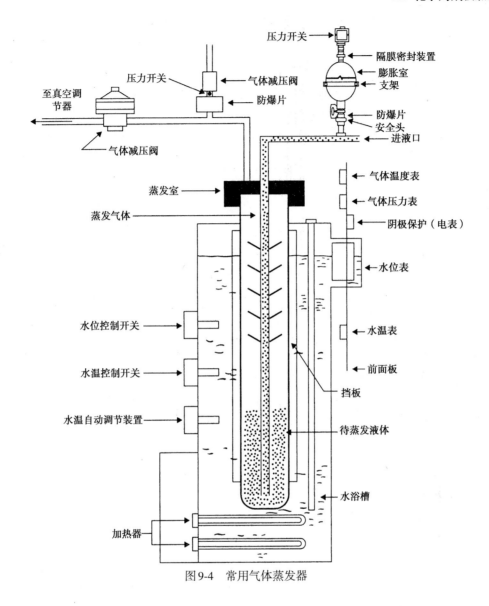

图9-4 常用气体蒸发器

态混合器之后测量获得的，则测量值会随隔膜泵的脉冲作用而产生较大波动，这势必会影响控制系统的良好操作，除非采用混合池的方式来消除控制参数的波动。而加药至管径较大管道时，管道扩散器可以实现加入药剂在整个管道直径上均匀分布。同时要注意，如果在管道三通位置处加药，药剂将会附着在管道壁上，而不能进入管道中心的主流区。

水泵和阀门有助于提高混合作用。有时可以采用水跃来实现药剂溶液与处理水的混合，但要仔细分析所有可能存在的流场的水力条件。静态混合器可以用来提高混合效果。也可以安装使用机械装置，例如垂直搅拌机，管道混合器和侧入式搅拌机。

2. 运行注意事项

二氧化硫、氯气和氨气加药机的运行问题，通常主要是由于气体杂质引起的喷射器

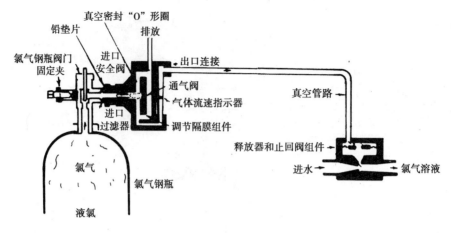

手动系统

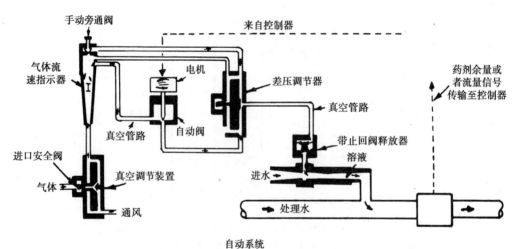

自动系统

图9-5 常用气体真空加药系统

的运行问题以及加药设备的堵塞问题。当真空加药装置发生故障时，操作人员应该检查喷射器供水情况，确保其符合加药设备的流量和压力要求。如果喷射器运行正常，但是不能产生足够的真空度，操作人员应该反向沿着真空系统向上直到计量设备，寻找气体输送系统阻塞问题。自动控制系统也可能产生控制故障，在流量控制装置正常应该处于敞开状态时，反而驱动其自动关闭。此时，设备应该转换至手动控制状态，直至自控系统得以修复。

　　另一个运行中需要考虑的问题是每天都要核实实际投加药剂量。气体钢瓶应该固定在秤上，从每天钢瓶重量的减少量来确定实际加药量，同时核查流量计读数。钢瓶重量的变化，同样也可以使操作人员预计钢瓶用完的时间，从而主动更换钢瓶，而不会影响水处理进程。可使用设备秤来转移多个钢瓶，并实现空钢瓶的自动更换。

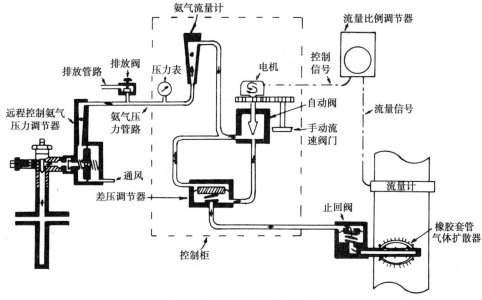

图9-6　常用氨气压力投加系统

9.7.2 液体投加装置

次氯酸钠、一些聚合物、磷酸和三氯化铁等通常采用液体加药机进行投加。苛性钠（氢氧化钠）和过氧化氢也常以溶液的形式进行投加，但是在市政污水处理厂中较少使用这两种药剂。如同气体加药系统一样，液体加药系统也有一些接受、存储、输送、计量、混合和投加化学药剂的方法。液体加药系统通常采用水泵来进行输送。

目前，许多污水处理厂都采用次氯酸钠（NaClO）溶液代替Cl_2作为消毒剂。这种变化有一些优点，例如较为安全，但是在实现这种转变之前，也要考虑一些基本因素。例如，替换907kg（1t）氯气容器后，为了达到同样的消毒效果，至少需要$7.6m^3$（2000gal）的次氯酸盐溶液储罐。同时，次氯酸盐溶液会随时间发生分解，降低消毒有效氯成分，因此其存储问题非常重要。另外，还存在一些化学性质的不同。次氯酸盐溶液pH值较高（pH>12），会增加处理出水的碱度；而当氯气加入水中时，生成酸性溶液，会降低处理出水碱度。

氯气毒性很强，因此次氯酸钠是较好的替代品。然而，次氯酸钠溶液也具有腐蚀性，且会严重刺激皮肤和眼睛。在使用次氯酸钠时要进行适当通风。某些金属能够导致次氯酸钠溶液分解成氧气和盐类物质。如果不进行良好通风的话，压力会在罐体、管道和阀门处积累。

1. 设备说明

常用液体加药系统包括一个大容积药剂储罐、输送泵、常用罐（有时用于稀释）和液体加药机。一些液体化学药剂可以不稀释直接进行投加，这时就不需要常用罐了，除非监管机构要求必须使用。然而，仍然需要加入稀释水以防止堵塞，强化化学药剂与处理水的混合。但是，有时稀释水可能会引起不利的化学作用。例如，未经软化的稀释水的加入，可能导致碳酸钙在管道内积累。因此在加入稀释水前，需要考虑混合后最终形成的溶液的化学性质。图9-7给出了常用的液体药剂加药系统示意图。

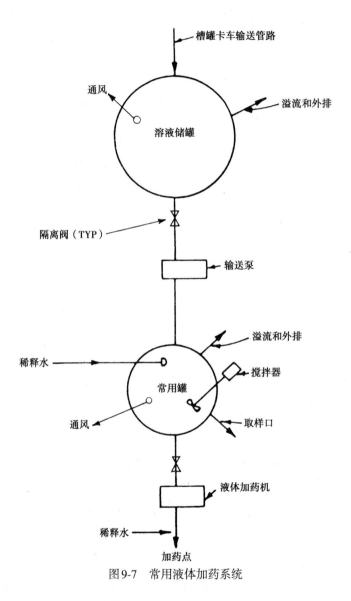

图9-7 常用液体加药系统

液体加药装置通常采用计量泵进行药剂计量。一般采用容积式计量泵，如柱塞泵或隔膜泵，其中隔膜泵如图9-8所示。有关水泵维护运行的详细信息，操作人员可以参看水泵生产商提供的资料或者计量泵手册（McCabe *et al.*, 1984）。容积泵可以通过调节冲程长度，调整加药范围（10:1）。另外，加药范围也可以通过调节水泵转速进行调整。有时通过阀门和转子流量计进行控制，就已经可以满足应用要求；而在其他情况下，可以采用旋转斗轮式加药机。对于例如石灰浆一类物质的投加，可以采用敞开式叶轮离心泵或者双隔膜泵。液体加药装置的选择取决于黏度、腐蚀性、溶解度、吸上水头、排放水头，以及内部压力的释放要求。

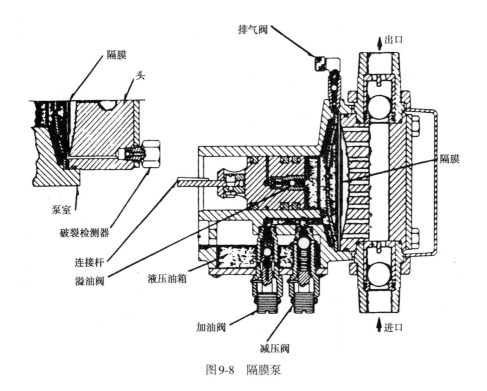

图9-8 隔膜泵

药剂投加速率可以通过调节阀门或者计量泵的冲程/速度进行手动调整。操作人员应该得到或者通过试验获得表征水泵冲程百分比与水泵输送能力的校准曲线。当然，对水泵输送能力的调节，也可以通过仪器设备自动完成。自动加药系统通过设计基于一定工艺参数来控制加药量，例如水量、余氯浓度或者pH值。另外，在同一个控制方案内，也可以根据水量调节水泵转速，而同时采用另一参数来"削减"水泵冲程。然而，无论采用何种控制方案，为了控制药剂投加量，操作人员都应该仔细检查工艺处理单元，保持仓库和常用罐的存储量，掌握各设备工作情况。

容积式计量泵应该配置压力释放装置，以防止在所有排放阀门和水泵隔离阀均关闭的情况下，压力积累损坏管道。如果膨胀减压阀处有排放现象存在，则应立即汇报，同时查找原因并予以纠正。容积式计量泵也需要配置背压阀，以保证进口阀门和出口阀门之间保持适宜的压差，以提供充足的背压来启动水泵排放止回阀。大多计量泵进出口阀门两侧应该有34~69kPa（5~10psi）的压差。如果这个压差达不到，背压阀的安装能够在靠近水泵出口处，产生出额外的压力（McCabe等，1984）。完整的液体加药系统同样也应该包括阀门，将管道、水泵和计量装置与处理工艺分割开来，以便于进行清洗/或外排，方便维护。

另外，操作人员在使用容积式计量泵时，应该做好其他配件的供应工作。出水管路上的压力表可以检测水泵压力，同时可以协助设定减压阀压力或者确定脉动减震器规格（McCAbe等，1984）。脉动减振器通常安装在出水管路一端，尽可能靠近水泵出口处，有时也可以安装在水泵吸水口一侧。出水管路减振器的安装位置对于吸收缓冲由容积泵工作形成的流体加速能量是极为重要的。尤其是塑料管加药系统，大多应该设置脉动减振器。

絮凝剂的投加使用有助于提高沉淀效果，但是需要充分混合。为了获得最佳效果，操作人员应该严格遵守絮凝剂生产商提供的药剂溶液稀释配制和加药位置选择指南。该指南可能包括聚合物的起始用水稀释过程，而后1h或更长时间的搅拌混合来均匀熟化聚合物溶液。投加未达到均匀熟化的聚合物会降低药剂的使用效果，同时由于提高了药剂用量而增大工艺处理费用。由于聚合物一次稀释浓度可能仍然较高，在实际使用将其加入到处理水中之前，可能需要对其进行二次稀释。

2. 运行注意事项

液体加药装置，例如计量泵，在实际运行中可能会发生许多问题，导致加药装置不能准确计量投加药剂量。因此为了检测加药装置投加药剂量，所有的液体加药装置，尤其是计量泵，都应该配置标定管。标定管可以是空的，也可以是满的，应该明确给出排空或者注满标定管所需要的时间。通过标定管容积以及注满或者排空所需要的时间，就可以确定水泵的准确流量。这种方法也可以用于检测计量泵输送能力。

计量泵药剂输送系统，可能会在长时间的运转过程中造成药剂残渣的沉淀积累。过滤器有助于较大颗粒物质的去除，但是操作人员必须保持过滤器的清洁，需要定期冲洗以去除截留的残渣和沉淀物质。应该配置管路和阀门系统，将加药系统隔离开来，以便采用清洁液体，例如水，通过压力流体实现系统内残余物质和积累固体物质的清洗。冲洗系统可以手动阀门操作，也可以采用带有时间控制系统的电磁阀自动运转。系统内计量泵和管路需要定期停止的位置，将需要冲洗连接处以去除沉积下来的固体物质。另外，在水平管路较长而不能得到充分清洗的情况下，可以采用"T"形和"Y"形辅助系统进行清洗。

当进水阀门或出水阀门损坏或者当吸水管路水力条件较差时，计量泵将无法进行药剂输送。这种状况可由上述标定管的测试表征出来。同时，化学药剂碎屑也可能会堵塞止回阀，从而阻止其正常运转，降低计量泵性能。

另外，一些化学药剂，例如过氧化氢和次氯酸钠等，需要特殊设计的计量泵来应对挥发出的气体。挥发气体是化学药剂存储和投加过程中产生的。其他类型的挥发气体释放系统也可以应用到加药管路中。

9.7.3　干式药剂投加装置

石灰、明矾和活性炭等通常采用干粉投加装置。这些系统往往比较复杂，因为要满足许多存储和输送的要求。最为简单的干粉或固体药剂投加方式是用手投加。首先将药剂进行称量，而后成袋倒入溶解池内。这种原始简单的药剂投加方法，通常仅用于未配置干式化学药剂投加设备的小型污水处理厂。

1. 设备说明

干式药剂加药系统如图9-9所示，包括一个加药机、一个溶药池和一个药剂存储箱或者料斗。干式加药机采用体积或者重量计量形式。体积计量加药机通常仅在投资少、加药量不大，且要求计量精度不高的情况下采用。它仅按照恒定体积进行药剂投加，而不会对药剂密度的变化作出任何响应。体积计量加药机开始应该采用试验进行校准，而后如果投加药剂密度发生变化的话，应该在使用过程中定期进行校准。

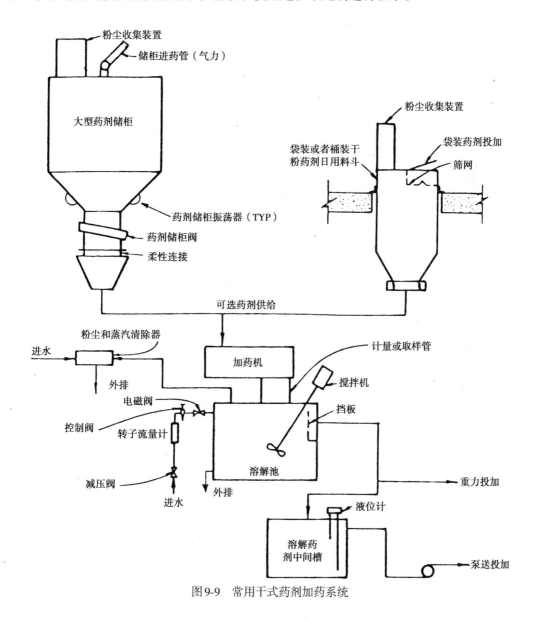

图9-9　常用干式药剂加药系统

大多数体积计量加药机都是容积式计量装置，均是通过移动一定体积或者可变大小体积的形式来实现的。皮带、螺杆、螺旋均可以提供这种空腔。药剂进入空腔后，几乎是完全封闭式的，与加料斗分离开来。该密闭空腔移动的速度以及空腔的体积大小决定了药剂的投加速度（美国石灰产业协会，1995）。一些类型的体积计量加药机可能存在拥塞的问题，这对于大型药剂存储箱或者药剂料斗尤为重要。当药剂在没有控制的条件下，强制通过加药机（例如依靠药剂重量或者动能），例如通过螺旋加药机中心时，将会发生拥塞现象。这些加药机之前可能需要安装旋转阀或其他装置，以防发生拥塞。

如果需要提高药剂投加准确性和可靠性，推荐采用重量加药机。多种重量加药机原理的不同，仅在于保持一定加药速率所需要的重量标尺、杠杆以及平衡的不同。虽然药剂形式、颗粒大小以及密度会存在变化，但是重量加药机能够自动补偿这些变化。

重量加药机形式较多，大体可分为三类：枢轴支撑皮带加药机，刚性支撑皮带加药机和失重式加药机。重量加药机没有标准规格。加药机在加药过程中，通过加药—检测—调节的方式逐步进行调整（美国石灰产业协会，1995）。对于关键处理单元的加药过程，应定期对重量加药机进行检测，如前面运行考量中所述。

在加药机与药剂储柜或料斗之间通常要安装滑阀、闸阀或者其他装置，用以将加药机同药剂储柜或料斗分离开来，方便加药机的维修或者更换。同时，应该在阀门下面安装柔性连接器，用以降低加药机产生的振动。

溶解池是干粉药剂加药系统的重要组成部分，因为计量后的化学药剂必须溶解于水形成不含结块和不溶颗粒的药剂溶液。大多数加药机，无论何种类型，药剂要在溶解池内溶解，并采用喷射系统或者机械搅拌方式进行搅拌，搅拌方式选择主要取决于药剂的溶解性。溶解池要确保所有药剂颗粒完全浸湿、彻底分散，避免结块、沉淀或者漂浮。当投加聚合物一类的化学药剂进入溶解池时，要防止溶解池内的水蒸气反方向进入加药机。否则，湿气可能会在干粉药剂表面积累，导致药剂结块，造成加药机堵塞。这可以将加药机和溶解池隔离开来，或者在加药机内安装加热器，以干燥清除进入加药机内的任何水蒸气。

干式加药机可以通过简单调节转速，10倍地增加加药能力。溶解池的设计必须能够满足加药量要求。加药量为4.5kg/h（10lb/h）的溶解池是无法满足45kg/h（100lb/h）的加药量的使用的。通常，溶解池必须要能够满足药剂溶解的最小停留时间，而且药剂的浓度要低于最高浓度。药剂的最高浓度是指其在水中一定温度下的溶解度。因此，即使加药机可以达到较高的投加能力，但是溶解池体积却不一定能够满足溶解药剂的最小停留时间或者其所能达到的最大浓度。但是，溶解池内的药剂也要避免放置时间过长，这可以通过改变加药速率或者药剂使用量进行调整。溶解池内药剂放置时间越长，就表明是某一时间段内投加的药剂量过多或者过少造成的。

大多数干式加药机是带式、槽盘式、螺旋式或者振荡板式。加药装置（带、螺旋、盘等）通常由电动机驱动。许多带式加药机，尤其是重量计量型，也配置有流量控制装置，例如可移动或者可旋转进口，用以计量或者控制输送至传送带上的药剂量。螺旋式体积计量加药机如图9-10所示。

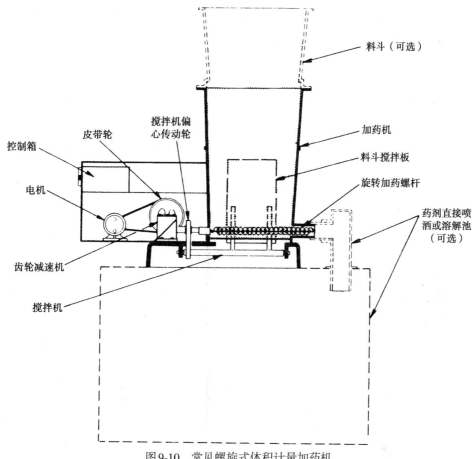

图9-10 常见螺旋式体积计量加药机

2. 运行注意事项

干粉加药机投加量应该采用定时间段取样的方式，定期进行检测。即在一定的时间内（例如1min），用容器进行接收和称量，这样就可以准确计算出每天的药剂用量。

对特定加药机，要作出其加药曲线，确定加药机额定输送能力与每小时实际投药量。从该曲线上就可以确定所预期的加药量。

9.7.4 现场制备

化学药剂的现场制备，限制了其在污水处理厂的使用，但是也可以购买到一些可以现场制备的化学药剂，例如次氯酸钠。药剂的现场制备除了不用输送和存储之外，还具有很多优点，它可以消除对药剂供应商的依赖性，并减少与药剂运输、现场转运以及存储等方面的考量。同时，现场制备也可以减小或者消除药剂存储过程中发生的分解作用。

次氯酸钠可以通过电解盐水溶液的方式在污水处理厂现场制备。图9-11所示为现场制备次氯酸钠流程图。可以购买到撬装式标准次氯酸钠现场制备装置，如图9-12所示。地方监管机构可能会限制氯气的使用，而要求采用替代品次氯酸钠进行消毒。由于次氯酸钠在存储过程中易于发生严重分解，因此同异地购买相比，现场制备就可以降低次氯酸钠的使用量以及药剂费用。但是，必须对现场制备费用进行具体分析，以确定现场制备的费用效益，并确定节省费用（如果存在的话）是否可以补偿现场制备所购买的其他设备费用。

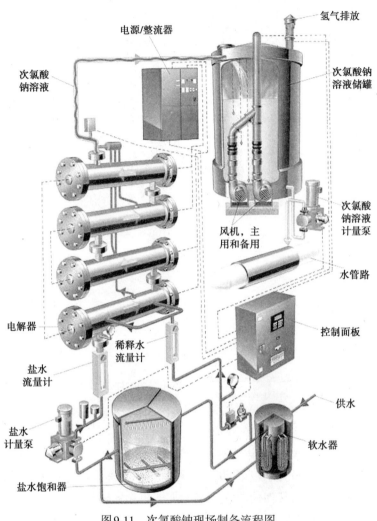

图9-11 次氯酸钠现场制备流程图

9.8 有益提示

以下给出了药剂使用过程中的有益提示，请在实际操作中参考使用：

（1）确认药剂投加采用了正确的投加方式、药剂用量以及药剂浓度（溶液）。

（2）监督整个卸料过程。严禁化学药剂卸料过程无人监管。

（3）同供应商和运输公司共同协调确定卸料管道连接和尺寸规格选择（这非常重要，因为许多药剂供应商是将运输工作外包出去的）。要确认可以从运输公司获得干粉药剂卸料中使用的压缩机。

图9-12　撬装式标准次氯酸钠现场制备装置

（4）当大量卸载干粉药剂（例如石灰、明矾和碳酸钠）时，在卸料之前，要检查与粉尘收集装置之间的联动情况，确保运转正常。同时要定期检查粉尘过滤器工作状况。

（5）采用废液收集桶或者其他方法，收集药剂卸料后残留在输送软管中的液体废物，以防止残余药剂散落地面。

（6）仔细检查所有输送管道连接的紧密性。

（7）在卸料过程中，要仔细监测大容积药剂储罐内的液位计，避免储罐溢流。

（8）定期检查储罐通风情况，在液体药剂卸料过程中，确保通风口清洁、无堵塞。

（9）同药剂供应商协调提供液压升降门，以便于托盘或者袋装药剂卸料。大多污水处理厂不会配置适宜的设备，以便于直接从卡车厢内卸料。

（10）从运输公司获取运输药剂单，以确认实际接收到的药剂重量，并按实际接收药剂量支付费用。通过比较药剂卸料前后大型药剂储罐液位的变化，确定送入大型储罐的化学药剂的体积，核实药剂单的准确性。

（11）与运输公司确认运输卡车配置了合适的泄压系统。

（12）检查袋装药剂磨损、受潮以及其他损坏情况。检查桶装药剂泄漏、挤压以及其他损坏情况。

（13）为所有化学药剂配置二级防渗漏围堰。

（14）检查液体药剂储罐管道以及通风口是否存在堵塞问题。

（15）定期检查储罐、溶解池及其相关防渗漏区域渗漏情况。

（16）保持泄漏清除、中和处置物品良好储备，并方便获得，以防即使是较小泄漏事故的发生。

（17）定期清洗和校准液体或干粉储罐内的液位计和指示设备。

（18）定期检查储罐的高低液位连锁警报系统。

（19）储罐应配置排放连接和隔离阀。推荐采用可锁外排阀。

（20）储罐要布置符合美国职业安全与卫生条例（OSHA）规定的通道（梯子、平台等），以方便检测，并便于液位计、通风和粉尘收集等设备的维护。

（21）要严格控制干粉袋装储藏区的湿度要求。推荐购买带有塑料内衬的袋装化学药剂。

（22）谨防由于压力过大导致桶装药剂塞破裂产生破损泄漏。

（23）定期检查和演习使用氯气（和二氧化硫）气体应急洗涤设备，包括但不限于通风、控制和药剂中和。

（24）干粉药剂的补充推荐采用喷射器。

（25）确保充足的补充水压力和输送能力。

（26）与药剂供应商确认混合设备（也就是说，聚合物通常采用慢速搅拌设备；然而，搅拌器必须能够产生足够的扭矩来克服高黏度阻力）。

（27）在药剂补充中，如果需要可采用适宜的呼吸保护设备，来防止粉尘和酸雾等。

（28）溶解池应配置外排和隔离阀。

（29）检查和清洗混合设备和液位计药剂积累情况，这对于石灰类药剂尤为重要。

（30）安装流量标定管，以校准计量设备的准确性。

（31）配置隔离阀和外排阀，例如在水泵进口处，以便于设备拆卸和维护。

（32）检查底阀和吸水管工作状况。过度的磨损、腐蚀等可能会导致计量泵启动注水泄漏，不能正常工作。

（33）当投加石灰浆时，应尽量缩短石灰浆进出管路的长度，以避免碳酸钙发生积累而造成故障。

（34）对于药剂浆输送管路系统，应配置冲洗设备和冲洗水，例如石灰浆。

（35）应尽可能靠近投加点布置药剂投加系统。

（36）作为一个好的运行实践，考虑制定一个针对所有化学品的泄漏预防与控制对策（SPCC），虽然联邦政府法规仅要求石油和石油衍生物行业需要制定SPCC。

（37）确认化学药剂与输送泵、管道、管件、阀门、加药管、垫圈、密封装置等的材质是否匹配。应该咨询药剂供应商以选择适宜的材质。

（38）依照联邦和州法律的要求，应该在所有药剂储罐上贴上标签，以便于识别危险源，同时给出应急响应人员名单（消防部门以及危险品处置部门等）。

9.9 化学药剂剂量计算

化学药剂剂量计算的基本公式为：

$$加药量（ppm）= \frac{（kg 药剂/[lb/d]）}{（kg 处理水 \times 10^6/d[lb/d]）} \tag{9-1}$$

上述公式的另一种形式为：

$$kg 药剂/d（lb/d）=（加药量，ppm）\times（kg 处理水 \times 10^6/d[lb/d]）\tag{9-2}$$

这种计算方法适用于任何以 kg/d（lb/d）为单位的药剂剂量的计算。

例9.1 氯气量计算，单位 ppm

条件：

平均日处理水量 =1890m³/d（0.5×10⁶ gal/d）

平均加氯量 =6.80kg/d（15lb/d）

解答：

公制单位

$$加药量（ppm）= \frac{kg 药剂/d}{（kg 处理水 \times 10^6/d）}$$

$$= \frac{6.80kg/d}{（1890m^3/d \times 0.001 \times 10^6kg/m^3）}$$

$$= \frac{6.80kg/d}{（1.89 \times 10^6kg/d）}$$

$$=3.6ppm$$

美国单位

$$加药量(ppm)= \frac{lb 药剂/d}{（lb 处理水 \times 10^6/d）}$$

$$= \frac{15lb/d}{（0.5 \times 10^6gal/d \times 8.34lb/gal）}$$

$$= \frac{15lb/d}{（4.17 \times 10^6 lb/d）}$$

$$=3.6ppm$$

例9.2 初沉池混凝沉淀三氯化铁加药量计算。

条件：

平均日处理水量 =21200m³/d（5.6×10⁶ gal/d）

三氯化铁加药量 =151.4L/d 40% 溶液（重量比）（40gal/d 40% 溶液）

1L（gal）40% 三氯化铁溶液 =1.33kg（11.1lb）

解答：
公制单位：

$$加药量（ppm）= \frac{kg 药剂/d}{kg 处理水 \times 10^6/d}$$

$$= \frac{151.4L/d \times 1.33kg/L \times 40\%}{（21200m^3/d \times 0.001 \times 10^6kg/m^3）}$$

$$= \frac{80.5kg/d}{21.2 \times 10^6kg/d}$$

$$= 3.8ppm$$

美国单位：

$$加药量（ppm）= \frac{lb 药剂/d}{lb 处理水 \times 10^6/d}$$

$$= \frac{40gal \times 11.1lb/gal \times 40\%}{5.6 \times 10^6gal/d \times 8.34lb/gal}$$

$$= \frac{177.6lb/d}{46.7 \times 10^6lb/d}$$

$$= 3.8ppm$$

例9.3　对于例9.2同样的处理水量，如果药剂投加量从3.8ppm提高到6ppm，则每天需要的三氯化铁溶液是多少升（加仑）？

解答：
公制单位

$$加药量 = \frac{6ppm}{3.8ppm} \times 151.4L/d = 239L/d$$

美国单位

$$加药量（gal）= \frac{6.0ppm \times 40gal}{3.8ppm} = 63.2L$$

例9.4　计算聚合物溶液的浓度。

条件：
聚合物溶液使用量 =68L/d (18gal/d)
kg 聚合物 /L（磅聚合物 /gal）=1.25(10.4)
用水量 =7570L/d（2000gal/d）

解答：

公制单位

$$聚合物浓度（\%）= \frac{kg聚合物}{kg聚合物+kg水} \times 100$$

$$= \frac{68L/d \times 1.25kg/L}{（68L/d \times 1.25kg/L）+（7570L/d \times 1kg//L）} \times 100$$

$$= \frac{85kg/d}{85kg/d+7570kg/d} \times 100$$

$$= \frac{85kg/d}{7655kg/d} \times 100$$

$$=1.1\%$$

美国单位

$$聚合物浓度（\%）= \frac{lb聚合物}{lb聚合物+磅水} \times 100$$

$$= \frac{18gal \times 10.4lb/gal}{（18gal \times 10.4lb/gal）+（2000gal \times 8.34lb/gal）} \times 100$$

$$= \frac{187.2lb}{187.2lb+16680lb} \times 100$$

$$=1.1\%$$

第10章　配电系统

10.1 引言

配电系统主要有三个功能，首先是将输电系统的电能输送到配电系统，其次是将电压降低至当地适用电压，第三是在发生故障时，通过隔离故障单元，保护整个电网。

本章首先介绍基本术语和概念，继而讨论典型的配电系统及其组成，最后介绍基本的维护和故障诊断。

本章还介绍了继电器整定计算和谐波、员工培训、高压安全问题，以及计量/报表、节能、能源审计、功率因数修正等。另外，本章也介绍了许多污水处理厂利用废热发电情况。

10.2 基本术语和概念

10.2.1 直流电

电流有两种基本形式，即直流电和交流电。对于直流电而言，通过用电负荷的驱动力（即电压）基本稳定，电流（单位：安培）方向恒定。直流电可从电池和直流发电动机获得。直流电在污水处理厂中应用不多，主要用于充电电池、某些仪表、断路器电源以及一些情况下的直流电源设备。例如，直流电可以为同步电动机或发电动机提供励磁电流。同时，污水处理厂中的药剂计量泵通常采用直流电源。

10.2.2 交流电

交流电是目前最为常用的电源形式，其电流首先沿着一个方向流动，而后沿着相反方向流动。交流电电流模式如图 10-1（Jackson，1989）所示。美国交流电频率为 60Hz。加载到用电负荷的交流电电压逐渐增加到最大值，而后减小到零并继续减小到相反方向的最大值。理论上而言，交流电遵循正弦曲线模式（为 0° ~360° 的正弦曲线）。然而，实际上交流电电压曲线模式稍微偏离实际的正弦曲线。

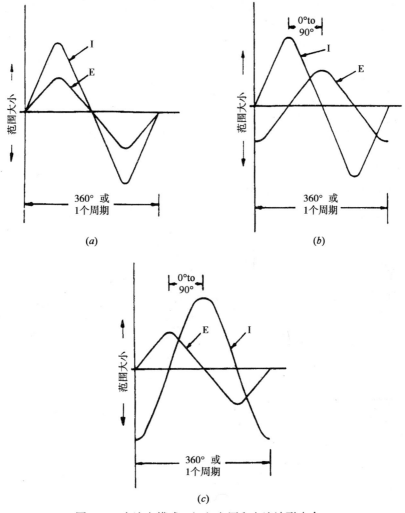

图10-1　交流电模式：（ a ）电压和电流波形吻合；
（ b ）电流波形领先于电压波形；（ c ）电流波形滞后于电压波形

10.2.3 电源相

通常来说，变电站输送的均是三相交流电。三相电包括三条导线，每个导线的电压波形与其他两相之间相差120°。虽然两相或者其他相电源也有存在的可能，但是工业用电主要为三相电。电流可以在任何两相之间或者在其中任何一相与地线之间流动。当选择使用单相电流时（例如照明），电路需要设计以平衡用电负荷（即平衡各相之间的电流大小）。

10.2.4 功率因数

输送到某一电路中的有功功率[单位：瓦（W）或千瓦（kW）]，是用电负荷实际消耗的功率（用电功率表进行测量）（图10-2）。在包含电表或电容的电路中，视在功率往往会超过有功功率。视在功率，一般用千伏安（kVA）表示，是用电负荷上的电压有效值压（用电压表测定）和回路中的有效电流有效值（用电流表测定）的乘积。有功功率和视在功率的比值称为功率因数，用以表征用电负荷的效率。理想的功率因数值大小为1.0（100%），但是污水处理厂的功率因数通常为0.8~0.85之间。功率因数（PF）计算公式为：

$$PF=\frac{kW}{kVA}=\cos\theta \qquad (10\text{-}1)$$

例如，如果镗床的有功功率为100kW，视在功率为125kVA，则功率因数为，

$$\frac{(100kW)}{(125kVA)}=(PF)=0.8$$

需要注意的是，在非线性环境条件下，在谐波发生器上未安装滤波器或者电抗器时，功率因数不遵守这些公式或者表格数值。

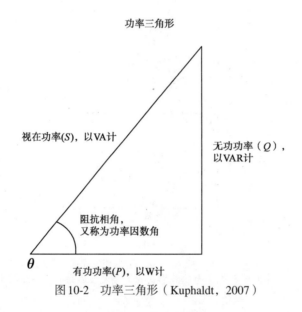

图10-2　功率三角形（Kuphaldt，2007）

10.2.5　变压器

工业实际使用中主要有两种变压器，用于降低或者升高电压：降压变压器和升压变压器。变压器中心有一组2个线圈，初级线圈接收电能，次级线圈将电压转变后输送电能。

三相变压器包括三套线圈，线圈的连接方式可以采用三角形接法或者"Y"形接法。三角形接法中，任何两相之间通过线圈连接。而在"Y"形接法中，每一相都通过线圈连接至接地点上。初级线圈和次级线圈的连接方式可能会不一致。例如，工业上采用的降压变压器，初级线圈一侧常采用三角形接法，而次级线圈一侧常采用"Y"形接法。

由于功率是电压与电流的乘积，因此对于某一电厂，输送到污水处理厂的电压越高，则需要的电流越小。同时，电流平方乘以电阻值就等于导线中损失的功率值。因此，电

厂输送电源过程中，通常采用最高的可能工作电压，最小的工作电流，最细的导线，以降低电能输送过程中的能耗。

污水处理厂中高压电源的使用将会增大危险性，从而需要更为昂贵的绝缘设备。因此污水处理厂需要变压器将输送电压转换为适用电压值。小型污水处理厂最为常用的交流电来自"Y"形接法次级线圈，相间电压为480V，相与地间电压为277V。污水处理厂内高电压主要用于便于配电以及运行大型电动机。通常，大型污水处理厂可能会采用功率超过373kW（500hp）或者电压为4160V（5kV）的配电系统。

10.2.6 继电整定计算

继电整定计算是研究确定电力系统保护装置的最佳特性、比率和设置的过程。最佳设置主要用于实现电力系统故障部分的隔离，并使剩余部分正常运行。

10.2.7 谐波

谐波表征了一个波形或者交流电波形的组成频率之一，是基本频率的整数倍。在60Hz电源系统内，三次谐波的频率即为180Hz。谐波分析可以评估非正弦电压和电流对电力系统及其组成的稳态影响。部分波形干扰来自直流整流器、调速驱动装置（ASDs）、电弧炉、电焊机、各种静态功率变换器以及变压器饱和作用。

10.2.8 基本电学公式

直流电路中的电流（I）、电压（E）和电阻（R）的关系为

$$E=I \times R \qquad (10-2)$$

例如，电流为2.0A、电阻为5Ω，则电压值为

$$电压 = 2.0 \times 5 = 10.0V$$

直流电路中，用电负荷消耗的功率为

$$P=I^2 \times R \qquad (10-3)$$

例如，电流为2.0A、电阻为5Ω，则功率为

$$功率 = 2^2 \times 5 = 20W$$

交流电路（单相且假设电路中只有电阻）所消耗的功率为

$$P=E \times I \qquad (10-4)$$

例如，单相电路中，电压为10V，电流为2.0A，则消耗的功率为

$$功率 = 10 \times 2.0 = 20W$$

三相电力系统中，所消耗的功率为

$$P=E \times I \times 功率因数 \times 1.732 \qquad (10-5)$$

例如，如果三相电机的电压为240V，电流为2.0A，功率因数为0.8，则消耗的功率为

$$功率 = 240 \times 5 \times 0.8 \times 1.732 = 1663W$$

10.3 典型配电系统

10.3.1 概述

对于典型的配电站，通常需要至少双输入线路，以保证供电安全。例如输入电压可以为115kV，或者是本地区常用输入电压，而输出线路可采用多条线路。配电电压通常为中压系统（在2.4kV和33kV之间），主要取决于服务区域大小以及当地用电设施额定电压情况。配电系统的安全和可靠性是最为重要的。因此，大多数配电系统都会使用许多备用设施，以保证供电安全。

10.3.2 污水处理厂典型配电图

对于特定的污水处理厂，可采用单线图来示意配电系统，包括所有供电来源和电力负荷。图10-3所示为假定的某污水处理厂配电系统方框图，图10-4所示为该系统的电力工程学表示形式。表10-1给出了示意图中所用的符号以及其他常用符号表示的意义。

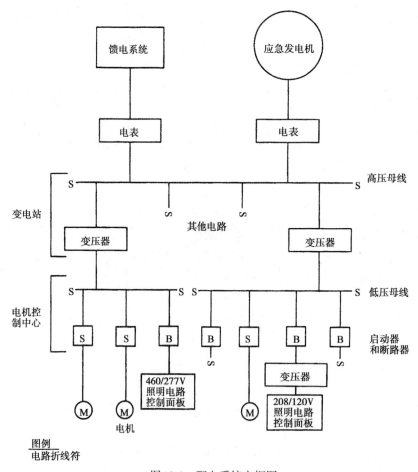

图10-3 配电系统方框图

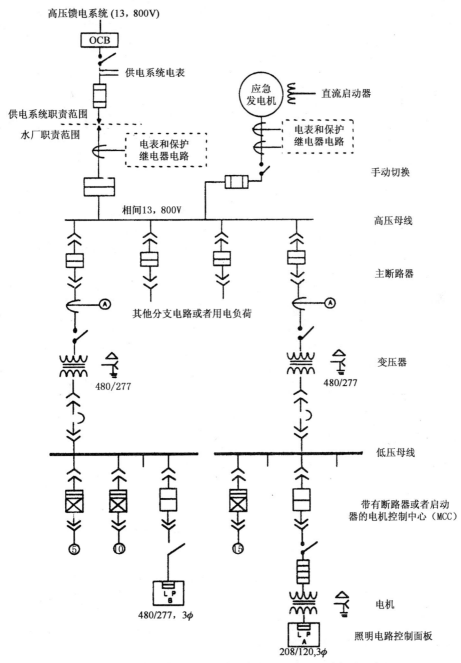

图10-4　简化的典型配电系统（省略了电表和电路保护设备）

典型电气符号		表10-1
OCS	油断路器	
100 50	空气断路器——空气，三极 上部为框架编号，下部为跳闸设置	

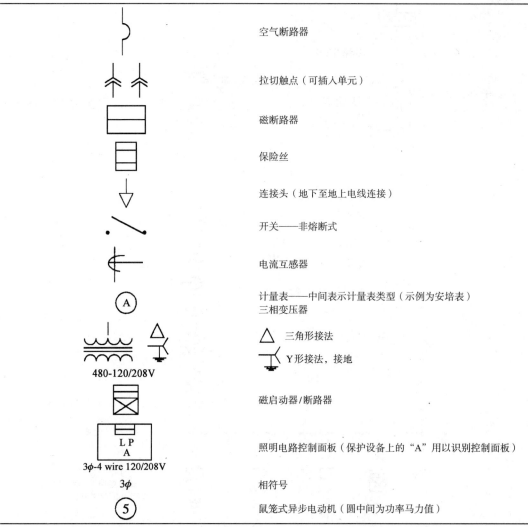

	空气断路器
	拉切触点（可插入单元）
	磁断路器
	保险丝
	连接头（地下至地上电线连接）
	开关——非熔断式
	电流互感器
	计量表——中间表示计量表类型（示例为安培表） 三相变压器
	△　三角形接法
	Y形接法，接地
	磁启动器/断路器
	照明电路控制面板（保护设备上的"A"用以识别控制面板）
3φ	相符号
	鼠笼式异步电动机（圆中间为功率马力值）

480-120/208V

3φ-4 wire 120/208V

在上述示例中，污水处理厂设置了一个变压器，将接收的高电压转换成低压用于污水处理厂使用。然而，在许多情况下，供电机构会提供变压器，将电压降低之后输送至污水处理厂。

在上述配电系统示意图中，供电系统高压馈线和污水处理厂变压器将电能传输至厂区。供电系统仅维护其自身配置的设备，而污水处理厂需要维护其他设备。在这种情况下，高压电来自高压母线。污水处理厂的应急发电机也可以提供高压电。另外，还有可能存在其他馈线并行运行，或者采用手动或者自动切换开关进行控制。

在大型变电站，所有的进线都会安装使用开关和断路器进行控制。在一些情况下，两者可能不需要同时使用（即选择使用开关或者断路器）。一般还需要采用电流互感器来测定指定电路上输入或者输出的电流大小。

在使用开关时，所有电线都会连接到公用母线的金属触点上，一般为3条，因为普遍使用的是三相交流电。

最为复杂的变电站有2套母线，即2套母线系统互为备用。然而，大部分变电站均不需要2套母线，因为只有在需要供电超高可靠性的变电站中，才需要使用2套母线供电，因为在这些供电站中，如果发生断电的话将会造成整个供电系统的瘫痪。

一旦满足不同电压的母线建成之后，就可以通过变压器将两者连接起来。同输电线路相似，这里也需要安装一个断路器，以防变压器出现故障（一般指"短路"）。

此外，变电站通常会配置安装电路控制和保护装置，以防在一些组件出现故障时，可以及时启动断路器。

小型污水处理厂的典型配电系统通常为480/277V（Y形）。该系统中通常会有一中性连接（Y形接地），用以供应照明系统277V。

10.4 配电系统的组成

10.4.1 馈电系统

远距离供电通常采用超高电压、低电流方式，以降低电压在电路上的下降，常可见带有避雷器的高空输电线路。一旦电能输送至变电站，将通过变电站转换为低电压，通常为480V。而当电能被输送至污水处理厂时，工程师将可以通过设计污水处理厂配电系统，向厂区所有电气设备供电。为了提高供电可靠性，通常设计采用备用装置、断路器、避雷器、埋地电缆、应急发电机和不间断电源（UPSs）等来保护电力系统。

10.4.2 自动切换开关

自动切换开关（ATS）通过连续供电来确保供电系统可靠性。ATS能够自动识别两个供电电源中可靠性较高的那个，然后实现自动断开和连接操作。

ATS系统的主要作用是自动感应电压降低或损失，并确定存在可替代的交流电源，然后将用电负荷自动连接至替代电源上。120V电源电压是最常使用的电压，因此ATS不断进行电压检测，以确定哪个电源最为适合提供给负载。如果在电路开断过程中，一旦检测到故障电流，ATS将可以提供保护以防止损坏发生。

10.4.3 开关功能

变电站的重要功能之一就是开关功能，实现供电线路的接通与断开。开关可以是有计划的，也可以是无计划的。输电线路经常碰到维护或者新建而需要再次通电的情况（例如，增加或者移除输电线路或者变压器等）。

为了保障供电可靠性，任何供电公司都不可能停掉整个供电系统来进行维护作业。所有作业，包括从例行检查到新建变电站，都必须在保证整个系统正常运行的条件下进行。

更为重要的是，供电线路或者任何用电负载都有发生故障的可能，其中还包括电路发生雷击产生电弧，以及强风吹倒高压线塔的情况。变电站的任务是将供电系统内出现故障的部分能够单独隔离开来。这样做主要有两个原因，首先故障往往可能会造成设备损坏，其次故障可能会影响整个供电系统的稳定性。例如出现故障的供电线路有最终发生烧坏的可能，而变压器也可能会发生爆炸。如果真的发生了这些事故的话，将会严重影响整个供电系统的稳定性。而及时断开和隔离发生故障的部分，将可以使以上所述事故发生的可能性降低到最低。

10.4.4 变压器

变压器将超高电压转换为负载适用电压。许多污水处理厂的电气设备适用480V的交流电，同时可以使用污水处理厂自身的变压器将电压降低至120V用于照明电路系统。降压变压器的初级线圈一侧是高压，次级线圈一侧是用电负载电压。通常会设置主断路器来保护污水处理厂的变压器，并将污水处理厂自备发电机与外电网隔离开来。供电系统通常会采用复杂的检测和断路器系统来保护任何单一用户对配电网内其他用户的影响。次级线圈通常会安装断路开关和断路器，这样可以在必要情况下或者检测到负载发生短路故障时切断电源。

变压器入线电压通常为26400V、13200V或者4160V。这些变压器通常属于供电公司所有，并同时负责维护工作。当然，在某些情况下，使用客户也可以选择获得变压器的所有权和负责维护工作。通常，只有在供电公司给出较为有吸引力的电费价格情况下，客户才会选择获得变压器的所有权，同时会比较由此带来的电耗费用的降低收益与获得变压器所有权和维护费用支出情况。

10.4.5 联动开关

联动开关用于连接变电站或者电动机控制中心内两个分离的部分，其操作是独立的。联动开关通常处于断开状态。一般来说，通常采用Kirk Key（Kirk Key Interlock Company，Massillon，Ohio）连锁系统，且仅使用3个断路器（两个主断路器和一个连锁断路器）中的2个。

10.4.6 保护继电器

如果超过了保护装置设定的参数值，保护继电器就会检测和断开用电负载。保护继电器的常用类型包括过流、馈电系统、电源频率、电动机和PLCs等。

10.4.7 应急电源

应急电源可以由"室内"发电机或者单独的供电系统馈线提供。如图10-3所示，应急电源配置有手动切换系统，从而可以避免复杂设备带来的费用增加以及可能导致的故障发生。如果污水处理厂不能短期停电，或者污水处理厂在一定时间内会出现无人值守的情况，这就需要使用自动切换装置。

为了避免购买和维护应急发电机的费用，污水处理厂可以从其他供电系统馈线或者其他配电站单独获得备用电源。虽然电源切换装置可以设置为自动运行，但是通常还是选择手动切换，以保护上游供电系统。电源切换开关究竟由谁来控制，主要取决于供电动机构和污水处理厂间的协议。

10.4.8 开关装置

"开关装置"一词，通常主要用于电力系统或者电网，是指用于隔离电气设备的断路装置。开关装置既可用于设备的再次启动，也可用于断开故障设备，可以安装于任何需要隔离和保护的位置（例如，发电机、电动机、变压器和变电站等）。虽然开关装置可以安装在不受天气影响的任何地方，但是首选室内安装。一些室内安装需要一定的空气绝缘距离，因此可能需要较大的空间。

10.4.9 变电站

变电站包括一个主电路断路器、高压母线和几个馈线系统断路器（称为电路断路器）。馈线系统断路器主要用于向电动机控制中心（MCCs）和其他电气负载提供电能。在某些情况下，变电站可能还包括变压器。

图10-5所示为一大型污水处理厂（处理能力超过380000m^3/d（100mgd））使用的主降压变压器。它采用三角形/"Y"形接法，初级线圈电压为67000V，次级线圈电压为13800V。高压电通过位于顶部的绝缘接线端进入变压器，而降压后的低压电通过顶部电缆管输送进入母线。该污水处理厂的另一变电站（图10-6）的变压器将电压从13800V降低至4160V。

图10-7所示为变电站中连接至图10-5中的主变压器所采用的13800V断路器。该断路器位于控制面板的右侧（敞开门的位置），而各种计量表和保护装置位于左侧。

图10-5　高压变压器　　　　　　　　　图10-6　中压变压器

图 10-7 高压电路断路器

图 10-8 电动机控制中心

10.4.10 电动机控制中心

电动机控制中心有许多钢制控制柜，用以安装电动机启动器和其他装置的断路器。一般来说，这些装置都会安装保护外壳，因为这种保护外壳一般较为便宜且易于维护。电能从MCCs被配送至电动机和照明电路控制面板。通常，一个变压器供应一个或多个MCCs，变压器就被安装在附近。MCCs可以购买到包含母线在内的整套装置，以便于连接启动器。同时，MCCs也可以配合使用一些特殊装置，例如PLCs、变频器以及降压启动器等。

启动器是连接电源和电动机的装置，用于启动电动机。电动机启动器包括线圈、接线点、过载加热器和弹簧，所有组件均可以进行更换或维修。线圈通电后，电动机启动器开始工作。启动器控制触点的断开和接触，从而使电流流向电动机。当负载过大或超负载而可能损坏电动机时，启动器内置过载继电器可以保护电动机。当过载发生时，过载继电器可以停止电动机运转，从而防止电动机过热发生损坏。图10-8所示为一污水处理厂的MCCs，该电动机控制中心配置了多个不同的控制柜，用于控制不同功率电动机启动器的安装。

10.4.11 电动机

虽然电动机仅是电力驱动的一个设备，但是它却是较为重要的设备之一。为了保证电动机运行获得最高效率和最大可靠性，在使用过程中必须充分考虑其应用、控制和保护。工业电动机标准已由美国电气和电子工程师学会（Piscataway，New Jersey）、美国国家标准学会（Washington，D.C.）、美国电气制造商协会（NEMA）

（Rossyln，Virginia）以及美国保险商实验室公司（Northbrook，Illinois）共同制定颁布，同时不断对该标准进行修订。电动机以功率和负荷率进行分类。在选择使用电动机时，需要了解要驱动的负荷大小以及扭矩要求。电动机可以分为直流电动机和交流电动机。直流电动机主要用于驱动大扭矩负载，而交流电动机应用较为广泛，包括同步和异步两种。鼠笼式异步交流电动机应用最为广泛，其结构决定了速度与扭矩之间存在确定的关系。

10.4.12 变速驱动装置

以下是5种常用的变速驱动装置：

（1）变频驱动装置通过控制电动机的电压频率来控制电动机转速。该装置应用较广，既能提供恒定扭矩，又能提供变扭矩。当流量、转速、所需扭矩不恒定时（例如，污水输送、鼓风机或者污泥输送等），该驱动装置效率较高。同时，该装置可能会因为产生谐波而对供电系统产生影响，这可以通过设计使用线路滤波器予以解决。虽然变频驱动装置可以节省电能，但是其结构较为复杂，需要专业人员进行维护。

（2）直流变速驱动装置是通过改变加载到直流电动机上的电压大小来实现调速目的，属于传统调速装置，专门应用于恒定负载（起重机、电梯和起吊机）和关闭速度控制。

（3）涡流变速驱动装置通过电磁线圈在耦合装置一端产生磁场，从而构建可变耦合装置。涡流变速驱动装置已在可变扭矩、大负载以及大扭矩启动等场合广泛使用了50年之久，目前仍多见于物料传输、供暖通风空调以及风机中等处。

（4）液压变速驱动装置类似于汽车液压传动系统，其典型应用可见于恒定扭矩、恶劣环境条件以及大负载条件等情况。液压变速驱动装置常被应用于驱动大型水泵和传送带。

（5）机械变速驱动装置可用于控制速度，包括齿轮装置、机械传动以及带有可变螺距皮带轮的皮带传动装置。

10.4.13 分路配电盘

分路配电盘连接至电动机控制中心的一个控制箱，将电压转换为低压（120V单相电），用于小功率断路器（例如照明、插座、小功率风机和电动机）控制使用。

10.4.14 照明配电盘

照明配电盘有两类。电源来自于变压器480/277V三相电，照明电压为277V，这种控制面板主要用于庭院以及大型生产厂房照明。另外一种照明配电盘主要用于建筑、实验室或者其他需要使用多个外带插座运行小型电动设备或者工具的场合。这需要变压器将来自照明配电盘的电压转换为三相电120/208V或者单相电120/240V进行使用。

10.4.15 照明控制

照明电路可以采用简单的手动开关、光电池、时钟、运动检测器和定时器予以控制。光电池主要用于外部照明电路控制，每隔2~3年就需要清洗或更换。该操作可能会比较麻烦，因为光电池安装区域一般难以接近，并且需要采用专用的清洁设备。因此，目前采用时钟控制应用较为广泛。它们运行以年度为基础进行设定，随着冬季的来临，晚间供电时长不断增加。这种装置的显著缺点是需要对时钟控制装置随季节变化进行不断调整。

运动探测器在无运动物体存在时关闭照明，从而节省电能。然而，运动探测器很少在工业上使用。在开关控制盒内安装简单的定时器比运动控制器更为可靠。定时器可以根据该区域内需要的时间进行时间设置。如果污水处理厂有工艺过程计算机控制系统，则可以预设定程序来开启和关闭照明系统。在任何情况下，都必须配置使用超越控制开关，以备在紧急情况下控制照明电路。

10.4.16 照明系统

1. 照明强度

充足的照明对于设备的安全高效操作以及夜间保安都是必要的。已有研究表明，在工作场合，照明强度的降低会明显影响工作人员的工作效率。

照明强度单位为勒克斯（lx）或者英尺烛光（foot-candle，ft-c）。一般来说，办公室和实验室照明强度要求为345~1075lx（32~100ft-c）。阅读和集中精力作业对照明强度要求更高，需要达到1075lx。商场照明强度一般要求为538~1615lx（50~150ft-c），而局部高亮位置要求照明强度更高。露天区域，例如停车场，需要的照明强度范围较宽为11~215lx（1~20ft-c），这主要取决于需要完成的工作内容。照明设备外部灰尘以及灯丝老化，都会影响照明强度，因此确定一个场合的照明强度能否满足要求，需要在照明设备使用几个月之后再去检测。不同工作场合的推荐照明强度等级可以从任一照明设备生产商处获得。

2. 白炽灯

污水处理厂较常使用的照明设备包括白炽灯、荧光灯和高强度气体放电灯。白炽灯的使用历史最为古老，每产生单位照明强度勒克斯消耗的能量最多，寿命最短。白炽灯在低于额定电压下工作时，可以延长使用寿命，但是其效率会降低。由于白炽灯的安装比较紧凑且价格较为便宜，一般用于照明强度要求较为集中以及仅需要较短时间照明的场合。此外，由于其价格较为便宜，带有保护外罩的白炽灯经常被用于含有爆炸性蒸汽的场合。

3. 荧光灯

荧光灯一般为荧光灯管形式，比白炽灯要贵，而且荧光灯安装灯座也要比白炽灯灯座要贵。然而，荧光灯的用电效率要远高于白炽灯，从而节省电能较为经济。另外，荧光灯的使用寿命一般为白炽灯的8倍左右。

与白炽灯类似，荧光灯光线较为柔和，广泛使用于污水处理厂的办公室和实验室。一些荧光灯启动时可能需要短暂的电弧启动时间，但是大多数工业照明系统都带有即时启动功能。

4. 高强度气体放电灯（HID）

高强度气体放电灯主要有水银蒸气、高压钠蒸气和金属卤化物蒸气3种类型。所有这些类型的HID，在达到最高亮度之前都需要几分钟时间，因为它们需要采用一个单独的电路来加热灯具内的金属或者其他物质，并使之汽化。水银蒸气放电灯寿命较长，且价格要低于其他两种。金属卤化物放电灯比汞蒸气灯效率更高，但是其价格更高，且通常没有小功率的规格。金属卤化物蒸气放电灯或者汞蒸气放电灯通常仅用于显色性要求较高的场合，而实际最常使用的还是高压钠蒸气放电灯，因为其具有费用低、寿命长且效率高的特点。

虽然也存在低压钠蒸气放电灯，且其效率要高于以上所述几种灯具，但是其较为笨重且使用寿命要远低于高压钠蒸气放电灯。大多数高强度蒸气放电灯常用于需要较长时间不间断照明的场合（例如，庭院可能需要通宵照明，而生产车间频繁进行开关灯也是不切实际的）。而像泵房和开关控制室等可以定期关闭照明以节省电能的地方，应推荐使用荧光灯，因为HID需要一定的时间才能达到额定亮度。在过去，由于HID亮度较高，在光线接近人眼的地方不推荐使用。但是，随着HID的研究进展，目前已经允许应用到天花板较低的场合。

5. 应急照明

在关键照明控制区域以及常规照明关闭后仍需要进人的场合，需要安装使用应急照明系统。在常规电源出现故障的情况下，会自动启动单独线路的应急发电动机向关键场合的应急照明系统供电。在紧急疏散通道，常采用电池组代替应急发电机供电。有时，应急照明系统也可能使用蓄电池供电。电池组可以使用交流电和内置整流器进行充电。由于使用常规照明系统的电源进行充电，因此电池组可以方便地检测到交流电发生断电的情况，进而启动应急照明系统。

10.4.17 控制电路

污水处理厂监管人员应该掌握污水处理厂设备的控制电路，因此他们应该获得完整的控制电路图图例。

启动器控制电路为梯形图，使用单相电，一侧接地，另一侧带有电压。两种电路控制图示例如图10-9所示。

在电路A中，按下启动按钮，电流通过停止电路和闭合开关（限位开关（LS）和定时开关（TS）），而后到达启动器（M）主线圈，然而流过闭合过载触点——每一个触点一相。当主线圈被激活后，它拉动三相交流接触器，从而启动电动机或者其他电气设备。同时，"MA"触点打开或者闭合，这取决于其初始状态。图示中位于启动按钮下方的MA触点，可以在启动按钮放开后，仍然使主线圈处于通电状态。当按下停止按钮，或者限位开关、定时开关或者过载触点之一打开时，主线圈断电，停转电动机。例如，外部的限位开关，在液位过高时，将会断开。定时开关可以根据预设运转时间而断开。

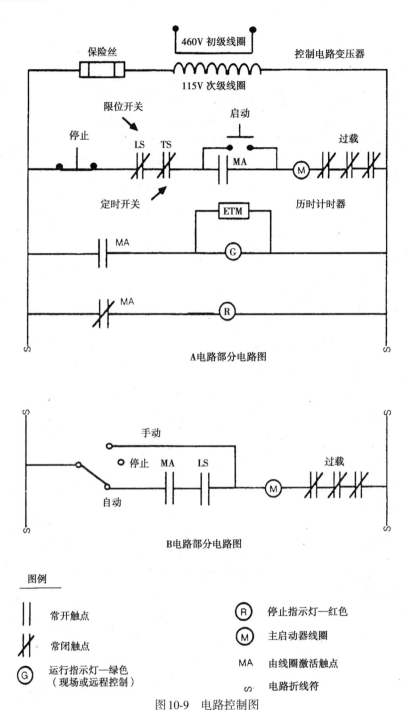

图10-9 电路控制图

图10-9所示电路给出了一种不同类型的启动开关，例如液位开关。当开关断开位置时，任何设备均处于停止状态。当开关处于手动连接位置时，电动机启动。而当开关处于自动连接位置时，电动机只有在远程限位开关处于闭合的状态下才能启动运行。该自动线路包含一个涉及电路A的连锁运行控制。这就意味着在电路B能够运行之前，电路A

的电动机或者其他电气设备必须通电运行。例如，真空过滤器可以设置连锁运行，只有当传送带传输脱水污泥的时候，真空过滤器才需要启动运行。

上述两张电路图均包含了过载触点，由监测电动机电流的过载加热器激活运行。由于过载触点取决于运行中积累的热量，因此高电流时间过短或者电流超过电动机最大额定电流时间过长，过载负荷触点都会断开。通常，过载触点电流可以通过更换不同规格进行改变，或者在某些情况下，也可以进行手动调节。

在重新启动发生跳闸的系统之前，操作人员必须了解过载发生的原因并纠正系统非正常负荷状态。在较短的时间内，2次或者多次重启跳闸系统将可能导致电动机或者其他电气元件过热损坏。

保护电动机最好的方式是采用电路A中的启动开关。然而，电路A的缺点是当电源断电时，电路A无法恢复到原始状态，而当电源再次正常供电后，电动机必须手动重新启动。相反，电路B中的电动机由于采用了手动—停止—自动开关，因此可以在电源再次供电时自动重新启动，而其他开关会自动闭合。电路B的缺点是电动机无法实现较好的过载保护。如果发生过载，在温度降低后，加热器触点会复位，从而重新启动电动机，而后加热器重新断开。经过3次或更多次的开停作业，可能会烧坏电动机。为了防止电动机反复启动的发生，需要安装使用额外的保护装置。

如果电动机线圈产生了断路，电动机可能仍然会运转，但是在单相电运转模式条件下运转，这样电动机会最终烧坏。为了保护电动机避免断路运转，可以使用断相跳闸继电器激活启动器跳闸。多种类型的定时器和连锁装置可以应用到启动器电路中。较好的做法是，为启动器预留多余的触点，以便于将来增加其他控制功能。

10.4.18 可编程逻辑控制器PLC

可编程逻辑控制器（PLC）是固态电子器件（属于计算机家族成员），集合了硬连接继电器的大部分特点。然而，PLC具有可随时进行调整的特点。它们可以存储指令以直接完成工艺控制的某些功能，例如先后顺序、计时、计数、运算、数据处理和通信等。一个程序控制器包含两个主要部分，一是中央处理器，二是现场设备的输入/输出交互界面。来自限位开关、模拟信号传感器和选择开关等的输入信号，以电缆形式传输进入输入界面，而需要进行控制的设备（例如电动机启动器、电磁阀和指示灯等）则连接至输出界面。中央处理器接收输入数据，而后执行存储程序，通过计算过程控制运行输出设备。

PLC可用于监测配电系统，并能在毫秒级短时间内作出关键操作，以维护系统的正常运行。同时，它们也可以重新分配负荷，启动和停止应急发电机，以及警告操作人员可能存在的潜在问题。

10.4.19 不间断供电系统UPSs

关键设备应采用UPSs，以确保不间断供电。在UPSs内，采用交流电对电池进行充电，而后电池输电的直流电经逆变器转换为60Hz的交流电供电气设备使用。一旦交流电源发生故障，UPSs内的电池系统就可以通过逆变器进行供电。UPSs的输入电压取决于供电设备要求。通常，输入电压为120V单相电或480V三相电。UPSs通常由分支电路进行供电，主要用于计算机系统、呼叫系统和警报系统。

10.4.20 仪表和控制系统电源

关键仪表和PLCs系统可由UPS供电。污水处理厂的大多数远程仪表均不会采用UPS供电，通常由分支电路供电。

常用仪表和控制系统电源为120V交流电或者240V直流电。在某些情况下，仪表采用回路供电，意即仪表用电来自PLC输入/输出卡提供的24V直流电。

10.4.21 电容器

将电容器看作千乏发电动机，有助于理解其在提高功率因数方面的应用。电容器之所以可以被看作为千乏发电动机是因为它满足了异步电动机的励磁要求（千乏）。

这一过程可解释为能量存储在电容和异步电动机的过程。因为交流电路电压是按照正弦曲线变化的，因此其电压曲线图交替性地通过电压零点。当电压通过电压零点而逐渐向最大电压过渡时，电容会在其静电场内存储能量，而同时感应设备从电磁场释放能量。而当电压通过最大电压点而开始降低时，电容开始释放能量，而感应设备开始存储能量。这样，当电容和感应设备安装在同一电路中时，它们之间就会发生磁化电流交换。电容器产生的超前电流会抵消感应设备产生的滞后电流。由于电容释放磁化电流给感应设备，因此电容可以被认为是千乏发电动机，因为它实际上给感应设备提供了励磁要求。

功率因数修正电容主要用于以下两个场合：（1）用于电动机控制中心MCC，以修正MCC的总负载，这是一种折中的做法，因为所有连接的负载不可能同时通电作业；（2）直接用于功率等于或大于19kW（25马力）的所有电动机。后者在通电作业情况下，电容可以修正负载的功率因数。

10.4.22 线路管和布线注意事项

为安全起见，污水处理厂的大部分布线都要求布置在坚固的线路管内。开放式布线仅被用于大型电缆，或者布线需要频繁调整而环境空气对导线无害的商场场合。

电缆线可以用铜线或者铝线，如果采用铝线的话，铜铝结合处需要进行仔细处理。随着铜线价格的不断降低，铝线使用已大大减少。

电缆线的绝缘等级通常要比其适用电压要稍微高一些，以确保安全。例如，实际通电电压为460V的电缆线，其绝缘电压应该达到600V。在高温、低温或者腐蚀性场合中，应该采用特殊绝缘性能的电缆线。

美国国家电气规范手册（The National Electrical Code Handbook）（2005）规定了允许使用的电缆和布线管的最小直径、一定直径规格布线管内的导线根数、电缆连接以及其他方面的要求。地方法规可能要求的标准更为严格，同时许多地方电力公司也可能有其自己的布线规则。电气设备的任何调整或者增加都必须遵守最新版本的国家电气规范手册或者其他适用标准要求。通常，电气设备的安装过程都需要进行检查验收，以确保其符合地方和国家的规范要求。

应力锥被用来防止铠装电缆终端的绝缘故障，这些故障是由电缆终端屏蔽保护层和导体之间存在着的高密度的场强和高电位梯度引起的。必须采取预防措施以确保电缆终端无灰尘及异物，同时按规范要求使用绝缘材料和胶带。通常，应力锥用于连接到箱式变压器、开关设备、高压电动机等的电缆终端上，或用在多数被截断的电缆终端上。通常情况下，应力锥不是由设备制造商供应的，而是由设备安装公司提供的。

10.4.23 接地

配电网络使用接地的主要原因是从安全角度的考量。事实上，如果电气设备的所有金属部件都良好接地的话，即使设备绝缘不良，电气设备也不会存在导致危险的高压。如果电路火线接地，那么电路就会发生短路，保险丝或者电路断路器就会断开电路。只要保险丝熔断，就不会存在危险电压了。

接地的首要功能是安全，因此接地系统必须设计以提供必要的安全功能。虽然在某些情况下，接地还有其他功能，但是在任何情况下，都必须保证绝对安全。所有设备接地通常采用共用接地参考电压连接，但是已有建筑接地系统可能无法为所有设备提供足够的接地电压连接，这可能会导致产生接地电位差和接地环路问题，该现象在计算机网络系统和音频/视频系统中较为常见。

10.4.24 保护装置

过流继电器是工业电力系统中最为常用的保护电路发生短路（直接连接、两相之间、或者相对地之间）的装置，并可以进行电流设置。延时继电器可以允许瞬间过流而不会断开断路器。断相继电器在单相断电或者多相电压严重失衡的情况下，可以切断电气设备电源。

如果雷电引起电路电压过高，可以采用避雷装置来进行电压限制，将电流通过低阻抗导体传输到大地。同时，目前也可以使用多种其他类型的装置来保护电流干扰。

断路装置提供了一种从配电系统断开故障电路或者电气设备的方法，主要包括断路器、保险丝熔断器、断路器开关、负载断路开关、电源开关和接触器。配电保护系统通常包括电气设备保护或者电路保护。

保护装置不止局限于保护发生故障的具体电路，同时对于系统的其他电路也会起到保护作用。例如，如果电动机发生过热或者过载，就可以采用接触器进行保护（接触器是磁力继电器开关，可以对高电流或者高温做出响应）。如果电流超过了接触器的断开容量，那么电路中就应该使用断路器或者保险丝熔断器。

10.5 维护和故障排除

10.5.1 概述

电气维护主要包括两种类型，即预防性维护与预测性维护，本节主要探讨了维护作业。任何维护作业都应坚持4个原则：（1）清洁；（2）干燥；（3）紧固；（4）无摩擦。

一般导致电气设备发生故障的最主要的原因是外来污染（例如，灰尘、毛绒或者粉末状化学物质）。电气设备转动部件上积累的污染物质，可能会导致运转速度减缓，发生电弧，继而发生燃烧等，而且也可能会引起线圈短路。积累的灰尘同时会阻碍设备换气，从而导致设备温度不断上升。

电气设备通常应在干燥环境中运行，以避免腐蚀，同时还可以减少因潮湿引起的接地和短路发生。除水之外的液体（例如油）可能会导致绝缘失效，并促进灰尘和污垢的积累。

大多数电气设备运行速度较高，易于发生振动。这里所说的"紧固"，不是人工可以做到的，通常是一个计算的确定值，一般要用扳手来完成。当使用铝电缆时，每一个机械连接处都必须使用扭矩扳手进行紧固。如果紧固不够的话，连接处易于起热，最终会引起故障。而如果扳手紧固过紧的话，又易于在连接处变形。

电气设备或者机械装置都是设计在最小摩擦下作业的。灰尘、腐蚀或者紧固过度都会导致摩擦过大。

以上4个基本原则中，没有一个是直接涉及到电的。电动机轴承故障将会最终导致通电的绕组故障，但是最根本的故障原因是机械故障，而不是电故障。

任何电气设备预防性维护计划的目的是为了减少停电，保证安全稳定运行。计划重点应放在主动维护上。一个成功的项目不仅包括这些主动维护的计划、步骤，而更重要的是确保设备正确的安装、调试。这一保证也应当体现在升级改造工作中。维护那些没有经过严格工程控制的或老旧的、淘汰的及长期超负荷运行的设备是非常困难的。因为这些维护计划是由工作人员而不是计算机执行的，因此，成功的实施维护计划需要有资质的工作人员。

10.5.2 预防性维护和预测性维护

一个良好的预防性维护计划需要每年定期检查MCC。检查的时间间隔长短可能会因设备作业场合的清洁程度、环境气体情况、运行温度、振动情况以及整体运行状态而变化。维护作业包括清洁设备以及检查明显的故障（例如，继电器烧坏、绝缘损坏、失火、虫害、未密封布线管进入接线盒以及导线连接松动等）。维护工作人员应该检查继电器接线端和螺钉松动情况，检查线圈、电阻器、导线、触发器和固定装置，查找脏污或灼烧触点、脏污或磨损的轴承以及磁性空隙内的其他异物情况。要注意，在检查作业期间应先停掉电源。但如果必须带电作业，可以使用带塑料口的真空吸尘器。其他具体的维护指南请参见开关设备和控制手册（Smeaton，1998）。

检查变电站的所有机械设备要根据生产商推荐的程序，应断开断路器，检查其电弧情况。另外，应清洗所有部件，并根据需要对机械部件进行调整。

每2~3年应对过载装置进行一次检查。虽然污水处理厂也可以购买设备然后自己实施该检查工作，但是最为常见的做法是将该检查工作承包给外包专业公司来做。当然，许多设备制造商也可以提供该项服务。

对于油浸式变压器，需定期按照生产商的推荐意见，检查其油液位和温度情况。至少每3年，要对变压器内的油进行取样检查一次，然后或更换或者进行重新净化提炼。同时，还要检查油的湿度和碱度。电力服务公司可以在变压器正常工作的情况下，完成油取样工作。变压器的散热风扇也应定期进行检查（请参照操作和维护指南）。变压器顶部的进线套管也应该按照生产商推荐的时间间隔定期进行脏污检查清理。有些变压器会使用氮气密封层，以消除潮气在油内的积累。这时，也需要按照生产商的推荐时间间隔定期检查氮气瓶安全状况。

备用发电机需每月均进行一次加载负荷试用。试用过程应使发电机达到正常运行温度。检查工作同时还应包括启动器用蓄电池以及压缩空气启动器状况。

对于重要电动机，应测试其绝缘层完整性。另外，每5~6年，应将电动机送至专业公司，以检查绕组、轴承，进行清理，并重新烘烤上漆。表10-2给出了电容器的预防性维护清单。

电容器年度预防性维护清单 表10-2

部 件	状 态	维护方法
外壳	物理性损坏 过热 褪色 渗漏，裂开	更换。遵守美国环境保护局颁布的使用多氯联苯填充剂设备的相关规定
结构	通风	保持清洁
位置	安全 生锈脱皮 标识	护栏隔离 重新上漆 刻新铭牌
保险丝	完整性	采用自动指示保险丝，用欧姆表检查
泄流电阻器		按照生产商要求检查电阻值
额定工作条件	工作电压和电流	自记仪表7d数据表（要求数值在额定值±10%以内） 7d的温度数据表（如果在室内，要求在50~90℃范围内） 计算实际功率千伏安，并与铭牌数值比较
绝缘	破损、裂缝	更换损坏电容器外壳 从进线套管到外壳，电阻最低为1000MΩ

输送电压等于或高于600V以上的电缆，应按照生产商要求定期检查其绝缘性能。在采用微安表测量时，应逐渐增大电压值。电流对电压曲线应该是一直线。如果该曲线斜率发生较大变化，则表明该电缆绝缘性能有问题。如果电缆存在较小的绝缘故障，那么急速加载到满负荷将会引起电缆破损。因此，需要检查电缆电晕迹象（白色粉末状残余

物）。这种残余物可能会长期存在，并导致电缆绝缘性能降低。因此，应该中和清除掉该残余物。大多数电力服务公司使用直流电检查电缆的绝缘性能。

预防性维护计划中需要不断进行检查接地情况。机械、电气设备和建筑物，应该每2~3年检查1次，并根据需要进行维护调整。

应急照明系统应至少每季度检查1次。电池供电灯最好安装使用自检功能（即配置安装故障自动提示装置）。应急灯应该至少每季度打开30min，否则电池易于老化。

照明固定装置应该按照生产商要求，进行年度或更为频繁的清理。对于荧光灯具，既要清洗其光线扩散装置（外部防护盖），又要清洗反射板。如果一套荧光灯中的一根灯管坏了，要对所有的灯管都进行更换，因为其他灯管的使用寿命也应该快要到期了。如果在某一区域内有多组荧光灯具，最为经济的做法是在它们的使用寿命即将达到之前，或者采用光线测量仪进行测量，在光线强度降低至某一预先设定值时，更换所有灯具。

以下为各种电气部件预防性和预测性维护作业的补充清单，具体维护作业频率请参照生产商推荐意见。

1. 液浸式变压器

（1）检查油的类型和等级；

（2）检查顶部进线套管脏污情况；

（3）如果使用了氮气密封层，则检查氮气供气系统；

（4）转动风扇，确保其正常运转；

（5）检查接地情况；

（6）进行多布尔功率因数测试；

（7）进行多布尔励磁测试；

（8）进行绝缘电阻测试；

（9）进行介电液体质量测试；

（10）分析溶解性气体。

2. 干式变压器（大于1000kVA）

（1）多布尔功率因数测试（中压变压器）；

（2）多布尔升压降压测试（中压变压器）；

（3）多布尔励磁测试（中压变压器）；

（4）绝缘电阻测试；

（5）匝间比率测试；

（6）进行铁芯、绕组和通风口清洁和吸尘。

3. 充油式断路器

（1）多布尔功率因数测试；

（2）绝缘电阻测试；

（3）断路器清洁和润滑；

（4）机械和电气功能检查；

（5）填充油完好性测试。

4. 中压断路器

（1）多布尔功率因数测试；

（2）绝缘电阻测试；

（3）断路器清洁和润滑；

（4）机械和电气功能检查；

（5）接触电阻测试。

5. 中压电缆

（1）直流高压测试；

（2）多布尔功率因数测试；

（3）多布尔升压降压测试（中压变压器）；

（4）连接状况检查与紧固；

（5）接线端检查。

6. 中压金属封闭开关

（1）绝缘电阻测试；

（2）接触电阻测试；

（3）连接状况检查、清洁与紧固；

（4）检查空间加热器工作状况；

（5）检查机械部件运行状况。

7. 中压启动器

（1）绝缘电阻测试；

（2）接触电阻测试；

（3）连接状况检查、清洁与紧固；

（4）检查空间加热器工作状况；

（5）检查机械/电气部件功能状况。

8. 中压电动机

（1）极化指数测试；

（2）绕组电阻测试；

（3）绝缘电阻测试。

9. 避雷装置

（1）多布尔功率因数测试；

（2）陶瓷材料或聚合物材料表面清洁；

（3）连接状况检查与紧固。

10. 变电站蓄电池和充电器

（1）比重测试；

（2）电池负载测试；

（3）连接状况检查与清洁；

（4）蓄电池充电器工作状况测试。

11. 电容器组

（1）连接状况检查与清洁；

（2）陶瓷材料表面检查与清洁；

（3）保险丝和保险丝座检查与清洁；

（4）运行状况测试。

12. 接地电阻

（1）三点电压降低测试；

（2）接地连接状况检查。

13. 保护继电器

（1）继电器检查与清洁；

（2）连接处紧固；

（3）连接状况清洁与检查；

（4）通电测试与校准。

14. 测量表——电压表/电流表

（1）测量表清洁与检查；

（2）连接处紧固；

（3）通电测试与校准。

15. 电度表

（1）电度表清洁与检查；

（2）连接处紧固；

（3）通电测试；

（4）校准。

16. 低压断路器

（1）主/次电流通电测试；

（2）接触电阻测试；

（3）绝缘电阻测试；

（4）连接处清洁与检查；

（5）机械部件清洁、检查与润滑。

17. 低压塑壳螺栓连接式断路器

（1）目视检查；

（2）清洁、检查与试用。

18. 低压开关柜

（1）绝缘电阻测试；

（2）清洁与目视检查；

（3）螺栓连接状况检查（检查过热迹象）；

（4）检查运行功能状况；

（5）指示灯测试。

19. 低压开关

（1）接触电阻测试；

（2）绝缘电阻测试；

（3）连接处清洁、检查与紧固；

（4）机械功能状况测试。

20. 低压电动机控制中心

（1）绝缘电阻测试；

（2）清洁与目视检查；

（3）螺栓连接状况检查（检查过热迹象）；

（4）检查运行功能状况；

（5）指示灯测试。

21. 架空开关

（1）陶瓷材料表面清洁与检查；

（2）连接处清洁与检查；

（3）触点表面清洁与检查；

（4）机械功能状况测试；

（5）通过望远镜检查。

22. 架空母线

（1）陶瓷材料表面清洁与检查；

（2）母线连接处的清洁与检查；

（3）保险丝座清洁与检查。

23. 配电系统

在满负荷工作状况下，进行红外热像检测。

10.5.3 故障诊断与排除

故障诊断与排除需要一个较高质量的电压电阻表和常用机械工具。维护人员可以利用电阻表，以确定是否存在电路接地现象以及绝缘性能是否良好。例如，对于潜水泵，可利用电阻表定期检查相地电阻情况。如果发现电阻值小于先前的测量值，则表明水泵电阻绕组存在渗漏情况，请进行大修密封。

如果电动机启动器发生了跳闸，应先断开电动机电源接头，然后检查绕组，测试每一相地电阻值。如果电压电阻表读数较小，则表明该电源相接地。即使测试结果表明相地之间没有发生短路，电动机仍然存在相间短路的可能。相间短路不可能定期进行测试，除非已知每一绕组的电阻。如果相地测试结果表明没有问题的话，应该进一步检查启动器状况。电工应切断启动器电缆，在电动机接头位置再次测试电动机相地电阻。这样可以测试出电缆状况；然而，如果不是这个原因的话，则应该断开电动机接头，然后给启动器通电。如果启动器运行正常，那么可能存在相间短路问题，则需重新更换绕组或替换整个电动机。表10-3（WPCF，1984）给出了电动机的详细故障诊断与排除指南。

　　污水处理厂其他电气维护工作，可以参见生产商提供的运行维护手册。除污水处理厂有良好培训的电工外，复杂电气的故障诊断工作，尤其是高压设备，应对外承包给专业公司来完成。污水处理厂负责人应该安排联系一个或者几个专业的电力服务公司来提供24h服务。

电动机故障诊断与排除指南

表10-3

症　状	原　　因	后　果*	维　护　措　施
1. 电动机无法启动。（开关闭合且工作正常）	a. 连接错误 b. 电源供电不正确 c. 保险丝熔断，连接松动或断开。 d. 电动机转动部件被卡住 e. 被驱动设备被卡住 f. 无电源供应 g. 内部电路断路	a. 烧毁 b. 烧毁 c. 烧毁 d. 烧毁 e. 烧毁 f. 无反应 g. 烧毁	a. 根据电路图连接电动机 b. 使用电动机额定电源 c. 检查断开电路 d. 检查并维修： 　（1）弯曲轴； 　（2）破裂外壳； 　（3）损坏轴承； 　（4）电动机内异物 e. 检查卡住原因 f. 检查电动机电压和电源电压 g. 检查断开电路
2. 电动机启动后达不到额定转速	a. 同1-a、b、c b. 过载 c. 三相电动机中电源缺相	a. 烧毁 b. 烧毁 c. 烧毁	a. 同1-a、b、c b. 减小负载，使工作电流降低至额定电流限值之内。采用正确规格的保险丝和过载保护措施 c. 查找电源相断路位置
3. 电动机噪声（电气噪声）	a. 同1-a、b、c	a. 烧毁	a. 同1-a、b、c
4. 电动机运行过热（超出额定工作温度范围）	a. 同1-a、b、c b. 过载 c. 通风不畅 d. 频繁启停 e. 转子和定子叠片未对中	a. 烧毁 b. 烧毁 c. 烧毁 d. 烧毁 e. 烧毁	a. 同1-a、b、c b. 减小负载 c. 清理通风口 d.（1）减小启动次数或者逆转次数 　（2）选用合适的电动机 e. 重新对中
5. 噪声（机械噪声）	a. 耦合装置或链轮未对中 b. 转动部件不平衡 c. 缺少润滑剂或润滑不当 d. 润滑剂中存有异物 e. 过载 f. 冲击负载 g. 固定基础噪声过大 h. 由于轴承、轴或支架损坏导致电动机发生拖曳	a. 轴承损坏，轴断裂。电动机拖曳导致定子烧毁 b. 同5-a c. 轴承损坏 d. 同5-c e. 同5-c f. 同5-c g. 噪声干扰 h. 烧毁	a. 重新对中 b. 查找不平衡部件，进行平衡 c. 进行正确润滑，并根据需要更换部件 d. 清洗并更换轴承 e. 降低负载，并更换损坏部件 f. 查找冲击负载原因，并更换损坏部件 g. 将电动机与地面基础分离开来 h. 根据需要更换轴承、轴或支架
6. 轴承损坏	a. 同5-a、b、c、d、e 2. 轴承室进水或进入其他异物	a. 电动机烧毁，轴断裂，轴承室损坏 b. 同6-a	a. 更换轴承，并同5-a、b、c、d、e进行处理 b. 更换轴承和密封，防止其他异物（水、灰尘等）进入。正确选用电动机

*某些情况可能会引起保护装置跳闸，从而保护电动机避免烧毁。

症　状	原　因	表　面　现　象
7. 电动机绕组短路	*a.* 电动机内湿度、化学物质、异物等损坏了绕组	*a.* 线圈烧黑或烧焦，而剩余绕组良好
8. 所有绕组全部烧焦	*a.* 过载	*a.* 所有绕组烧焦程度一样
	b. 失速	*b.* 所有绕组烧焦程度一样
	c. 通风不畅	*c.* 所有绕组烧焦程度一样
	d. 频繁反转或启动	*d.* 所有绕组烧焦程度一样
	e. 电源供电不正确	*e.* 所有绕组烧焦程度一样
9. 缺相	*a.* 电缆中存在导线断路。最常见的原因是连接松动、保险丝熔断、开关触点松动	*a.* 如果是1800 rpm电动机——4个间隔90°绕组均被烧焦
		b. 如果是1200 rpm电动机——6个间隔60°绕组均被烧焦
		c. 如果是3600 rpm电动机——2个间隔180°绕组都被烧焦
		注意：如果是Y形接法，每个烧焦的绕组都会包含相邻的两相线圈。如果是三角形接法，每个烧焦的绕组仅包含单相线圈
10. 其他	*a.* 连接不正确	*a.* 绕组烧焦无规律或者呈点状烧焦
	b. 接地	

注：许多电动机是在启动后不久烧毁的。这并不表明电动机存在缺陷，而通常是由于以上所述原因中的一个或者多个造成的。最为常见的原因是连接不实、电缆断路、电源供电不正确或者过载引起的。

10.6 继电器整定计算

继电器整定计算研究是确定继电器的最佳特性、额定值和设置的过程。最佳设置着重于在故障条件下，针对供电分系统提供系统中断保护功能。

整定计算意即下游装置（开关/熔断器）应该在上游装置发生故障前被激活实施保护，从而可以将故障对整个系统的影响限制在最小的范围内。对于变电站系统，进线断路器应该在主电路之前实施保护。同样地，下游控制面板断路器应该在控制面板之前实施保护。

保护装置的整定计算研究主要是选择正确的保护装置（例如继电器、断路器和熔断器），并计算确定保护继电器和断路器装置的设置。

保护装置的整定计算研究或者是在新系统的设计阶段，以确定保护装置是否能在已有系统内正常运行，或者是在保护装置不能正常运行的时候进行。需要注意的是，如果污水处理厂提高了故障电流值，就必须改变继电器的设定值。

10.7 谐波

谐波分析是评估非正弦电压和电流对供电系统及其组成部分的静态影响。这些谐波电流可以产生热量，而这些热量的长期积累将会提高中性线（零线）的温度，引起断路器频繁跳闸、过电压现象、白炽灯突然变亮以及计算机无法正常工作等问题。

引起谐波电流的电气设备主要包括个人计算机、调光器、激光打印机、电子镇流器、音响、收音机、电视机、传真机，以及其他采用开关电源的电气设备。这并不是说谐波一定会引发这些设备产生问题，而是有可能产生。

谐波产生的问题有时可以通过采用电气设备专用线路予以消除。同时，在分支电路上，对于敏感电气和计算机设备，可以采用单独的接地线。代价更高一些的做法是对电源进行整流和滤波，以有效去除包含在基波内的低频谐波。使用超大直径电缆是防止电路过热的另一种可行的方法。在配电系统中，电工往往对测量电流感兴趣；因此，通常采用电流表来测量"有效电流（平方根电流）"值。

10.8 电工和培训

电工的主要职责包括所有维护工作（预防性维护、预测性维护、故障维护和应急维护）。很少有污水处理厂能够单独依靠自己的维护人员完成现有设备和新用设备的检查和大修工作。最为常见的做法是对污水处理厂电工进行培训，以配合外部专家和专业维护公司实施维护作业。

在一些小型污水处理厂，一些电工工作是由操作人员完成的，同时他们还可能担当机修工和仪表技术员。而在大型污水处理厂，普遍实行专业化分工，在电气设备管理部门就有很多工种分类。然而，无论污水处理厂的大小，只有经过良好培训的合格人员，才能胜任仪表和电气设备维护工作。

通常，在大中型污水处理厂，至少要有1名熟练电工，当然也有可能招聘各种水平能力的电工（例如电工助理、电工、高压电电工、仪表技工助理和仪表工等）。

电工助理在有经验电工的监督下完成工作，一般是学徒工。电工级别一般由国家或者地市进行认证。通常一级电工维护的设备工作电压为低压（120~600V），当然600V的上限并不是一成不变的，这主要由当地政府或者国家确定。高压电工维护的设备工作电压要求等于或高于600V。

跟电工助理一样，仪表技工助理是在仪表工的监督下完成工作的，通常为学徒工。一般来说，仪表工都是已经完成学徒工计划的，而当其变成熟练仪表工后又必须为新的学徒工提供在职培训。

有时，电工的工作分类仅和主要电气专业有关，包括固态控制与驱动、照明和开关设备（例如，高、中、低压电动机和电动机控制电路）。

通常，电工处置等于或者高于120V以上电压，而仪表工处置120V以下电压。仪表工主要负责电话、内部通信、警报、安全和计算机系统电路工作。

大部分电工是从学徒工培训计划开始的。该培训计划结合了在职培训和相关课堂教学。学徒工培训计划一般由培训委员会联合承办，包括美国国际电力工会（Washington, D.C.）地方分会、美国国家电气承包商协会（Bethesda, Maryland）地方分会和个人电气承包商公司管理委员会，或者美国建筑商与承包商协会（Arlington, Virginia）地方分会和独立电气承包商协会（Alexandria, Virginia）。

学徒工培训计划通常需要4年时间，每年包括至少144h的课堂教学和2000h的在职培训。学徒工在课堂教学完成电气理论学习和电气系统的安装和维护，而在在职培训中，学徒工在有经验的电工监督下完成实际作业。为了完成学徒工培训计划，并变成一位合格的电工，学徒工必须经考核确认掌握了电工相关工作内容。

大部分地区都要求电工进行资格认证。虽然资格认证的要求因地区而异，但是通常电工必须通过考试，以考核其电气理论知识、国家电气规范、地方电气和建筑规范。然而，当学徒工获得电工资格认证后，并不意味着培训的彻底结束。按照国家电工资格认证要求，电工每3年都要重新进行15h的电气规范更新课程和6h的电气选修课程培训。这种继续教育工作通常还与其他厂内培训课程相配合完成。电工每年完成40h的培训是很常见的，例如生产商提供的新设备和新安全程序的培训。

10.9 高压安全

如果处置不当，电路系统尤其是高压电系统是很危险的。工作或者接近高压电路的工作人员应遵守以下基本要求：

（1）考虑每项作业的后果。永远不要实施可能危及自己或他人生命的作业。要充分考虑作业将会给自身或者他人带来的影响。

（2）禁止带电操作。禁止在高压作业条件下，更换或者调整带电设备部件，应先切断电源。

（3）不要独自操作高压电气设备。当对高压电设备进行作业时，必须有其他人在现场，以备提供应急救援。

（4）不要擅自改动连锁装置。一定不要依靠连锁装置提供保护，要切记停止设备或者切断电源。除非正在对连锁装置进行维护，切记不要移除、短路或者改动连锁装置。

（5）操作人员自身严禁接地。当进行设备调整或者使用测量设备时，操作人员应确保自身不接地。带电作业时，应一只手作业，另一只手放在背后。

（6）发现漏水迹象后，严禁对设备进行通电作业。应在通电作业前，维修好漏水地方并擦拭干净。

（7）如果必须进行带电作业，应遵守以下实用安全规则：

1）带电作业仅限于已授权和有经验电工人员。如果作业人员不懂电的话，带电作业胜似死亡游戏。

2）在高压带电电路附近作业时，必须提供充足照明。

3）应使用适宜的绝缘材料将作业人员进行隔离，使其不接地（例如，干木头或者经授权使用的橡胶垫）。

4）作业人员应尽可能单手完成维护作业。

5）明确所有断路器的控制设备或者电路，以便能在紧急情况下，迅速切断电路。

6）在整个维护作业过程中，合格的电击急救人员应值守在附近，以便随时提供救援。

7）佩带所有推荐的个人防护装备，包括带闪光的防护服和设备。

10.10 电费计量和账单

除工人薪酬外，电能费用是污水处理厂运行费用的最主要组成部分之一。在不降低处理出水水质的前提下，有多种节省运行电能费用的方法。了解当地电力公司计算电费账单的方式是节省电能费用的首要步骤。

10.10.1 账单格式

电厂电价结构由电厂提出，并由电厂所在地的公共服务委员会进行认可或经修改后认可。污水处理厂负责人应该清晰了解污水处理厂设备运转时间安排情况，并确保其设备运行是最为经济的时间安排方式，同时应避免不必要的运行成本的增加。为了确定污水处理厂使用的电价结构是否是最为经济的方式，污水处理厂负责人应该同污水处理厂利益相关机构协商或者咨询专业人员，以获得最为经济的电费价格结构。

大多数电力公司以月为单位向其客户派送账单。因为电表读数是按照从周一到周五的时间安排，因此账单有可能不能覆盖一个月的所有天数，因为每个月内周末的次数是不断变化的。一般来说，账单通常包含两部分费用，即能耗电费和需量电费。同时，电费还可能包括固定费用，但是通常该费用仅占总电费的很小部分，而且对于同一类用电客户，该费用都是相同的。

10.10.2 能耗电费

能耗电费是以耗用电量为基础进行计算的，费率单位一般为美元/千瓦时（$/kWh）。

大多数公共服务委员会允许电力公司征收燃料附加费（美国通常为0.01~0.05美元），以应对燃油价格的波动，因此该项费用每月都不相同。采用征收燃料附加费的方式，可以使电力公司在需要不征求公共服务委员会同意进行电费费率调整的情况下，弥补发电燃料价格的波动。

10.10.3 需量电费

需量电费以客户使用的最大功率（kW）为基础进行征收，通常电力公司每15~30min测试客户的最大使用功率一次。客户最大耗电功率表明了电力公司和配电系统需要提供给客户的最大电能需求。因此，需量电费以污水处理厂的最大消耗功率为基础，以弥补电力公司满足客户最大电能消耗所需要的发电和配电系统费用投资。

电力公司需量电费计量表计量污水处理厂最大使用的功率。许多电力公司采用电子方式每15~30min记录一次客户的最大使用功率，然后传送至办公室。虽然电力公司不会定期将最大使用功率情况传送给用电客户，但是如果需要，电力公司可以向客户提供年度或者月度打印记录。同时，客户也可以从电力公司客户代表处获得该信息。

电力公司会根据账单时间段内的最高用电功率收取需量电费。一些电力公司采用了"防降低"措施来计量最高用电功率。这就意味着下一年在某一账单时段内，电力公司收取的需量电费会有一个最低值（11个月的最大值或是夏天某个月的最大值），即使其实际用电功率要低于该最低值。

10.10.4 功率因数电费

由于功率因数低的用电客户需要电力公司提供更多电能以满足电能损失，电力公司通常会对功率因数低的客户征收罚款，而对功率因数高的客户给予一定的优惠。罚款或者优惠通常根据客户的功率因数高于或低于设定值的每1/10，进行某一百分比的调整。功率因数调整既可以用于能耗电费和需量电费两者，也可以单独用于需量电费自身。

10.10.5 其他电价特征

电力公司通常会根据夏、东季节不同而设定不同的电价。例如，使用大功率空调的污水处理厂，将会在夏季达到最大用电高峰，因此它们将在夏季承担较高电价。相反，使用大功率加热装置的污水处理厂，将会在冬季达到用电功率高峰，从而在冬季承担较高电价。

另一个经常采用的调整是采用分时供电电价，在一天内的用电高峰期，征收高的能耗电费和需量电费电价。电力公司可能会将一天分成2~5个供电时间段。为了采用分时电价，电力公司必须安装分时计量电表。为了减小高峰时的用电量，污水处理厂操作人员应该根据实际情况，推迟某些设备在该时段的运转（例如污泥泵的运行）。

如上所述，电价结构是基于用电客户负载类型以及用电电压高低基础之上的。通常，电压越高，电价越低，但是这时用电客户必须在污水处理厂内安装使用变压器。

电厂可能会提供特殊的用电类型（例如庭院照明和备用加药装置），这种服务及其费用必须或者是标准要求并得到了公共服务委员会的批准，或者是包含在电厂和污水处理厂签订的合同内。

10.11 降低电耗费用

10.11.1 概述

降低电耗费用所涉及的因素包括电价、电价补偿、最高功率和用电效率。首先，应该了解电价结构，在不降低工艺效果的前提下，充分利用任何可能节省能耗的措施。其次，应了解电力公司提供的所有可用电价结构和电价补偿。一些电力公司可能会对高效的运行方式给予电价方面的优惠。

例如，高电压一般电价较低，从而可通过在污水处理厂内安装变压器而实现高电压输送。

此外，电力公司有时也可以通过备用系统来降低其总供电功率。电力公司将给予使用备用供电系统的客户提供优惠或者特价电价。通常，电力公司仅需要客户在一定合理的时间段内降低用电功率。在污水处理厂，很少有工艺可以完全停下来以减小用电功率。但是如果可以启用污水处理厂的应急发电动机的话，则可以在该情况下减小对电力公司的用电能耗。

如果污水处理厂的电价结构中包含需量电费，则可以通过控制最高电能功率的方式来降低电价。运行过程中进行很小的调整就可以降低最高电能功率。例如，如果准备启用备用设备的话，可以采用先停后启的方式，以避免2台电动机同时作业。应该安装最高能耗计量表，并进行最高能耗趋势研究。同时，操作人员应该考查调整运行方式以降低最高能耗的可行性。在可能的情况下，应该安装使用最高能耗控制系统，以监测和警报操作人员是否出现超过最高能耗现象，或者对设备设置进行调整，以确保运行不会超过最高能耗指标。

10.11.2　电动机

将现有电动机更换为高效电动机的节能效果是较为明显的，高效电动机平均节省电能为3%~5%，而投资回收期主要取决于电动机的服务场合和运行时间。更换小型电动机或重新电动机的绕组的节能效果最为明显。而更换大型电动机［75 kW（100Hp）的费用节省相对要小，主要因为其购置费用较高。标准电动机的投资回报期一般为2~10年。高效电动机绕组为铜绕组，绕组损失较小，同时设计良好，减小了空载电耗，而采用更好的轴承和空气动力设计降低了摩擦损失和风阻损失。

美国1992年联邦能源政策法案要求从1997年10月24日起，在美国销售的某些类型的新电动机，必须达到或超过一定的能效等级。表10-4对比了标准效率电动机和高效电动机的效率情况。电动机运行在接近100%负载条件下的效率最高。

标准效率电动机和高效电动机效率比较　　　　　　　　　　　　　表10-4

Hp	标准效率电动机 100%负载下的平均效率	EPA 高效电动机 100%负载下的最低标称效率	NEMA 高效电动机 100%负载下的最低标称效率
5	83.3	87.5	89.5
10	85.7	89.5	91.7
20	88.5	91.0	93.0
25	89.3	92.4	93.6
50	91.3	93.0	94.5
100	92.3	94.5	95.4
200	93.5	95.0	96.2

注：EPA——1992年联邦政策法案。

10.11.3　变压器

应该推荐使用高效节能变压器，尤其在选用干式变压器时。然而，在购买变压器时，一般不会指定效率。高效变压器效率一般等于或高于95%，仅比低效率变压器的效率高1%~2%，而高效变压器购置成本却要高出很多。因此在选用高效干式变压器时，应进行全生命周期成本的经济分析。

变压器一般使用寿命为20~30年，甚至更长，因而购买时仅仅考虑其初期投资是不经济的。变压器的全生命周期成本分析（又称"总拥有费用"）不仅考虑了变压器的初始成本，同时也考虑了变压器的整个运行周期内的运行和维护费用。这就要求在变压器的整个生命周期内计算其总拥有费用（TOC），如式（10-6）所示。

$$TOC = 变压器的初始购置费用 + 空载损耗费用 + 负荷损耗费用 \qquad (10-6)$$

最后，变压器的规格应尽量与负载相匹配，以减小空载损耗。

10.11.4 高效照明系统

照明系统的节能措施包括仅在需要时开灯、选择适宜的灯具和进行良好维护。在污水处理厂或者在办公室，有些区域很多时间是没有人的。如果在这些时候，将灯关闭的话，将可以节省很多电能。灯关闭的时间长短以及灯具类型是决定这些灯开与关的重要因素，其中更为重要的是灯具类型。关灯是否能够达到节省的目的，主要取决于关灯节省的电能费用与关灯引起的灯具损坏更换增加的费用对比。任何对比必须考虑关灯后引起的不便和开关灯费用、开关成本和重新开灯的等待时长。

白炽灯在不需要时应关掉，这样既可以节省电费，又不会缩短灯的寿命。一般来说，高强度气体放电灯在短时间不用的情况下，不用关闭，因为其重启过程需要大约3~15min的预热时间。只有当其重启过程可以预先计划，而不会影响工作照明的情况下，才可以将其关闭。虽然HID灯的寿命较长，但是如果启动频繁（启动后照明时间低于5h）的话，其使用寿命缩短往往可达30%。

荧光灯通常被关闭以节省电能，且其节省的电能费用要超过灯具更换需要的成本及人工费用。荧光灯的使用寿命取决于每次启动后的使用时间长短，其额定使用寿命是根据每次启动后使用3h时长测定出来的，每次启动后使用时长越长，荧光灯的总使用寿命就越长。荧光灯的平均使用寿命是指50%荧光灯可以达到的使用寿命。表10-5给出了几种类型的荧光灯在每次启动后不同照明时长条件下的平均使用寿命。

荧光灯在不同照明时长（每次启动后的持续照明时长）下的相对寿命（单位：h）　　表10-5

灯	3	6	10	12	18	连续
40W白色快速启动型	18 000	22 000	25 000	26 000	28 000	34 000
高输出型	12 000	14 000	17 000	18 000	20 000	22 500
超高输出型	9000	11 300	13 500	14 400	16 200	22 500
细长管式	12 000	14 000	17 000	18 000	20 000	22 500

当污水处理厂新建设施或者对已有设施进行改造时，就应该选择最高效的照明方案。首先，照明方案要满足房间的照明功能要求，并确保新房间装修（墙面和天花板）具有良好的反光效果。其次，如果可能的话，要充分利用自然光。最后，要根据已经设定的照明要求选择最为经济实惠的照明系统（第一成本和第二成本）。在控制系统设计中要考虑选择使用可编程定时器、超控开关和运动检测器以更好地实现经济运行。

目前，可供选择使用的照明系统有多种类型，这里主要介绍白炽灯、荧光灯和HID的一些电能效率方面的相关信息。

对于白炽灯来说，功率越高其效率越高。在某一指定区域，采用较少数量的高功率白炽灯能够达到节能目的。例如，一个100W的普通照明灯产生的光照强度为1750lm（流明），而单个60W的普通照明灯产生的光照强度为860lm（流明），则2个60W普通照明灯产生的光照强度仅为1720lm（流明）。对于相同功率的照明灯具，普通照明灯要比寿命较长的灯的效率要高（100W普通照明灯使用寿命为750~1000h，发光效率为17.5lm/W，100W寿命较长的灯的使用寿命为2500h，发光效率为14.8lm/W）。

为了获得相同的光照强度，当采用使用寿命较长的灯时，要多增加大约18%的灯和电能消耗。由于寿命较长的灯的效率较低，其往往仅被用于维护成本较高或者难以进行更换的场合。

荧光灯的效率是白炽灯的3~5倍，而光源效果可与HID相媲美，其主要取决于灯管长度、灯负载及荧光粉等。

最为常见的高强度气体放电灯HID为汞蒸气、高压钠蒸气和金属卤化物蒸气3种类型，其中汞蒸气灯寿命最长而价格最为便宜。虽然金属卤化物蒸气灯的效率要高于汞蒸气灯，但是其价格要比后者高，且一般难于购买到小型规格。综合而言，高压钠蒸气灯价格较低、寿命较长而效率较高，是HID中的首要选择。

一个好的照明系统需要提供良好的维护，以确保该系统能够较好地发挥作用，保持达到原有的设计照明效果。照明系统最为主要的维护工作包括清洗和更换灯具。

照明系统良好的清洗作业可以使照明系统在相同的能耗条件下，获得最高照明强度。灯具上的灰尘可使灯具的光照强度损失30%~50%左右。因此，应对照明系统的固定装置和灯具采用适宜的清洗溶液进行定期清洗。清洗频率主要取决于空气中含有的灰尘量及其类型，以及灯具固定装置的通风情况。对墙壁和天花板进行清洗和重新油漆也可以在相同的电能消耗的情况下，提高光照强度。

10.12 能源审计

污水处理厂可以通过多种方式来提高能源利用率，包括更好地进行能源管理，采用更好的仪表和控制系统，使用高效设备等。除此之外，污水处理厂还可以从当地电力公司获得优惠的电价方案。

能源审计工作通常从组建能源审计组开始，包括污水处理厂工作人员、电力公司代表，还可能邀请污水处理厂外的能源方面的专家参加。在调查污水处理厂能源账单和收集污水处理厂能源和运行数据的基础之上，能源审计组应对污水处理厂的处理工艺和设备进行现场调查，以确定具体的总能耗量以及能耗的具体消耗时间和消耗方式。现场调查范围包括照明系统、暖通空调系统（HVAC）、水泵系统和处理单元。

然后，审计小组应该调查外部与能源有关的优惠方案。许多电力公司和政府机构都会对污水处理厂提供能源补助、优惠、折扣和贷款一类的优惠计划，在计算污水处理工程投资回报时，应将其一并考虑。

审计小组接下来的任务是利用收集来的信息，制定节能措施和实施策略。审计小组必须重点考虑资本和运行费用、成本与效益比、节能、工艺要求及其复杂程度以及出水水质要求。能源审计工作最为重要的部分是能源审计后续节能措施或设施能够得到实施，从而达到节能目的。电力公司、政府机构和一些协会单位都可以提供较好的能源审计工作示例可供参考。

10.13 功率因数修正

当用电负载的功率因数低于电力公司要求时，负载消耗的表观电量要远大于其实际消耗的电量。然而只有实际电量才是做功的，但是表观电量决定了在一定电压下输送至负载的所有电能。

输电线路上的能耗随电流增大而增加。因此，电力公司要求其所有用电客户，尤其是大功率用电客户的功率因数要满足一定的限值要求，否则将要征收一定的额外费用。工程技术人员通常对负载的功率因数较为感兴趣，并将其看作影响电能输送效率的因素。

对于正弦电压电路而言，其工作电流也是相同频率的正弦电流。当电流与电压刚好同相时，功率因数为1，相当于一个纯电阻负载。烘箱就是这样的一个类似线性装置，而电动机却不是。对于非线性电路（例如开关电源），其电流不一定是正弦的。这种情况下，将会产生谐波电流。

功率因数修正的目的是使得交流电传输系统的功率因数接近1，通过接入或解出电容器或电抗器来抵消负载的感性或容性效应。例如，电动机的感应效应可以通过接入电容器进行抵消。空载同步电动机连接至电源，也会影响功率因数修正结果。通过调整电动机励磁也可以改变电动机功率因数，当发生过励磁时，其作用就像电容器的功能一样。

10.14 热电联产

如果污水处理厂需要源源不断地消耗热能和机械能，就应该评估污水处理厂进行热电联产的可能。实际上，能够在污水处理厂现场产生电能和热能，将会给污水处理厂带来很高的能源效益。污水处理厂的热电联产系统同样也需要符合所有电力公司要求的继电保护系统。污水处理厂的热电联产主要是指利用厌氧消化产生的生物气产生电能和热能，以供应污水处理厂处理设施和建筑使用的过程，通常仅在大型污水处理厂（大于13L/s（3mgd））中安装使用，并需要在建设前进行详细评估，以论证其可行性。

在大多数热电联产和热电冷三联产系统中，发电系统排放的废气通常会被输送至热交换器，以回收其内含有的热能。这些热交换器一般为空气—水热交换器，高温废气流经管式或片式热交换器，通过热交换产生热水或水蒸气，而后被直接应用或者用于运行需加热设备（例如冷却用吸收式制冷机或者除湿用干燥机）。目前，污水处理厂热电联产系统的常用技术包括内燃机、微型燃气轮机、燃气轮机、燃料电池和斯特林发电机，其详细信息请参见表10-6。

热电联产和热电冷三联产常用技术

表 10-6

技术	使用情况	氮氧化物排放情况	规模 （kWh）	尾气治理要求
内燃机	常用	最近几年常见	250~2500	中等
微型燃气轮机	近期使用	低	30~250	较高
燃气轮机	常用	低	> 3000	较高
燃料电池	新用	无	200~1000	最高
斯特林发电动机	新用	很低	55	无

第11章 基础设施

11.1 引言

污水处理厂的基础设施在保证其正常运行中，起到了重要的作用。一些基础设施保障设备和工艺的正常运行，而其他基础设施则为污水处理厂员工提供安全和健康保证。有些基础设施，如供水、压缩空气、通信系统、暖通和空调系统、燃料供应系统和道路等，一直是污水处理厂正常运行不可分割的组成部分。而其他基础设施，如防火、排水、防洪等系统为污水处理厂提供了随机的、季节性或者应急保护。任何一项基础设施功能的缺失，都可能会降低污水处理厂处理效果，造成设施故障，或者对污水处理厂员工造成危害。

11.2 维护

对污水处理厂基础设施进行常规和定期维护，有助于确保其长期良好运行。本章给出了污水处理厂基础设施良好维护常规的项目及频率要求。当然，根据运行经验或者设备生产商的要求，维护作业的频率也可能更高。

在运行和维护旋转设备或者电气设备（参见第5章）时，操作人员应遵守正确的安全防范措施和操作规程。充足的空间、照明和通风是实施安全检查和确保设备高效运行的必要条件。暴露于噪声过大的设备时，操作人员应该采用有效的耳朵保护措施。更多有关运行和维护作业程序的详细信息，请参见生产商提供的设备专用指南。负责完成维护作业的人员应人手一册。

11.3 供水系统

在污水处理厂运行过程中，通常会使用两种类型的水，即饮用水和非饮用水。饮用水主要用于淋浴、热水器、饮水机、抽水马桶、小便器、盥洗室、洗衣机、厨房水槽、安全喷淋、拖布池、消火栓及带有真空断路器的实验室水槽。向以上所述设施供应的热水不能来自用于向污泥热交换器、污泥加热盘管或可能存在污泥或其他污染物的装置供应热水的锅炉。非饮用水主要用于冲洗和充满闲置储罐、消防、一些州的厕所冲洗，或者人们较少接触的其他用途。

污水处理厂文件档案中应该包括供水水源及供水公司名称，应注明管线、消火栓、增压泵和阀门的位置。每一项都应进行标记，以备急用。不同的供水系统应清晰进行标记。如果开关这些阀门需要特殊的扳手或者工具的话，这些工具应该放置在附近固定位置以备使用。

饮用水管线必须与其他水源管线分开。严禁将饮用水管线和非饮用水管线直接连接，并防止交叉连接。饮用水软管应安装使用防止倒虹吸装置，以避免发生倒虹吸污染供水管网。如果消火栓使用的是饮用水，操作人员在进行储罐冲洗时，应避免将软管直接连接至消火栓上。

许多州都要求采取措施以防止污染饮用水，如当饮用水从公用供水管网送入污水处理厂时，应安装使用气隙储罐或者防倒流装置。此外，当将饮用水用于清洗污水设备或者其他接触污染物质的用途时，应采用一定的防护措施。应对气隙储罐和防倒流装置进行定期维护和检查，以确保其正常运行。

非饮用水水源包括污水处理厂处理出水以及通过带有气隙入口或防倒流装置的缓冲储罐的饮用水。非饮用水主要用于密封、洗涤、反冲洗、储罐冲洗、冷却塔、锅炉、消化池加热、氯水、灌溉、药剂溶液以及污水处理厂内的其他用途。虽然供应非饮用水的设备和配水管网各有不同，但是通常包括水泵、管道、阀门和控制系统，同时还包括滤网、清水储罐、流量计、消火栓、水处理设施和气压水箱等附件。

污水处理厂内的每一个软管龙头、旋塞水龙头、消火栓等处都应清晰永久粘贴非饮用水标记，以提示其为非饮用水，同时应给予员工相应指导，以避免误食非饮用水。

用于冷却、冲洗和密封旋转设备密封函的密封水，一般由囊式膨胀水箱、气压水箱或由压力管路直接供应。囊式膨胀水箱包含一个接收器，其配置的内置膜系统将非饮用水与外部空气分离开来。气压水箱一般连接至非饮用水管道，内部充满压缩空气。通过控制气压水箱内的空气压力和水的容量，可以保持气压水箱内的水量和压力。直接压力管路系统带有1台水泵，将水从缓冲罐直接送至密封水系统。加压阀和旁路管线将未使用的水循环至缓冲罐。这种方法的能效要比前两种方法要低。

应定期检查和记录污水处理厂内每一工艺单元和主要用水设备的用水情况，以便于发现较大的用水变化，从而及时进行维护和纠正。

一般来说，所有地埋式管道都采用了某种类型的阴极保护措施以防止发生腐蚀。表11-1给出了阴极保护系统和供水系统部件的检查和维护频次要求。同时，污水处理厂内应尽可能采用环路供水系统，这样就可以尽量减小维护作业对污水处理厂大部分设施用水的影响。

供水系统检查和维护频次要求　　　　　　　　　　　　　　　　　　　　表11-1

检查和维护作业	建议频次[a]
防倒流装置	M
校准计量泵	A
检查气压水箱和设备	W
清理滤网	W/R
运行消火栓	A
运行阀门	A
检测阴极保护系统	S
监测用水量	D

注：[a]D——每天；W——每周；M——每月；S——每半年；A——每年；R——根据需要。

11.4 排水系统

污水处理厂主要采用两种排水系统，即处理尾水排水系统和雨水排水系统。重要的是要将两个排水系统分开，以避免污染地表水，同时可以降低雨水排放需要遵守美国国家污染物排放削减制度（NPDES）许可的可能性。污水处理厂应将脱水罐和脱水设备的排水回送至处理设施进行重新处理。运行时需考虑脱水率及脱水时间以及它们对污水处理厂处理工艺的影响。可能需要使用便携泵排空脱水罐。污水处理厂排水系统应该在适宜位置设置清通口或者人孔，以便于定期检查和清通管道，防止沉积物积累而降低排水能力。同样，也应该对排水管路进行定期冲洗。

在采用地下水泵系统用于防止设施结构和储罐浮动的场所，操作人员应该检查每一个地下水检查点的水位高度。如果任何一个检测点的地下水位高度超过了储罐或者设施结构的底部，操作人员应该在排空储罐前排空地下水井内的水。否则，可能会导致设施结构上浮引起连接断裂。如果储罐有静压减压装置，则操作人员应该在每次放空储罐时对其进行检查，以确保储罐固定良好可正常使用。

从污水处理厂建筑物的淋浴间、盥洗室、地漏、厕所和其他卫生器具排放的生活污水应经收集后排放至污水处理厂首端工艺进行处理。地漏应每周进行冲洗，以确保排水流畅，并保证存水弯水位以防止臭气进入建筑物内。

积水坑泵输送系统包括积水坑、水泵和液位控制器，以帮助排放设施内的积水，通常采用的水泵为潜水泵或者垂直安装离心泵。在关键场合通常采用双缸泵。在排水坑处，必须安装液位报警器，当水泵出现故障时，可以给出警报。常规检查和维护主要包括每周或每月一次冲洗积水坑，检查浮子和控制系统。

雨水排水系统将从储罐、墙体、道路等处汇流来的地表径流雨水输送至雨水管道。雨水收集口、地面排水沟、排水渠、雨水管道、低洼地、屋顶排水和下水管应保证无杂物堵塞。应避免产生雨水积水，除非该积水池是专门设计用于收集和输送雨水的。

11.5 燃料系统

污水处理厂使用几种燃料用于保证污水处理厂运行、车辆以及应急电能供应，包括燃油、天然气、液化丙烷气、消化生物气、汽油和柴油。这些燃料，除天然气以及消化生物气外，都需要一个适宜规格的储罐用于存储，可以放置于地上或地下。地下储罐系统通常应该包括燃料配送管道以及配套的加装设备、垂直和水平液位指示仪。

用于存储石油产品的地下储罐必须严格遵守联邦和州的相关规定要求。这些规定由美国卫生部门负责制定，以防止罐体泄漏可能会污染地下水、危及生命安全、增加石油用量，同时增加清洗费用。自1946年以来，所有使用地下储罐用于存储危险石油产品的用户，必须首先获得使用许可。这一通知和许可制度同时也适用于自从1974年1月以来，虽然已经弃用，但仍然没有从地下移除的现有石油产品储罐。

1986年8月8日出台规定，所有地下存储系统必须严格符合二级围堰安全要求，必须配置适宜的防腐蚀装置以防止渗漏，必须连续监测储罐系统的渗漏状况。燃料输送系统必须遵守本州和美国运输部的相关管理规范以及当地机构对空气排放和供应商的要求。

天然气通常采用压力管道输送。任何天然气的泄漏都可以通过其特殊的气味而立即监测到。一旦监测到天然气气味，操作人员应立即确定天然气泄漏位置，如果情况严重的话，应立即进行人员疏散，通知当地电力和消防部门立即对本地区实施隔离，并切断电源以防止引起任何电火花。

固废厌氧消化过程中产生的甲烷生物气，可用于锅炉、加热器、焚烧炉或者发电动机使用。而多余的生物气可进行存储外售，或用于发电和产热，或者通过火炬燃烧。

天然气和甲烷生物气的毒性均较高，且具有爆炸危险，因此在生物气收集区域应设置易燃气体监测和警报系统。一旦监测到生物气，操作人员应立即进行撤离，通过远程开关或断路器切断电源，并及时进行通风。在气体监测器指示该地区恢复到安全状态之前，只有配备了自给式呼吸器，并遵守受限空间进入程序（参见第5章）的人员才可进入该区域。在任何情况下，严禁任何人员进入爆炸性环境空间。

燃料系统的安全控制包括压力调节器、阻火器、自动关闭阀门、压力/真空释放阀、防虹吸阀。为了确保其正常运行，应半年进行一次检查和维护。

11.6 压缩空气

压缩机是指设计用于输送超过常压的压缩空气或其他气体的设备。在一定的条件下，压缩空气作为动力来源提供给气动设备、气动泵以及其他工具。压缩机提供仪表用气、清洗设备喷气、吹扫用气、射流水泵用气以及输送和配送系统用气。

11.6.1 压缩机种类

压缩机主要分为容积式和动力式两种。容积式压缩机又可分为往复式压缩机和旋转式压缩机（图11-1）。

容积式压缩机利用活塞、叶片或者其他泵原理，将空气或其他气体吸入压缩机内，通过减小体积提高压力，而后将高压气体输送至压力容器内。空气压力容器通过存储高压气体，减小了空气系统的压力脉冲，同时也降低了压缩机的启停频率。因为高压空气容器在接收压缩空气的同时会积累空气中的油和水，因此应定期进行清洗。

便携式压缩机自带驱动装置和高压容器。真空泵通过抽吸储罐或者管道内的空气并排放进入大气中，使其压力降低至大气压以下。理论上而言，真空泵与压缩机的操作正好相反。

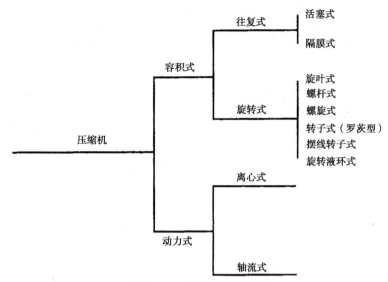

图 11-1　空气压缩机类型

　　压缩机系统的配件和保护装置能够防止系统和设备免受损坏，控制气体流量和压力，去除气体中的油污，干燥空气（用于仪表或其他用途）、降低噪声、降低湿度以及其他作用。常见压缩机系统通常包括进气过滤器、进气消声器、压缩机、排气消声器、中冷器或后冷器、湿气/油污分离器、高压接收器、安全阀、减压阀或调压阀，以及控制压缩机的压力开关（图 11-2）。除保护装置外，控制系统还包括监控和定序部件。

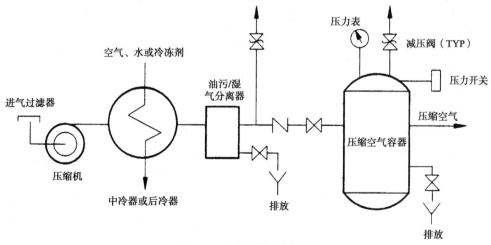

图 11-2　典型压缩空气系统

11.6.2 压缩机维护

　　对压缩机进行定期维护是确保其长期稳定运行的重要保证。表 11-2 给出了压缩机良好的维护作业项目及频次要求。当然，根据运行经验或者设备供应商要求，可能会要求更多的维护频次。

压缩机检查和维护作业表	表 11-2
检查和维护作业	建议频次[a]
检查异常噪声和振动	S
紧固螺栓、皮带驱动器和链条（参见第12章）	R
检查、清洗或更换脏污空气过滤器	Q
排空高压空气接收器、中冷器和分离器	Q
检查曲轴箱和驱动器润滑油液位，避免过度润滑	M
手动检查安全阀和调节阀	S
清除压缩机和驱动器外表面的灰尘、脏污和沉积物	S
检查所有的冷凝液收集器	S
检查系统升压所需时间	S
检查压力开关和压力设置	S
检查管道、阀门、空载、皮带对中和电源连接情况	S
记录温度、压力、冷却水、温度和流量、润滑剂用量、压力、震动、运行时间和维护次数	M
检查电动机运行状况（参见第12章）	R

[a] M——每月；Q——每季度；S——每半年；R——根据需要。

在运行和维护旋转设备或者电气设备（参见第5章）时，操作人员应遵守正确的安全防范措施和操作规程。充足的空间、照明和通风是实施安全检查和确保设备高效运行的必要条件。暴露于噪声过大的设备时，操作人员应该采用有效的耳朵保护措施。更多有关运行和维护作业程序的详细信息，请参见生产商提供的设备专用指南。负责完成检查和维护作业的人员应人手一册。

11.6.3 空气干燥器

压缩空气系统中通常会包含空气干燥器，用于去除湿气以供气动仪表等使用，主要包括冷冻干燥器、再生吸附干燥器（热再生或非热再生）以及潮解干燥器3种。

冷冻干燥器通过降低压缩空气的温度，冷凝出水蒸气并予以排出，达到干燥目的。

再生吸附（吸水性物质）干燥器采用吸潮性物质，并采用自动控制阀门和控制电路双塔装置。两塔交替运行，其中工作塔运行去除空气中湿气时，另一塔则进行吸附干燥剂循环吹脱再生。完成吹脱再生后，两塔交换运行方式，工作塔进入循环吹脱再生作业阶段。非热型干燥器需要其体积的10%~15%的空气进行吸附干燥剂循环吹脱再生，而热型干燥器仅需要其体积1%的空气进行再生，同时还可以活化其加热元件。

潮解干燥器是装填球状专利干燥剂的大型容器设备。压缩空气在通过潮解干燥器的同时，其含有的水蒸气被干燥剂所吸收。该干燥器需定期更换干燥剂，去除积累的吸收水。为了便于确定更换周期，一些干燥剂吸水饱和时，会发生变色。

典型空气干燥器系统图如图11-3所示。通常每一干燥器都需要一个前置过滤器。大多数干燥器会安装有监控装置，用于指示该装置是否可提供干燥空气。为了保证干燥器的正常运行，需对其进行定期检查和维护，如更换饱和干燥剂、检查冷冻干燥器的空气温度等。

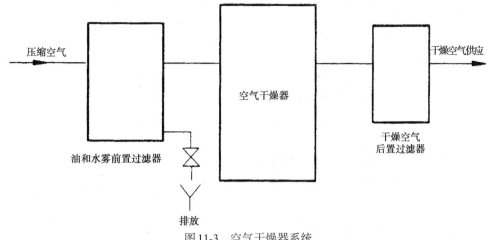

图 11-3　空气干燥器系统

11.7 防火系统

污水处理厂一旦发生火灾，无论其火势如何，操作人员都应该立即呼叫当地消防部门。生产现场应配置灭火器、消防水带、自动喷淋系统及消火栓等，以备随时使用。而电气化学品火灾必须使用特殊的便携式灭火器。火灾的前5min是控制火情的关键时间节点。污水处理厂工作人员应该在消防人员达到之前，尽可能地实现灭火或者控制火势。但是，如果值班人员较少，不建议他们进行灭火作业。消防人员达到后，只有消防人员可以留在现场。如果火势较大，应立即组织人员撤离。

美国国家消防协会（the National Fire Protection Association，NFPA）将火灾共分为A、B、C、D四级。A级火灾（一般可燃性物质）是指木头、纸张、纺织物或者废弃物着火。B级火灾（易燃液体）是指易燃液体着火，如汽油、油漆、溶剂、油脂和润滑油等。C级火灾（电气设备）是指电气设备内部或者周边着火。D级火灾（易燃金属）是指易燃金属着火，如钠、钛、铀、锌、锂、镁以及钠—钾合金等。

A级火灾可以采用消防水带或者A级消防灭火器进行灭火，而其他等级火灾必须采用含有特殊药剂的灭火器或干粉灭火器进行灭火（图11-4）。不同火灾等级区域应该配置相应等级的灭火器，并确保灭火器功能良好，以备随时使用。

污水处理厂应对灭火器进行腐蚀、损坏状况年度检查，并根据需要进行维修和更换。仓库内应备有备用部件。每一灭火器都应粘贴标签，以注明其最近的维护作业情况。

必须告诫污水处理厂工作人员，扑救火灾是一项很严肃的事情。必须对污水处理厂员工进行安全正确使用灭火器培训，同时应警告他们，在通风不畅的场合使用灭火器时，如果没有使用适宜的安全设备，往往可能会造成窒息。污水处理厂操作人员必须确保在必要位置安装使用了烟雾探测器、温度传感器和警报装置，以提示他们可能存在的危险或者需要修复性维护。在易燃物质堆放或者易燃气体可能积累的区域，应在醒目处张贴禁止吸烟和明火标识。

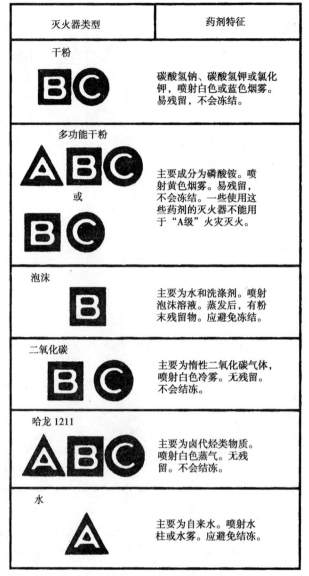

灭火器类型	药剂特征
干粉 **BC**	碳酸氢钠、碳酸氢钾或氯化钾，喷射白色或蓝色烟雾。易残留，不会冻结。
多功能干粉 **ABC** 或 **BC**	主要成分为磷酸铵。喷射黄色烟雾。易残留，不会冻结。一些使用这些药剂的灭火器不能用于"A级"火灾灭火。
泡沫 **B**	主要为水和洗涤剂。喷射泡沫溶液。蒸发后，有粉末残留物。应避免冻结。
二氧化碳 **BC**	主要为惰性二氧化碳气体，喷射白色冷雾。无残留。不会结冻。
哈龙1211 **ABC**	主要为卤代烃类物质。喷射白色蒸气。无残留。不会结冻。
水 **A**	主要为自来水。喷射水柱或水雾。应避免冻结。

图11-4　灭火器类型

　　污水处理厂内所有的消火栓必须保持道路通畅，易于发现。厂区内其他特殊的防火设备还包括自动喷淋系统、雨淋系统、消防泵、竖管式水塔、消防水带箱和消防盘管。每一系统都需要定期进行检查和维护，以确保警报系统和防火设备运行正常，以备随时使用。自动喷淋系统和消防水带系统必须保证始终处于全压预工作状态。

　　当地消防部门应该对污水处理厂防火设备进行年度检查，并评估防火作业程序。污水处理厂操作人员可以向当地消防部门咨询解决任何有关火势控制、火灾预防的相关问题。消防部门的电话应醒目张贴在污水处理厂的所有电话机旁。

11.8 暖通和空调系统

污水处理厂各个建筑的暖通和空调系统（HVAC）复杂程度各不相同，可以仅仅是自然风通风设备，也可以是加热通风设备，或者是加热制冷通风设备。

空气流通有利于保持环境健康，防止爆炸性气体的积累，减少热量积聚，以提供安全的工作环境。在天气炎热时，通风有助于通过蒸发作用使人感到凉爽。对建筑进行通风，随着室内热空气被更换为室外的凉爽空气，室内温度和湿度均会降低。热源通过加热盘、加热管等元件向建筑供暖，热源主要包括锅炉、热风炉、电炉、热泵或者热回收装置。机械空调系统主要设计用于为员工提供良好的工作环境，或者为某些工作系统、产品或者设备提供适宜的受控温度。空调系统具有降温、除湿、过滤和循环室内空气的作用。其除湿功能或者是机械冷冻除湿，或者是采用含有化学吸附剂的装置实现的。通过除湿可以提高工作环境舒适度，并预防生锈、腐蚀和霉变。

11.8.1 通风系统

风扇，有时可能会安装可更换的滤网，可以提供通风。通风可能会采用供气扇或者排气扇，或者两者联合使用。通风设备可以连续运行也可以间歇运行。间歇通风系统通常与照明系统相关联，这样，当有员工进入某一区域开灯时会自动启动通风系统。类似地，关灯后，通风风扇自动停止。其他两种风扇控制系统包括定时器和恒温器。对于位置较偏而无人值守或者仅季度性运行的污水处理站，通常会采用定时器风扇控制系统。

污水处理厂内许多区域可能需要进行独立通风，以避免臭气或有害气体从一个空间进入另一空间。例如，泵站湿井内含有格栅、机械装置或者其他设备，当对其进行维护作业时，需要采用与干井通风相隔离的独立的通风系统。此外，实验室设备和通风柜也必须采用独立通风系统，以免臭气或者有毒气体进入同一建筑的其他区域。

每一设施的通风率是由其功能和使用情况决定的（WEF，1992）。污水处理厂的所有区域都必须根据其具体情况提供适宜的通风，以为员工提供安全的工作环境。只有在通风设备运行良好的情况下，才允许操作人员进入格栅间或者湿井。

有些区域可能需要较高的通风率。对于湿井而言，通风率应该至少为空气交换12次/h，而如果通风间歇运行的话，通风率应该为空气交换30次/h（WEF，1994）。一次空气交换是指通风空间内完成一次新鲜空气交换。对于干井而言，通风率至少为空气交换6次/h，而如果通风系统间歇运行的话，通风率应至少为空气交换30次/h。

如果受限空间内的通风系统出现故障，可能会形成有害工作环境，应该引起作业人员的高度重视。有害或者爆炸性气体，如硫化氢、甲烷、汽油、石油类、有机溶剂或者其他碳氢化合物存在或者进入时，或者有毒气体，如硫化氢或者甲烷气体发生积累时，或者空气中氧气不足时，均会形成有害工作环境。

操作人员永远不要企图进入没有进行毒性气体、易燃气体以及缺氧状况监测的区域。如果必须要进入爆炸或者毒性气体可能导致窒息的场合，作业人员必须遵守进入受限空间程序（参见第5章）。遵守安全规范将能够保护作业人员及其同行人员的生命安全。

11.8.2 供热系统

一般来说，建筑供热或者设备加热主要包括热水、蒸汽和热空气3种方式。此外，对于小范围或者一些特殊处理工艺过程，也可采用红外加热系统。供热最常采用的能源形式是煤炭、石油、天然气和电能。蒸汽或热水锅炉需要进行专业控制以保证其正常运行。锅炉的燃烧控制装置配置有燃烧安全保护装置，以防止发生爆炸。只有接受过培训或者掌握设备知识的技工才可以运行和维护这些设备。蒸汽或者热水锅炉通常用于供热量较大的场合，而电加热和红外加热系统通常仅用于供热量较小场合以及一些特殊位置。

一些大型设备或者驱动装置在运行时，会产生大量热量，如果对这些热量进行合理回收的话，可用于冬天向建筑供热。在供暖和通风系统采用超过50%室外空气，即供气量达到排气量的1/2时，为了节省能源，应考虑采用热回收设备。热回收系统将排气中的热量进行回收，并用于预热通风空气。类似地，使用空调场合的热回收系统采用排放的冷空气来冷却通风空气。常用热回收系统类型包括空气—水盘管、加热管以及转轮式热交换器。

当外部空气流过空气—水盘管系统时，热量从排放空气转移至室外空气中。该系统包括2个通过管道连接起来的充满水的盘管，分别位于排气扇和供气扇中，同时还包括循环泵、阀门和温度控制部件。

加热管热回收系统是空气—空气传热装置，热量从充满制冷剂的管束的一端传送至另一端。受热后的制冷剂蒸发并向安装于外部供气空气内的另一端管束移动。制冷剂将热量转移给外部空气后发生冷凝，重新返回至排放空气管束一端。转轮式热交换器系统包括一个涂覆干燥剂的转轮，转轮在外部空气和排放空气之间不断缓慢转动，将热量从排放空气转移至外部供气冷空气中。

11.8.3 空调系统

空调系统的基本工作原理是气体在压缩过程中温度升高，而在膨胀过程中温度降低。冷凝—压缩机系统将制冷剂在管道、阀门、冷凝盘管和冷却盘管（蒸发器）之间不断循环。在冷却盘管内，液体制冷剂吸热挥发，从而降低周围温度。热空气通过滤网和冷却器后降温，风机将冷空气送入室内。空调系统可以实现室内空气的除湿和降温。

除湿器使潮湿空气流过冷凝盘管表面，水蒸气遇冷凝结成水滴，然后排出冷凝水，获得干燥空气。需要定期更换或者再生的吸水剂也可以用于空气除湿。风机将潮湿空气流过除湿器，将干空气送入室内。

11.8.4 空气监测

传感器可用于监测烟雾、热量、温度、易燃性碳氢化合物（甲烷或汽油）、硫化氢、一氧化碳、二氧化硫、氨气、臭氧和氯气等。检测设备可以与供热和通风设备相连接。应对所有传感器进行定期维护，以确保它们处于良好工作状态。

为了节能，暖通和空调系统（HVAC）应该安装使用自动反馈系统。恒温装置在满足要求的情况下，其温度设置在夏天应尽可能高，而在冬天应尽可能低。在不连续使用的场合，许多污水处理厂冬天设定最低温度为10~13℃（50-55° F），夏天设定温度最高为38℃（100° F）。

计算机室需要严格控制温度、湿度和空气净化程度。而其他具有电气和电子设备的区域也可能需要进行除湿或者空调系统。

某些区域的通风，在排放进入大气之前，应进行臭气处理。可选用的臭气处理系统包括从使用化学药剂的洗涤塔到气体焚烧炉。每一臭气处理系统都需要进行良好检查和维护，以确保其高效运行（参见第13章）。

11.8.5 暖通空调系统维护

表11-3给出了HVAC设备需要的一些重要维护作业。更为详细的运行维护信息请参见生产商指南手册。维护频次至少应等于表中要求，当然设备生产商或者根据运行经验，可能要求更高的维护频次。在运行和维护旋转、电气或者燃料系统设备时，操作人员应该遵守生产商推荐的所有安全防范措施和规范。

暖通空调系统检查和维护	表 11-3
检查和维护作业	推荐频次[a]
燃油泵	
检查泵密封；根据需要进行调节或更换（参见第12章）	R
检查水泵内满足自由旋转的间隙，确保轴向间隙不过大	A
除去泵外沉积物和泵配件的异物	A
检查部件磨损情况，更换磨坏部件	A
检查过滤器和水分离器状况，定期进行清洗	M
加热盘管	
紧固松动螺母、螺栓和螺钉	R
检查曲柄臂枢轴和减震杆磨损情况，根据需要进行更换。	S
冲洗过滤器、集垢室和集液包	M
通过通风口吹扫盘管	S
加热器	
清洗外壳、风扇叶片、风扇罩和散热器	A
紧固风扇罩、电动机支架和风扇螺栓	R
检查风扇间隙，使其自由转动	A
空调箱和风扇	
检查过滤器，根据需要进行清洗或更换。	S

续表

检查和维护作业	推荐频次[a]
检查异常噪声和过度振动；在进行其他检查和维护作业中进行	R
检查风扇叶轮、轴、蜗壳等的腐蚀和磨损情况，根据需要进行更换。	A
紧固螺栓和连接	R
清洗外壳、叶轮、叶片和进出口管道系统	A
检查皮带位置和松紧度；更换断裂、磨损皮带（参见第12章）	R
检查系统部件对中情况	A
检查减振装置，检查连接处自由运动、腐蚀和磨损情况	A

注：[a]D——每天；W——每周；M——每月；S——每半年；A——每年；R——根据需要。

11.9 通信系统

在污水处理厂的日常运行及紧急事故中，可靠的通信系统是极为重要的。电话系统是污水处理厂员工同外部联系的基本通信方式。当地电信服务公司提供通信服务，由污水处理厂购买电话机。可以采用电话系统限制污水处理厂外线通信，而只允许厂内通信。移动电话也是污水处理厂的重要通信方式之一。

污水处理厂内通信系统通常采用电话机，有时也包括一些呼叫系统，如便携式传呼机、对讲机或者双向无线电通信装置等。危险区域通信需要特殊的电话，污水处理厂可以购买并负责管理和维护，同时也可以从外部公司租赁。便携式通信工具需要配置电池充电系统。当固定电话系统出现故障时，无线电通信系统是最为有效的备用通信系统。

11.10 避雷系统

在美国，大部分地区都曾遭遇过雷击破坏。电力系统通常采用大型避雷装置，以保护电气设备免受雷击超高压的影响。避雷针可用于保护建筑和其他设施免受雷击。

11.11 道路系统

污水处理厂内的道路为小汽车、卡车及其他车辆进出污水处理厂厂区建筑物、处理设施和设备提供了通道。如果可能，道路应该为全天候路面，同时具有坚固的基础，足以承受卡车载重，并能够抗霜冻。道路可以选择使用沥青、混凝土、碎石、岩石、水泥或者其他路面。路面通常为拱形，并具有一定的斜坡，同时设置路缘和排水口，用于排放径流雨水。路面等级、路面宽度和转弯半径必须能够满足卡车和维修设备的运输要求。

污水处理厂内的道路一旦出现坑洞、裂缝、下陷、沉降、鼓起、脱落、龟裂以及其他损坏，应立即进行维护。维护作业包括修补、填缝、轧平、重新铺面等。在维护沥青或混凝土路面时，必须在修补、填缝或重新铺面前进行清理和干燥，以确保修复处的良好吻合。路面维护工作同时还包括保持路面无杂物和丢弃物，对道边树木、灌木进行修剪或者砍伐，去除其他障碍，以确保道路视线开阔。对于沥青路面，应每5年左右进行一次封层维护作业。

污水处理厂应设置限速、禁停、火区、卸货区、人行道、访客停车区或者其他交通标志。路面上应标记交通线或其他标志以维护交通安全。应定期对防护栏、防护柱或其他交通防护设施进行检查和维护。

在北方寒冷季节，为了确保污水处理厂内道路安全畅通，路面可能需要进行除冰雪。严禁使用含食盐融雪剂对混凝土路面进行除冰雪作业，因为食盐中的氯离子会腐蚀破坏混凝土路面。在风雪较大的区域，道路两旁需设置防雪护栏，以防在路面形成大的雪堆。每年冬季来临前，应检查雪犁、吹雪机和除冰设施的状况。

11.12 防洪系统

大多数污水处理厂位于地势低洼地区，甚至有一些位于洪水易泛滥地区。如果没有良好的防护设施，洪水可能会导致污水处理厂员工死亡、受伤，同时可能损坏处理设备、破坏交通线、中断与外界通信联系。污水处理厂应设计有良好的防护设施，能够抵抗25年一遇的洪水而保持正常运行，而在遭遇100年一遇的洪水时，应该得到应有的保护。

所有易受洪灾影响的建筑物和处理设施应采用堤坝或者其他防洪设施进行保护。无论是暂时性还是永久性的防洪设施，都应该能够将水排出而同时能够尽量降低进入水的影响。沙袋建成的堤坝是一种暂时性的防洪设施。

永久性的防洪堤坝可以提供最好的防护作用，以防止洪水进入被保护区域。穿过防洪装置的沟渠，必须安装阀门，以防止洪水发生倒流进入受保护区域。在洪水发生时，应采用水泵将受保护区域内的积水排放出去。

其他防护的方法包括关闭或者封死门、窗以及其他敞开的位置，以防止洪水进入建筑物内。然而对于不坚固的设施，采用关闭或封死的做法，可能会导致比发生洪灾更大的损坏。必须采用适宜的设施封闭方法，以确保设施能够抵挡静水压力的影响。同时，应评估建筑物或者设施的稳定性，防止发生倾翻、滑动或者浮起的危险。

另外一种降低洪水损坏的不太理想的方法是有意向处理设施内注水，以平衡内外静水压力。采用此方法，应配置有防洪排水系统，以便于在洪水过后，将设施内的积水排放出来。

污水处理厂的主要供电线路应该置于最高设计防洪水位之上（通常是指100年一遇洪水水位）。如果除用船只之外，无法进入建筑物或者处理设施，那么电力公司应该在可进入区域设置一远程控制主电源开关。

用于排除处理设施内积水的潜水泵应该配置有独立的警报系统，以提醒作业人员高水位的出现。该潜水泵应由独立的防洪发电设备供电。

污水处理厂管理职责包括制定实施防洪措施的标准作业程序。这些程序应该明确具体任务、执行顺序以及每个人的具体任务内容。每年对防洪准备和防洪计划演练进行检查是对防洪标准作业程序进行维护的重要工作内容。同时，应将防洪作业程序概要醒目张贴出来。

　　污水处理厂管理人员应该尽可能地从防洪预报和预警信息处获得早期信息，以便于实施防洪计划（WPCF，1986）。在执行防洪计划时，必须建立通信联系，说明员工度假、周末和病假情况。防洪计划所需系统和设备必须始终处于准备就绪状态。当洪水确实发生时，不完善的防洪计划和设备准备将可能会造成严重灾难。

11.13 固废处置

　　污水处理厂不但不能处理污泥和残余物，同时还会产生固体废物，包括纸张、听装容器、纸板、瓶子、破布、厨余垃圾、庭院垃圾、袋子、桶等，需要进行最终处置或者回用。由此可见，良好的家庭固废管理是实现固废管理的第一步。

　　固废一般由专业公司或者污水处理厂操作人员收集后，运输至垃圾填埋场或者回收中心。一般来说，禁止对固废采用现场明火焚烧处置方式。固废必须收集至合适的容器内，以降低现场焚烧风险和虫害侵扰。

　　污水处理厂操作人员应该仔细查看产生的固废类型，同时应鼓励回收再利用可重复使用的散装容器。一些社区有收集铝制品、玻璃、纸张和家庭垃圾的计划。参与实施这一计划，不仅可以回收资源，同时还可以提高社区文明声誉。调查发现，在可重复使用的容器内，可以进行一些药剂、溶剂或者其他物质的收集，从而减小固废处理量。此外，许多污水处理设施会产生废油和一些危险废物，需要进行特殊处置，有关管理规范各州均不相同。污水处理厂安全管理的负责人应该参照使用本州的法律，制定符合本州要求的危废管理计划。

第12章 维护保养

12.1 引言

本章的目的在于为维护作业部门提供目前最好的实用维护作业基本信息。当然，在图书馆内可以查到近十年来的高效维护作业的实践信息。本章力求对如此多的实用信息进行总结，在本章后给出了大量参考文献和建议阅读资料，以满足有兴趣的人员进一步阅读的需求。

12.2 背景

在过去30年间，世界一流企业实施基本维护作业的方法发生了很大变化。从20世纪60年代到20世纪80年代中后期，许多世界先进企业实行基于运行时间的预防性维护技术。该技术认为设备运行时间与设备故障概率之间存在确定相关关系，同时设备故障概率可以根据大量统计结果确定出来。这种维护技术的首次使用尝试是在航空工业。在20世纪60年代初期，航空工业维护检查和大修占其总运行费用的30%。而进一步的研究结果表明，接近90%的部件发生故障是随机的，从而表明通过定期进行部件更换而延长使用寿命的做法是不可取的。至1965年，进行完全拆卸和再制造的传统计划性维护作业被"基于状态的维护"所替代，它主要集中体现在对故障的直接原因进行修复。1968年，波音747进行了以可靠性为中心的维护作业的首次尝试。到1972年，传统计划性维护作业被彻底废止。从这一时刻起，使得设备的维护作业的制定与设备运行时间独立开来，并导致了设备运行状态监测技术的出现和发展。

有关设备运行时间与其部件故障之间无直接关系的更进一步的证据如图12-1所示。该图给出了安装在测试机器上的30个相同的6309型轴承使用寿命分布情况。由该图明显可见，轴承的故障完全是随机性的，因此为了延长轴承使用寿命而采取的基于运行时间的维护策略是完全不可取的。

12.3 最佳维护实践

此处，"最佳实践"是指完成相关工作以获得最佳业绩的最好方法。维护策略可分为4种：

（1）故障维护（事后维护）；

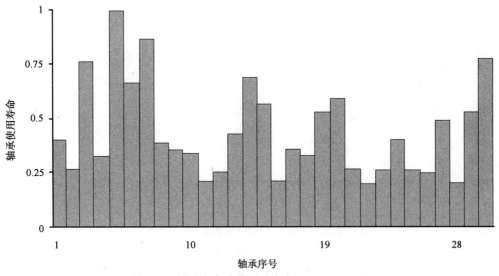

图12-1　轴承寿命分散图（来自NASA，2000）

（2）预防性维护（基于运行时间的维护）；

（3）状态维护（基于状态的维护）；

（4）主动性维护。

最佳的维护部门将会综合所有这些维护策略进行作业。设备的重要程度、冗余程度、生命周期成本分析都可以为其维护策略选择提供借鉴和指导。随着对设备使用历史了解的深入，会逐渐获得适宜的维护策略。当维护部门从"故障维护"策略转变为"状态维护"和"主动性维护"时，维护成本可降低为原来维护策略的1/3。主动性维护的关键是分析解决故障根本原因。

12.4 故障原因分析

为防止故障和问题的重复出现，必须进行故障根本原因分析（RCFA）。然而遗憾的是，一般对维护部门的评判是以一个故障单元多久能够重新恢复运行为依据的。设备发生故障通常不是由一个原因引起的，通过深入分析，往往可以找出多个原因。发生故障的根本原因有：

（1）物理性原因；

（2）人为原因；

（3）管理系统（潜在）原因。

在故障根本原因分析中，保存故障数据是极为重要的。例如，在更换故障泵之前，需要记录的数据包括故障前的运行数据（压力、温度、流量、水位等）、耦合连接状况、轴对中状况、轴摆动幅度、基础螺栓固定状况。同时，也需要对故障单元润滑油进行采样和分析。对故障部件进行物理性检查可以帮助判定故障发生的机制，例如疲劳、磨损、腐蚀和过载，这是发生故障的物理性原因。如果需要的话，大多数生产商可以提供故障诊断服务。进一步的齿轮分析通常包括利用肉眼观察齿牙磨损方式、测量齿距和偏差、对材料进行定量化学分析、测量材料的拉伸强度和硬度。

导致部件发生故障的物理性原因以及作业人员的错误、疏忽或者错误操作等人为原因，要比潜在原因易于发现。例如，一个轴承发生故障后（物理原因），结果发现其原因是因为润滑不足导致了轴承罩损坏引起的。对延迟润滑负有责任的技工（人为原因）被重新分派进行紧急维护，这主要是因为对该轴承的原有维护计划被别的维护工作取代了（潜在原因）。不允许"系统"存在缺陷或者听之任之的管理理念，可以大大降低这类问题的出现。

12.5 机器安装基本原理

任何状态监控程序的第一步应在采集实时运行数据之前启动。水泵应切削至位于或者靠近最佳效率点工作，保持动态平衡，固定在稳定基础上，满足轴对中公差要求，检查管道应变情况，如果期望5年或者更长的运行时间的话，应进行良好润滑。最为理想的情况下，机器是不需要进行状态监控的，因为机器的组装和安装过程都是高质量条件下作业完成的。当然，实际情况下这种状况是极少的。例如轴承没有很好地固定在轴上，轴承室间隙过大，不是由轴承支架下陷引起民的未对中等。这些仅是良好的状态监控程序可检测出的问题中的一小部分。

12.5.1 轴对中

联轴器进行良好对中，可以提高旋转设备的运行可靠性。前面已经提及，轴承的寿命与压力之间成指数关系（三次方函数关系），因此，稍微的不对中将会造成难以想象的故障。实用轴对中公差基准数据可参见轴对中手册（Piotrowski，1995年，第145页）。

要知道，轴对中操作通常是在机器设备停转的状态下完成的。当带有负载运转时，机器会发热，同时会因固定基础受力、管道应变和轴转动而发生一定程度的偏移。污水处理厂内的大部分设备都可以采用停转对中方式进行对中作业。对于关键设备或者轴转速超过1800rpm的设备，停转后检测其位置的变化是很有意义的。通常可采用光学经纬仪或者近距离探针来完成，比较轴转动状态下的轴位置以及静止时的起始位置，然后根据需要进行调整。污水处理厂可能的应用实例包括好氧系统鼓风机或者沼气压缩机。Lockheed Martin（1997a）详细介绍了"对比停转与运行状态"对中技术。

最后需要说明的是，联轴器生产商允许的对中公差是不能作为轴对中的标准。联轴器不能进行修正、吸收、减轻或者固定任何轴偏移。联轴器允许的偏差（联轴器生产商要求）对于泵系统的寿命长短是没有任何影响的。水泵系统不仅包括联轴器，同时也包括轴、密封和轴承。轴对中手册（Piotrowski，1995）第145页上的对中偏差可用于整个系统的对中调整指导，要比部件说明书的数据更为可靠。需要说明的是，允许对中偏差的单位是密尔/英寸（mils/inch），其中分母代表联轴器耦合点之间或受力点之间的距离。

12.5.2 平衡

旋转设备部件和装配的平衡程度，对于延长设备使用寿命具有重要意义。不平衡的叶轮会对设备轴承产生力的作用，该力的大小计算公式如式（12-1）所示。

$$F=1.77 \times W \times R \times \left(\frac{rpm}{1000}\right)^2 \qquad （12-1）$$

式中　F——作用力（lbf）；

W——不平衡的重量（盎司，oz）；

R——不平衡重量旋转半径（in.）；

rpm——转速。

注：lbf×4.448=N

由式（12-1）可见，该作用力的大小与轴转速的平方成比例关系，因此对于高速设备而言，平衡作用尤为重要。例如，如果离心机的转速为2600rpm，不平衡重量为8-oz，不平衡重量旋转半径为15in.，则产生的作用力为

$$F=1.77 \times 8 \times 15 \times \left(\frac{2600}{1000}\right)^2 =1436 \text{ lbf} \qquad （12-2）$$

注：lbf×4.448=N

该作用力产生的额外负载降低了轴承的预期使用寿命。轴承使用寿命计算公式为

$$L_{10}=\frac{1000000}{（rpm \times 60）} \times \left(\frac{C}{P}\right)^a \qquad （12-3）$$

式中　L_{10}——最短使用寿命（h）；

rpm——转速（转/min）；

C——标称动负荷（blf）；

P——轴承上的径向负荷（blf）；

a——3（球轴承），3.33（滚子轴承）。

当将不平衡作用力（F）加到式（12-3）中的（P）上，指数关系（三次方函数关系）会使很小的平衡问题造成很大的影响。上述参数以及径向负荷（P）的计算步骤可在许多轴承生产商提供的产品目录中查到。例如，如果一球形滚子轴承的转速为500rpm，径向负荷为33000lbf，在轴承目录中查到标称动负荷（C）为254000lbf，则该轴承的使用寿命为

$$L_{10}=\frac{1000000}{（500 \times 60）} \times \left(\frac{254000}{33000}\right)^{3.33}=29807\text{h} \qquad （12-4）$$

一般而言，不平衡量是以多少密尔（mils）位移进行表示的（1mil=0.001in.），是由不平衡作用力引起的振动幅度的大小。表征实际不平衡量的单位是盎司—英寸（ounce-inches），它将这两个测量结果关联起来。对残余不平衡量的测量是通过放置一个已知重量的物体在已知半径上，测量由不平衡力引起的位移大小。由于不同转速下发生的不平衡性质都是一样的，因此通常在250~500rpm的转速下进行不平衡量测试。由于不平衡产生的作用力会随转速增大而增加，因此在高转速下保持平衡尤为重要。

几种常用的容许不平衡量介绍如下，具体选用应根据实际情况而定。

（1）离心力<10%静态轴颈负荷

本规范要求不平衡所引起的作用力大小必须小于每个轴承所承受的重量的10%。通常假设转子的总重量是由两个轴承平均承担的，从而每个轴承所承受的重量是转子总重量的1/2。

（2）MIL-STD-167-1（美国海军）

这种平衡公差计算方法起源于美国海军（1974），它要求机器的运行必须非常安静，以免被声纳探测到。转速为1000rpm的转子，容许的不平衡量为

$$U_{\text{per}} = \frac{4W}{N} \tag{12-5}$$

式中　　U_{per}——容许的不平衡量（oz-in.）；

　　　　W——转子总重量（lbm）；

　　　　N——转速（rpm）。

注：oz×28.349=g；in.×25.4=mm。

这是一个经验公式，要求按照给出的单位输入数据，而获得正确的结果。对于转速为3600rpm的1000blm的转子来说，允许的残余不平衡量为

$$U_{\text{per}} = \frac{4 \times 1000}{3600} = 1.11 \text{ oz-in./plane} \tag{12-6}$$

注：oz×28.349=g；in.×25.4=mm

（3）美国石油学会

美国石油学会标准数值是MIL-STD数值的1/2。除计算转子重量（W）的方法不同外，公式是一样的。这里，转子总重量被认为是由两个轴颈承担的，因此计算中采用转子总重量的1/2进行计算。

（4）ISO 1940-1（国际标准化组织）

该标准是指旋转刚性物体的平衡质量，并将转子依据平衡质量等级"G"进行分类。等级之间相差2.5倍，如表12-1所示。美国国家标准学会也采用了这一标准，见ANSI S2.19-1999，其容许的不平衡量的计算公式如式（12-7）所示

$$U_{\text{per}} = \frac{G \times 6.015 \times \frac{W}{2}}{N} \tag{12-7}$$

式中　　U_{per}——容许的不平衡量（oz-in.）；

　　　　G——平衡质量级数；

　　　　W——转子总重量（lbm）；

　　　　N——转速（rpm）。

注：oz×28.349=g；in.×25.4=mm。

国际标准化组织刚性转子平衡质量级数　　　　　　　　　　表12-1

转子分类（平衡质量）	转子描述（通用机械类型）
G 40	汽车轮胎；钢圈；驱动轴
G 16	汽车驱动轴；粉碎或农用机械部件

转子分类（平衡质量）	转子描述（通用机械类型）
G 6.3	工厂机器部件。船舶主涡轮机齿轮。离心机转鼓、风扇和组装飞机燃气涡轮转子。纸张和印刷机轧辊。飞轮、水泵叶轮、通用机械和机床部件。标准电动机电枢
G 2.5	燃气和蒸汽涡轮、鼓风机、刚性涡轮发电动机转子、涡轮压缩机、机床驱动器、计算机存储磁鼓和光盘。中型和大型电动机有特殊要求电枢。分马力电动机和涡轮驱动泵电枢
G 1.0（精准平衡）	喷气发动机、增压器转子、录音带和留声机驱动器。研磨机驱动器和有特殊要求的小型电枢
G 0.4	主轴、光盘和精密粉碎机电枢。陀螺仪

这也是一个经验公式，要求按照给出的单位输入数据，而获得正确的结果。标准建议水泵叶轮的平衡质量级数为6.3。质量为1000lb的转子，当转速为3600rpm时，容许的残余不平衡量如式（12-8）所示。

$$U_{per} = \frac{6.3 \times 6.015 \times \frac{1000}{2}}{3600} = 5.26 \text{ oz-in./plane} \tag{12-8}$$

注：oz×28.349=g；in.×25.4=mm。

12.5.3 外围设备和其他原则

转子平衡和良好的轴对中，对于保持机器较长使用寿命是极其重要的，同时还有许多其他重要的影响因素。良好设计的机器基础可以在实现荷载支撑的同时，不会产生沉降或破裂，保持对中状态，并吸收或者减轻振动影响。一个好的机器基础应该包括以下准则：

（1）混凝土基础重量应该是所支撑设备重量的5~10倍（混凝土密度大约为2400kg/m³ [150 lb/cu ft]）。

（2）经过轴中心线向下30°所引出的直线应该经过基础的底部（不在两侧面上）。

（3）混凝土基础应比设备底部宽76mm（3in.），而对于功率超过373kW（500Hp）的水泵，应宽出152mm（6in.）。

（4）混凝土的抗压强度应在20685~27580kPa（300~4000psi）之间。

（5）新浇筑的混凝土基础应养护6~8d，这样可以使混凝土的抗压强度达到最终值的70%~80%。

严重的管道应变会使精准平衡和轴对中工作变得毫无意义。水泵的法兰是用于连接管道，而不应成为管道的固定点。为了检查管道应变情况，可在管道系统的两个轴处放置千分表，并旋松地脚螺栓，这样产生的位移量不应超过2mils（0.002in.）。表12-2给出了管道应变实用标准，可用于评估管道应变状况。

管道应变准则 表12-2

千分表总偏移量（in.[①]）	结 果
<0.002	理想状态
0.002~0.005	可接受
>0.005	需提供必要的管道支撑
0.020	重新更换安装管道

① 1in.×25.4=mm

此外，管道规格参数同样也会影响系统可靠性。尤其是离心泵，最易于受到进口端湍流或者高流速的影响。一般来说，进水管道长度至少应该是水泵进口直径的1.5倍。进口端通常采用偏心异径管，以提供进口直径6倍长度的直线水流运行。

在安装任何旋转设备之前，应该测量轴偏斜或者千分表示数情况。可以采用千分表测量轴向和径向偏移情况，确定旋转中心偏心和轴弯曲状况。允许的轴偏斜程度是与旋转速度相关的，旋转速度越高的物体所允许的轴偏斜程度越小。表12-3给出了实用的允许轴偏斜程度标准值。

实用轴偏斜允许量	表12-3
转速（rpm）	千分表最大值（in.[①]）
0~1800	0.005
1800~3600	0.002
3600及以上	<0.002

①in.×25.4=mm。

当机器固定脚与固定基础没有完全吻合时，会出现软脚状况。软脚状况能够导致多种问题的发生，因为软脚状况可以使轴中心线发生偏移，使机器外壳发生翘棱，减小内部部件之间的间隙。通常，采用千分表测量机器软脚状况，可将其放置于机器固定脚处，然后松动固定螺栓，检查机器是否发生移动。如果位移超过了2~3密尔，则表明存在软脚，应该进行调整。可采用薄垫片进行软脚状况调整，但是一个固定脚处所使用的薄垫片不宜超过4~5片。同时，这会增加轴对中固定的难度。

对螺栓进行适宜紧固不仅可以固定机器，吸收产生的冲击力，同时可以防止机器运行时松动，因此应经常进行固定螺栓紧固状况检查。在紧固螺栓时通常使用扳手，并根据螺栓的规格和等级选择工具。螺栓紧固时所需要的扳手的大约扭矩值为

$$T=10^{b+m\log d} \tag{12-9}$$

式中　　　T——扭矩（ft-lb）；

　　　　　d——螺栓直径（in.）；

　　b，m——指数参数，可查阅表12-4。

注：ft×0.3048=m；lb×0.4536=kg。

请记住这些准则仅适用于工厂生产的紧固件。在任何情况下，都应遵守生产商提供的有关设备的紧固扭矩说明书。同时，大部分紧固件在生产加工过程中会残留一定量的润滑油。使用特殊的润滑油可能会降低紧固过程中的摩擦力，因此采用生产商指定的扭矩，可能会产生比预期值更大的紧固度。

紧固准则[①]（引自 Oberg 等，1996）				表12-4
SAE 等级（润滑油黏度等级）	固定强度（psi[②]）	螺栓直径（in.[③]）	b[④]	m[④]
2	74000	0.25~3	2.533	2.94
5	120000	0.25~3	2.759	2.965

续表

SAE 等级 （润滑油黏度等级）	固定强度 （psi[2]）	螺栓直径 （in.[3]）	b[4]	m[4]
7	133000	0.25~3	2.948	3.095
8	150000	0.25~3	2.983	3.095

[1]标准工业无镀层紧固件。对于镀镉螺母和螺栓，乘以0.8。
[2]psi × 6.895 = kPa。
[3]in. × 25.4 = mm。
[4]参见式12-9中对指数的解释。

12.6 状态监测技术

对大部分旋转设备而言，组合监测技术提供了最具成本效益的监测策略。这些监测技术包括振动、热成像、超声、摩擦和电气状态监测多种技术。所有这些监测技术的最主要的目的，是在设备出现故障前，获得组件运行状况恶化的信号。状态监测不能阻止机器性能的降低。但可在机器出现故障停转之前进行维修，从而减小不必要的维修作业和待机时间。

值得一提的是，预防性维护（时间基准维护）仍然在高效维护计划中具有重要的作用，磨损和腐蚀检测仍是该类维护策略的首选监控项目。

12.7 振动分析

在晶体管电子时代，技工曾采用在运行机器外壳直立放置硬币的方式，来检测机器的振动情况。在20世纪30年代，一个名叫 T. C. Rathbone 的工业保险经纪人，采用示波器和手工计算的频率部件来测量机器的振动水平。现在的振动分析仪是很精密的，综合了多种非介入式的测量方法，可提供足够的振动信息。

振动检测是指定量机器受力后发生位移的大小。将获得的数据转换成振幅对时间的曲线，或者采用傅立叶变换（FFT）转换成振幅对频率的曲线。任何一个随机的波动信号都可以表达成正弦和余弦函数级数（傅立叶级数），然后可将这些级数叠加产生一总体的振动水平。振幅大小决定了振动的严重程度。将振幅对频率（傅立叶频谱）作图，可以确定每个频率对总振动信号的贡献量，通常称为"信号分析"或者"频谱"。机器固定松动、未对中、不平衡和软脚状态均可通过分析仪产生的频谱判定出来。

用于测定波动的仪器被称为换能器，可将测量到的机器的振动状况转换为电信号。换能器能够测量位移（mils）、速度（in./s）和加速度（Gs或32.2 in./s^2）。所有这些测量结果都是用于描述机器的振动状态。同时，一旦测定出其中一个参数之后，其他参数可通过式（12-10）~式（12-13）数学公式计算出来，

$$v = 2 \times \pi \times f \times d \qquad (12\text{-}10)$$

$$a = 2 \times \pi \times f \times v \qquad (12\text{-}11)$$

式中　d——最大位移（mm[in.]）；

f——频率（Hz）；

v——最大速度（in./s）；

a——最大加速度（in./s²）。

赫兹是指每秒钟的转数，60 rpm=1 Hz。轴转速为 1800 rpm（30 Hz）的机器，当其振幅为 10 mils（0.01 in.）时，其振动速度和加速度分别为

$$v=2 \times \pi \times 30 \times 0.01=1.88 \text{in./s} \tag{12-12}$$

$$a=2 \times \pi \times 30 \times 1.88=354 \text{in./s}^2 \tag{12-13}$$

注：in. × 25.4=mm。

目前，加速度计是进行机器监控的最佳换能器，可以在很宽泛的速度范围内，获得良好的对应频率。它可以直接测定加速度，然后通过电子积分仪给出速度大小和位移量。在低频率（<20Hz）时位移信号较为清晰，而在高频率（>1000Hz）时，加速度信号较强。机器监控最好的指标是速度。

在过去几年里，振动研究在检测轴承即将发生故障方面获得了很大进步。轴承表面的早期缺陷会产生瞬间冲击作用。采用数字技术的高频率采样器能够捕捉到这种作用，通常采用时间振幅波形。通过检测振幅、对称性，尤其是进行模式识别，时间振幅波形可以清晰显示出轴承故障的实际振幅情况（FFT 分析结果可能会低于实际振幅）。该技术也可较好地适用于低速设备、齿轮的松动情况以及套筒轴承的轨道分析。图 12-2 所示为一初沉池污泥泵故障轴承的时间振幅图。从图中可以看出，时间振幅图中含有一个特征模式——大的振幅后紧跟一个振幅逐渐变小的振动时间段，而在相同的噪声本底值下有不同步的能量消耗。

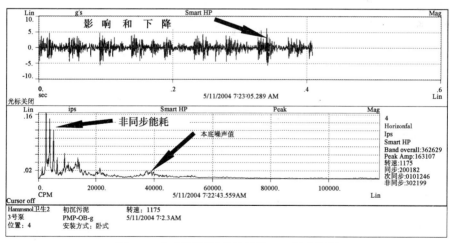

图 12-2 初级污泥泵故障轴承——振动数据

12.8 润滑油和磨损颗粒分析

润滑油和磨损颗粒分析可以给出润滑油状况以及润滑油保护的摩擦表面的磨损状况。

通过润滑油分析，可以定量污染物质的成分、分子量、溶解性组分和异物的存在状态。常规分析包括黏度、酸度和总碱度测试。通常，润滑油分析仅可以确定是否存在问题，但是不能确定具体的问题是什么。

通过润滑油中磨损颗粒的数量、成分、形状和大小的分析，可以给出机器内部的状况以及部件的磨损程度。目前对于磨损颗粒有几种分析技术。大小粒径颗粒数量比值、颗粒总重量或者三价铁颗粒的变化，预示着磨损的开始。在大多情况下，对过滤器前端低压管道内的润滑油样进行分析，可以获得具体颗粒源、磨损严重性和磨损位置的信息。润滑油的取样位置非常重要，其目的是可以获得能够代表通过机器轴承的润滑油的油样。油箱和过滤器的之后的位置均不适宜于进行油样采集。

对于设备润滑油，应该严格遵守设备生产商推荐的润滑油使用指南，尤其是推荐的润滑油添加量和更换周期。在一些情况下，润滑过量将会引起过热和过早失效。这里需要提醒的是，生产商提供的密封轴承，润滑油的使用量一般为轴承室容积的25%~35%，不宜过多。在其他情况下，设备生产商可能至少推荐每个轴承采用3~4滴管的润滑油，但并没有清晰说明这一用量的润滑油的目的是用于清洗轴承。对使用后的润滑油或者润滑脂进行取样分析的结果，可用于调整设备润滑油或者润滑脂的更换频率。

12.9 热像分析

热像分析通常主要用于电气设备的监控，目前也已经在污水处理厂中使用。热像分析通过测量能量释放（设备表面）产生的红外辐射，来检测设备是否存在异常。红外照相机的分辨率可达0.1℃，并存储拍摄下来的数码照片。可以获得所有类型电气设备的相对和绝对温度，包括开关、触点、配电线、变压器、电动机、发电动机和母线。红外热像仪在机械设备监控中的应用较为广泛，包括带有摩擦结合点的所有设备，例如轴承耦合器、活塞环、制动鼓和热交换器。同其他状态监控技术一样，所获得的热像可以给出一定的趋势，并建立基线。表12-5所示为一些常见机械部件的绝对温度限值。

机械部件温度限值 表12-5

部 件	温 度（℃）
滚动轴承	
滚动部件	125
挡圈（塑料材质）	120
外壳/挡圈/防护罩（金属材质）	300
滑动轴承	
锡/铅基础巴氏合金	149
镉/锡—铜合金	260
密封件（唇形）	
丁腈橡胶	100
丙烯酸	130
硅/氟	180

续表

部 件	温 度（℃）
PTFE[①]	220
毡垫圈	100
铝（实验室用）	300
机械密封材料	
玻璃填充特氟纶	177
碳化钨	232
不锈钢	316
石墨	275
V形带	60

① PTFE= 聚四氟乙烯

电动机额定工作温度是建立在其最高运行工作温度的基础之上的，是绝缘系统的函数。工作温度比额定工作温度每提高10℃，电动机寿命缩短50%。电动机外部温度通常要比内部温度低20℃。表12-6给出了电动机进行热像分析时的一些参考温度信息。

室温40℃条件下的电动机运行温度（℃） 表12-6		
绝缘结构等级	内部温度	外部温度
A	105	85
B	130	110
F	155	135
H	180	160

12.10 超声波分析

超声波的频率要高于20kHz以上，是人类听不到的声波频率范围。每一台机器都会发出一种独特的声波信号，可以通过超声波监测器监控其变化。常用超声波监测器通常为手持式，类似于手枪，重量约为0.9kg（2lb）。通过外差法可将超声波转化为人耳可以听到的音频范围。继而，技工人员可以采用耳机接收这些音频信号，同时采用声级计测量其声级大小（dB）。

超声波技术的一个实际应用，就是通过监测确定轴承需要润滑的时间和润滑油使用量。让技术人员试图来记住上次润滑的具体时间、润滑油使用量以及润滑油类型是一件不太容易的事情，即使可以勉强回忆起来，其可信度也是大打折扣的。但通过历史记录，或者类似设备的数据，也或是润滑时的监测数据，一旦建立起基线后，当监测声级超出了正常润滑状态8dB时就要引起注意。加至轴承单元的润滑油的量，应当其声级恢复至正常值水平为止。通过耳机收听声音信号，可将润滑油加至声音逐渐消失，然后刚刚出现为止。

1972年，NASA完成了使用超声波进行轴承早期故障诊断的实验研究。技术简介（NASA，1972）表明，实验采用的是滚球轴承，监测到的频率范围为24~50kHz。一般来说，当监测到声信号声级超过基线以上12dB时，预示着轴承出现了问题。采用低频超声波，可用于转速低于600rpm的低速轴承的故障诊断监控。

此外，声音信号也可以帮助技术人员鉴别和确定压缩空气泄漏、蒸汽疏水阀泄漏和罐体泄漏的位置。压缩空气或流体通过小口发生泄漏时，会在下游产生湍流，这可以通过超声扫描系统进行捕捉。

12.11 浪涌测试

浪涌测试是电气设备监控的重要方法，可以给出电气设备绕组的状况。这种专业化的测试能够定位电动机绕组中匝间、线圈之间和相间绝缘强度较弱的位置。许多电气故障开始于绕组匝绝缘性的降低（文献报道为80%以上），浪涌测试是查找这种绝缘性降低的唯一方法。该测试装置向绕组进行电能脉冲，监控产生波形的稳定性，定位绝缘性较差的位置。浪涌实验只是一个通过或者来通过的测试，不会产生数值，通常需要进行多次重复实验，以确定故障位置和故障程度。

许多现场作业的电工都对电动机采用兆欧测试（采用兆欧电阻表）以检测绕组的绝缘性能，这和浪涌测试是不同的。浪涌测试的目的是检查线圈本身的故障，而兆欧电阻表是检测电动机的绝缘性能。即使电动机没有通过浪涌测试，但是还可能能够正常运行，但是必须指出发现的问题所在。

12.12 电动机电流特征分析

电动机电流特征分析是一种非介入式测试，用于检测旋转设备中的机械和电气故障。该技术的原理是驱动机械负的电动机就像一个感应器，其电流会随负载的变化而发生改变。通过电流随时间的变化分析，可以为机械故障或者过程变化提供早期预警。

12.13 过程控制监控

要知道，状态监控不能评估水泵电动机系统的运行效率。所有的维护人员都应该注意低效率的水泵系统，因为其运行费用要比维护费用更高。过程参数监控是状态监控的有力工具之一。温度、管道压力和流速都是有意义的参数。水泵效率计算公式如式（12-14）所示。

$$\text{Hp} = \frac{\text{gpm} \times \text{TDH}}{3960 \times \text{效率}} \qquad (12\text{-}14)$$

注：Hp×0.75=kW。

式中　　gpm——流量，加伦/min；

　　　　TDH——扬程（总动力水头）（ft）；

　　　　效率——泵效率（%，十进制）。

水泵进出水管路上的压力表可以指示出扬程，出水管路上的流量大小可用于计算水泵效率。水泵流量为25000gpm，扬程为17ft，电动机功率为150hp时，水泵效率为72%，计算式如下：

$$效率 = \frac{25000 \times 17}{3960 \times 150} = 0.72$$

12.14 预防性维护

目前，预防性维护（时间基准维护）仍然在高效维护计划中具有重要的作用。磨损和腐蚀监测仍是该类维护策略的首选监控项目。应该经常评估预防性维护方案，以确保设定的维护作业是有效的，可以达到明显的收益。设备的重要性以及历史可靠性记录都可以用于消除不必要的维护作业，并进一步确定最为重要的预防性维护作业。状况监控并不能代替预防性维护。所有设备都需要进行润滑、清洗、调节、喷漆和进行小部件的更换。通过状态监控数据分析，可以也应该对这些维护作业的时间间隔进行调整。应该严格遵守已经建立的预防性维护计划，没有例外。

12.15 以可靠性为中心的维护（RCM）

当执行一个新的监控计划或者改进原有的监控计划时，监控技术如何选择、能否给出早期故障预警以及维护频率的选择，都是很困难的事情。以可靠性为中心的维护（RCM）过程提供了一个评价这些问题的方法。在美国联合航空公司工作时，Stanley Nowlan和Warren Heap于1978年，首先提出并发表了"以依靠性为中心的维护"的观点，这是目前已知的有关RCM的最好的论断之一。他们认为将故障后果检查作为制定维护计划的起点，同时随着监控数据的不断收集，应采用状态监控数据对维护计划进行修改。有关RCM的计划制定标准，将在后面的内容进行简要讨论。更多有关RCM方法的内容，请参见本章最后提供的参考文献和建议阅读部分。

以可靠性为中心的维护策略主要集中于3条有关评估维护计划的准则：

（1）识别故障模式；

（2）实用性；

（3）效果。

规则1—识别故障模式

所有状态监控技术的目的都是在设备故障停转之前，为维护人员提供定量客观的潜在故障依据。因此，所有状态监控技术都必须能够监测某种具体故障，也就是要识别维护人员想要预防的故障。

规则2—实用性

如果该技术具有实用性，它就应该能够监测出与识别的故障模式相关联的参数。测量出来的参数结果必须具有足够的准确性，以便于启动维护作业。同时，该技术必须能够尽早地检测出问题所在，以便能够在故障停转前进行修复性维护作业。

规则3—实效性

实效性准则用于评估故障后果。影响人员安全和环境的严重故障是不能容忍的，必须立即进行响应。所有其他故障应该选用高成本效益技术，即维护投资费用要低于维修故障费用。状态监控技术的选用可采用RCM决策树方法，如图12-3所示。

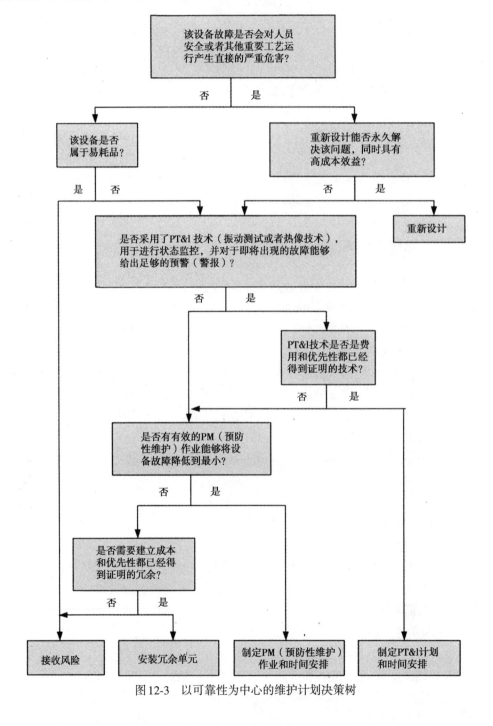

图12-3 以可靠性为中心的维护计划决策树

合理选用状态监控技术可以降低维护成本。当将监控技术和以可靠性为中心的维护计划结合使用时，其成本要比"运行到故障"的维护计划要节省1/3。表12-7给出了维护费用基准可供参考。

维修费用（Piotrowski，1996）　　　　　　　　表12-7

维护策略	成本（$/hp/yr*）
运行至故障	18
预防性维修	13
状态基准维护	9
以可靠性为中心的维护	6

*$/hp/yr × 1.33 = $/kW/a

作为支持采用状态基准维护策略的其他有力证据，表12-8给出了采用预防性维护策略的500个污水处理厂的调查结果，涉及多种行业污水处理厂。

预防性维修费用消减量（Mobley，2001）　　　　　　　表12-8

基　准	数　值
维护费用消减	50%
机器意外故障消减	55%
维护时间消减	60%
库存量消减	30%
故障平均间隔时间增加	30%
设备运行时间增加	30%

12.16 性能测量——标杆

标杆是性能测量与标准对比的实际操作过程。在一定的应用领域，标杆能够客观地表征设备是否能够高效运行，并定量给出设备先进性，并确定哪些方面需要改进。行业标杆（同一行业内的不同企业的性能测量）和最佳实用标杆（对企业领导人进行的测试，而不考虑其行业类型）两者都是有效的维护管理工具。这里给出的实践是通用指南，可以看作是行业规范，且已被证明可以取得很好的效果。表12-9给出了污水处理厂的具体行业标杆，所得结果是在总结美国90个污水处理厂的基础上得到的，这些污水处理厂的处理水量范围为15140~3251300m³/d（4~859mgd），平均处理水量为208175m³/d（55mgd）（1997年）。

表12-10为最佳实用标杆的例子。这里要说明的是，这些数值会涉及很多变量，但是仍需要严格遵照执行。通过数据比较，可以获得许多需要改进的地方。

污水处理厂行业杠杆[1]（Benjes and Culp，1998）　　表 12-9

参　数	平均值[2]	成本最佳污水处理厂[3]
维护员工数/mgd[4]处理水量	0.4	0.2
二级处理	0.4	
二级处理—硝化	0.4	
二级处理—硝化—过滤	0.45	
年维护成本/mgd处理水量	$31 816	$9688
主要资产数量/维修员工	73	177
年维护单数量/维护员工	124	293
维护订单积压时间（d）	18	3.7
超时维护作业比例	3.30%	0.80%
计划维护作业比例	50%	90%
维护计划人员数量/100mgd处理水量	2.2%	0.8
备件成本/mgd处理水量	$10294	$1991

①结果来自1997年对90个污水处理厂的调查数据。
②平均值—50%的污水处理厂高于此值，50%的污水处理厂低于此值。
③成本最佳污水处理厂—调查中排名第10的污水处理厂。
④mgd × 3785 = m³/d

最佳实用标杆　　表 12-10

参　数	标杆值
安装材料费/人工费	0.5~1.5
维护费用/更换设备费用	1.5%~2.0%
技工数量/现场作业员工数	15%~25%
需要重新维护比例	<0.5%
设备停机时间/计划运行时间	0.5%~2.0%
进行根本原因分析处理的故障	>75%
预测性/预防性维护计划遵守情况*	>95%
修复性维护单/P或PM检查	1:6
主动性维护单占总维护单的比例	75%
被动性维护单占总维护单的比例	25%
预测性PM占总PM的比例	60%
维护超时作业比例	5%~10%
有偿维护单作业时间比例	100%
计划维护单比例	90%~97%
库存费用/更换设备费用	<1%
每年库存周转率	2~3

*P = 预测性维修；PM = 预防性维修

12.17 记录保存和维护管理

现在企业竞争的商业环境促使所有的企业都需要采用最优化的资产管理方法。资产最优化是以最低的成本获得最多设备以及设备的最大效益。计算机化维护管理系统（CMMS）是资产优化的基础，可用于跟踪所有相关的设备和过程。该信息系统对于计划、安排、基线建立、定量改进和提供量化决策支持具有重要的作用。故障代码分配在故障根本原因分析中作用很大，可以帮助监控停机时间长度和造成的损失。一个好的CMMS可以提供标准报告，例如设备维护历史，同时可以帮助识别花费过高的设备。准确的维护单跟踪具有很多优点，包括更高的可靠性和更为准确的维护/更换决策制定。

　　CMMS的选用应该建立在用户的使用目的、目标以及监测内容之上。对于大部分情况，都可以购买到商业CMMS软件包以提供基本的维护管理功能。对维护过程的深入了解是购买CMMS的基本出发点。Dahlberg（2004）给出了可提供CMMS软件包的52家公司的名单。

第13章 恶臭控制

13.1 引言

本手册的目的是为负责管理污水输送、处理以及固废处理过程中所产生废气的作业人员，提供运行操作参考。《污水处理厂恶臭控制与排放》（WEF，2004）一书提供了有关污水输送和处理系统中的臭气控制的多个主题内容，同样可供现场操作人员参考使用。

在收集、处理市政污水与工业废水过程中，经常会释放出恶臭及其他空气污染物。过去，公众可以接受污水处理厂在处理过程中产生恶臭的现实。但现在，公众对此是无法接受的。且随着公众对污水处理厂排放的恶臭和其他空气污染物的关注度日渐提高，公众越来越无法容忍污水处理设施产生的恶臭和其他污染物。因此对这些恶臭污染物排放进行管理在大多数污水处理厂已经变成了一个重要的工作内容。而且，联邦、州和地方法规也明确要求对排放废气中含有的多种污染物进行控制。今天，无论是引起健康和安全问题，还是扰民的恶臭排放，都不再被公众所接受。实际上，恶臭控制已经被认为是公众关注的污水处理厂的首要指标。一旦污水处理厂的形象被任何原因包括恶臭排放所损坏，那么其在公众中的形象都很难被改变。

公众关注恶臭问题的原因包括：大型污水处理厂建立时，污水在收集系统内长时间输送时会产生腐败；城市化进程的发展使得居民区或者工厂的位置更接近污水处理厂；复杂工业废水排放量的增加；排放标准的不断提高；污水处理厂的设计；污水处理厂的运行和维护；市民可以获取更多的公众健康和安全的信息。因此，目前污水处理厂的设计、建设和运行都必须高度重视恶臭排放问题。此外，恶臭发生通常会涉及到腐蚀问题。恶臭问题的解决有助于减小混凝土腐蚀，包括下水道内壁、暴露的金属和油漆等。恶臭气体，尤其是硫化氢，会加速镀锌结构和电气设备的腐蚀作用。

目前，污水处理厂不仅要达标排放，实现对水资源的保护，同时必须对恶臭进行有效的、公众认可的控制。这是一项艰巨的任务，因为恶臭控制是主观行为，但是根据法律或者公众接收程度，最后的判断是人的嗅觉。

气体排放控制包括多种方法，包括处理或者改变液相中的化合物结构和性质、减小其向大气中排放、采用恶臭控制系统进行处理、增加扩散和稀释排放气体。良好的恶臭控制与污水收集系统、污水处理设施、固废处理系统的设计和运行是紧密联系的。

对恶臭气体的控制需要合理计划、高效管理、良好设计并精心运行和维护。污水处理厂的管理人员必须掌握恶臭气体监测方法及其特性，了解污水处理过程中恶臭气体产生的模式，采用适宜的恶臭气体控制技术方法，精心操作和维护恶臭控制设备，以达到成功控制恶臭气体排放的目的。管理机构和公众也应该积极采取预防措施，并避免采取法律或者行政处置方式。

13.2 恶臭气体

对于五官而言，嗅觉在结构和组织方面最为独特复杂。人类对恶臭气体的嗅觉作用过程，既具有生理也具有心理反应。

13.2.1 嗅觉过程

1. 生理反应

大脑与鼻子协同作用对恶臭气体进行识别。人们对恶臭的感知由鼻腔开始，鼻腔里布满了专门感知气味的细胞。当具有独特恶臭气味的分子进入鼻腔时，一部分会溶解在具有特定感受体的黏膜中（Minor，1995）。一旦恶臭分子被这一嗅觉系统所捕获，由于分子形状匹配，它将会吸附至更多的专业接受细胞上。恶臭气体分子量的大小会决定其被吸附至一种还是多种接受细胞上。一旦接受细胞被激活，电信号就会传输至大脑，便开始了识别恶臭气体的神奇过程（Campbell，1996）。

一旦产生信号，大脑就会捕获信号并做出响应。当闻到一股恶臭气体时，因为察觉到危险，第一反应可能会是逃避反应，而如果设想状况良好的话，反应可能是逗留识别。据说，人类能够检测出10000中不同的恶臭气体，但是仅能识别出其中的一小部分（Mackie *et al.*，1998; Minor，1995）。嗅觉器官感知恶臭气体的能力要比我们对恶臭气体的描述要精确得多。

2. 心理反应

人类对恶臭的心理反应更为复杂，要比上述生理反应更难理解。有证据表明，每个个体都会喜欢或者厌恶某种气味。小孩子几乎喜欢所有的气味（Campbell，1996）。只是当我们逐渐成长而开始讨论气味时，才逐渐开始喜欢或者厌恶某种气味。显然，每个个体对于某一种气味的反应是不同的。

人们对恶臭气体的反应是基于生活中的体验。对于某些个体而言，如果他（她）有污水处理的经历的话，那么便可以接受一定程度的恶臭气体。然而如果没有污水处理的经历的话，任何污水处理产生的恶臭对他（她）而言都可能是厌恶而不可接受的。

人类的鼻子提供了检测到的恶臭气体的可接收的标准，并且确定了恶臭强度。至今尚未开发出可以模拟人类反应的仪器。人的鼻子可以识别超过5000种不同的恶臭气味，对某些化合物的检测浓度可低至0.14μg/m³（0.1ppb）（WEF，2004）。另外，大多数个体的左鼻孔具有更强的识别恶臭气体的能力，而女性比男性对于恶臭气体更为敏感，恶臭能够改变或者产生一定的情绪。简而言之，就是"鼻子懂得"。

13.2.2 恶臭产生

实际上，恶臭可产生并释放于污水收集、处理与处置中的所有阶段。污水处理和污泥处置中出现的可产生恶臭的物质，主要来源于消耗污水中有机物、硫和氮的厌氧生物活动。这些产生恶臭的物质通常具有挥发性，分子量在30~150之间。市政污水通常含有大量的有机物与无机物，因而会产生恶臭问题。

恶臭物质包括有机或无机两种物质。两种主要的无机恶臭气体是硫化氢和氨气。有机恶臭物质主要来源于生物分解有机物过程而产生的多种极度恶臭的气体，包括吲哚、粪臭素（3-甲基吲哚）、硫醇与胺。表13-1给出了一些常见的含硫恶臭化合物。这些产生的恶臭物质，无论浓度强烈、持久或者仅仅是令人讨厌，都会在污水处理厂或者令公众引起反感。

污水中的恶臭化合物（AIHA，1989; Moore et al., 1983; jiang, 2001; U.S. EPA 1985）表13-1

物质	分子式	分子量	嗅觉阈值（ppb）	恶臭描述
污水中含氮恶臭化合物				
氨	NH_3	17.03	17000	剧烈，刺鼻
甲胺	CH_3NH_2	31.05	4700	腐臭，鱼腥味
乙胺	$C_2H_5NH_2$	45.08	270	与氨水相似
二甲胺	$(CH_3)_2NH$	45.08	340	腐臭，鱼腥味
吡啶	C_6H_5N	79.10	660	刺鼻，刺激性
粪臭素	C_9H_9N	131.2	1.0	粪臭，令人厌恶的
吲哚	C_2H_6NH	117.15	0.1	粪臭，令人厌恶的
污水中含硫恶臭化合物				
烯丙基硫醇	$CH_2=C-CH_2-SH$	74.15	0.05	强烈的蒜样气味
戊硫醇	$CH_3-(CH_2)_3-CH_2-SH$	104.22	0.3	不愉快腐臭气味
苄硫醇	$C_6H_5CH_2-SH$	124.21	0.2	强烈不愉快气味
巴豆基硫醇	$CH_3-CH=CH-CH_2-SH$	90.19	0.03	类似臭鼬味
二甲基硫醚	CH_3-S-CH_3	62.13	1.0	腐败蔬菜味
二甲基二硫	$CH_3-S-S-CH_3$	94.20	1.0	腐败蔬菜味
乙硫醇	CH_3CH_2-SH	62.10	0.3	腐败卷心菜味
硫化氢	H_2S	34.10	0.47	臭鸡蛋气味
甲硫醇	CH_3SH	48.10	0.50	腐败卷心菜味
丙硫醇	$CH_3-CH_2-CH_2-SH$	76.16	0.50	不愉快气味
叔-丁硫醇	$(CH_3)_3C-SH$	90.10	0.1	臭鼬味，令人不愉快
硫甲酚	$CH_3-C_6H_4-SH$	124.24	0.1	臭鼬味，腐臭
苯硫酚	C_6H_5SH	110.18	0.1	腐臭，类大蒜味
污水中其他恶臭化合物				
酸				
乙酸	CH_3COOH	60	0.16	醋味
丁酸	$CH_3(CH_2)_2COOH$	74	0.10	腐臭
戊酸	$CH_3(CH_2)_3COOH$	102	1.8	汗味
醛和酮				
甲醛	$HCOH$	30	370	辛辣味，令人窒息

物质	分子式	分子量	嗅觉阈值（ppb）	恶臭描述
乙醛	CH_3CHO	44	1.0	苹果味
丁醛	$CH_3（CH_2）_2CHO$	72	4.6	腐臭，汗味
异丁醛	$（CH_3）_2CHCHO$	72	4.7	水果味
戊醛	$CH_3（CH_2）_3CHO$	86	0.10	苹果味
丙酮	CH_3COCH_3	58	4580	甜水果味
丁酮	$CH_3（CH_2）_2COCH_3$	86	270	青苹果味

13.2.3 硫化氢

硫化氢（H_2S）是污水收集与处理系统中最为常见的恶臭气体，具有臭鸡蛋气味。它具有腐蚀性和毒性，并可溶于水。硫化氢是细菌在厌氧条件下将硫酸盐还原成硫化物而产生的。脱硫弧菌是专性厌氧菌，是还原硫酸盐生产硫化物的主要细菌，反应方程式如式（13-1）所示。

$$SO_4^{2-}+2C+2H_2O \rightarrow 2HCO_3^-+H_2S \qquad （13-1）$$

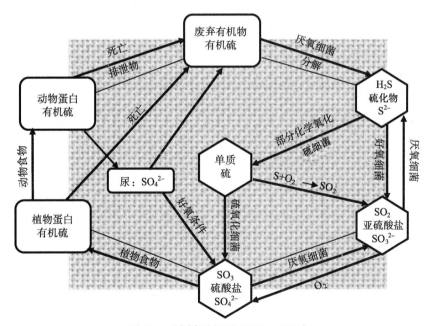

图 13.1 硫循环（U.S. EPA，1985）

自然界中的硫循环如图13-1所示。在pH值约为9时，99%以上的硫化物是以无恶臭的HS^-离子形式溶于水中。因此，如果保持pH>8，则H_2S不会从水中释放出来。而只有当pH<8时，H_2S才能从水中释放出来。恰恰相反，只有当pH>9时，氨气才大量从水中释放出来。

影响硫化物产生的主要因素包括：

（1）有机物与营养盐物质的浓度；

（2）硫酸盐浓度；

（3）温度；

（4）溶解氧；

（5）停留时间。

硫化氢气体的性质如表13-2所示。

硫酸盐是由硫酸盐还原菌还原生成硫化氢的。同时，一些硫酸盐会被微生物同化生成微生物细胞。通过矿化作用，可将有机硫转化为硫化氢。通过硫氧化细菌，硫化氢可被氧化成单质硫，并进一步氧化成SO_4^{2-}。另外，不产氧光合细菌也可将硫化氢氧化为单质硫和SO_4^{2-}。而硫还原菌可将单质硫还原为H_2S。

硫化氢性质（WEF，2004）	表13-2
分子量	34.08
蒸气压	
−0.4℃	10atm[①]
25.5℃	20atm
相对密度（相对于空气）	1.19
嗅觉阈值	0.5 ppb
恶臭性质	臭鸡蛋气味
典型8h时间加权平均（TWA）接触限值	10 ppm
接触死亡限值	300 ppm

①atm × 101.3=kPa

13.2.4 安全和健康注意事项

安全问题是污水处理厂运行中的首要问题。在恶臭控制区域应主要考虑两个安全和健康问题。第一，必须执行受限空间进入操作程序。第二，一些恶臭气体具有毒性。禁止对这些气体采用掩蔽其存在而不易察觉的处置方法进行处理。美国职业安全与健康管理局（OSHA）给出了几种空气污染物的工作人员最大容许接触限值，如表13-3所示。同时，可以参考《污水系统安全与健康》（WEF，1994）中有关受限空间进入和恶臭控制方法方面的内容。

空气污染物最大容许接触限值		表 13.3
物质	OSHA标准（ppm）	
	TWA[①]	上限[②]
氨气	50	—
溴化物	0.1	—
二氧化碳	5000	—
一氧化碳	50	—
氯气	—	1
二氧化氯	0.1	—
乙硫醇	0.5	—
过氧化氢（90%）	1	—

续表

物质	OSHA标准（ppm）	
	TWA[①]	上限[②]
硫化氢	10	15
碘	—	0.1
液化石油气	1000	—
甲硫醇	0.5	—
臭氧	0.1	—
丙烷	1000	—
吡啶	5	—
二氧化硫	5	—

①时间加权平均值
②上限值是指在一天中的任何时段，工作人员的接触浓度都不得超过此数值。对于其他给定的数值，工作人员的接触值（每周40h工作时间内的任何8h一班时间内）不应超过8h的时间加权平均值。

硫化氢是无色、具有臭鸡蛋气味的毒性气体。它被认为具有广谱毒性，即可以使体内的多个系统中毒。在浓度较高的情况下，吸入几口就能导致死亡。甚至吸入次数小于3次就能导致丧失意识。

接触低浓度的硫化氢可导致眼睛、喉咙疼痛、咳嗽、呼吸短促、肺积水。这些症状通常可在几个星期内消失。长时间接触低浓度硫化氢，能使人疲劳、食欲不振、头痛、烦躁、记忆力下降及头晕。表13-4给出了不同浓度硫化氢对健康的影响。OSHA规定的硫化氢的最高容许接触限值为10 ppm（时间加权平均）与15 ppm（短时间接触容许浓度）。

不同硫化氢浓度对健康的影响 表13-4

浓度（ppm）	健康影响
0.03	能闻到。8h接触是安全的。
4	刺激眼睛。由于会损害代谢系统，必须佩戴保护面罩。
10	8h接触最高限值。3~15min内会失去嗅觉。
20	接触超过1min可引起眼睛损伤。
30	失去嗅觉，通过嗅觉神经损伤血脑屏障。
100	30~45min内呼吸麻痹。需立即进行人工呼吸。很快失去知觉（最长15min）。
200	严重损害眼睛，对眼部神经造成永久性伤害。眼睛与喉咙感到刺痛。
300	失去理智和平衡。30~45min内呼吸麻痹。
500	窒息。需立即进行人工呼吸。3~5min内失去知觉。
700	若不及时抢救，将会停止呼吸导致死亡，立即失去知觉。除非立即抢救，否则将会造成永久性脑损伤

13.2.5 公共关系

恶臭通常会形成一个影响公众的长期问题。在这种情况下，需要与公众建立起良好的公共关系。社区是污水处理机构的重要组成部分，需要沟通互信。沟通的关键包括设定具体人员作为信息来源；设立恶臭投诉热线；对收到的每一个恶臭投诉和调查，填写恶臭投诉调查表；每天由污水处理厂工作人员对社区进行恶臭现场巡查；定期通过会议或者报纸向公众公布恶臭问题处理进展。此外，污水处理厂应经常组织公众参观处理设施，这些参观者应该是可能会影响到污水处理厂未来发展的公众。应该尽可能给参观公众留下好的印象，因为这些印象会在公众中存留很长一段时间，而无论污水处理厂将来如何解释。

13.3 恶臭检测、特性及扩散

13.3.1 采样方法

在解决任何恶臭问题之前，都会涉及到恶臭气体的取样及分析问题，以进行恶臭气体的识别和表征。对恶臭气体进行定量和表征是诊断恶臭问题的主要方法。通常，可采用直接嗅觉感知作为恶臭检测手段，来定量恶臭浓度和强度。当然，也可以采用化学方法分析恶臭气体的组成。这是一种间接方法，因为化学分析结果仍然需要采用某些方法与恶臭气体浓度和强度相关联。各地区对恶臭气体的管理规定各不相同，可能包括嗅觉感知或者化学分析，或者两者都进行取样和分析。在这两种情况下，取样时必须小心，以防样品污染。

13.3.2 定性方法——感官分析

感官分析是指利用人的鼻子对恶臭进行评测。它需要全面确定恶臭气体的性质，如恶臭浓度、强度、特征及愉悦感等，如图13-2所示。虽然鼻子仅能对恶臭的存在与否提供主观反应，但是最近开发的几种技术都量化了人的反应。

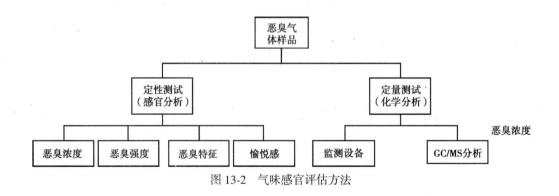

图13-2　气味感官评估方法

1. 恶臭评估小组

恶臭通常被定义为鼻子受到刺激而引起的生理及心理反应。组建恶臭评估小组是最为常用的评估恶臭影响的方法，通常包括一组人员，一般为8个或者更多，其中男女人数相等。首先进行恶臭气体收集，经稀释后分配到恶臭评估小组进行嗅测。结果每个人均会给出是否嗅到恶臭的报告，这比恶臭特征或者是否令人厌恶更为准确。因此，恶臭评估小组的成员会对每一个稀释水平的恶臭存在与否做出响应。多种嗅测设备可以提供评估样品的动态或者静态评估结果。完成该测试的仪器称为嗅辨测量仪，目前可以购买到商用产品。该测试同样也可在恶臭实验室进行。

2. 恶臭浓度

恶臭浓度是指采用无味空气将恶臭气体稀释至预先定义的检出水平所需要的稀释倍数。一种表征恶臭的方法是指定一个气味阈值，该值是表示鼻子能够检测到的恶臭的最低浓度值。恶臭越强，恶臭阈值越高。恶臭阈值的建立需要评估小组进行几次评估，以确定什么时间不再嗅到恶臭。表13-1给出了污水中存在的几种具体恶臭物质、恶臭阈值及特征气味。

第二种表征恶臭浓度的方法是利用恶臭评估小组来确定恶臭阈值或者有效剂量数（ED_{50}）。ED_{50}是指评估小组中50%的成员可以嗅到恶臭的稀释倍数。换句话说，恶臭越强，ED_{50}值越高。ED_{50}通常是人能嗅到的最低恶臭浓度。更多有关恶臭浓度的内容请参见《污水处理厂恶臭控制与排放》（WEF，2004）。

3. 恶臭强度

恶臭强度采用参比标度法进行测量。美国采用正丁醇作为参比标度物质。该参比标度由空气中含有的一系列的正丁醇溶液浓度构成。通过嗅测比对未知气体样品和不同的参比样品，最终确定最为相似的恶臭强度。在采用参比标度时，需忽略气味性质的差异，而应将注意力集中于仅比对恶臭强度方面（WEF，2004）。更多有关恶臭强度的内容请参见《污水处理厂恶臭控制与排放》（WEF，2004）。

4. 恶臭特征

恶臭气体的特征主要用于区分不同的恶臭气体。通常分为三种类型，第一为普通型，如"芳香"、"刺鼻"、"辛辣"等。第二为参比至具体的恶臭源，例如"臭鼬"、"下水道"、"造纸厂"等。第三为参比至具体的化学物质，如"氨气"、"硫化氢"、"甲硫醇"等。对恶臭气体的识别能够在恶臭检测或者恶臭投诉调查中，更好地确定恶臭来源。更多有关恶臭特征的内容请参见《污水处理厂恶臭控制与排放》（WEF，2004）。

5. 愉悦感

气味的愉悦感是指鼻子嗅测到气味时引起的愉悦或不愉悦的感觉，通常采用评估标准或者放大评估技术进行测定。然而这些方法仅局限于实验室调查研究使用，主要涉及使人产生愉悦感的类似香水的场合。根据定义，恶臭令人产生厌恶的程度，在实际情况下，是由人们的反应频率、场合、时间、强度、性质以及人们先前对该种气体的反应经验所决定的（WEF，2004）。更多有关气味引起的愉悦感的内容请参见《污水处理厂恶臭控制与排放》（WEF，2004）。

13.3.3 定量测试—分析方法

目前仅开发出极少种类可连续监测特定气体的仪器。这些气体包括硫化氢、氯气、氧气、二氧化硫。气相色谱（GC）可用于测定许多恶臭有机物，但分析非常复杂且费用较高。这里主要讨论几种便携式气体监测设备。

气相色谱仪能够在气体或者液体中分离出微量（ppb级）的有机与无机物质。GC仅能分离出气体样品中的相对含量，但是不能对每一组分都进行定量。通过测定进出气中的组分，可以判定气体中的具体成分的变化，这可用于评估某种恶臭控制技术的有效性。质谱仪（MS）可以分离检测到低至ppb浓度的组分种类。GC和MS合起来称为GC-MS分析。由于许多恶臭气体物质的阈值浓度要比GC-MS的检测限要低，因此GC-MS检测结果很难说明污水处理厂的恶臭控制效果。

GC分离出来的气体组分一部分可直接送至嗅测口，使技术人员能够制定该种气体样品的恶臭分析程序。技术人员为GC分析出来的恶臭气体进行编号，并生成恶臭气体分析图。通过恶臭气体分析图可以判定出产生恶臭最大的具体物质成分，并在不同的样品中比较相同组分物质的浓度水平。

13.4 污水处理系统中恶臭的产生和排放

实际上，污水收集、处理和处置的所有阶段都会产生恶臭气体。恶臭气体的最初产生以及后来的持续发展，一般始于家庭或者工业废水排放，继而持续存在于污水收集和重力输送管道、提升泵站和压力干管中，最终在污水处理厂的污水处理与固废处置点终结。

硫化氢气体是污水处理系统中一个主要恶臭源，是由污水或固废的腐败所产生的。含有金属硫化物的污水呈黑色，表明该污水含有溶解性硫化物。氨气与其他有机恶臭物质也较为常见。当污水或污泥中的氧气被消耗殆尽，产生厌氧环境时，污水及污泥会产生高浓度的恶臭物质。基于此，有关恶臭产生的讨论主要集中于厌氧环境中，它可能存在于污水处理厂的前端（收集和输送管道内），也可能发生于处理单元内。例如初沉池、重力浓缩池和贮泥池等厌氧环境易于形成的地方。

图13-3给出了污水收集系统中恶臭最初产生的位置，以及由于设计不良（如通风不良、过度搅拌）而加剧恶臭产生的位置。《市政污水处理厂设计》（WEF，1994）给出了

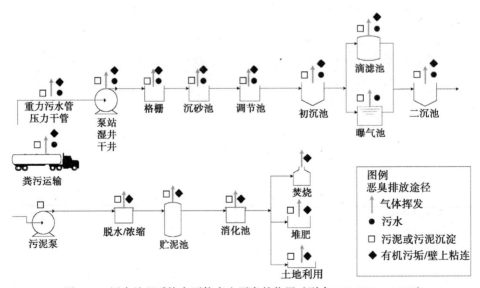

图13-3　污水处理系统中可能产生恶臭的位置（引自U.S. EPA，1985）

可通过适宜的设计考量来控制污水处理厂的恶臭问题。家务管理、运行实践（工艺控制、化学处理、处理设施维护限制），以及监管政策均会影响恶臭的产生。监管政策包括制定和执行地方下水道管理条例和工业废水预处理方案。

13.4.1 收集系统

收集系统内的污水可能含有产生恶臭的物质，这些物质的来源广泛。小流量的重力污水收集系统产生的恶臭物质可能较少，而大流量复杂收集系统往往会释放出令人厌恶的恶臭。这是包括压力管道、大流量污水截留管、较长停留时间、倒虹吸管道、工业废水排放等在内的多种因素综合作用的结果。解决这些问题的费用较高，包括向污水中投加化学药剂，通入空气或氧气，收集和处理恶臭空气，以避免扩散进入周围环境中。

1. 工业排放

工业排放废水中含有多种产生恶臭的物质，易于在污水管道内或污水处理厂形成恶臭释放的条件。这两种情况都可以通过实施工业源头管理来控制恶臭的产生源，如表13-5所示。小型污水处理厂可以通过制定和执行当地下水道管理条例来控制工业废水排放的影响，而大型污水处理厂可以实行工业废水预处理方案作为工业废水排放许可的一部分。可以采用加强现有法规或者增加其他管理规定的方法来实现工业废水排放控制。

工业污水排放控制参数　　　　　　　　　　　　　　　　　　　　表13-5

控制参数	未控制产生的影响
pH	pH为8以下时，硫化物可转化成硫化氢并排放出来。
温度	高温能够增强厌氧细菌的微生物活性，从液相向气相释放出更多的挥发性有机化合物。
污泥负荷	高污泥负荷会增加氧的消耗量，从而降低污水中的溶解氧浓度。
有毒物质排放	抑制或杀死生物处理系统中的微生物。
闪点或爆炸下限	有机溶剂与汽油的排放会带来安全与恶臭问题。
脂肪、油和动物油脂	在湿井或池子的表面富集并进行厌氧降解。
化学物质排放	产生恶臭气体

2. 重力流污水管

污水收集系统的恶臭主要源于硫化氢气体及其他还原性硫化物，这些物质主要由污泥沉积及粘附水层的厌氧硫酸盐还原菌所产生。防止或抑制细菌生长的条件，可减少恶臭物质的产生。常用的设计运行控制措施主要包括：

（1）污水管道应设计适宜的坡度，以保持一定的水流速度，防止污泥沉积；

（2）尽量降低污水在管道与湿井内的水力停留时间；

（3）尽量减少使用会导致巨大波动的跌水井及其他构筑物；

（4）进行合理运行与维护，保持管道与管壁清洁，例如进行污水管检查；

（5）保持适当的水力流态；

（6）确保进行合理收集与处理恶臭气体。

通过污水管道接管许可、污水管道渗出与渗入控制、工业废水排放许可，以改善污水管道内的水流状态。

3. 压力管道

污水在压力管道内如果停留时间过长，将产生厌氧环境，并通过管道排气阀和出口排放恶臭气体。在处于发展中的地区，管道的平时流量要低于设计流量，因此停留时间更长。如果压力管道内产生了厌氧环境，将会产生硫化氢以及其他恶臭物质，产生恶臭并造成腐蚀。控制硫化物形成的措施包括增加溶解氧浓度（良好的运行维护管理、通入空气或氧气）以及投加化学药剂（化学氧化剂、硫酸盐还原抑制剂、pH控制药剂）。适宜的水力设计能够保持一定的流速，并减少通过水流波动导致恶臭气体的逸出。通常，在减压阀位置需要设置气相恶臭物质处理装置。

4. 泵站

泵站中恶臭问题的产生原因与处理方法与污水收集系统相似。然而，污水泵站的湿井内由于流速很慢，为先前存留在污水中的气体的释放、聚集以及污泥沉降提供了适宜的环境。因此，泵站需要注意的其他恶臭问题包括：

（1）湿井区域充分通风以确保操作人员的健康和安全；

（2）整个通风系统应采用外界新鲜、无气味的空气；

（3）控制水泵运行时间，保持湿井内适宜的水力停留时间；

（4）合理设计湿井避免产生死区，同时应每周定期进行冲洗，防止污泥沉淀积累；

（5）对湿井进行曝气，降低形成厌氧环境的可能；

（6）经常性地清洗除去湿井壁上的附着有机物或者漂浮的脂肪、油与动物油脂；

（7）对通风口的恶臭气体进行收集处置。

13.4.2 污水处理工艺

来自污水收集系统的污水在进入处理设施时，可能会含有高浓度的硫化物及挥发性有机化合物（VOCs）。一般来说，预处理和初级处理工艺单元是恶臭的主要释放源，而二级处理工艺因为溶解氧浓度较高而处于好氧状态，通常不会散发出恶臭气体。二级处理工艺的后续处理装置（过滤和消毒）通常也不会产生严重的恶臭问题。

1. 粪污处置

通常来说，粪污含水率较高（约97%），具有恶臭气味，且氮含量较高（总氮高达500mg/L）、酸化程度较高（BOD_5可达2000~5000mg/L），并含有大量有害病毒、细菌及其他微生物（WEF，2004）。从可移动式厕所、化粪池或者码头泵站收集来的粪污，可能会含有影响生物处理工艺的化学物质。

大量粪污如果不加控制而进入污水处理厂，可能会导致DO的大量消耗，进而产生恶臭问题。同时，粪污污水中含有的高浓度的硫化物，易于引起二级生物处理丝状菌污泥膨胀，这些丝状菌包括丝硫细菌、贝氏硫细菌和021N型菌（Jenkins等，1986）。

污水处理厂接收和处置粪污时会产生恶臭气体，同时会造成后续处理单元也会产生恶臭问题。污水处理厂通常会定期或者不定期接收和处置粪污。

　　为了减少对生物处理系统的干扰以及降低恶臭气体产生，污水处理厂接收的粪污中挥发性固体含量要低于10%，并要求在接收处置同时进行检测（WEF，2004）。对于超出此限值的粪污应先存储或者进行预处理，以保证进入污水处理厂的粪污水质要求。粪污的暂时储罐必须安装恶臭控制系统。在粪污排放进入污水期间，可采用投加化学药剂，如石灰或苛性钠的方式，以提高pH值，减小恶臭的释放。

　　其他可行的粪污控制措施还包括：

　　（1）执行现有的下水道使用管理条例，并根据需要进行修订；

　　（2）采用和实施监管链规程；

　　（3）采用实验室方法测定pH值和好氧速率，以防止工业废水中含有未加控制的大量粪污，而对污水处理厂的生物处理过程产生抑制，并产生恶臭问题。

2. 预处理

　　原污水中截留或者溶解的恶臭气体可能会在污水处理厂的污水进口处释放出来。污水进口处设计用于混合和避免污泥沉积的水流波动，更会增加恶臭的释放。如果在上游污水收集系统不能进行恶臭控制，那么在污水处理厂污水进口处以及下游污水混合波动区域应设计为密封结构，以便进行恶臭气体收集和处置。为了防止在污水进口处产生恶臭，进口处本身应保持清洁的污水通道，包括流量调节池，可采用定期冲洗壁面和沉积污泥的方式。

　　来自于污泥处理工艺的高浓度的酸化液（如压滤液和消化池上清液），当回流至污水处理厂进口处进行处理时，同样也可能会释放恶臭气体。

　　预处理工艺中恶臭主要来自于格栅和沉砂池。粘连在格栅上的有机物，当发生酸化时就会释放出恶臭气体。因此，应每天定期清理栅渣，并保持格栅清洁无异味。应采用密封容器存储收集的栅渣，直到运输至填埋场填埋或者脱水后进行焚烧。格栅间排水系统，应该能够迅速收集排水并直接返回至原污水中，避免满地溢流。

　　沉砂池可采用人工或机械方式进行清洗。沉砂池可采用曝气方式，也可采用比例式堰或其他装置进行流量调节并分离砂砾。曝气沉砂池在曝气过程中可能会释放出恶臭气体。因为砂砾中积累的有机物质是恶臭气体的主要来源，因此为了去除这些有机物应进行砂砾清洗，以避免在污水处理厂和晒砂场处产生恶臭气体。为了达到这一目的，应适当控制曝气空气量或者控制水流速度，以在去除较重的砂砾的同时，使较轻的有机物质存留在污水中进入后续处理单元，实现砂砾与有机物的良好分离。

3. 初次沉淀池

　　初次沉淀池是一个主要的恶臭气体扩散源，尤其是当污水中含有高浓度的溶解性硫化物时。由于初次沉淀池挥发面积较大，因此如果散发恶臭，则较为强烈。存在水流波动的出水槽是初次沉淀池散发恶臭的主要位置。出水堰的跌水越高，释放出来的恶臭越多。这时采用封闭出水槽和气相恶臭通风控制系统，以降低在其流入后续处理单元期间由于停留时间较长或者波动较大而引起的恶臭释放。当然也可以采用对整个沉淀池加盖和使用恶臭处理系统的方式，来降低恶臭对周边环境的影响。

　　沉淀池表面上的浮渣以及出水堰积累的有机物质也能产生恶臭气体。同时，应经常清洗浮渣收集和运输设备，采用热水擦洗的方式去除油脂和池壁积累的粘附物质。有效的恶臭防治实践包括每天至少2次撇除初次沉淀池表面的浮渣和油脂，及时清除表面漂浮污泥。同时需经常清洗池壁、堰槽、贮泥池与明渠。操作人员应尽可能为贮泥池加盖。

如果沉积污泥在初次沉淀池底或者污泥区停留时间过长的话，同样也会释放出恶臭气体。因此，必须经常去除初次沉淀池里的沉淀污泥，以防止发生厌氧产生恶臭气体，并吸附污泥升至池表面，进而释放恶臭气体，并阻碍污泥的沉降。需要严格控制排泥周期，尤其是当消化池上清液、压滤液或者二次沉淀池污泥均回流至初次沉淀池时。可通过缩短水力停留时间、增加刮泥次数、采用适宜的泵浦速率，以在尽量缩短停留时间的同时能够实现污泥的有效浓缩。一些污水处理厂采用连续泵送低浓度污泥至单独浓缩池的方式，来尽量降低初级沉淀池的恶臭排放。需要对污泥斗进行调整，以尽可能地一次排放尽量多的污泥。通常情况下，一天需要进行几次排泥。

许多污水处理厂设计时会考虑具有一定的处理能力的盈余，且会同时使用所有的初次沉淀池。因此，对于指定的污水处理厂，就可能在保证处理水量和处理效果的情况下，允许停止其中一个初次沉淀池的运行。这样就可以防止初次沉淀池停留时间过长，减少 H_2S 的产生。

必须对停止运行的初次沉淀池采取预防恶臭产生的措施，否则将会产生恶臭气体。对于任何停止运行时间超过2d以上的反应池，其内的污水必须排空并进行清洗。如果反应池只是暂时停用，则其内必须注满化学药剂（通常为含氯药剂）溶解水，以防止藻类和细菌的生长。如果反应池是永久停用，则应该清洗后保持空池状态。

4. 二级处理工艺

（1）固定膜处理工艺

固体膜处理工艺，如滴滤池或者生物转盘，如果生物膜上供气不足，不能维持好氧条件，则会产生恶臭气体。这两种处理工艺均要求原污水均匀分布在生物膜表面，并提供充足空气供氧以保持适宜的生物膜厚度。对于任何一种处理工艺而言，过高的水力负荷、填料堵塞或者形成沟流，均会降低空气进入量，从而产生厌氧环境。同时，当处理工艺的BOD负荷过高时，也会产生恶臭气体。将这些处理设施进行加盖，并将恶臭气体收集输送至控制装置，将可以有效控制恶臭产生。

（2）活性污泥处理工艺

生物曝气池与二级沉淀池必须保持好氧环境，才能够高效运行。这些处理单元保持好氧状态是防止产生恶臭的最为有效的方法。活性污泥反应池内产生恶臭物质的两个主要原因分别是曝气池内产生厌氧或缺氧环境，以及曝气池内进入了溶解性恶臭化合物。

对于第一个原因，是由于好氧池内搅拌不充分或者溶解氧不充足，从而破坏了曝气池内的好氧环境，引起沉淀污泥在生物池底形成厌氧环境。因为大多数的空气扩散装置随着使用时间的延长，都会出现堵塞问题，因此必须定期清洗。如果污水处理厂使用的是空气扩散软管，操作人员可以在不排空曝气池的情况下更换堵塞的空气扩散管，并冲洗曝气总管。机械曝气装置搅拌作用较强，通常会产生较高的恶臭和VOC扩散速率，其次是大孔隙空气扩散器。在其他影响因素（污水性质、混合液污泥浓度、表面积）相同的情况下，微孔空气扩散器造成的波动最小，产生的恶臭排放速率也最低（WEF, 2004）。

在回流活性污泥进入曝气池的地方，如果混合程度较低，将会引起污泥在曝气池内沉淀。如果这时再出现供氧不足的情况，通常会产生恶臭气体。应定期清洗曝气池池壁以去除沉积污泥。

对于第二个原因，即使是好氧环境，溶解性恶臭化合物也可能会随初次沉淀池出水或者厌氧回流污泥而进入生物池中，通过曝气作用将恶臭物质释放进入大气中。曝气过程中形成的气溶胶，会随气流带至距离生物池很远的地方。这两种原因都需要从恶臭产生源头进行控制。

即使是运行良好的曝气池，也会产生少量的有机恶臭物质。活性污泥特有的土腥、霉臭的有机物气味，主要来自于其内含有的复杂有机物质以及中间产物的挥发作用。

（3）二次沉淀池

二次沉淀池中产生恶臭的主要原因与初次沉淀池较为相似。池子表面积累的浮渣、池壁积累的污泥以及出水堰槽处的有机物若未经日常处理，就可能产生恶臭气体。通常情况下，采用机械喷射高压水的方式可减少藻类的生长与恶臭气体的扩散。

如果沉淀污泥在池底或污泥区停留时间过长，也会产生恶臭气体。沉积污泥会在池底或者污泥区产生厌氧环境，导致污泥上浮，并进一步阻止污泥沉降。漂浮的污泥还可能导致出水水质悬浮物超标。

虽然二次沉淀池回流污泥必须保持一定的污泥浓度，但是若能将沉淀污泥尽快地转移出二次沉淀池池底，并回流至生物池内，将会大大减少二次沉淀池内恶臭的产生。因此，一些二次沉淀池已经设计采用了水力快速污泥输送系统，以尽量减小污泥在池底的停留时间。与初次沉淀池的控制方法类似，对二次沉淀池也进行了污泥层控制，在实现污泥浓缩的同时，尽量减小污泥停留时间。

如果二次沉淀池排泥速度过慢，则会产生恶臭气体，且回流至好氧池的酸化污泥会增加额外的耗氧量，而且发生酸化的污泥难以进行浓缩和脱水。操作人员应该控制二次沉淀池的污泥停留时间，避免形成负氧化还原电位环境，使硫酸盐还原菌能够产生硫化氢气体。除了采用氯化消毒的方式控制回流污泥的丝状菌外（Jenkins *et al.*, 1986），一些污水处理厂还间歇地采用氯化方式用于恶臭控制，或者在温暖季节，进行连续氯化作为背景气味进行恶臭控制。

5. 消毒

过量消毒剂（如氯气与臭氧）的投加同样也会产生残留恶臭气体，这也会影响操作人员的健康和安全。可以采用根据流量自动调整氯气投加量的自动控制投加装置，以避免过量氯气的投加，尽量减小恶臭气体的释放。

13.4.3 污泥处理工艺

污水处理厂中污泥处理系统通常是一个重要的恶臭来源。污泥处置过程中的恶臭物质主要是还原态硫化物，包括硫化氢、硫醇、二甲基硫醚以及其他物质，同时还可能有氨气。进行污泥处理时，还需要考虑有机酸性恶臭物质。

还原态硫化物的形式及其浓度不仅与污泥处理工艺有关，同时也受处理单元运行状况的影响。活性污泥在贮泥池或者混合池内的停留时间过长，可能会形成高浓度的非H_2S型硫化物。因此，活性污泥在贮泥池内的停留时间不应超过12h，以防引起酸化。

1. 旁流污水处理

来自于污泥处理工艺的旁流污水，通常需要输送至污水处理厂入口处进行处理，其中含有高浓度的BOD_5、COD、TSS和氨氮。旁流污水可能直接在污水处理厂入口处释放恶臭，或者因为过高的有机负荷导致好氧池内溶解氧快速消耗，形成厌氧环境产生恶臭气体。

污水处理厂的物料平衡，必须要将旁流污水也考虑在内。回流至初次沉淀池的浓缩池上清液中的悬浮污泥，会改变进入污泥后续热处理工艺或脱水处理工艺中的初次沉淀池和二次沉淀污泥间的比例。一些旁流污水中含有活性厌氧细菌，如果旁流污水与沉淀的初次沉淀池污泥相混合，将会产生多种气体而影响污泥的沉淀。

如果污泥浓缩和脱水工艺间歇运行的话，那么产生的旁流污水也具有周期性。因此，流量调节池和旁流污水贮存池必须使用恶臭控制装置。降低旁流污水恶臭气体产生的主要预处理方法包括曝气、生物除臭和投加化学药剂。

2. 输送系统

污泥或固废输送设备包括水泵、螺旋或者带式输送机和真空输送系统。无论污泥处于何种状态，大多数污泥输送系统都会释放恶臭气体。因此，恶臭控制的主要目的就是尽量降低其释放量。在尽可能的情况下，应该对输送设备产生的恶臭气体进行收集和处置。密闭螺旋输送机和管道污泥输送可以降低恶臭的释放量。同时，还需要日常良好的操作管理，以确保设备、管壁、地面保持清洁，避免粘附污泥、固废和浮渣。

3. 浓缩

污泥浓缩池包括重力浓缩池、气浮浓缩池、重力带式浓缩机或离心机，需采用恶臭控制室或对恶臭气体进行收集处置。气浮浓缩池表面的污泥层，在运行期间应立即予以清除，而在停止运行期间应完全予以清除。浓缩过程中投加新鲜初次沉淀池污泥，能够减少溶解性或存留恶臭气体的释放。二次沉淀池污泥，通常为剩余活性污泥，具有土腥味，要比初次沉淀池污泥的恶臭强度要低很多。对剩余活性污泥应及时进行浓缩处理，避免过长时间贮存，防止发生酸化腐败。

处理初次沉淀池污泥的重力浓缩池是恶臭气体的重要来源。通过投加稀释水或者氯气溶液防止上清液发生酸化腐败，降低污泥层厚度以防止沉降污泥产生硫化物，经常性冲洗浓缩池表面及出水堰槽，均有助于减少恶臭气体的释放（WEF，2004）。将剩余活性污泥和初次沉淀池污泥混合进行浓缩，将会使处于饥饿状态的微生物菌与过剩有机物混合在一起，形成缺氧环境，具有产生严重恶臭气体的可能。因此，最好尽可能将两种污泥单独进行浓缩。如果只有一个浓缩池的话，就需要在投加污泥的同时，向浓缩池内投加化学药剂，以处理形成的硫化物。

气浮浓缩池（DAF），通常主要用于浓缩剩余活性污泥。它采用高充气速率使污泥上浮，因此污泥中含有的所有硫化物或恶臭物质均会被释放出来。因此，同重力浓缩池，对气浮浓缩池必须进行化学预处理以控制恶臭物质的挥发释放。

在污泥浓缩前，向污泥中投加化学药剂，不仅能够降低恶臭物质的产生，同时还可减少浓缩过程中恶臭物质的释放。加盖并将恶臭气体收集输送至气相恶臭控制系统，可以改善室内空气的质量，并降低恶臭释放到室外的可能性。

4. 混合与贮存

贮泥池用于在污泥处置前收集和贮存污泥，或者在进行脱水处理前，对初次沉淀池和二次沉淀池污泥进行混合。保持适宜的污泥停留时间（通常小于12h），可减少恶臭产生量。当污泥贮存时间超过24h时，会导致还原态硫化物的大量生成。这不仅会增加贮存池和混合池的恶臭释放，同时也会增大后续脱水工艺的恶臭释放量。在尽可能的情况下，应对贮泥池进行加盖，并将恶臭气体进行收集处置。投加化学药剂也可以控制硫化氢的释放。下班之后进行贮泥池的混合作业，能够减小恶臭气体在白天的释放量。

5. 稳定

污泥的稳定处理工艺包括氯氧化、厌氧消化、好氧消化、堆肥、石灰处理与碱式化学稳定工艺。以上所有污泥稳定处理工艺，如果有机物没有达到足够稳定，或稳定后的pH值发生了变化或投加了某些化学物质而产生残留恶臭气体，或者操作不当的话，均会产生恶臭问题。

如果溶解氧充足的话，污泥的好氧消化工艺与活性污泥池产生恶臭的原理是相似的。厌氧消化发生在密闭反应器内，恶臭气体逸出的可能性较小。恶臭气体逸出的主要位置包括敞开或者密封不完全的溢流槽、浮动消化池盖周边的环形空间以及未燃烧的火炬处。

主要的恶臭气体来源包括：

（1）受到抑制的厌氧消化池的硫化氢气体；

（2）超负荷的好氧消化池；

（3）石灰稳定过程产生的氨气；

（4）氯氧化系统残留的氯气恶臭；

（5）碱式化学稳定工艺中释放的氨气。

6. 脱水

目前采用的大多数脱水工艺都是机械脱水系统，例如带式压滤机或离心机，少量采用干化床（一般为小规模）。这些工艺所释放出来的恶臭气体的性质是由所处理的污泥性质所决定的。例如，未设置初次沉淀池的污水处理厂的好氧消化污泥进行脱水的带式压滤机，与对已经放置几天的初次沉淀池污泥和剩余活性污泥混合浓缩后的污泥进行脱水的带式压滤机相比，前者所产生的恶臭要比后者要小得多。

任何脱水过程中的湍流，均会释放出由腐败污泥生成的恶臭气体。因此，污泥必须保持新鲜避免腐败，同时应投加化学药剂或者将其pH控制在8以上，以防止生成硫化氢气体。污泥调理过程中投加的化学药剂也可能会产生恶臭气体。例如，污泥中投加的聚合物在脱水过程中，常常会释放出鱼腥味。因此，在选择聚合物时，不仅要考虑混凝的成本效益，同时也要考虑是否产生恶臭问题。

脱水过程中，化学药剂的投加可以有效地降低恶臭的释放。这一方法与将恶臭气体通风输送至控制装置联用，是目前大多数污水处理厂最为常用的恶臭处理实用方法。

7. 堆肥

早在19世纪70年代，刚开始应用污泥堆肥工艺时，是根本不考虑恶臭问题的。然而，当该工艺开始在许多污水处理厂使用时，显然堆肥作业过程中释放的恶臭气体引起了投诉。甚至，今天堆肥处理设施依然引起许多恶臭问题，而且恶臭控制费用也大大增加了该工艺的总成本。

在大多情况下，堆肥过程中的搅拌（混合、堆垛和装填）直接导致了恶臭气体释放。许多堆肥作业是在筒仓结构（有屋顶无墙）堆场完成的，几乎无法限制现场恶臭气体的释放。目前，许多堆肥系统已经采用了负压通风系统，将气体输送至恶臭控制系统进行处置，通常采用的处置单元为生物滤池。

8. 热干化

污泥的热干化技术在污泥减容方面，具有极大的优势。然而，大多数污泥热干化工艺，必须控制恶臭和颗粒物质扩散。由于该工艺尾气具有温度相对较高和成分复杂的特点，通常采用热氧化工艺进行处置。

9. 焚烧

焚烧处置工艺包括多段焚烧、流化床焚烧、闪蒸干燥、湿式氧化和热解。恶臭的主要来源是未被完全氧化的气体。避免或控制该问题的措施主要是设计和保持适宜的操作温度、扰动、接触时间和氧气量。

10. 土地利用

污泥土地利用工艺所释放的恶臭是由污泥的性质及土地利用方法所决定的。污泥恶臭强度越高，则恶臭释放速率和对下风向的影响越大。污泥喷射工艺的恶臭释放速率最高，而最低的恶臭释放速率是灌入地表工艺，这种工艺污泥中物质会立即与土壤混合在一起。无论采用哪种土地利用工艺，在作业过程中的恶臭释放率是最高的。恶臭气体会在24~48h之内扩散稀释降低至背景值。

13.5 恶臭控制方法与技术

恶臭控制是一项既复杂又耗时的工作，通常需要将恶臭气体处置方法与减少恶臭产生的可能原因相结合。如果恶臭问题严重到了影响公众的程度，则必须立即响应，采取解决方案。

表13-6给出了几种能够减少恶臭问题的控制方法和技术，具体方法和技术的选择如图13-4所示，包括以下步骤：

（1）通过取样分析，识别恶臭的来源和性质；

（2）确定控制具体恶臭问题的重点，需要考虑的问题有费用、厂址、污水工艺将来改造升级计划、恶臭问题的严重性与受影响区域的性质；

（3）选择并实施一种或多种恶臭控制方法或技术，以达到步骤1和步骤2的目的，并要考虑每种方法的优缺点；

（4）监测处理后空气的恶臭释放情况，反馈评估解决方法的效果。

当恶臭问题出现时，污水处理厂员工往往缺少必要的资源来实施表13-6所给出的多种恶臭控制方法和技术。是选择进行控制还是收集与处理，可能需要当地监管部门对设

恶臭控制方法与技术	表13-6
气相恶臭控制方法	大气排放与稀释
	掩蔽剂和中和剂
	化学湿式洗涤
	活性炭吸附
	生物滤池
	生物滴滤池
	空气离子化
	焚烧
	通风处理系统
液相恶臭控制方法	投加化学药剂
运行中恶臭控制方法	污染源控制
	改善管理方法
	改进处理工艺或运行方式

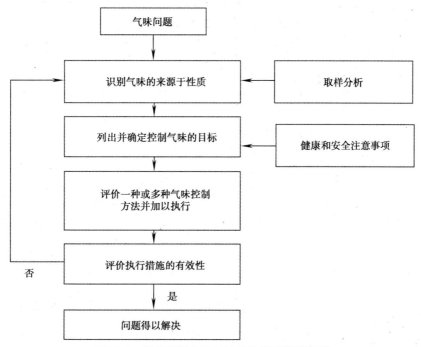

图13-4 恶臭控制方法与技术选择步骤流程图

365

计、投资以及最佳可行控制技术（BACT）进行评估审查。

不同BACT的投资与O&M费用差别较大。然而尽管选择的技术不同，但是对于恶臭气体收集和处理（通常是最主要的费用）的费用基本上是一致的。

《污水处理厂恶臭控制与排放》（WEF，2004）一书对多种恶臭控制技术的理论、设计及应用进行了深入讨论。以下内容仅针对具有有限的日常资源、人力和资金的情况下，常规污水处理厂适用的恶臭控制方法和技术。

13.5.1 控制硫化氢产生

通过控制防止硫化物在污水中积累的环境条件，可以控制硫化氢的产生。污水中的溶解氧浓度大于1.0mg/L时，可防止硫化物产生积累，这是因为厌氧细菌所产生的硫化物被溶解氧氧化成了硫代硫酸盐、硫酸盐及单质硫。

可通过以下方法来提高收集系统中的溶解氧浓度：

（1）为设备提供空气进口，如带通风孔的人孔和处理设施的通风管道；

（2）通过O&M作业减少氧气损失；

（3）定期清洗人孔和湿井；

（4）在污水水流中充入空气、纯氧或投加化学氧化剂。

可通过提供氯气，形成沉淀药剂以及pH调节药剂，本实现化学氧化、硫酸盐还原及其抑制，从而控制硫化物浓度。保持足够的流速以防止污泥发生沉淀，最大程度地缩短重力污水管道和泵站湿井的水力停留时间，便可以降低酸化腐败的发生。

在进水口处投加化学药剂能够控制污水处理厂的硫化物，但是硫化物通常在上游的污水收集系统进行控制，这样还可以保护混凝土与金属免受腐蚀。如果进水中不含有硫化氢的话，就可以对其进行预曝气以提供必要的氧气。应该合理运行和维护所有的污水处理工艺，尤其应该考虑以下问题：

（1）提供足够的混合作用以防止污泥沉积，保证完全混合（过度的扰动同时会使已经产生且存留在污水中的恶臭气体发生释放）；

（2）曝气池中至少保持1.0mg/L的溶解氧浓度；

（3）通过适宜的回流比使沉淀污泥保持新鲜；

（4）保证所有反应池内适宜的水力、污泥停留时间；

（5）遵守典型处理工艺的控制范围；

（6）开发高效的工业废水预处理方案，以控制含高COD、高BOD或恶臭物质工业废水的排放。

13.5.2 运行中控制方法

污水处理厂运行管理不当，常常可导致产生区域性恶臭问题，这可通过防止产生恶臭气体的条件进行控制。预防性运行作业措施包括：

（1）污水中保持适当的溶解氧浓度；

（2）提供足够流速（非剧烈扰动）以保证完全混合，防止污泥沉淀；

（3）采用适宜的搅拌、污泥排放速率和工艺控制参数，以防止反应池内污泥发生积累或污泥老化；

（4）通过循环回流、流量调节或运行备用反应池等方法，防止超负荷运行；

（5）确保生物处理工艺稳定的有机负荷率。

预防性的管理方法包括：

（1）定期冲洗渠道与池壁，以防止污泥粘附积累，尤其是脱水作业期间。

（2）使用热水、清洁剂和磨料去除粘附物质与油脂。

（3）快速排空和清洗反应池。由于混凝土会吸附污泥，无水干净的混凝土反应池也会释放出恶臭气体，这可以采用氯水溶液进行冲洗。

（4）定期撇除水面上的浮渣与漂浮污泥。

13.5.3 化学药剂控制

在重力流污水管、压力流管道和污水处理厂中，可采用投加化学药剂的方式，防止厌氧环境的形成或控制恶臭气体的释放，达到控制恶臭问题的目的。根据恶臭控制的机理不同，可将这些化学药剂分为以下4类（表13-7）：

（1）能够将恶臭化合物氧化成稳定而无气味物质的化学药剂；

（2）能够提高氧化还原电位，防止硫酸盐还原成硫化氢的化学药剂；

（3）能够杀灭或抑制产生恶臭化合物的厌氧细菌的杀菌剂；

（4）能够提高pH，使硫化物保持为离子形态而非硫化氢的碱。

评价化学药剂控制恶臭的有效性，主要应考虑运行费用、药剂投加量、是否存在产生恶臭物质、药剂在污水和污泥中的积累情况、设备运行维护要求、空间限制、安全或毒性物质考量。恶臭控制位置通常包括污水收集系统、进水口、初级沉淀池、旁流污水、曝气池、污泥处理装置及贮存池。一般来说，水中恶臭的处理要比气相中恶臭的处理更为经济有效。

常用恶臭控制的化学药剂包括铁盐、过氧化氢、次氯酸钠（氯气）、高锰酸钾、硝酸盐和臭氧。

1. 铁盐

铁盐能与硫化物生成不溶性沉淀，在污水处理厂中被广泛用于控制硫化物。三价铁和亚铁化合物均可以有效控制硫化物，同时氯化铁可强化初次沉淀池沉淀效果，从而降低后续处理工艺的有机负荷。三价铁盐同时还可以增强除磷效果。通常可从当地供应商处直接购买铁盐而减少运输费用，以降低处理费用。使用铁盐氧化剂的另一个优点是不与污水中的有机物发生反应，只与硫化物发生反应。操作实践表明，当铁/硫比例为3.5kg/kg（3.5lb/lb）时，可得到较好的处理效果。使用铁盐的缺点是铁盐具有吸光性，因此可能会降低污水紫外线消毒的效果。

液相恶臭控制所用化学药剂 表13-7

化学药剂	适用场合
氧化剂	
1. 臭氧	1. 只能处理大气中的硫化氢
2. 过氧化氢	2. 硫化氢，也可作为氧气源
3. 氯气	3. 硫化氢及其他还原态硫化物
4. 次氯酸钠与次氯酸钙	4. 硫化氢及其他还原态硫化物
5. 高锰酸钾	5. 硫化氢及其他还原态硫化物
提高氧化还原电位	
1. 氧气	
2. 硝酸盐	高温能够增强厌氧微生物活性，增加了挥发性有机化合物从液相到气相的释放
3. 过氧化氢	
4. 氯气	
杀菌剂	
1. 氯气	
2. 过氧化氢	
3. 高锰酸钾	
4. 二氧化氯	杀灭或抑制厌氧细菌
5. 次氯酸钠	
6. 氧气	
pH调节剂	
1. 石灰	1. 防止硫化氢释放
2. 氢氧化钠	2. 高pH可作为污水管壁粘附微生物的杀菌剂

2. 过氧化氢

过氧化氢是普遍使用的氧化剂，将H_2S氧化为单质硫或者硫酸盐，最终氧化产物取决于污水的pH值。然而，与其他氧化剂类似，过氧化氢为无选择性氧化，也会和污水中的有机物发生反应，从而会增大药剂耗量。已有研究结果表明，过氧化氢/硫化物为$2:1$时，可以实现硫化物的氧化去除，但是也有药剂消耗量为$4:1$的报道（Van Durme and Berkenpas，1989）。过氧化氢反应速度较快，因此可以直接投加至恶臭发生位置的前端即可。然而，过氧化氢也会很快被消耗掉，当污水收集系统较长时，需设置多个投加点。

3. 氯气

氯气是相对较为便宜的强氧化剂，且所需投加装置费用不高。可直接购买到纯氯气、次氯酸盐溶液或次氯酸盐颗粒或片剂。可购买到的最常用类型是次氯酸钠或次氯酸钙溶液。许多污水处理厂采用氯气进行消毒，但氯气的贮存与运输要求限制了其在污水收集系统恶臭控制中的应用。

氯气是一种氧化剂，与铁盐只与硫化物反应不同，污水中的有机物会大量消耗投加的氯气。实践证明，受pH及其他污水性质的影响，每磅硫化物需要5~15倍质量的氯气量进行氧化（U.S. EPA，1985）。由于氯气是很强的消毒剂，也可作为杀菌剂使用，可以杀灭或抑制产生恶臭的细菌。然而，由于氯气是无选择性杀菌，它同样也会杀灭许多污水处理工艺中的有益细菌，因此在靠近污水处理厂的上游污水收集系统加氯时需格外注意。

4. 高锰酸钾

高锰酸钾是一种固体化学药剂，运输方便且较为经济，广泛应用于污泥浓缩和脱水处理工艺。对于污泥处理工艺，例如带式压滤机，有报道称高锰酸钾的投加比率高达16：1。高锰酸钾氧化剂能够处理的恶臭化合物种类较多，可减少脱水泥饼外运时恶臭气体的释放量。

5. 硝酸盐

硝酸盐能够预防和去除溶解性的硫化物。对于其预防作用，投加于水中的硝酸盐可作为替代氧源使用，生成氮气或者其他含氮化合物，而不会生成硫化物。对于其去除作用，硝酸盐可通过生化反应去除溶解性硫化物，将硫化物转变为硫酸盐。

6. 臭氧

臭氧也是一种强氧化剂，可将硫化氢氧化为单质硫。当细菌含量较低时，它也是有效的消毒剂。虽然臭氧可与污水中几乎所有的物质（包括溶解性硫化物）发生反应，包括硫化氢，但其主要的作用是处理恶臭气体。臭氧极不稳定，需现场制备。当空气中臭氧浓度大于1 ppm时，对人体存在潜在危害。目前，还没有在污水收集系统长期采用臭氧氧化处理溶解性硫化物的实际应用。

恶臭控制过程中对化学药剂的选择需要进行反复试验而最终确定。对于具体恶臭问题在选择最佳处理方法时，必须综合考虑每种化学药剂的优缺点。在很多情况下，可能需要使用复合药剂、改变运行工艺或者其他的恶臭控制方法来联合解决恶臭问题。

13.5.4 密封

目前，可使用多种恶臭气体密闭系统，通常与恶臭处理工艺（例如湿式洗涤、活性炭或生物滤池）联合使用。在选用适宜的恶臭气体密闭系统时，需要考虑以下因素：

（1）需要控制的具体工艺单元；

（2）当地气候条件；

（3）工作人员安全；

（4）建造方便性；

（5）所需要的作业人员；

（6）美感；

（7）效果；

（8）使用寿命；

（9）投资费用。

圆形上盖将恶臭气体控制在工艺单元内。这种恶臭控制方法在处理设施（例如污水处理厂入水口、格栅、除砂装置、水渠、出水槽、初次沉淀池、曝气池、贮存池和螺杆泵等处）中运行效果较好。当考虑采用密闭措施时，集中于恶臭释放的具体位置可以减小需要加盖的区域面积。从密闭系统排出的恶臭气体，需要采用适宜的恶臭控制技术进行最终处置。

通常密封空间内的恶臭气体的腐蚀性或毒性均很大。通常使用平顶或低弧度的封盖，以尽可能地减小顶部空间，这样也可以减小恶臭气体体积和相关的恶臭控制设备的处理能力。所有使用的电气控制设备必须是防爆的，而且必须安装在密封区之外。顶盖的选用需要考虑在北方地区尽可能地降低冷凝问题，以及支撑封盖顶部冰雪的重量。

　　顶部封盖必须采用防腐材质（若未完全收集恶臭气体，即使是铝材也会受到严重腐蚀）；需有起重吊环与装置以防止损坏；平盖表面作为走道使用时，应进行防滑设计。

　　许多污水处理厂已经使用了铝盖与玻璃纤维盖用于封闭大小装置。铝盖与玻璃纤维盖防腐而且耐用，使用寿命至少可达20年。如图13-5所示，过去许多污水处理厂是利用气包盖密封大型的圆形反应池。近年来，平盖（图13-6）密封在许多污水处理厂得到了广泛应用，因为其可以降低待处理的恶臭气体的体积。尽可能地减小顶部气体空间的容积，对于最终确定气体输送管道的大小、排风机处理风量和所采用的恶臭控制技术都是至关重要的。平盖密封最主要的缺点是限制了操作人员的可见性和可接近性。

图13-5　全封闭气包盖（由Gayle Van Durme提供）

图13-6　全封闭平盖（由Alicia D. Gilley提供）

目前，有几个生产厂家可以供应织物平盖密封，且已经得到了实际应用，如图13-7所示。织物平盖相对较为耐用，厂家推荐的使用寿命为10年。

图13-7　织物平盖（由ILC Dover提供）

13.5.5　掩蔽剂和中和剂

恶臭问题可在源头或者发现初期进行处理。掩蔽与中和均可以作为一种有效的应急处置措施在恶臭出现时采用，但是通常对于长期恶臭，必须控制恶臭污染源。掩蔽与中和方法主要应用于建筑和围墙以外的空气或者通过建筑排气孔所排放的恶臭空气，包括泵站。例如，可在永久性恶臭控制技术或者从源头控制恶臭问题之前，在建筑物排气系统处使用掩蔽或者化学中和措施进行短期恶臭控制。如果同时存在多种恶臭化合物或者它们的嗅阈值浓度不同，无论掩蔽还是中和均不能完全实现恶臭气体的去除。此外，这两种处置方法均不可用于掩蔽存在潜在危险气体的场合。

由于恶臭物质性质和天气状况的不同，掩蔽效果是很难预测的。掩蔽剂通常包含有机芳烃化合物，如胡椒醛、香草醛、丁香酚、乙酸苄酯和苯乙醇。掩蔽剂主要用于恶臭浓度相对较低的场合，可增加总气味的浓度。它不会发生任何化学反应，恶臭气体组分依然没有改变。掩蔽剂的主要优点是费用低且无毒害作用，主要缺点是在下风向的位置，通常会与恶臭气体相分离。而且有时掩蔽剂的香味可能跟恶臭气体一样难闻。在短时间内应用高浓度的掩蔽剂是一种较为简单的方法，用以在公众受影响的区域跟踪和识别具体恶臭污染源。

13.5.6　气相控制技术

这里概括了气相恶臭处理技术在污水处理领域中的应用情况，阐述了气相控制技术的主要类型，包括化学湿式洗涤、活性炭吸附、生物滤池、生物滴滤池与活性污泥处理。

1.　化学湿式洗涤

化学湿式气涤器如图13-8所示，将恶臭气体通过喷洒的化学药剂溶液，在将恶臭气体排入大气前，去除其中的恶臭物质。恶臭气体通过化学反应被溶液吸收。化学湿式洗涤的处理效果主要取决于充分的气液接触，同时应维持适宜的药剂浓度。

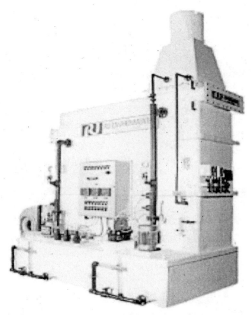

图13-8　化学湿式洗涤器（由 USFilter-RJ Environmental products 提供）

湿式洗涤利用pH控制吸收与化学氧化以去除气体中的恶臭物质。可以使用多种化学洗涤液，包括氢氧化钠（苛性钠）、次氯酸钠（漂白剂）、二氧化氯、过氧化氢与高锰酸钾。酸性洗涤液通常用于去除氨气和胺类恶臭物质，而碱性洗涤液主要用于去除H_2S。次氯酸钠是污水处理厂最常使用的用于氧化去除H_2S和气体恶臭物质的氧化剂。如果必须同时去除氨气、硫醇与硫化氢，通常可利用氢氧化钠与次氯酸钠或其他氧化剂的两段湿式洗涤系统。

2. 活性炭吸附

活性炭吸附是另一种较常用于污水处理领域去除恶臭的方法，如图13-9所示。活性炭通过表面吸附去除污染物。炭的多孔结构提供了一个较大的吸附比表面积。活性炭吸附系统通常包含一个由单床或多床颗粒活性炭组成的不锈钢或玻璃纤维吸附罐，通过活性炭床进行恶臭气体处理。常用活性炭床的设计表面气流速度为203~380mm/s（40~75ft/min），活性炭厚度一般为0.9m（3ft）。

主要采用4种类型的活性炭，分别为原生活性炭、碱液浸渍活性炭、水洗活性炭和高吸附容量活性炭。在去除VOC方面，原生活性炭比碱液浸渍活性炭具有更高的吸附容量。然而对于硫化氢的去除，虽然原生活性炭也有去除效果，但是其吸附容量仅为碱液浸渍活性炭的1/3。虽然碱液浸渍活性炭对硫化氢具有较大的吸附容量，但是其吸附去除其他恶臭物质的能力较差。碱液浸渍活性炭可以在现场进行化学药剂再生，但是出于化学药剂安全等方面的考虑，实际操作中并不推荐现场再生。水洗活性炭的硫化氢吸附容量比碱液浸渍活性炭要小得多，但是它可以进行多次水洗再生。水洗活性炭初期投资的费用比碱液浸渍活性炭要高，但是从长远的运行角度考虑的话，前者要比后者具有更高的成本效益。高吸附容量活性炭对硫化氢具有很高的吸附容量，大约是碱液浸渍活性炭的两倍，但是其不能进行再生只能更换。

图13-9 活性炭吸附装置（由Alicia D. Gilley提供）

3. 生物滤池

如图13-10所示，生物滤池是利用土壤、肥料或其他介质作为微生物生长的基质，当含有恶臭物质的气流通过介质时，实现恶臭物质去除的生物处理过程。微生物需要充足的停留时间以有效实现处理污染物的去除，因此生物滤池通常采用低气流速度。去除硫化氢时停留时间一般为40~60s。如果气流中硫化氢浓度较高，则必须适当延长停留时间。由于不同化合物的生物降解性能存在差异，一些化学物可能需要几分钟的停留时间才能够得到有效去除。生物滤池也可设计用于去除恶臭VOCs与某些特殊物质。

图13-10 生物滤池（由Gayle Van Durme提供）

生物滤池设计的关键因素是介质、气流分布与湿度。生物滤池介质可由有机物组成，如木屑、肥料、土壤、泥煤苔或者这些物质的混合物。不适宜的介质可能缝隙率较小或者太潮湿，而良好排列的介质则可以使用较长时间。介质孔隙率对于减小床层的压力损失是非常重要的。床层厚度一般为0.9~1.5m（3~5ft），表面气流速度为10~40mm/s（2~8ft/min）。较低的气流速度能够获得更大的接触机会。在生物滤池运行过程中，有机介质也会被降解，因此应根据需要进行定期更换。更换频率主要取决于恶臭气体的污染物浓度，通常为2~3年。使用无机介质的生物滤池，其使用寿命一般可达10年。虽然无机介质的价格通常约为有机介质的3倍左右，但是往往也具有更长的使用寿命。

生物滤池往往尺寸较大，建设耗用人工多，因此其建设费用远远要高于湿式洗涤器或者活性炭吸附装置。虽然其初期投资较高，但是其运行费用较低，主要取决于所处理的气体中H_2S的浓度大小。预制好的生物滤池可以大大降低人工费用，目前已被广泛使用。

4. 生物滴滤池

如图13-11所示，生物滴滤池通常为一密闭容器，里面填充了无机介质使微生物附着生长。恶臭气体从介质以下进入，而在介质上面喷洒水雾。水流向下流经介质，形成的湿润环境促进了微生物的生长，同时也可以冲洗掉系统中产生的含硫代谢副产物。污水处理厂可以利用污水为微生物提供充足的营养物质。而在污水收集系统，必须采用投加营养物质的饮用水用于细菌生长。

图13-11　生物滴滤池（Gayle Van Durme摄影）

5. 活性污泥处理

活性污泥恶臭控制技术（AST）是将恶臭气体通过空气扩散器通入曝气池系统，由活性污泥微生物实现恶臭物质的去除。进行恶臭气体处理时，AST要注意的一个问题是需要处理的恶臭气体量必须与曝气池内的溶解氧量相适应。活性污泥处理工艺具有的优点有：对于含有高浓度H_2S的恶臭气体具有较好的处理效果；系统运行维护简便；无需存放、处置与防治危险化学物质；不存在如洗涤高塔或排气烟筒之类的视觉影响。AST的一个缺点是曝气池的管道以及鼓风机必须使用防腐蚀材料。

13.6 操作人员恶臭控制策略

上述内容介绍了有关污水收集和处理系统中的恶臭问题和恶臭产生以及适用的恶臭控制方法与技术。以下内容将介绍污水处理厂操作人员的恶臭控制策略，使用的上述内容信息以及污水处理厂最新处理恶臭问题的应用实践。

13.6.1 操作人员解决恶臭问题的步骤

当操作人员意识到存在恶臭气体时，必须迅速评估所有简单的处置方法，否则恶臭可能会对现场甚至周边环境产生不利影响。通常，现场操作人员仅可采用现场有限的资源来改善现场操作方法、调整工艺或运行方式、向污水或污泥中投加化学药剂。现场操作人员必须在确定处理方法前，识别恶臭来源以及具体的恶臭物质。表13-8和表13-9分别给出了污水和污泥处理工艺中恶臭问题可选用的处理措施。图13-12给出了处置恶臭问题时需采取的步骤。

表13-10总结了几个污水处理厂操作人员进行恶臭控制所使用的具体方法，并给出了具体处理效果和尚存在的问题。这些处置方法包括生物滤池、化学湿式洗涤、活性炭吸附与燃烧等，其实施都需要进行设计和较高的建设投资。

污水处理单元恶臭释放控制措施（Rafson，1998） 表13-8

工艺单元	问题	控制措施
预处理工艺		
粗格栅 细格栅	进水中的硫化物与VOCs通过扰动逸散释放出来	在上游投加化学药剂。将活性污泥回流至污水入口处。将恶臭气体收集输送至气相控制系统。
巴氏计量槽	扰动引起恶臭逸散	使用超声波或电磁流量计。将恶臭气体收集输送至气相控制系统。
沉砂池	曝气引起恶臭逸散	旋流或平流沉砂池可减少扰动。 将恶臭气体收集输送至气相控制系统
初级处理		
初次沉淀池	污水停留过程中会产生硫化物。硫化物与VOCs在出水堰逸散。沉淀污泥中也可产生硫化物。	移除系统中多余的反应池。提高出水集水槽中的液位以降低出水堰跌落高度。增加排泥频率，避免污泥沉积。在上游或直接向池内投加铁盐。将恶臭气体收集输送至气相控制系统。
调节池	沉积污泥释放恶臭气体	安装收集与处理设备。每次排空后，采用高压水进行冲洗
二级处理		
滴滤池 生物转盘（RBCs）	进水中的硫化物会在布水器处逸散出来。当有机负荷过高或供氧不足时产生硫化物。	在上游投加铁盐。控制有机负荷。进行通风。降低布水器喷洒速度或者增加润湿速度，以保持一层薄的好氧生物膜。
曝气池	进水中的硫化物与VOCs在曝气池前端逸散。供氧不足时产生硫化物。	降低曝气池前端的曝气量。微孔曝气器可以降低恶臭气体的逸散速率。纯氧曝气引起的恶臭逸散最小
消毒		
氯气消毒	消毒时产生挥发性氯代副产物	使用根据流量自动调整氯气量的加药装置。更换为超声波消毒
深度处理		
滤池	反冲洗过程中为清洗和控制藻类使用氯气，会产生VOCs。	减少滤池反冲洗次数。 为滤池加盖阻止日光以控制藻类

污泥处理单元恶臭释放控制措施（Rafson，1998） 表13-9

工艺	问题	控制措施
浓缩		
重力浓缩池	同时浓缩生物污泥与初次沉淀池污泥时会产生硫化物。停留时间过长形成厌氧环境会产生恶臭问题。	应尽量避免将污泥混合浓缩。可直接采用化学处理工艺以减少浓缩过程中硫化物的形成。将恶臭气体收集输送至气相控制系统。
气浮浓缩池	曝气使污泥中的硫化物与恶臭气体逸散出来	在浓缩前，采用化学预处理以去除污泥中的硫化物。将恶臭气体收集输送至气相控制系统
脱水		
带式压滤	压滤使硫化物与VOCs从污泥中逸散出来	投加高锰酸钾或过氧化氢处理硫化物及其他恶臭VOCs。将恶臭气体收集输送至气相控制系统
稳定		
厌氧消化池	生物气中的H_2S会腐蚀燃烧设备。同时应考虑对空气质量的影响，因为燃烧过程中H_2S会转化为二氧化硫。	保持消化池适宜的温度与pH值。直接向消化池内或其前端或初级沉淀池内投加铁盐。
好氧消化池	有机负荷过高或供氧不足时产生硫化物	充分曝气混合以维持好氧条件。保持有机负荷恒定
石灰稳定	高pH值产生氨气	除非氨气浓度很高或在敏感区域，否则一般直接排空
堆肥	高温下分解有机物质会产生多种恶臭化合物	向肥堆中通空气抽出堆肥中臭气进行处理。防止污泥湿度过大。采用木灰作为添加剂。对肥堆进行表面化学药剂处理。将恶臭气体收集输送至气相控制系统。
贮存		
短期	活性污泥与初次沉淀污泥共同贮存会产生硫化物。	避免混合贮存污泥。良好搅拌并保持好氧环境。向贮泥池内直接投加铁盐处理产生的硫化物。将恶臭气体收集输送至气相控制系统。
长期	长期贮存经石灰稳定的生物污泥会产生恶臭气体。污泥管道破裂会逸出恶臭气体。	长期贮存过程中应补加石灰以保持pH值恒定。尽量减小污泥暴露表面积，根据需要进行加盖。在适宜的天气情况下进行贮泥堆处置。
土地利用	大面积进行生物污泥土地利用时会产生恶臭气体。	将恶臭强度高的污泥分离出来进行单独处置。采用灌入地表工艺以减小恶臭气体释放

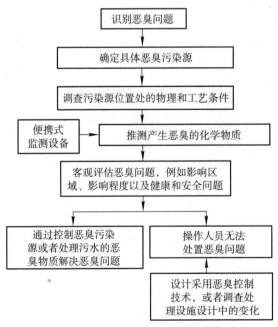

图13-12 操作人员解决恶臭问题步骤

污水处理厂恶臭控制技术实际应用情况　　　　表 13-10

处理方法	处理效果	问题
运行实践		
1. 工业生产过程变化		
1）降低废水温度	减缓硫化氢的生成	
2）预处理去除恶臭有机物		
2. 污水收集系统		
1）机械清洗		
2）曝气		
3）通风	减少硫化氢	
3. 沉砂池		
每日清洗沉砂	减少常规恶臭气体排放	
4. 初级沉淀池		
增加污泥与浮渣排放次数	减少常规恶臭气体排放	
5. 曝气池		
1）去除沉淀污泥	减少常规恶臭气体排放	
2）增加曝气量，保持 DO 为 2mg/L		
6. 滴滤池		
1）增大回流比	减少常规恶臭气体排放	
2）保持通风口清洁		
3）检查排水暗渠是否阻塞		
7. 厌氧消化池		
1）检查废气燃烧装置		
2）关紧减压阀	减少常规恶臭气体排放	
8. 好氧消化池		
1）维持恒定有机负荷		
2）维持充足的曝气量	减少常规恶臭气体排放	
液相控制方法－投加化学药剂		
1. 臭氧	将不溶性的恶臭物质氧化为溶解性物质	需要现场制备
2. 铁盐	控制污泥生长。沉淀硫化物。增强沉降性能	增加处理污泥量
3. 硝酸盐	抑制硫化物的产生	用高
4. pH 调节		
1）碱：NaOH	pH>8 可抑制污水中的细菌生长，减缓硫化氢的生成。	
2）酸：HCl 或 H_2SO_4	酸与氨和胺类物质发生反应	
5. 氯（氯气和次氯酸盐）	抑制污水中硫酸盐还原菌的生长。氧化硫化氢与氨气。	
6. 高锰酸钾	与硫化物及其他有机物反应减少恶臭物质	

13.6.2 监测

通常污水处理厂可综合采用便携式恶臭监测设备（表13-11）和操作人员的嗅觉，来识别多种恶臭物质。对处理工艺进行定期监测，不仅可以防止多种恶臭气体的释放，同时也可为工艺运行提供多种有价值的信息。应连续监测和记录风向、风速，以备日后查阅使用，尤其在处置恶臭投诉时可以作为参考。如果一天中的某风向不是吹向社区，或者一天内的某些时段或者一周内的某些天，风不是吹向社区的，那么社区监测出来的恶臭可能来自其他恶臭源，而不是来自污水处理厂。

便携式恶臭监测设备　　　　　　　　　　　　　　　　　　　　　　　　　表13-11

设备	监测方法	备注
气相监测		
氧气检测仪	氧气（空气中的体积百分比）	适用于受限空间进入监测。每年更换传感器。
硫化氢检测仪	硫化氢气体，ppm或ppb	仪表应该具有已知气体浓度校准室。
比色管	多种有机物和无机物，包括硫化氢、氨气与硫醇	某些分析易于受到干扰，适用于不同浓度水平监测
可燃气体检测仪	总可燃气作为爆炸下限	适用于受限空间进入监测
液相监测		
溶解氧仪	溶解氧（mg/L）	监测污水中好氧状况。
pH计	氢离子	pH控制着硫化氢、氨及其他恶臭分子的存在形式。
氧化还原电位测定仪	氧化还原电位（mv）	显示污水处于氧化或还原状态。
便携式污水检测试剂盒	溶解性S^{2-}（mg/L）	比色法

13.6.3 作业时间安排

当在污水处理厂计划进行可能会引起恶臭产生的运行维护作业时，或者执行短时间的需要提供较高程度恶臭控制的作业时，作业时间的选择较为重要。预定的作业时间将会影响到能够感知恶臭的公众人数以及与污水处理厂相关的位置。大多数人是在白天工作，并使用固定的交通工具。因此，不能在清晨或者傍晚计划进行可能产生恶臭影响的作业，如果可能的话，应该在下班之后进行。星期几将会决定人们是在工作，还是周末在户外或在度假。每年的时间计划安排将会表明是传统假期、标准工业停车时间，或者计划的社区公众活动时间。

13.6.4 天气因素

无论污水处理厂运行的效果如何，当地的天气情况特别是季节性特征，将会严重影响恶臭如何或在哪里被公众所感知。大多数污水处理厂存在恶臭问题的季节主要是温暖气候时节。高温通常会使大量挥发性恶臭物质从污水中释放出来，而这时当地居民通常在家中或者在工作场合会开窗，且要比寒冷季节在户外的时间更长，因此更易于感知到恶臭问题。湿度高也能增加恶臭气体的持久性和感知性。

情况恰好相反，低风速将能够暂时性地降低恶臭向大气的扩散，更加接近地面位置。这种通常发生在暴风雨来临之前。如果活性污泥具有的土腥味和霉变味在曝气池上空富集，并由微风缓慢吹至当地居民区，这时即使是运行良好的污水处理厂，公众也会感知到恶臭气味。

13.6.5 恶臭投诉

最简单常用的恶臭评估技术是确定恶臭的特性——它闻起来像什么？污水处理厂如

果可能产生恶臭问题，应该建立恶臭投诉热线来接收市民投诉。必须对每项投诉进行调查，并填写恶臭投诉表。图13-13所示为一投诉表示例。恶臭投诉表将能够改善污水处理厂的公共关系，并为确定恶臭源提供必要的信息。恶臭投诉表中包括恶臭特性、强度、每日次数以及天气情况等信息。

污水处理厂同时还需要风向仪和自记器。当进行恶臭投诉调查时，操作人员应该查看风向自记器，以确定投诉是否与当时风向相一致。如果不一致的话，则表明投诉的恶臭可能不是来自污水处理厂，而是其他地方。在可能发生恶臭问题时期，污水处理厂工作人员应该定期实地到社区进行查看，以协助尽早发现恶臭问题并减小影响。

日期 _____ 时间 _____

恶臭投诉位置 _____

_____

闻起来像			强度		
	1非常弱	2中等	3强烈	4非常强烈	5无法忍受
1. 烟焦味					
2. 类似氨气					
3. 石油					
4. 芳香，类似溶剂					
5. 臭鸡蛋					
6. 蒜，洋葱味					
7. 金属味					
8. 垃圾车					
9. 剧烈，刺激，酸味					
10. 谷霉					
11. 厕所					
12. 化学消毒剂					
13. 其他（详细说明）					

调查

日期 _____ 时间 _____

备注 _____

姓名 _____ 温度 _____

风向 _____ 风速 _____

图13-13 恶臭投诉调查表示例

13.7 结论

恶臭的感知具有主观性，解决恶臭问题似乎是艺术而非科学。然而，如果要实现恶臭问题的良好解决，从发现问题到获得解决方法应该遵循逻辑评估过程。首先，最为重要的问题是识别恶臭污染源及其特性。最后，恶臭控制方法选择则取决于产生恶臭的化学物质的类型。

当恶臭问题出现时，操作人员应该同时考虑症状和原因两个问题。首先，必须立即采取短期应急解决方案解决恶臭症状（气味），通常采用的方法包括投加化学药剂、提高工艺管理水平或者改变工艺控制或运行条件。操作人员严禁掩蔽有毒恶臭气体，否则可能造成安全事故。在大多数情况下，这些短期应急解决方案均可以解决问题。否则，必须调查其他相关原因。通常，长期解决方案费用较高，可能需要改变污水处理厂的设计或者建设恶臭处置单元。

恶臭问题产生的影响主要取决于受影响的区域。现场恶臭可能会影响操作人员的健康和安全，或者形成不越快的工作环境。从污水处理厂扩散出来的恶臭可能会变成社会问题，影响公共关系。地形特征、天气情况以及与社区间的关系等，将会影响到社区感知到的恶臭的动态结果。

第14章 综合过程管理

14.1 引言

14.1.1 概述

污水处理厂中，单个工艺单元是不可能单独运行的，必须与其他工艺单元相结合。操作人员必须了解整个处理工艺中各种装置、生物过程和化学过程之间的内在关系，上游工艺单元对下游工艺单元可能产生的潜在影响。然而，本章不去讨论具体的设备控制策略，这在美国水环境联合会（Water Environment Federation，WEF）出版的《自动化过程控制策略》一书中有详细的讨论，这里不再赘述。

污水处理厂（WWTP）包括许多独立的处理工艺单元。工艺运行状况主要是与水流特征（流量、生化需氧量BOD、总悬浮固体TSS、氮和磷）以及设备运行状况有关。为了优化污水处理厂的运行，操作人员必须了解每个独立的工艺单元，并熟悉各工艺单元之间的相关关系。例如，优化运行的初次沉淀池会产生更多的沉淀污泥，从而去除大量的BOD。这样一方面可以降低曝气池中的好氧量，节省能耗，另一方面增大了初次污泥和二次污泥指间的比例，而有助于改善脱水性能。然而，这样做同样也会对后续处理工艺带来不利影响。例如，可能会导致污泥浓缩池和消化池超负荷，或者导致二级生物处理系统有机负荷不足，尤其是对于脱氮除磷系统的好氧生物池。这就需要调整污泥泵设置、活性污泥浓度以及鼓风机风量设置等。污水处理厂内各工艺单元是相互联系的，一个工艺单元的调整势必会影响到其他的多个工艺单元，因此必须进行各工艺单元的综合管理。许多污水处理厂规模很大，一个操作人员通常只负责一个区域的工作。因此，很容易忽略单个操作人员对整个污水处理厂处理效果的影响。然而，操作人员的作业确实会影响到其他的工艺单元以及整个污水处理厂的运行效果。因此，每个操作人员都必须认识到其他工艺单元和其负责的工艺单元之间的相互影响。

14.1.2 综合过程管理

对于操作人员而言，仅仅了解水泵、压缩机是如何工作的，或是某一具体工艺单元的工作原理是远远不够的，而是应该了解整个污水处理工艺的工作原理以及各工艺单元之间的相互影响。因此，操作人员必须十分熟悉每一工艺单元及其附属设施，包括化学药剂、气体处理洗涤装置以及能源回收系统。以下示例分析了各工艺单元之间的相关关系。为了更好的说明问题，图14-1给出了污水处理厂二级处理工艺流程示意图，包括污泥回流和加药点位置。

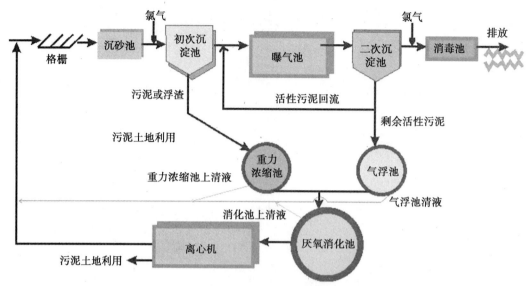

图14-1　污水处理厂典型处理工艺流程示意图（DAF——溶气气浮，RAS——活性污泥回流）

　　根据污水处理厂的工艺流程图，可以获得各个工艺单元之间的相互影响。一个工艺单元的运行状况及其出水水质将会影响到其后续处理工艺单元。在污水处理厂内，每一处理工艺单元都与其他工艺单元之间存在相互关系，有时这种相互关系可能并不明显。例如，如果气浮池（DAF）处理效果不好的话，会导致大量的低浓度污泥对厌氧消化池造成冲击水力负荷。DAF的气浮清液的污水量虽然往往被忽视，但是却可能对整个污水处理厂的运行效果造成较大影响。为了强调各工艺单元之间相互关系的重要性，表14-1重点分析了它们之间的相互影响，然而实际可能不仅仅只有这些影响。

综合过程管理考量　　　　　　　　　　　　　　　　　　　　　　　　　　表14-1

工艺单元	上游工艺单元带来的影响	对下游工艺单元产生的影响
格栅	污水收集系统的污水组分（流量、TSS、硫化物、pH）可能会产生过高负荷或产生腐蚀。 流量过大可能会使其处理负荷过高，应使用备用单元或者开启手动格栅	大型漂浮物可能会堵塞管道和水泵。减小反应池的有效容积（尤其是消化池），缩短停留时间
沉砂池	流量增加会增大出水中的含砂量。 过多的栅渣会沉积在布水装置上，降低除砂效率	沉砂积累会减少渠道或反应池的有效容积。还可能堵塞布气装置。 过高的含砂量会冲刷、磨蚀或者堵塞下游工艺单元的设备或管道。 增大初次沉淀池前加氯点的氯气消耗量。 脱水后的沉砂固体浓度过低会造成运输和处置问题
初次沉淀池	污水处理厂内的旁流污水，如机械脱水滤液、DAF清液、重力浓缩池上清液、消化池上清液等会增大其悬浮物处理负荷或水力负荷。 沉砂积累会减小反应器有效容积。 过高的含砂量会冲刷、磨蚀或者堵塞工艺设备或管道	初次沉淀池的污水组分（BOD、氨氮含量、TP）决定了二级生物处理系统曝气池所需要的活性污泥浓度。 初次沉淀池污泥浓度高于2%时，污泥浓缩效果较好。而污泥浓度超过5%时，就会降低离心泵的输送能力。 可能造成腐败，产生有机酸。 含有硫化氢的腐化污泥将会增加沼气中硫化氢的含量

工艺单元	上游工艺单元带来的影响	对下游工艺单元产生的影响
活性污泥生化池	进水流量过大会降低活性污泥浓度。 水中含有的栅渣和沉砂会堵塞空气布气装置。 初次沉淀池的污水组分（BOD、氨氮含量、TP）决定了二级生物处理系统曝气池所需要的活性污泥浓度。 污水收集系统或污水处理厂内旁流污水（DAF清液、重力浓缩池上清液、脱水滤液、消化池上清液）会增加污水悬浮物处理负荷。 初次沉淀池停留时间过长会造成酸化，产生有机酸，易于造成污泥丝状菌膨胀。 初次沉淀池残留浮渣易于引起污泥丝状菌膨胀	溶解氧浓度过低易于引起污泥丝状菌膨胀，降低二次沉淀池固液分离效果，降低出水质量。 为了确保实现完全硝化，污泥停留时间应大于10d。部分或者完全硝化将会导致二次沉淀池固液分离困难，除非二次沉淀池设计时考虑到了这一问题
二沉沉淀池	流量过大将会导致出水带泥。 溶解氧不足或过量、丝状菌、水力负荷或污泥负荷较高，均会降低固液分离效果。 Nocardia会造成泡沫问题	固液分离效果不好，将会增加出水中的BOD、TSS和浊度，降低出水水质，影响消毒效果。 剩余污泥量过大会增大DAF的处理负荷
气浮浓缩池	剩余污泥量过大会增大DAF的处理负荷，同时增大DAF清液的悬浮物含量	DAF清液悬浮物浓度过高将会增大初次沉淀池和二次沉淀池的悬浮物处理负荷。 较低的浓缩污泥浓度将会增加消化池的水力负荷或者使其难以维持温度恒定，从而降低消化池运行效果
重力浓缩池	发生酸化的初次沉淀池污泥将会降低沉淀效果，从而增加浓缩池上清液的悬浮物浓度和硫化物产量	浓缩池上清液悬浮物浓度过高将会增大初次沉淀池和二次沉淀池的悬浮物处理负荷。 较低的浓缩污泥浓度将会增加消化池的水力负荷或者使其难以维持温度恒定，从而降低消化池运行效果。 含有硫化氢的腐化污泥将会增加沼气中硫化氢的浓度
厌氧消化池	沉砂或污泥的积累将会减少消化池的有效容积。 较低的浓缩污泥浓度将会增加消化池的水力负荷或者使其难以维持温度恒定，从而降低消化池运行效果。 含有硫化氢的腐化污泥将会增加沼气中硫化氢的浓度。 污泥投配率过高将会增加消化池的水力负荷或者使其难以维持温度恒定，降低污泥停留时间，难以实现污泥稳定处置	较低的消化污泥排泥浓度将会增加脱水设备的运行时间和化学药剂使用量。 当消化池上清液回流至污水处理厂进水端进行处理时，其组分（BOD、COD、TSS、硫化氢）将会增大污水处理厂的处理负荷。
机械脱水	格栅或沉砂池运行效果不好，将会损坏设备。 大型漂浮物将会堵塞水泵和管道。 较低的污泥浓度将会增加脱水设备的运行时间和化学药剂使用量	压滤液回流至污水处理厂进水前端进行处理时，其过高的有机物浓度将会增大污水处理厂的处理负荷。 泥饼固含率较低，将会影响泥饼外运，以及后续的土地利用或其他污泥处置
消毒	二次沉淀池固液分离效果不好，将会增加出水中的BOD、TSS和浊度，影响消毒效果	如果溶解氧浓度较低、大肠杆菌数过高或BOD、TSS浓度过高，将会降低受纳水体水质

要创建类似表14-1的表格，操作人员可以采用以下步骤进行。从污水处理厂的入水口开始，对每个工艺单元进行评估。表格的第一栏为工艺单元的名称，找出所有进入该工艺单元的可能的污水水量和水质状况。表格的第二栏为每一股污水可能对该工艺单元所产生的影响。表格的第三栏为本工艺单元发生故障时对下游各处理工艺单元可能产生的影响。应对污水处理厂的所有工艺单元进行逐项分析。

创建综合过程管理策略应包括以下因素：

（1）制定并执行统一的过程控制计划；

（2）审查和评估每个工艺单元的运行状况和控制数据；

（3）评估过程控制策略的变化。

污水处理厂的复杂性决定了在给定条件下执行大多数适宜的过程控制策略所需要的技术方法。因此，本章对许多技术方法进行了详细说明。

14.2 数据收集

污水处理常规良好的运行决策是建立在可靠的信息基础之上的，这些信息至少应该包括流量、分析数据、工艺控制数据和维护报告。

14.2.1 流量测量

流量测量设备结合分析数据可以获得污水处理厂的处理水量以及去除的污染物质的数量，是污水处理厂实施控制和优化的重要工具。通常来说，流量计费用不是很昂贵，而且用途较大，采用水泵转速来测量流量，其准确性较差。

污水处理厂的处理负荷是随时间不断变化的。因此，应该对流量进行连续测量，以确定某一时间段（每天、每月或每年）内的总处理水量。而且，还应该不断对污水进行采样，以获得流量加权水样。如果条件不允许的话，应该对监测计划进行优化，以获得最具代表性的污水水样。通常，这些水样应该是在高流量情况下进行采样，也就是说此时水力负荷最大。而且每天最佳的采样时间都是不同的。

流量测量的一个应用就是在过程管理过程中，污泥进泥量将发生变化（初次沉淀池污泥和剩余活性污泥混合的污泥浓缩池），或者这两种污泥量比值发生变化，将会影响消化池、脱水机和污泥处置工艺的运行。

14.2.2 采样分析

可靠的采样操作和技术是获得准确分析结果的基础。为了获得一个具有代表性的水样，应该在污水混合较为强烈的地方进行采样，以保证混合均匀。如果是从管道内采样，那么在采样前，应进行充分冲洗。如果混合不好的话，污水中的悬浮物和其他组分就不能均匀分布，将会引起误差，降低水样的代表性。同时，采样位置、采样器和采样设备应定期进行清洗，以避免污泥、生物膜等污染。本书第17章废水特征和采样一章将会详细阐述污水处理厂的分析和采样操作规范。

污水处理厂通常采用随机水样或者混合水样，然后送至厂内实验室或商业实验室进行分析。一些分析项目，如溶解氧及余氯量等必须现场分析。污水中一些其他组分具有相应的在线分析仪器能够提供连续分析结果，并将结果传送至污水处理厂中心数据库进行显示和存储，以便用于系统逻辑控制或者仅进行简单测试。美国水环境联合会出版的《污水处理厂专用仪表》（1993）一书介绍了仪表的基本原理指南，阐述了具体的传感器、工作原理、在线仪表和实验室仪表之间的区别。

14.2.3 维护报告

污水处理厂的维护和运行两者密不可分。对预防性维护报告、修复性维护报告和预测性维护报告进行定期回顾检查，将有助于保持污水处理厂的高效运行、减少昂贵维护过程、减少不必要的停机时间。运行良好的污水处理厂应该对处理设施结构、门、阀门、泵、电力设备和仪表制定维护计划。对维护报告进行回顾检查也是进行设备更换的重要参考依据。

污水处理厂控制系统可以跟踪设备运行时间，从而提供设备信息。对运行过程的检查同时也可以提供设备性能情况。水泵输送能力的突然降低，是管路、阀门或者水泵发生堵塞的重要标志。

14.2.4 过程控制数据

过程控制数据包括直接示数，如流量和分析数据，以及生成数据，如有机负荷、水力负荷、投加速率和停留时间。对这些数据进行长期跟踪记录可以发现变化，或者与设计值进行比较，从而表明实际运行结果状况。应查看获得的每一个信息并确定其确定实际应用价值。例如，水泵转速本身是没有什么意义的，但是如果将该信息表达为最大转速的百分比，操作人员就可以据此确定水泵是否存在过载情况。许多污水处理厂采用了监控系统[即监控与数据采集系统（SCADA）]收集和生成这些信息。如果已知水泵转速和水泵流量扬程曲线，SCADA就可以计算出流量。将该计算流量值与流量计示数相比较，如果差别较大的话，就表明流量计存在较大误差，应给出警示。SCADA系统也可以完成许多枯燥乏味而重要的工作，例如将所得数据转换成图表。一旦定义了这种图表之后，SCADA系统就会自动弹出运行界面，或者当监测到异常趋势时，将会激活警报。

曾经仅被用于设计、研究和开发领域的计算机模拟系统，目前也开始应用于许多污水处理厂的管理系统。计算机过程模拟系统和计算机技术相结合可以给出预测结果，以证明目前的运行策略是否适宜。这些模拟系统可作为模拟器，使操作人员运行"假定"条件（例如，工艺单元停转），或者用于预测该"假定"条件结果可能对目前工艺运行产生的影响。一旦污水处理厂控制系统内使用了模拟系统，就需要根据实际情况对模型进行校正，这可以提高污水处理工艺单元的诊断、预测和控制过程，从而提高污水处理厂的处理效率，节省投资和运行费用。

14.3 标准操作流程

标准操作流程（SOPs）是对过程控制计划中每一工艺单元的详细说明。操作流程通常由污水处理厂员工或者外部咨询专家制定完成，这需要一个客观、独立的思考过程。SOP应该鼓励新观点和新方法。必须进行创新，应避免"我们一直这么做"惯性思维。

以下为SOP的示例，是以清单的形式列出的。

14.3.1 标准操作流程示例——机械格栅泵站操作规程

机械格栅泵站操作规程如下：

（1）运行的格栅数量是由进入泵站的污水流量决定的。格栅SC-1、SC-2可以通过的流量大约分别为6.97m³/s（159mgd），而格栅SC-3、SC-4可以通过的流量大约分别为6.22m³/s（142mgd）。

（2）在雨天，格栅的运行通常应该在手动模式进行连续运行，即将控制选择开关置于Hand（Hand（Hand-Off-Auto）位置，按下Forward按钮。

（3）在晴天，格栅的运行通常应该在自动模式进行连续运行，即将控制选择开关置于Auto（Hand（Hand-Off-Auto）位置，使之按照定时器进行运行。定时器设定的时间周期，应该是格栅齿耙运行2.5圈的时间。

（4）如果流量允许的话，应该交替使用格栅，以防止某一设备运行时间过长而磨损过度，同时保持备用设备处于良好运行状态。应关闭备用格栅进水渠闸门。

（5）当格栅停止运转时，应采用水管冲洗格栅设备和进水渠墙面（进水渠交替使用时）。

某些水厂需要更详尽的SOP，以下为另一示例。

14.3.2 详细标准操作流程示例

以下为详细的SOP示例。

Big Red Valley Sewer District – Ira A. Sefer 污水处理厂

标准操作流程#1-600-0002

（1）名称

曝气池/二次沉淀池—剩余活性污泥

（2）简介

本污水处理厂采用活性污泥二级生物处理工艺处理污水。生物处理工艺单元主要用于去除BOD，物理处理工艺单元主要用于去除TSS。出水水质标准为：

出水水质标准		
标准	每周	每月
BOD（mg/L）	40	30
TSS（mg/L）	40	30

污水处理工艺为曝气池/二次沉淀池，具体工艺为曝气沉淀一体化氧化沟。

一体化氧化沟为好氧生物提供了适宜生长的环境，然后在二次沉淀池内进行固液分离，排出澄清处理水。

整个处理工艺主要包括A/C配水槽、4个曝气/二次沉淀池、剩余活性污泥泵站、浮渣收集系统和鼓风机等部分。

每个反应池日平均设计处理水量为10mgd，可接受的最大日处理水量为20mgd。整个系统日平均处理水量为40mgd，可接受的最大日处理水量为80mgd。

注：mgd×3785=m³/d。

（3）设备和系统运行特性

配水槽

    数量   1

    标识   A/C 配水槽

闸门

    数量   4

    标识   SGE-24，SGE-25，SGE-26，SGE-27

曝气/二次沉淀池

    数量   4

    标识   no.1，no.2，no.3，no.4

鼓风机

小风量鼓风机

    数量   3

    标识   TBU-1，TBU-2，TBU-3

    类型   多级离心式

    风量，标准立方英尺/分钟（scfm）   7560

    风压，psi   8.5

    电动机额定功率，hp   400

    电动机额定电压，V   4160

大风量鼓风机

    数量   2

    标识   TBU-4，TBU-5

    类型   单级离心式

    风量，scfm   18000

    风压，psi   8.5

    电动机额定功率，hp   800

    电动机额定电压，V   4160

曝气装置

    每池内曝气装置数量   3

    每个曝气装置供气量，scfm   105

每池供气量，scfm

    最大值   315

    最小值   100

剩余活性污泥（WAS）输送泵

    数量，每个泵站2台   4

    类型   潜水泵

    额定流量，gpm   2200

| 马力 | 20 |

注：cfm×4.719×10⁻⁴=m³/s；psi×6.895=kPa；Hp×745.7=W；gpm×6.308×10⁻⁵=m³/s。

（4）规程

1）基本操作规程

剩余污泥的排放是为了维持好氧生物池内活性污泥浓度（MLSS）的稳定。这是一种日常操作规程，理想的状态是保持剩余污泥的连续排放，从而保持好氧池内MLSS的恒定。然而，剩余污泥产生量以及污泥泵流量往往不能实现这一要求。在这种情况下，通常在一天内进行几次排泥。剩余污泥量可以采用两种方式进行确定，包括污泥停留时间（SRT）和恒定MLSS。

①污泥停留时间法

确定剩余活性污泥量的方法之一是SRT方法。SRT方法的原理是保持活性污泥系统中的生物量在一定时间（天）内维持不变。剩余活性污泥量是根据SRT的计算公式演变而来的，计算公式为：

$$\text{WAS, lb/d} = \frac{\text{MLSS, mg/L} \times 8.34 \frac{\text{lb/mil.gal}}{\text{mg/L}} \times \text{曝气池有效容积, mil.gal}}{\text{目标SRT}_N, \text{天}}$$

其中，lb/d×0.4536=kg/d；lb/mil.gal×0.1198=mg/L；mil.gal×3.785=m³。

这种确定剩余活性污泥量的方法，在污水处理厂实际运行有机负荷大于设计负荷的75%时，所得计算结果较为准确。每日排放剩余污泥量加仑数计算过程将随后进行介绍。这里要注意的是，每天剩余活性污泥排量不要变化太大，相邻两天之间变化不要超过10%。

②恒定MLSS法

另外一种确定剩余活性污泥量的方法是恒定MLSS方法，计算公式为：

$$\text{WAS, lb/d} = （\text{测量MLSS, mg/L} - \text{目标MLSS, mg/L}） \times 8.34 \frac{\text{lb/mil.gal}}{\text{mg/L}} \times \text{曝气池有效容积, mil.gal}$$

其中，lb/d×0.4536=kg/d；lb/mil.gal×0.1198=mg/L；mil.gal×3.785=m³。

③确定剩余活性污泥WAS体积，gpd

采用上述任何一种方法确定了剩余活性污泥质量之后，就需要确定其体积。使用回流污泥浓度来确定剩余活性污泥体积，计算公式为：

$$\text{WAS, gpd} = \frac{\text{WAS, lb/d}}{\text{回流活性污泥浓度} \times 8.34 \frac{\text{lb/mil.gal}}{\text{mg/L}}} \times 1000000$$

其中，gpd×3785=m³/d；lb/d×0.4536=kg/d；lb/mil.gal×0.1198=mg/L。

④确定WAS排放时间（min/d）

通过确定水泵额定流量来确定WAS排泥时间。每台泵的最大额定流量为120gpm。剩余污泥排放泵共有3台。在某些情况下可能只有一台污泥泵运行，而在其他情况下可能会使用多台污泥泵。最佳状况是进行剩余污泥的连续排放。污泥泵运行时间（min/d）计算公式为

$$\text{WAS 泵，min/d} = \left(\frac{\text{WAS，gpd}}{\text{泵额定流量，gpm}}\right)\left(1400\frac{\text{min}}{\text{d}}\right)$$

其中，gpd × 3785 = m³/d；gpm × 5.451 = m³/d。

⑤确定WAS排放时间（min/h）

为了实现连续排泥，应将上述公式计算出来的生物活性污泥排放时间平均到每个小时进行污泥排放，计算公式为：

$$\text{WAS 泵，min/h} = \frac{\text{WAS 泵，min/d}}{24\text{h/d}}$$

⑥操作规程描述

一旦确定了剩余污泥排放体积，就可以实施操作规程了。曝气池1、2、3、4四池共用一套剩余活性污泥排泥泵。剩余污泥流量计位于污泥泵房和重力浓缩池之间的管道上。这种布置方式要求同时只能有一个曝气/沉淀池在排放剩余污泥，这样可以准确计量剩余污泥排放流量。该系统是独立运行的，因此没有其他方法能够从该工艺中排放剩余污泥。

剩余污泥的排放需要人工启动，但是其停止却由污水处理厂控制系统自动完成的。

剩余活性污泥通过重力自动流进剩余污泥泵站湿井，然后由污泥泵送至重力浓缩池，流量计安装在计量井内。

2）分布操作规程

第1步

选择将要进行污泥排放的曝气/沉淀池。在剩余污泥排放过程中采用以下电动阀门。

曝气/沉淀池	电动阀门
No.1	2WS/PV-2
No.2	2WS/PV-1
No.3	2WS/PV-4
No.4	2WS/PV-3

打开水泵隔离阀。

第2步

在污水处理厂的运行控制显示器上，设置时间延迟控制，以使剩余污泥排放阀门在指定时间内处于打开状态。

第3步

打开准备进行排泥操作的曝气/沉淀池的阀门。将污泥泵On-Off-Auto选择开关置于Auto位置。

第4步

当污泥湿井内污泥液位达到启动液位时，污泥泵开始启动运行。

第5步

当该曝气/沉淀池的剩余污泥排放即将结束时，污水处理厂控制系统将会给出报警提示。现场操作人员应该知晓该报警声音的产生原因及其作用。

第6步

当该曝气/沉淀池的剩余污泥排放结束时，污水处理厂控制系统将会给出报警提示。现场操作人员应该知晓该报警声音的产生原因及其作用。进而应根据污泥目标排放量对实际污泥排放量进行检查。如果实际排放量可以接受的话，即进行其他曝气/沉淀池的剩余污泥排放操作。

第7步

在每天的操作日志上记录剩余污泥排放体积，并绘制成图表。

操作规程结束

14.3.3 操作日志和数据记录表格

污水处理厂必须进行日常记录，以用于正在运行中的工艺单元管理、合规报告和数据历史发展趋势的建立。主要记录内容包括肉眼观察、采样和分析结果、计算过程，以及日志、日记和实验室记录（参见第6章，管理信息系统——记录和报告）。数据应整理和记录在永久性日志记录本上。日记和实验室记录应进行格式设计，以便于将其转换成监管报告。

图14-2为一信息记录表格示例，该表格清晰给出了离心脱水机的日常操作情况。

WASHINGTON D.C. 位于BLUE PLANIS的污水处理厂

脱水作业部门　　　　表1，共2个表格

离心机日常操作记录

离心机号：________　　污泥类型：________　　聚合物类型：________

日期：______　　倒班操作人员 1：________ 2：________ 3：________

星期：______　　________　________　________

时间	模式		小齿轮 RPM	Delta RPM	% 扭矩	驱动电机电流 AMPs	进泥泵号 ___			聚合物加药泵号 ___			DIL. H_2O
	模式	设定					设定	实际	% 污泥泵流量	设定	实际	% 加药泵流量	
2400													
0200													
0400													
0600													
0800													
1000													
1200													
1400													
1600													
1800													
2000													
2200													
2400													

计数信息 *（_X100-加仑数）		
	时间	污泥
停止	24:00	
开始	24:00	
	合计	
	时间	聚合物
停止	24:00	
开始	24:00	
	合计	

污泥泵－工作小时示数				
污泥泵号	24:00	TO	24:00	每天合计
A				
B				

备注：

图14-2　操作日志：离心脱水机（gpd × 0.0037=m^3/d）

14.4 过程控制概念

污水处理厂运行效果不好通常由于没有应用已知的过程控制概念。因此，过程控制计划是污水处理厂最为重要的管理系统之一。具体来说，应该详细制定进行工艺单元控制的具体操作规程，包括：

（1）明确确定每个工艺单元的功能；

（2）确定检查该工艺单元运行效果的方法；

（3）说明为达到预期结果，所必须实施的变化（调整）的具体操作步骤。

操作人员，尤其是主操，应该负责设定处理设施的工艺操作参数。这些操作参数包括操作方向、工艺指南、运行的处理单元（基于设计标准）、采样时间安排、分析，以及优化处理单元性能所需的计算过程。然后，由主操负责以书面文字形式批准操作参数或指南的任何改变。一旦制定或者更改了过程控制计划，应该通过污水处理厂内部通信系统通知综合过程管理所涉及的所有部门工作人员。

当对工艺控制参数进行测试和监测时，需要进行计划或者组织实施，以便能够及时发现性能趋势远离设定目标的情况发生。从而可在发生超标排放或者工艺崩溃之前，将控制参数调整至设定限值。

14.5 过程控制目标和计划

如表14-2所示，过程控制计划设定了具体的污水处理目标，要遵守美国国家污染物排放削减制度（NPDES）排放许可、地方管理条例、污水处理厂政策以及污水处理厂的副产物排放合同要求，同时还包括生物污泥的土地利用、消化池生物气利用和处理出水回用的要求。该计划不仅包括污水处理厂的常规工艺控制参数（BOD、TSS、碱度等），同时还涉及到了每个污水处理厂的具体潜在问题。通过具体分析某一工艺单元的历史记录数据，可以确定出该工艺单元的运行效果。而最为重要的是，该计划最后还给出了将工艺参数控制在设定限值范围内的必要的处理措施。

污水处理厂经理人应该每天审查数据记录，并与过程控制计划相比较，以确定数据偏离设定目标的原因，然后根据需要进行调整，以使处理工艺单元接近设定目标。这里需要考虑各工艺单元之间的相互作用，包括回流来的污泥、旁流污水及其可能的工艺副产物。该过程控制计划和控制策略必须具有实用性、响应迅速，且具有可操作性便于实施。

过程控制计划必须为操作决策提供可靠的工艺运行信息，这就需要确保流量计、在线传感器和实验室分析数据准确及时。制定采样和分析计划时，请参见本手册第17章（废水特征和采样）内容，以确保采样点位置、频率和采样方法能够提供给实验室具有代表性的水样。同时，要对测试过程进行质量保证和质量控制，以确保为过程控制提供准确可靠的数据信息。

污水处理厂的运行维护（O&M）手册、设计标准、处理设施竣工图、生产商文字资料、WEF运行实践手册以及美国环保署的技术资料，都为过程控制计划的制定提供了重要信息。在过程控制计划制定过程中，污水处理厂可以从设计工程公司、O&M团队、监管机构以及类似污水处理厂经理人那里，获得许多重要帮助。

初次沉淀池过程控制计划		表14-2
目标	**操作指南**	

目标	操作指南
1. 为二级处理工艺提供稳定的有机负荷 2. 去除进水中TSS的60% 3. 去除进水中BOD的25%	1. 运行6个处理单元中的4个 2. 确保驱动器处于运行状态（D） 3. 检查螺旋式撇渣器（D） 4. 检查水泵运行时间安排（D） 5. 检查过程指南（D） 6. 排空浮渣收集槽（W） 7. 清洗挡板和出水堰（W）

过程指南

1. 进水 BOD=180mg/L
2. 进水 TSS=160mg/L
3. 表面负荷=1200gpd/sq ft[a]
4. 停留时间=2h

计算

$$去除效率=\frac{进水-出水}{进水}\times 100$$

表面负荷

$$gpd/sq\,ft=\frac{进水量，gpd^{b}}{初次沉淀池面积，sqft^{c}}$$

停留时间

$$HRT=\frac{（体积，gal^{d}）（24h/d）}{流量，gpd}$$

分析数据和时间安排

测试	安排	类别
SS	D	C
可沉SS	D	C
TSS、VSS	D	C
BOD	D	C
pH		连续
石油类	M	G

需要进行确认或者遇到紧急情况时，请联系主操人员

故障诊断

现象	检查
悬浮物去除效果不好	水力负荷是否过高。启用另一沉淀池。
污泥难以从污泥区排出	检查污泥泵运行情况。检查沉砂池是否运行良好。
污泥浓度低	检查污泥泵定时器，是否存在污泥泵启动过于频繁现象。水力负荷过高。启用另一沉淀池。检查是否存在短流现象。
反应池内短流	确保出水堰水平。检查进水一侧挡板是否损坏。

D = 每天	C = 混合水样
M = 每月	G = 随机水样

[a] gpd/sq ft × 40.74=L/（m² · d）
[b] gpd × 0.0037=m³/d
[c] sq ft × 0.0929=m²
[d] gal × 3.785=L

　　总之，过程控制计划应该逐步详细说明每一工艺单元运行的具体情况，并确定实施负责人。应重点说明以下内容：

　　（1）按照制定的指南，明确工艺单元控制职责；

（2）明确技术服务支持来源，包括临近污水处理厂专家、设计工程公司、技工学校、监管机构和培训中心；

（3）建立参考资料图书馆；

（4）在必要场合提供连续过程管理，包括污水处理厂24h员工紧急联系电话。

14.6 过程控制管理

污水处理厂一旦制定了过程控制计划，就应该进行管理和具体实施。这就需要进行说明、修正、改进和更新，而所有这些的实现都需要进行有效地沟通。

14.6.1 沟通

过程管理要求对过程变化做出及时响应，这就需要一个信息快速传输方式。这种方式可能较为简单，例如交班时进行口头交流，也可以采取张贴过程参数调整的方式。然而，最重要的是负责过程控制的操作人员必须能够及时获得该信息和过程现状报告。一些污水处理厂使用一种结构性的方法，采用"过程控制变化联系单"，上面需要交班时两班负责人的个人签名。如果使用这种方法的话，需要两班的操作人员要有同时在一起的时间重叠。

14.6.2 准确测量

过程控制决策需要准确可靠的数据信息。不具有代表性的样品或者不适宜的采样位置都可能导致决策错误，从而可能造成严重后果。同时，必须为过程控制决策提供及时信息。例如，对于大多数每日的过程控制决策而言，BOD_5 的数据已经没有了意义。在这种情况下，如果能够在 COD 和 BOD_5 之间建立起确定的联系，就可以采用 COD 作为及时数据信息取代 BOD_5 使用。

14.6.3 实验室和过程控制之间的关系

及时准确的实验室分析数据，再加上操作人员的视觉和感官观察，是成功实现过程控制的必要条件。实验室处理样品的能力以及安排必须符合 NPDES 监测要求，并且在分析产生过程控制所需数据时对实验仪器的使用不会发生冲突。在 QA/QC 方面，过程控制所需要的测试分析没有必要符合 NPDEF 分析的质量要求。因此，可以采用某些捷径，例如采用微波炉干燥 TSS 样品，以获得及时结果。然而，对于便捷的替代测试方法，应进行定期核对，以确保分析数据准确可靠。

在过程控制中进行及时反馈是非常重要的。理想情况是可以将所得的相关实验室结果及时予以通报，或者在大型污水处理厂，可以电子信息（邮件或者电子表格）形式在相关处理工艺单元进行共享。然而更为通常的情况是，要么是周转时间较长，要么是实验分析结果被送至经理人而很少送至直接应用这些信息的现场操作人员。因此，现场操作人员通常会忽略实验室，而采用微波炉或者类似装置来完成数据简单分析，指导他们的过程控制决策。这些有价值的信息，通常最多会记录进入日志，而不会在其他处理单元之间进行共享。然而，采用电子表格或者通过网络，将可以共享操作人员的分析结果以及实验室数据，以应用于评估工艺的运行状况。

14.6.4 综合分析

污水处理厂每个单独的工艺单元必须组成一个有机整体系统，才能实现污水处理厂的高效运行。主操人员应该学会识别污水处理厂运行效果的主要指示指标，并每天都进行监测。只有经过对所有监测数据进行完全分析后，才能得出污水处理厂的某些因果关系。

主操人员的主要职责之一是控制运行成本。通过综合分析可以识别出高运行成本工艺单元，从而获得降低运行成本的措施。

14.6.5 工艺单元跟踪

应对污水处理厂处理负荷和运行效果之间进行分析，以识别任何存在的薄弱环节。计算机化数据管理系统可以迅速给出这些信息，并给出结论。然而，如果进行人工跟踪的话，至少要花费一个月的时间进行分析。

如果单个工艺单元出现了处理效果降低的现象，操作人员应该确定是否是操作步骤或者处理负荷过高引起的。无论是哪种原因，都需要进行及时更正。

污水处理厂应该针对每一工艺单元设定参数的上下运行限值作为过程控制指南，以协助操作人员将工艺单元运行在预期目标范围内。最好的做法是将过程控制测试数据做成趋势图，同时标出上下限值。使用SCADA的污水处理厂可以将上下限值作为逻辑控制程序的一部分，当工艺运行达到某设定值时，控制逻辑将会发生改变或者给出建议，或者给出警报。

14.6.6 常见问题

大多数污水处理厂都会出现以下常见问题：

（1）污水处理厂可能会因为污泥存储空间不足、脱水设备不足，或者因天气原因引起的污泥土地利用受限，从而导致污泥发生积累。过程控制计划应该根据实际情况，确定防止或者减少此类问题发生的方法。

（2）工艺仪表经常发生故障。这将会导致数据错误或根本无数据产生，从而导致不正确的过程运行决策。如果某工艺单元处pH计较为重要，那么就应该配置使用冗余pH计。采用冗余pH计或者安装使用两个平行的pH计，当pH计示数或者响应不合理时，可以设置警报提示。操作人员一旦发现警报，就可以采取一系列处理措施，对在线仪表进行校准，对运行状况进行检查。随着污水处理厂自动化程度的提高，仪表维护人员短缺现象日益严重，因此污水处理厂应该对员工进行培训，以提高他们的技术水平。

（3）依靠传统数据可能会造成故障诊断滞后发生。这可以通过采用其他替代分析参数或者其他性能表征现象，例如活性污泥中微生物的活性状况，来避免此类问题的发生。

更为详细的内容，请参见有关各工艺单元的详细介绍章节。

（4）污水处理厂内部的旁流污水回流将可能造成整个处理工艺不稳定。如果污水处理厂长时间内均没有受到负荷干扰的话，消化池上清液和压滤液回流将可能会导致污水处理厂有机负荷过高。对某一工艺单元进行放空操作时，也将会增加污水处理厂的处理负荷。

（5）污水处理厂恶臭问题通常很快就会引起公众投诉，并且很快就会给公众留下污水处理厂处理效果不好的印象，而无论事实情况是否如此。有关污水处理厂恶臭的产生原因，以及预防和控制方法，请参见本手册第13章恶臭控制以及《污水处理厂恶臭控制与排放》（WEF，2004）。同时，可以从互联网中获得许多有用信息，当然也有一些是不可信的。另外，专业机构，如水环境联合会（www.wef.org）也为专业讨论提供了论坛，也是较好的信息资源。

14.7 过程控制工具

对任何工艺单元进行管理，都应该包括4个基本步骤，分别是信息收集、数据评估、制定和实施适宜的响应，然后进行再评估。首先，收集的信息主要包括分析数据、计时器、视觉观察以及其他各种实际情况。所得信息的好坏主要取决于分析所采用的设备状况。经过仔细挑选并进行良好维护的可靠设备，将可以提供最有价值的信息。许多信息是以大量数据的形式存在的，而搞清楚所有这些数据的意义是不现实的，也是不可能的。实际工作中，常采用几种实用工具，例如图表分析法、质量平衡分析法和基本统计方法，来简化评估过程。WEF-ASCE出版的《城市污水处理厂设计》（1998）一书详细介绍了质量平衡分析方法在污水处理厂的应用。

经过信息分析之后，就可以根据具体工艺单元的操作原理制定适用的响应。最终，经过具体实施响应后，应对污水处理厂的运行效果和状况变化进行再评估。

14.7.1 信息收集

信息收集是进行故障诊断的基本工作，需要了解污水处理厂的具体信息、进水水质成分和处理工艺状况。信息收集指南包括：

（1）确定是否存在问题，还是测试结果存在错误。

（2）找出第一次发现问题的时间，以及当时是如何处置的。

（3）采用显微镜观察生物相，评估微生物多样性、活性和数量情况。

（4）确定操作人员的作业是否是导致该问题产生的原因。检查上游工艺单元可能导致产生该问题的原因，包括污水收集系统和回流旁流污水。

（5）完成流量和质量平衡分析。分别检查每个处理工艺单元，因为任一工艺单元存在问题的话，都可能导致整个污水处理厂处理负荷过高。

（6）实施质量保证计划，提高测试结果的准确性。

（7）检查能够造成流量分流的管线渗漏情况，包括化学药剂输送管路。

（8）检查污水处理使用药剂的变化。

（9）确保压缩空气输送系统的正常运行。

（10）确定是否是机械或电气故障造成的问题。当问题发生时，检查是否存在这些故障情况。短时间的突然停电会使设备停转，需要手动操作重新启动。

（11）将现象和问题区分开来。倾听每个人的观察结果，但是不要误信每个人的解释。要识别根本原因，而不是现象。问题往往并不像第一次从外表看到的那样，因此不要急于下结论。

操作人员应该为污水处理厂的运行准备一个检查清单，当遇到特殊情况时，就将其记录到清单上。该信息应该成为污水处理厂SOP的组成部分，应该整合到具体工艺单元的故障诊断指南中去。

1. 工艺与仪表流程图

工艺与仪表流程图（P&IDs）通常产生于工程建设时期，主要用于说明机械设备和仪表之间的关系和连接状况。同时，这些资料还会定义和定位设备标签号码，以便于绘制配线图、制定材料表、采购、接收和安装等作业。工艺与仪表流程图是其他形式的过程控制逻辑材料的补充。

美国仪表学会定义了制定P&IDs的标准。在每套污水处理厂建设图纸中，第一张仪表图纸定义了标识字母、图例和气泡标识的含义。

图14-3为气浮污泥浓缩池刮渣机驱动装置的工艺与仪表流程图，该图有关DAF驱动的信息主要包括：

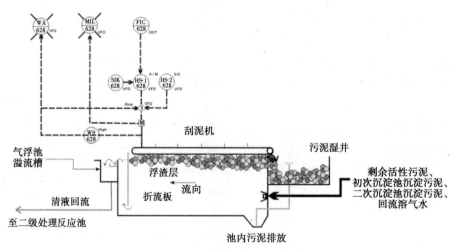

图14-3 工艺与仪表流程图示例

每个仪表都是设备控制回路628的组成部分。

现场仪器：重量开关（WS）。

变频驱动（VFD）控制面板上安装有：

（1）启动/停止手动开关（HS-1[A/M]）；

（2）自动/人工手动开关（HS-2$^{S/S}$）;

（3）定时器、指示器和控制器（SIK）;

（4）重量报警器（WA）;

（5）湿度指示灯（MIL）。

现场操作控制面板（OCP）上安装有：流量指示器和控制器。

现场安装的仪表采用普通圆圈（圆圈内没有线）进行表示。一次仪表通常安装在控制面板上，采用带有内划横线的圆圈进行表示。仪表的具体安装位置在圆圈外右下角处进行标注。例如，FIC-628在右下角标注为"OCP"，表明该仪表安装在OCP位置。如果一次仪表安装在现场时，则不需要标注出来。采用点画线对仪表进行连接，以此来表明这是逻辑仪表，并用箭头表明信号方向、信号输入与输出。如果是采用的是实线进行连接，则表明该仪表位于面板前面。只要了解了工艺与仪表流程图的基本原理，就可以弄明白该图的主要内容。DAF刮泥机控制逻辑为：

（1）在VFD控制面板上安装有两个手动开关，控制刮泥机的运行。

（2）这里有一连锁装置（菱形3），需要同时满足三种条件——重量警报未启动、VFD必须启动、模式选择器开关（HS-1$^{A/M}$）必须有信号。

（3）刮泥机驱动电动机上安装有湿度传感器，当检测到一定湿度时，将会激活一个灯照亮VFD控制面板（MIL-628）。

（4）当模式选择开关（HS-1$^{A/M}$）置于Auto位置时，它将从FIC-628接收到水流被送入DAF的信号。通常，刮泥机是按照定时器（SIK-628）设置进行运行的，除非达到了重量开关的上限。当达到重量上限后，就会激活VFD控制面板（WA-628）上的警报响起，同时刮泥机停止运行。

（5）当模式选择开关（HS-1$^{A/M}$）置于Manual位置时，刮泥机采用手动控制运行模式，可以通过VFD的控制面板进行速度调整。

2. 水力和污泥质量平衡

理解污水处理厂或者某工艺单元是如何运行的，最好的工具之一就是进行质量平衡分析。其目的是清晰说明进出某具体工艺单元的污泥和污水量。这一概念已被用作评估和过程控制的工具。

可以采用流程图表示工艺过程，并使用适当的条件来表示需要解决的问题。例如，计量系统的准确性需要定期进行校正。操作人员可以简单地将分表读数加和，然后与主表读数进行比较，完成水力平衡分析。厌氧消化池消化处理来自初次沉淀池的沉淀污泥以及来自DAF的浓缩活性污泥。图14-4给出了进入消化池的污泥情况，来自两池的污泥流量计读数之和应该接近于消化池的进泥流量计读数。如果两者相差较大的话，则需要同时对这三个流量计进行校准。由于某些工艺单元存在滞后（例如出水流量计要滞后于进水流量计）特性，因此在对整个工艺单元进行这种平衡分析时，应该选择合适的流量计和适宜的运行时间段，以免带来不必要的误差。

采用上述方法，可以对任何工艺单元进行流量平衡分析，即

$$no.1流量 + no.2流量 = 总流量$$

类似地，也可以进行固体量或其他组分的质量平衡分析，即

输入工艺单元的固体量＝输出工艺单元的固体量

在某一工艺单元内，或者对整个污水处理厂进行固体质量平衡分析，有助于操作人员预测工艺单元的运行状况，进行故障诊断，或者获得有效的处置措施。固体质量平衡可以用在某一具体处理工艺单元，例如浓缩池，也可以用于整个污水处理厂。随着计算机在污水处理厂的广泛应用，可以制定出带有污水处理厂信息的电子表格，从而可以更快更好地完成水力和质量平衡分析。

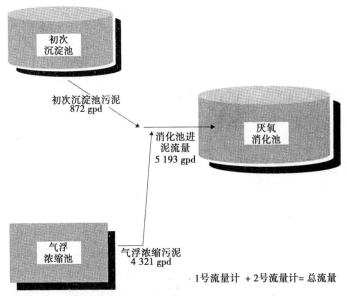

图14-4　水量平衡分析（gpd × 0.0037 = m³/d）

为了进行固体质量平衡分析，操作人员应该首先画出拟定进行分析的工艺单元或者整个污水处理厂的工艺流程图，并给出各流量特征。第二步就是以kg/d（lb/d）为单位计算拟定进行评估的组分。如图14-5所示，比较了进出初次沉淀池的污泥情况。这里需要考虑初次沉淀池所产生的浮渣，除非浮渣量较小可以忽略不计，而大部分的污泥均存在于污水中。从该示例中，可以获得以下结论：

（1）进入沉淀池的污泥量与流出沉淀池的污泥量基本相同，因为污泥层液位没有发生变化。

（2）初次沉淀池的排泥泵排泥速率是适宜的。

（3）初次沉淀池排泥泵运行正常。

（4）初次沉淀池污泥泵流量计不需要进行校准，因为进出的2个流量计示数差距在5%~10%以内。

（5）实验室分析结果较为稳定，因为2种方式的计算值差距在5%~10%以内。

（6）可以认为沉淀池污泥去除效率达到了设计标准。

（7）可以认为沉淀池上层清液液面较为清洁，没有发生污泥上浮现象。

398

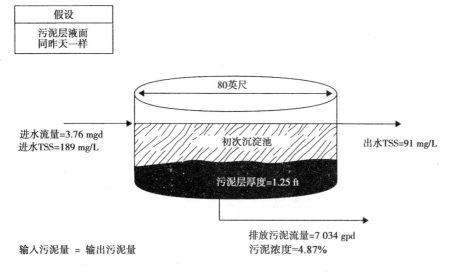

第1步 计算沉淀池去除的污泥量
去除的悬浮物中的污泥量=进水中TSS 5927 lb - 出水中TSS 2854 lb
　　　　　　　　=3073 lb/d
第2步 计算排泥和污泥层变化排放的污泥量
排放污泥量=排放污泥, lb/d + 污泥层变化, ft
　　　　　=2856 lb/d + 0 lb/d
　　　　　=2856 lb/d
第3步 检查结果
O.K.——两计算结果差距在5%~10%以内。

图14-5 输入污泥量 = 输出污泥量（lb×0.4536 = kg；lb/d×0.4536=kg/d；mgd×43.83=L/s）

　　如果沉淀池发生污泥上浮现象，则表明沉淀池内污泥积累过多或者刮泥设备故障，这时应检查污泥泵流量计状况，并检查分析数据准确性。

　　质量平衡分析是设置和评估工艺运行状况的重要工具之一。问题往往出现在最不可能发生的地方。如果重力浓缩池发生固液分离不良的问题，其根本原因可能不在浓缩池上，而可能仅仅只是问题的一个现象而已。必须考虑旁流污水回流、污泥生长情况、处理出水中的TSS以及污泥转化为液体和生物气的情况等。确定正确的污泥产量、α和β因数以及污泥产率等都应该是污水处理厂工艺设计内容的重要组成部分。如果在设计资料中找不到这些数据的话，可参见《城市污水处理厂设计》（WEF和ASCE，1998）一书。

14.7.2 数据评估

　　污水处理厂的数据量是极为庞大的，包括分析数据、计量仪示数以及费用等，因此必须进行整理，否则这些数据将无法理解。中小型污水处理厂可以采用人工方式收集这些数据。而大型和复杂工艺的污水处理厂可以采用自动控制系统进行数据信息的监测、收集和存储，形成数据库。数据收集后，必须进行整理和分析，并评估其使用价值。一种较好的整理数据的方法是采用表格形式，另外一种方式是将数据整理成图。图的类型很多，包括线形图、柱状图、散点图和饼图等。图的类型的选择主要取决于数据本身及其用途。一般来说，图用于显示两个或多个因素之间的相关关系。

1. 线形图

最简单的图形是线形图，在两个不同的刻度上将因素数据表示出来，最适用于对持续变化参数的历史数据的记录。图14-6显示了一污水处理厂的进水流量在一个月内的变化情况。图中的直线所示为设计平均旱流流量。该流量在直线以上或靠近直线时，表明污水处理厂的进水负荷比较高。由于从线形图中可以看出趋势，因此该图有时也称为趋势图。其中，x轴为天数，y轴的范围是污水处理厂的最大可接受的处理能力 $0.8766 m^3/s$（20mgd）。

进水量

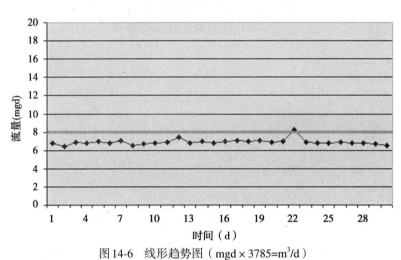

图14-6 线形趋势图（$mgd \times 3785 = m^3/d$）

可以采用线形图来表征运行性能状况，例如确定变频水泵的输出流量。图14-7中两轴的数值范围是由该图的作用决定的，此处为变频泵的输出流量和驱动装置VFD的转速百分比。为了绘制该图，应该首先确定几个点处的实际输出流量（至少3~4个点），即确

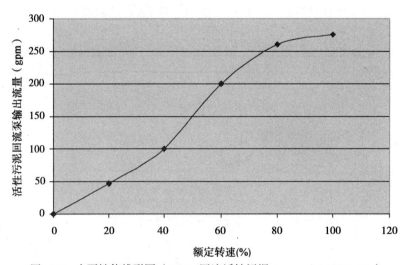

图14-7 水泵性能线形图（RAS=回流活性污泥；$gpm \times 0.06308 = L/s$）

定水泵实际转速为额定转速20％、40％、60％、80％、100％时的水泵输出流量。然后在二维坐标中画出各点位置（x轴为VFD转速，y轴为水泵输出流量）。最后，将各点连接起来形成曲线图。这样，就可以方便地从图中确定出任一转速条件下的水泵流量。

2. 柱状图

柱状图使用平行放置的柱形来比较同类型数据的数值，最适于进行数据总结。图14-8中的柱状图对比给出了污水处理厂两年内每个月（x轴）的用电量情况（y轴）。

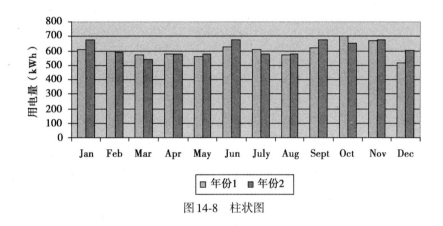

图14-8　柱状图

柱的高度表示用电量大小（kWh），为y轴。x轴表示用电具体月份。可采用不同图案和颜色来区分两组数据。实心柱表示年份1的数据，灰色柱表示年份2的数据。

第二种柱状图，称为堆栈柱状图，它是采用在前一个柱子上面进行叠加另一柱子的形式来表示不同的数据，从而构成一个柱子。可以采用不同图案和颜色来区分不同位置的柱子。

图14-9所示为一进水悬浮物浓度较高的污水处理厂，决定对所有进入污水处理厂的污水进行取样分析，以查找原因。除分析来自污水收集系统的进水外，还分析了污水处

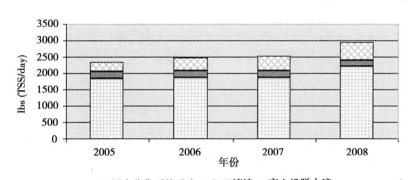

图14-9　堆栈柱状图：（1）底部阴影图案表示污水收集系统，即"污水处理厂进水"对悬浮物的贡献值；（2）中间实心图案部分表示DAF清液对悬浮物的贡献值；（3）顶部十字交叉图案表示离心机脱水对悬浮物的贡献值（由该图清晰可见，在过去四年内，离心机脱水液悬浮物贡献值逐渐增大）（lb/d × 0.4536 = kg/d）。

理厂的旁流污水，从而获得了"混合进水"与"单独水样"关系图。由图可见，旁流污水回流对进水中的总悬浮物浓度贡献量较大。每股污水采用一种柱状图案。x轴为年份，y轴为进入污水处理厂的悬浮物总量。堆栈柱状图有助于对工艺中存在的问题进行评估和故障诊断。

3. 饼图

饼图就像一张饼，其中的每一片代表数值的大小。饼图通常主要用于表示百分比关系，整张饼图代表100%，而每一片代表其占总量的百分比值大小。

饼图可用于表征污水处理厂的预算情况，如图14-10所示，其中每一块饼图代表图例上的类别所分配的预算的百分比值。由图可见，污水处理厂总预算为$4371308。每一图例代表的类别预算除以总预算值（乘以100），即可获得其所占的百分比值。所有类别所占比例之和应该是100%，即饼图是按照每一类别所占比例进行划分的。

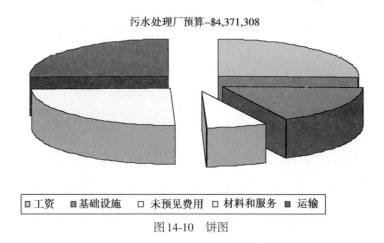

污水处理厂预算-$4,371,308

□工资　■基础设施　□未预见费用　□材料和服务　■运输

图14-10　饼图

4. 散点图

散点图，又称为x-y图，主要用于表示一个值相对于另一个值的变化，通常主要用于确定两组数据之间是否存在某种关系。"x"轴数据为控制参数，是可以进行控制的数据，如MLSS、停留时间或负荷率。"y"轴数据为与x轴数据相对应的效果或结果，如BOD、TSS或氨氮。可以通过散点图获得回归直线，用于根据x值计算y值，或者进行相关性分析，以确定两个变量之间的相关联程度，这将在本章后面的内容进行详细讨论。

如图14-11为一散点图，其中y轴值为初次沉淀池出水BOD值，x轴值为初次沉淀池出水COD值。图中根据x值、y值标出了点位置，并给出了回归直线。

由图14-11可见，根据回归直线，当COD为200mg/L时，BOD约为115mg/L。如果COD和BOD间的相关关系保持不变的话，就可以根据初次沉淀池出水的COD测量值较好地估算其BOD值。

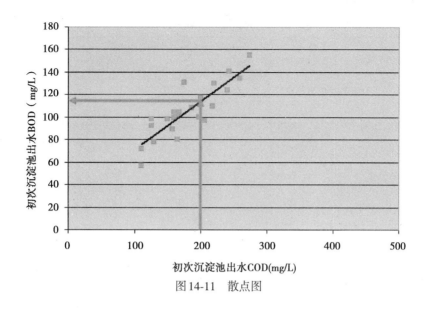

图14-11　散点图

5. 基本统计

采用图、表以及质量平衡分析进行运行状况监测，只是过程控制工作的开始。对污水处理厂可得的分析数据以及工艺单元信息进行检查和评估是一项十分艰巨的任务。必须对污水处理厂的运行参数（例如出水水质参数）进行跟踪，以确定其是否达到排放标准。然而，在不断追求高质量出水水质的情况下，选择最能直接影响工艺运行效果的工艺变量是一项较为困难的事情。

通常的做法是，操作人员通过译后历史数据，以帮助制定下一步的过程控制策略。假如需要检查多个数据关系的话（控制参数对工艺性能关系），一些统计工具可以帮助减少需要检查的参数数量。在选择监控标准时，操作人员应该定期检查跟踪某一参数的有效性，也就是确认某一监测变量与工艺运行效果之间是否存在某种关联，统计人员称其为相关性分析。可采用几种基本的统计方法，用于确定各因素之间关系的大小，包括线性回归、相关性分析和频率计算法。下面主要介绍前两种相关关系分析方法。频率计算法主要用于动态系统分析，其所得数据较为分散（点不呈直线排列），趋势不明显，相关性较差。频率计算法是指对于分散数据而言，达到一定的效果所需要的一定的数据出现频率，因此可以对离散数据进行说明和量化。使用这种方法产生的定量结果可以直接用于污水处理厂过程控制中。更多有关该方法信息，请参见Cochrane and Hellweger（1994）。

6. 线性回归

散点图是由两个不同变量数值构成的。如果数据是随机分散近似成一条直线两侧的话，就可以得出这两个变量之间的相关关系。如果这些点是紧密分布而基本构成一条直线的话，那么这些数据将可以作为过程控制的预测工具。表14-3为某一污水处理厂同一天的活性污泥MLSS和相应的出水BOD的部分数据。活性污泥悬浮物浓度是控制参数（x），BOD为工艺效果指示参数（y）。如图14-12所示，将每一组数据形成一个点，绘制成散点图，并给出了回归直线。

线性回归数据		表 14-3
MLSS（mg/L）	BOD（mg/L）	
x	y	
2708	25	
2489	18	
2465	14	
2418	10	
2629	19	
2633	17	
2603	14	
2220	12	
2412	10	
2598	17	
2653	27	
2599	21	
总计　　30427	204	

BOD与MLSS关系图

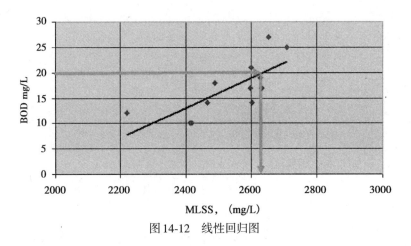

图14-12　线性回归图

　　由图14-12可见，虽然这些点没有落在一条直线上，但是它们聚集在所给出的直线周围，该直线应该尽可能地靠近所有数据点。通过这条直线可以根据曝气池MLSS，粗略地估算出水BOD值。为了使出水BOD低于20 mg/L，MLSS应该大约为2600 mg/L。通过"肉眼"观察确定回归直线是很主观的，但是可以很快给出估计值，但是也留下了很大的争论空间。一种更为准确的进行线性回归的方法是将表14-3的数据，采用以下计算公式

进行拓展生成表14-4，计算公式为

$$Y=mx+b$$

式中　Y——预测过程指示值，

　　　m——直线斜率，

　　　x——控制参数

　　　b——常数（y轴上的截距）。

这里，

$$m=\frac{\sum xy-(\sum x)(\sum y)/n}{\sum x^2-(\sum x)^2/n}$$

$$b=\frac{1}{n}(\sum y-m\sum x)$$

符号"$\sum$"是"加和"的数学缩写。例如：$\sum xy$为一组数据中x与y值的乘积之和。

符号n为点的个数。对于表14-3而言，n等于12。

为了确定直线，应该选择两个控制参数值，计算Y值，并将其标注在图中，然后将这两点连成直线，即回归直线。

将表14-4的总和代入公式：

经过计算后，m和b分别为0.0296和-58.14。将这些数值代入预测公式为，

$$Y=(0.0296)(x)-58.14$$

然后选择两个或多个MLSS值来验证该直线。采用x值MLSS为2400和2600，预测BOD值分别为13mg/L和19mg/L。

线性回归拓展数据　　　　　　　　　　　　　　表14-4

MLSS（mg/L）	BOD（mg/L）		
x	y	xy	x^2
2708	25	67700	7333264
2489	18	44802	6195121
2465	14	34510	6076225
2418	10	24180	5846724
2629	19	49951	6911641
2633	17	44761	6932689
2603	14	36442	6775609
2220	12	26640	4928400
2412	10	24120	5817744
2598	17	44166	6749604
2653	27	71631	7038409
2599	21	54579	6754801
总计　30427	204	523482	77360231

7. 相关性分析

相关性分析是采用线性回归获得的直线方程式，计算各数据之间的相关系数。相关系数 r 表明了这些数据靠近该回归直线的紧密程度。相关性较好时，相关系数为 +1.0 或 –1.0，为一条直线，如图 14-13（a）和图 14-13（b）所示，斜率分别为正（直线从左向右上升）或负（直线从左向右下降）。

相关系数=+1.0

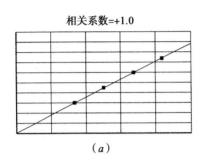

相关系数=−1.0

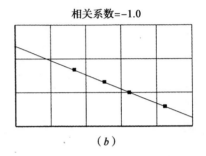

（a）　　　　　　　　　　　　　　　　（b）

相关系数=0

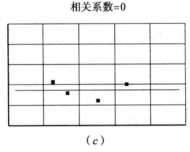

（c）

图 14-13　相关性分析

相关系数越接近于1，其相关性越有意义。因为污水处理厂本质上来说是一动态过程，因此其数据往往变化较大，极为分散。当相关系数为0时，表明这些数据分散在水平直线左右，不存在正负相关性，如图 14-13（c）所示。对于像污水处理系统这样的动态生物系统而言，相关系数能够达到 0.6~0.7 就已经可以说相关性较高了。

相关系数计算公式为，

$$r = \frac{n\sum xy - (\sum x)(\sum y)}{\sqrt{n\sum x^2 - (\sum x)^2}\ \sqrt{n\sum y^2 - (\sum y)^2}}$$

式中　n——点的个数；

　　　x——控制参数（MLSS、SRT、流量）；

　　　y——工艺效果指示参数（出水 TSS、BOD、挥发性产物百分比）。

计算相关系数 r 的最简单方法是拓展之前的表格，得到总和，然后代入计算公式。具体过程如表 14-5 所示。

将表 14-5 中的总和代入公式，n=12。

$$r = \frac{n\sum xy - (\sum x)(\sum y)}{\sqrt{n\sum x^2 - (\sum x)^2}\sqrt{n\sum y^2 - (\sum y)^2}}$$

$$r = \frac{12(523482) - (30427)(204)}{\sqrt{12(77360231) - (30427)^2}\sqrt{12(3794) - (204)^2}}$$

$$r = \frac{74676}{\sqrt{2520443}\sqrt{3912}}$$

$$r = 0.752$$

考虑到该系统为动态系统，0.752的相关系数已经是较好了。控制参数和工艺效果指示参数之间的相关性很强。因此可以看出，选择采用MLSS作为出水BOD的预测参数，是一种可靠的过程控制措施。

8. 数据处理汇总

目前，有许多传统工具可用于处理WWTP产生的数据。在y轴可以有许多参数对时间x轴作图，获得数据趋势。有时，尤其是动态生物系统，变化是逐渐发生的。最好是采用多天运行平均值来评价工艺运行效果。考查两个变量之间的关系，最好采用散点图以表征其潜在联系。从以上内容可知，可以采用回归直线作为预测工具，并采用相关性分析检查其有效性。对于具体任务，在选择适宜的分析方法以获得预期结果时，需要知道每种分析方法存在的优缺点。

相关性分析				表14-5
MLSS（mg/L）	BOD（mg/L）			
x	y	xy	x^2	y^2
2708	25	67700	7333264	625
2489	18	44802	6195121	324
2465	14	34510	6076225	196
2418	10	24180	5846724	100
2629	19	49951	6911641	361
2633	17	44761	6932689	289
2603	14	36442	6775609	196
2220	12	26640	4928400	144
2412	10	24120	5817744	100
2598	17	44166	6749604	289
2653	27	71631	7038409	729
2599	21	54579	6754801	441
总计 30427	204	523482	77360231	3794

14.7.3 制定响应

在实施任何工艺改变之前，操作人员应该完成事实调查、评估相关分析数据，并回顾标准操作规程SOPs。此外，应参考工艺单元章节内有关工艺单元故障诊断指南的内容。

在制定工艺变化时，应该选择一个参数进行改变。同时进行多种改变可能会造成意想不到的后果，而且在确定某一具体策略的有效性时，会影响未来的评估结果。大部分的污水处理厂为生物处理系统，因此其变化结果很久才能呈现出来。因此，在采取进一步改变之前，最好要等待2~3个平均细胞停留时间（MCRT），这可以使生物系统获得足够的时间进行适应，从而给操作人员一个确定的结果，以便于进行后续调整。

在确定了具体实施措施之后，应将其记录下来。过程控制参数应该记录在永久性的日志内，以便于污水处理厂所有员工进行查阅。口头交流方便了操作问题的沟通，这样各轮班就可以执行一致的控制策略。

14.7.4 再评估

在实施了一个控制变化之后，每天应对工艺单元控制参数进行检查和评估。除了考查其对本工艺单元的影响外，还应该对其下游工艺单元的影响进行评估，以确定其对整个污水处理厂的影响。如果在经过了几个MCRTs时间之后，控制变化表现为无效，那么操作人员应该回到起点，进行再评估。此时，应该寻求所有污水处理厂员工的帮助，以确定先前评估中可能存在的被曲解或者被忽略的潜在影响。

第15章 托管运营与公私合作

15.1 概述——可选方案

将公共（或私人）污水处理厂或者净水处理厂，委托给私营实体单位进行托管运营的做法已经有超过30年的历史了。它最早被简单定义为"合同托管运营"，通常是将整个或者部分污水处理厂以合同方式委托给其他公司进行运营管理。合同期通常为3~5年，运营商通常仅承担在污水处理厂运营过程中的人力、物力、日常维护或设备更换方面的有限风险。随着1997年联邦政府修订了税法，即通常所说的97-13（美国联邦税务署IRS 97-13税务条款）条款，取消了对私人盈利实体运行公共投资基础设施的持续时间限制，可以长达5年以上，从而外部托管运营公司能够获得更长的运营时间，并且可以承担污水处理厂运营过程中的更多风险。这些合同内容可以认为是公私合作（P3），包含多种合作方案可供选择，包括合同服务、完全达标排放、设施维护或更换、设施改造、设施扩建、资产管理、项目融资、设计—建设—运营（DBO）与总包服务等。通常，采用P3运营方式，将会使很多风险从公共管理部门转移到托管运营公司。每个项目在带给所有者获得利益的同时，也需要满足一定的条件和挑战。

在选择公私合作P3方案时，有几个关键问题需要进行考虑。首先，最重要的问题是应该确定该合作模式可以解决哪些问题。一般来说，其主要原因是通过实施P3方案，可以获得潜在经济效益。通过杠杆采购、人员培训、技术和专业知识应用，专业运营公司可获得比一般污水处理厂更高的整体运营效率。其他相关因素可能还包括合规性、融资能力、新技术的引进以及政治原因。第二个需要考虑的问题是需要一定的合作流程，以便于托管运营公司提供运营服务。该采购流程必须包括对多个关键因素的评估，为合作双方分配适宜的职责，使合作双方都能达到满意选择，从而建立起可靠、成功、长期的合作关系。第三个需要考虑的问题是合作协议本身。起草协议时，必须小心谨慎，避免存在任何重大歧义，在P3基础上搭建稳固的合作平台。必须明确界定双方所需承担的风险，并进行良好的风险控制以保护合作双方利益。如果合同托管运营公司能够成功运用其所具有的专业技术与能力的话，污水处理厂所有者必须为其提供运行管理污水处理厂的机会，而不是设置不必要的障碍或阻碍。

"合同托管运营"一词通常主要用于表示一个不包含重大投资或改造的项目，或者私人融资或者具有所有权的项目。该项服务可以限定为仅由私有公司的参与，类似于原来的合同合作关系。然而，在这种合作关系情况下，重大风险往往会从业主单位转移到合作公司。在一些情况下，托管服务时间可能较长，可能超过20年，这就使得合同托管运

409

营公司需要考虑运营成本问题，例如主要设备的更换等，否则如果托管运营时间较短的话，是不需要考虑这些问题的。这样原来的市政管理部门就获得了将重大风险转移给托管运营单位的机会，从长期利率稳定的角度获得这一利益。

总包服务方案可与托管运营相结合，由合同总包公司提供新建或改造项目的设计、建设，而由业主提供资金。总包公司也可以根据预先设定的运营成本，提供托管运营服务。这就是常说的DBO项目，目前在水处理领域颇受欢迎。

在采用DBO方案来实施市政工程时，需要独特的理解、操作步骤和实施方案，以确保其成功完成。这种方案比传统的"设计—投标—建设"方案建设更迅速、更经济，从而获得了广泛欢迎。DBO方案具有许多优点，其中包括风险与责任合并由一方承担，即设计—建设承包商，并且实现设计过程充分考虑到运行要求。设施部件的选择是在生命周期成本分析的基础上完成的，而不仅仅是"最低购置费用"，并且常常可以针对业主的问题提出较为独有的解决方法。这一方案既可用于新建污水处理厂，也可用于现有污水处理厂的改造或扩建。

在整个项目实施过程中，DBO总包商采用最高效的配置方式，从一开始就将运营部门参与到项目设计工作中去。在某些情况下，运营部门实际领导了该工作团队，从而可以在未来工程实际运行中为业主提供最具成本效益的解决方案。如果总包商被要求运营该污水处理时间较长（20年），且要达到一定的运行成本水平的话，那么总包商必须要提出具有竞争性的工程投资组成。

业主单位融资的过程要进一步涉及到私营单位，或者单独融资，或者是采用总包或与托管运营服务相结合。当业主单位预见到污水处理厂建设或者进行污水处理厂扩建可以获得更大利益时，将会进行融资，以确保项目顺利开展。另外的原因可能是市政实体发行债务时有所限制，从而需要进行对外融资。在通常情况下，市政债券的利率通常要比私人公司债券利率要低。

第四种公私合作的方案是全面私有化。这一术语包括前面所讨论的这些内容，涉及工程项目的所有方面，最重要的是通过资产买卖将所有权转让给私营单位。这一方案能够为公共机构在建设、扩建或改造污水处理厂时应对监管压力，提供一种广泛的解决方案。全面私有化也是社会领域应对经济压力的一种响应，以减缓利率或税率的增加。

对于私有化的新建污水处理厂，私营单位可完成污水处理厂的设计、建设、融资、获得所有权及其运行。而公共机构可以参与到多个方面，包括技术选择或者其他与设计、建设有关的讨论。

对现有污水处理厂进行私有化主要是指对污水处理厂进行改造或扩建，或者只是简单的降低或控制运行成本。当公共机构在其他社会领域有投资需求时，可将现有污水处理厂卖给私营机构，以此作为解决其他需求的资金来源。这通常存在两种方式，一种是真正的所有权转让，另一种是进行长期回租。

在污水处理厂私有化过程中必须要考虑的经济范畴要比单纯的托管运行要广泛得多。具体问题包括污水处理厂的现有债务以及债务类型。设备的现有价值或账面价值将确定污水处理厂的销售价格，以及现有利率结构条件下的债务水平。必须仔细分析这些因素，以确定私有化可获得的利益情况。政府方可以通过污水处理厂的私有化运作而获得资金，但是必须谨慎完成这一交易过程。

最后一种P3的方案是商业化污水处理厂。商业化污水处理厂最好的实例是私营单位负责完成选址、建设和运行的回用污水处理厂。这里，私营单位自主建设该污水处理厂，拥有所有权并负责运行，向工业、农业灌溉以及其他需求提供处理回用水。与私有化方案不同，商业化污水处理厂不只是向一个用户提供服务，通常并不仅限于向与商业化污水处理厂所有者或者营运单位签订合同的客户才能提供服务。

P3方案也可以指"建设—拥有—运营—移交"（BOOT）和"建设—运营—移交"（BOT），或者DBO。在这种方案的合同中将会明确规定污水处理厂的所有权将会最终从总包方移交给政府方。这里所有权"移交"条款应该包含涉及法律、担保、税收和工程融资等多方面的要求。

15.2 提供服务行业

对于提供服务单位而言，所提供的核心服务应该是合同运营。通过这种形式为政府方提供非核心业务服务或者为净水和污水处理厂提供服务，并不是一种新的概念。在水处理领域之外，合同运营方式已经在其他领域广泛使用了多年，例如运输、中转服务、监狱、学校、医院、机场、车辆维护、保洁服务、街道清扫、固废收集与处置等。即使在净水和污水处理行业，合同运营方式也已经存在了多年，目前有超过1400个污水处理厂采用合同运营维护方式，市场占有率大约为3%~5%。这个数字同时包括了40个处理水量超过440L/s的大型污水处理厂以及350个处理水量为44~220L/s的中型污水处理厂。在这些污水处理厂中，其中大约有40个污水处理厂采用合同运营维护方式已经超过10年，还有的已经超过了20年。据估计，全国采用合同运营维护方式的小型污水处理厂或者污水处理厂（站）数目可能在数千家之多。

这一统计结果还没有包括许多具有市政项目运营资格的兼职或监管操作人员运营维护的污水处理项目，其实这也是有效的合同运营方式。同时，这一结果也不包括仅将某些运营维护工作委托给私营单位完成的污水处理厂，例如仪表读数、客户账单、仪表维护和测试等作业。

目前，更多的污水处理厂选择托管运营或者其他P3方案，可能是由于环境领域监管不断加强的结果。净水法、安全饮用水法以及其他环境法规的实施，都要求污水处理厂业主单位需要花巨大投资来建设工艺复杂技术要求较高的污水处理厂，需要能够吸引同时能够留住合格的运行技术人员来进行运营管理，同时还要控制运行成本，并要满足不断增加的客户要求。对于污水处理厂而言，这是一种前所未有的压力。在过去，当遇到这种压力时，地方政府可以为污水处理设施申请资金支持计划。然而，遗憾的是这个计划目前已被终止，同时申请政府资金的竞争越来越激烈，需要满足联邦环境法规的新建污水处理厂的资金问题就完全需要由当地政府来负责。所有这些因素都促进了污水处理厂对托管运营或者P3方案的需要。在更多的情况下，需要更为专业的托管运营公司来协助或者单独完成日益具有挑战的污水与净水处理工作。

自从实施97-13税务条款以来，这种服务提供行业发生了巨大的转变，可提供的服务范围变得更广泛，而同时需要承担更大的风险。许多小型公司通过联合组建了大型公司。这也是为了获得更雄厚的资金支持，可以承担起更大的风险，以及应对工程投资和资产转让过程中的融资问题，同时也是为了应对不断发展的污水处理厂私有化进程。另外，大型公司也可为政府方带来额外的利益，这主要是通过对药剂、物资和污水处理厂相关服务的市场杠杆采购过程实现的。大型公司同时具有更强的核心竞争力，主要表现在培训、标准化操作规程（SOPs）、运行系统支撑以及运行性能优化等方面。目前，已经将工程建设与工艺设备采购相组合，以应对工程总包P3方案中出现的更广泛的机遇与挑战。

目前，提供服务单位可通过多种形式提供核心服务，主要包括：

（1）整个系统运营；

（2）监督管理；

（3）实验室分析；

（4）污水处理厂启动和测试；

（5）操作员工培训；

（6）应急维护；

（7）合同管理；

（8）故障论断运行评估；

（9）账务、托收与客户服务；

（10）地下水修复；

（11）预测性和预防性维修；

（12）管道检查和维护；

（13）污水处理厂设计、建设与调试。

在整个系统运营方案中，私营单位设计、建设、运行、维护整个或部分净水或者污水处理厂。而最为常见的形式是将系统的一部分或者功能性作业承包给私营单位完成，即通常所说的"厂内"或"厂外"作业。厂内作业是指在污水处理厂内进行的，针对污水处理工艺的全部或者部分功能性作业。厂外作业是指在饮用水配水管网、污水收集管网、提升泵站、饮用水源汲水井、污泥处置场进行的作业。

基于提供的服务内容的不同，私营单位可以是当地的小型公司，也可以是具有国内或国际工程经验的大型公司。这些单位通常可分为3类，分别为国际级/国家级、地区级/国家级、地区级/地方级。这种分类方式多少有些主观性，但是对于评估服务提供单位承担不同复杂程度和规模项目的能力方面具有一定的作用。选择服务提供商需要考虑的问题包括既往业绩、类似规模工程运营经验、财务状况、担保能力、环境合规性历史、保障能力以及类似投资规模工程的完成情况等。

国家级的公司可能隶属于大型国内或国际工程设计公司。地区级/国家级服务商通常是仅提供国内服务的声誉良好的公司。该领域内的新服务商包括在美国刚刚开始提供服务或者获得提供服务资格的外资公司。第三类服务商包括地区级或地方级公司，通常可能是在某一地区或者甚至是在某一具体作业领域具有较好的声誉，例如泵站维护等。

15.3 托管运营的优势

政府方考虑将污水处理厂进行托管运营的原因是多方面的，其中主要原因包括不断严格的环境监管和排放标准、不断增加的来自公民的保持利率的压力、持续降低税率的要求、老化的基础设施、污水处理厂的运营挑战。相对于传统的当地政府具有所有权并负责运营而言，托管运营是更为经济有效的选择方案。通常而言，政府方考虑采用托管运营或者将项目直接转让，其主要原因包括：

（1）解决达标问题或者日益严格的监管要求；

（2）解决劳资关系问题；

（3）降低运行成本或投资费用；

（4）加快升级资本的获得；

（5）获得项目投资资金；

（6）确保获得合格员工；

（7）应对资本或处理能力升级；

（8）将风险转移至私营服务商。

以上几点既是评估选择运营服务的原因，同时也可能成为选择托管运营的障碍。例如，劳资关系既可能是积极因素，也可能是消极因素。强有力的工会或其他组织的存在可能是劳资关系的巨大障碍。虽然，在某些社区，当认真考虑这一问题后，排除了托管运营方案，但是在许多情况下，当地政府领导与托管服务商有效地解决了这一问题。成功解决劳资关系问题的一个关键因素是发展和实施结构完善的员工转变计划。当考虑采用托管运营方案时，现有员工的不确定性往往可通过及时的信息交流予以解决。例如，现有员工想要确定，如果他们决定接受服务商的聘任，他们希望工资和利益能够得到安全保障。员工们通常会在合同条款中寻找保证，以防止在某一时间无缘无故被解聘，或者限制服务商在某一时间段内将员工调岗到其他污水处理厂。然而，在合同内强制将聘用期限延长至五年也是不可取的。这些问题将会在运营协议里得到有效解决，这将在本章后面章节予以讨论。同时，地方政府必须为希望在当地工作的员工进行安排，这包括为先前的污水处理厂员工提供再培训，以使他们能够顺利过渡到其他岗位上。

实际上，如果地方政府接受并进行了污水处理厂的私有化，是可以节省运行成本的。合同服务商在采购物资和外部服务时，由于可以免除大多数公共机构所需要的招标要求，因此可节省大量费用。所节省的费用主要是采购程序费用及其浪费的时间。合同服务商也可以避免联邦限制（只雇佣工会会员、工作管辖权声明、浮报雇佣等），可以更容易地应对劳动力市场对污水处理厂的影响，以维持自身需要的劳动力。合同服务商其他方面的优势，主要集中于操作技能、运行系统标准化、多种技能员工的发展，以及自动化控制系统的引进。

当然可能也有例外，那就是如果美国环境保护局或国家管理机构颁布了合规令，在这种情况下地方政府除了限制私营单位的服务必须合规外，别无选择。即使如此，随着时间的延长，也可达到节省运行成本的目的。

在合同关系中，风险因素及其分配情况不如先前所述的其他条款那么切实，但是其对政府方是很有价值的，因此在考虑私有化时，应进行仔细评估。需要考虑的风险区域主要包括环境合规性、运行成本、维护费用、主要投资费用及一般项目运行状况。这些风险均能够进行具体量化，且应将其确定在详细合同中并进行公平分配，并指派适宜的当事人进行管理。

15.4 托管运营经济可行性

可以确定地说，考虑采用托管运营或P3方案的首要原因是潜在的节省运行成本的可能性。通过托管运营实现运行成本节省，主要取决于以下几个方面：

（1）处理工艺或操作的复杂性；

（2）污水处理厂的规模；

（3）项目投资或改造的复杂性；

（4）项目投资合同方式（BOOT/DBO）；

（5）污水处理厂所在地位置（靠近其他运行中的污水处理厂）；

（6）环境合规性历史和潜力；

（7）合理化机遇；

（8）人力资源历史与现状。

这些因素将会影响服务商实现节省污水处理厂运行成本而同时获得自身利润的能力。对于仅有几名员工的小型污水处理厂与需要大型运行团队和预算的大型污水处理厂而言，服务商获得节省运行成本的几率是完全不同的。

污水处理厂所在地位置（偏远地区与城市地区）将会影响服务商达到必要的经济规模，从而在管理和操作领域达到节省的能力。对于节省运行成本的环境和几率而言，只有一两个员工的偏远污水处理站与大型的城市污水处理厂相比是完全不同的。如果该污水处理厂附近还有其他社区，且社区内也有WWTPs或其他类似污水处理设施的话，那么服务商可通过区域化方式，将其他社区污水也纳入进来，从而达到必要的污水处理经济规模而获得利益。

对于改造或新建项目，采用BOOT/DBO方案通常可以从处理效果保证式合同要比从明确规定最终技术方案的合同获得更大收益。合同规定的灵活性将可以使服务商在解决项目资金方案方面具有更大的可操作性。

采用BOOT/DBO方案工程项目的设计标准不需要与典型的传统市政工程项目相一致。市政标准包含很多基本要素，不仅仅是美国环保署早期所实施的补助计划，即为多数污水处理基础设施提供资金，甚至在某些情况下，实际奖励了促使工程投资增加大参与方。这里并不是说这些标准不好。然而，DBO方案所完成的工程将会配置更接近其他行业的类似行业标准。这些标准是由生命周期成本考量、污水处理厂适宜的实用与美观相结合以及操作实践可接受的设备冗余所决定的。在签订合同时，污水处理厂业主应该考虑，针对该污水处理厂他希望接受何种水平的标准。如果在建筑材料、类型或配置以及设备选型和冗余方面有一些是必须条件的话，业主应该在建议书（RFP）中予以明确表明。然而，这里要说明的是，对DBO合同的限制越多，业主在项目转让以及运行成本节省方面获得的利益越少。同时，业主应该灵活接受标准范围内的可以备选的规定，而抵制过去普遍使用的标准中限制过多的内容。这样，业主将可以通过采用DBO方案获得最大的经济利益。

地方政府选择托管运营除了节约费用的原因外，同时还可能是因为按照目前的运行方式，无法达到监管排放标准，从而更大促使地方政府选择托管运营。而且选择托管运营，在达到排放标准的同时，还可以达到节约费用的目的。

为了确定节省费用的具体情况，地方政府应该认真将地方政府机构负责以及托管私营单位负责两者所需费用情况进行比较。然而，在确定地方政府机构负责情况下所需费用时，往往会疏忽掉大额费用支出。许多间接费用，例如地方政府财政与法律部门相关费用以及福利，通常都不会包括在内。为了准确比较托管运营和当前运行两者费用情况，必须获得所有相关费用情况。而且，是选择托管运营还是选择继续由当地政府机构负责，还要考虑各自服务的管理和监督相关费用。这两种方案的这种费用可能相差较大，因此应该在进行定量比较之前，先进行一次粗略估算。

一般来说，通常很难准确比较地方政府机构与服务商两者所提供的服务水平的差异。这可以通过仔细检查目前当地政府机构运行中所提供的服务情况来进行补充说明，以便于在发布针对私营服务商的建议书前，适当调整对其所提出的服务要求。当地政府必须完全清楚他们目前所提供的服务内容，同时评估污水处理厂所需要的服务，从而制定对未来托管服务商预期的服务要求。在评估目前地方政府所提供服务的费用时，应该能够反映出建议书中所包含的服务内容及服务水平。这就意味着地方政府必须仔细分析目前提供服务的方式方法，并根据情况进行必要调整，以尽可能地提高服务的效果和效率。这种内部管理检查或审查，将有助于提高当地政府相对于私营服务商的竞争力。即使最终没有进行托管运营的话，也可以提高其自身的污水处理厂运行效果和效率。

比较当地政府污水处理厂的运行成本只是评估过程的其中一个步骤。另外一个步骤是要让当地政府相关责任部门提交继续运行污水处理厂所需要的费用标书。当对污水处理厂考虑进行托管时，这种竞争管理的模式已经在几个地方政府的污水处理厂中得到了应用，这给现有污水处理厂员工提供了客观与私营托管服务商进行竞争的机会。为了帮助现有的污水处理厂员工进行竞标，当地政府可能会给予内部支持或者限制对外咨询服务。然而，这种形式的竞争管理在私营单位看来并不是积极的，而且还可能会降低私营单位参与托管运营的积极性。

在现有污水处理厂员工通过竞标获得运营权的过程中，这种竞争管理已经产生了多种结果。通过竞标过程，地方政府机构应该提供与私营单位同一合同规定相同的服务以及服务标准，例如污水处理厂运行效果指标和报告、固定费用安排、费用节省以及激励机制。进行准确比较必须要考虑的问题包括履约保函、责任保险、达标排放、技术支持的可能性，以及实现这些所需费用情况。同时还应该评估如果污水处理厂现有员工不能在竞标价范围内运行污水处理厂，地方政府将不得不进行额外补贴的可行性。然而，当选择托管运营时，如果私营服务商不能在竞标价内实现污水处理厂稳定运行的话，超出的费用则可以由托管公司股东承担，而当地政府无需负责。如果经济压力过大的话，可能会存在私营服务商提出增加运行成本、进行合同索赔或者诉讼减轻经济压力的风险。

15.5 采购流程

无论私营服务商提供的服务范围如何，选择私营服务商时，都必须进行仔细考虑以确保所提供的服务能够满足污水处理厂的要求。另外，该过程必须符合采购法，该法各州之间可能差别较大。

在许多地方，社区有权力直接见到项目申请书（RFP）或者向私营服务商要求其提供运营资格证书（RFQ）。这两种方式可能会需要不同的时间长度，也可能会影响提交的运营建议书的数量和质量。私营单位通常希望采用FRP/RFQ两步操作流程，因为准备建议书所需要的费用也是很大的，虽然没有达到百万美元，通常也要花费1~10万美元不等，这主要取决于运营合同的规模。因此，大多数私营单位通常会在开始给出单位资质，进而当地政府就可以基于此给出一个合格的竞标单位名单，而仅要求那些合格竞标单位（通常为3~5家公司）最终提交正式详细的运营建议书。这种操作流程可以提高中标几率，降低了竞争范围。然而，所涉及的限制因素主要是政府或公共机构采购相关服务时需要遵守的一些国家或地方法律，它们将会涉及到投标过程中与建筑或专业服务相关的采购过程。有时候，与专业服务相关的采购条件，也要求采用两步RFQ/RFP采购流程。

在收到私营单位的资格证书以及技术、费用的要求后，下一步就是对收到的运营建议书进行评估和最终选择。以下给出了进行运营建议书审查时需要进行评估的几个范围：

（1）公司简介；

（2）资金实力；

（3）工程业绩；

（4）项目主要负责人员；

（5）项目性能指标；

（6）建议项目费用；

（7）项目技术方法。

公司简介是一项基本要求，需要私营单位提供公司主要信息和公司性质，如公司姓名、提供何种服务以及公司地点。了解该公司的附属公司或者机构对于评价该公司的工程业绩是很有帮助的。同时还需要了解公司的财务状况以及投资该项目的能力。从公司的年度财务报表和报告中可以获得这类信息。这样做的目的是用以评估公司承接该项目的能力，提供确定的业绩证明，获得企业的破产历史记录以及过去和未决的诉讼情况。

竞标公司工程经验可能是选择服务商时最为重要的标准，主要包括公司从事类似工程项目的情况说明，如工程规模、气候状况、监管环境以及采用技术等。公司能够证明其可以提供所有要求服务的能力是很重要的。当评估采用特殊处理技术或处理工艺的污水处理厂的建议书时，确定该公司是否成功实施过该项处理技术或处理工艺是非常重要的。同时，该污水处理项目的经理人选也很重要。因此，对于工程业绩，竞标公司应该提供与该工程项目类似气候和环境条件下的工程项目的主要操作人员和经理人的工程经验。

弄清楚竞标公司的资格和工程业绩情况主要是通过背景调查完成的，如果可能的话，最好能参观一到两个该公司运营的污水处理厂。背景调查不是仅仅一个简单的电话问询就能解决的问题。往往应该询问竞标公司满足该工程项目的时间计划的能力、安全方案实施的成功情况（即www.osha.gov，美国职业安全健康管理局引用数据和事故天数比率），以及他们与政府在极端环境条件下合作的能力，例如自然灾害。私营服务商合作处理客户问题的数量以及与地方、州和联邦监管机构合作的能力，也是需要进行重点考虑的因素。通过该调查过程，可以了解竞标公司运营失败或者出现问题的工程项目情况。项目失败或者没有达到客户要求的原因是很重要的。最后，对于政府方而言最为重要的是竞标公司提供服务所需要的价格情况。

对于采用BOOT/DBO方案的项目需要的建议书，其提交的信息内容范围通常既要超出传统工程设计内容，又要超出典型的市政公共工程的建设或运行内容。如上所述，整个费用结构应该符合工程要求。如果其中包含项目融资章节，那么应该给出详细的融资方案。这将确定债务结构和债务主体、债务偿还时间安排、利率风险分摊和保证金数量等。

对于采用BOOT/DBO方案的项目的技术要求，竞标单位通常要在建议书中给出总设计的近40%的设计图纸，主要包括平面布置、污水处理厂规划、工艺与仪表流程图、工艺流程图、主要工艺单元设备布置图、高程图、工程进度安排以及其他事宜，这些都取决于工程具体情况。监控与数据采集系统（SCADA）要详细到关键部件时间安排计划水平。对于主体工程，通常往往提交多达100张以上的图纸量也是很常见的。另外，还应给出工艺介绍来说明每个工艺单元的功能、主要设备规模、生产商以及一些基本标准参数。

竞标单位通常要给出工程的时间进度安排，包括从开始到调试运行的整个过程。设计/审批过程是很重要的内容，应该详细阐述采用的处理工艺情况。作为采用BOOT/DBO方案的项目的内容，设计时间通常被压缩，一般为八个月左右。设计审批和设计可以同时进行。

除技术要求外，采用RFQ/RFP两步操作流程时，通常会要求提供DBO团队资格证书，包括工程业绩历史、财务状况、担保能力及相关工程经验情况。该标准内容应该进行定量评估，以确定各竞标公司的先后顺利。该过程应该采用"加权"计算方式来反映每一标准的不同重要性，工程造价应该给与同样的权重，这样可以实现程序化操作，以保护业主单位的利益。通过对工程造价和全部技术因素给与同样的权重后，将各个竞标公司进行排序，就可以给业主单位提供出资格最佳、成本效益最好的私营服务商，从而保证业主单位获得最大的利益。

虽然不存在一种通用的方法，但是数值矩阵法（即将不同的评估参数赋予不同数值）应用较多。采用上述评价范围，将各范围扩展或细化为详细项目，并设定各项目的最大数值，然后通过审核评估给出竞标单位该项目的具体数值，构成数值矩阵。将每个项目的数值相加和，获得竞标公司的总得分，然后对各竞标公司进行排序。完整客观的评价过程是整个评估过程的目标所在，但却往往难以实现。当然，也可以采用一些主观因素来反应当地的具体问题和目标，这也是很重要的，同时可以加速完成该评估过程。表15-1为一评估矩阵示例。

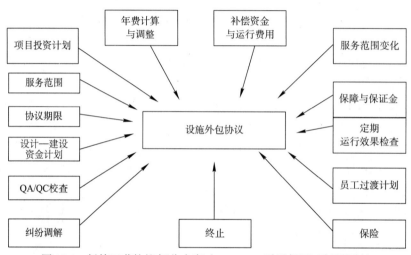

图15-1　托管运营协议部分内容（QA/QC = 质量保证 / 质量控制）

15.6 关键合同条款

托管运营合同是当地政府与私营服务商建立合作关系的基础。对于托管运营或者P3方案最为常见的问题是社区失去了对合同项目运营的控制权。运营合同赋予运营商比先前传统运营方式更大的控制权和责任。合同尤其会明确界定服务和补偿范围，并确定定期运行效果（月度、季度或年度）检查要求。运行效果的检查需要严格的准则和标准来测量监测结果。在许多情况下，都有标准运行效果检查标准，然而当地政府机构却没有采用来评估自己的污水处理厂员工和污水处理厂运行状况。

		评估矩阵示例				表15-1
标准	等级[a]	说明	排名	分配值	评估值	备注
（1）提供相关服务年限	非常好	5年以上		10		
	好	3				
	一般	2				
	差	无				
（2）用户反馈	非常好	100%好评		20		
	好	80%~100%好评				

续表

标准	等级[a]	说明	排名	分配值	评估值	备注
	一般	50%~80% 好评				
	差	<50% 好评				
（3）类似处理能力和/或处理工艺的工程经验（设计、施工、启动以及运行）	非常好 好 一般 差	3个以上 2 1 无		5		
（4）类似处理技术正在运行的工程数量	非常好 好 一般 差	3个以上 2 1 无		10		
（5）可提供技术和人员支持的类似处理能力的工程数量	非常好 好 一般 差	3个以上 2 1 无		10		
（6）类似工程项目被提请诉讼或被强制执行达标排放或罚款的次数	非常好 好 一般 差	在3年内无 在2年内无 在1年内无		5		
（7）详细的工程计划	非常好 好 一般 差	附有所有工程要求 不完整		10		
（8）在运行和施工中详细的安全方案	非常好 好 一般 差	非常完整的方案 不完整		5		
（9）确定运行策略：标准操作规程SOPs、运行维护手册、设备评估、维护管理方法	非常好 好 一般 差	非常完整的计划 不完整		5		
（10）提供内部专业支持：工艺控制、仪表控制、SCADA和电能管理	非常好 好 一般 差	非常完整的计划 不完整		5		
（11）公司培训计划	非常好 好 一般 差	非常完整的计划 不完整		5		
（12）资金状况及稳定性	非常好 好 一般 差	满足RFP的所有要求 不完整		5		
（13）建议书完整性	非常好 好 一般 差	满足RFP的所有要求 不完整		5		
总计				100		

注：等级 [a]：非常好=100%分配值；好=75%分配值；一般=50%分配值；差=0%分配值

详细的托管运营合同应该给出运营商所要提供的服务内容的框架，它会清晰界定服务范围，在何种程度上操作人员有权力和责任进行处置，以及给予运营商补偿等。合同规定必须达到一定的详细程度，然而也必须具有一定的灵活性，因为这种托管运营合同往往都是长期合作合同。图15-1阐述了托管运营合同的主要组成内容。

污水处理厂现有员工的安排问题是能否成功实现托管运营的关键。因此，托管运营合同中必须明确规定现有员工的过渡安排事宜。一份正式的过渡安排计划通常包括终止、转移、补偿和利益方面的规定。这对于存在工会组织的污水处理厂尤其如此，然而对于存在现有员工的污水处理厂也同样重要。过渡计划必须详细确定现有污水处理厂员工如何才能被托管运营公司重新聘用，要提供给现有员工咨询服务以及与养老金等相关的经济分析。

如前所述，自美国联邦税务署IRS改变了税法以来，目前提供公共服务的私营服务商可以获得长期的服务合同。这种做法再加上托管运营合同，提高了私营服务商参加公共基础设施投资以及分期偿还资金的能力。这种情形通过减轻加息和提供资金来源为地方政府带来了巨大利益。

大多数托管运营合同都会规定由地方政府提供给服务商一个固定支付。这笔费用通常是按照基本服务水平以及预期处理能力基础上的运行维护费用情况，每月或每季度支付一次。固定支付同时还包含了一定的基础设施基本费用，例如电费和天然气费用，该项费用根据预期的消费价格或一般的通胀指数，每年按照前一年的费用情况进行一次调整。当建立费用调整指数以确保其能够合理反映当地现状以及通胀对费用的影响时，必须小心谨慎进行操作。全国消费指数与特定地区的药剂、材料和供给情况几乎没有关系。指数过去的变化情况以及在较长一段时间内指数与实际费用变化之间的关联性，对于评估某一特定指数的实用性都是极为重要的。

除了进行一般的通胀调整之外，补偿费用额度也可根据实际处理水量与预期处理水量之间的差别情况进行调整。这些调整同时还应该包括与基础设施或其他生产资料相关物资的价格的上涨与降低。

在起草合同的补偿内容时，必须十分谨慎小心以确保服务商有足够的激励机制，能够在高效运行污水处理厂的同时，尽可能地降低运行费用。这种激励机制通常是在不断增加地方政府获得利益的同时，也不断增大服务商所获得的利益。同时，还应该意识到竞标公司可能已经将其所得利益的不断增加纳入到竞标建议书中了。

合同补偿条款中的另外一项关键内容是年度维护费用补贴，由地方政府支付，并由双方协商确定。这部分内容确保了维护计划的建立并获得资金支持。同时应对该部分补偿资金进行监管并记录使用状况，并在每年年末，应将剩余资金返还给当地政府。而当正常范围内的维护作业费用超出政府补贴时，超出部分通常应由私营服务商支付。这种方法也应该用于固定资产更换，包括主要设备达到使用年限时进行的更换作业。在20年的合同期限内，新更换的资产将归污水处理厂业主所有。如果在合同期内由私营服务商支付资产更换所需资金的话，将会加速这些资产的折旧和报废过程，缩短其正常的使用寿命。同时，将会导致运行费用过高。

涉及到进行改造的工程项目，必须考虑一些特殊问题。对于业主出资的项目，资金通常是严格按照工程进度情况进行支付的，因此可以根据工程进度情况来确定资金支付过程。而对于私营服务商出资的项目，需要由服务商和第三方托管方来共同控制资金支付过程。

为了便于项目谈判，强烈建议业主单位应将合同条款和条件包含在RFQ/RFP中，并要求竞标单位给出意见。建立公正合理的合同关系而又不会产生任何不必要的风险方法，将会为业主单位带来最大利益。当起草需要进行广泛审查的合同时，需要考虑许多问题，但是以下内容或者对于DBO采购流程是特定的，或者可以提供特殊的挑战。

15.6.1 责任

DBO采购流程的性质结合了3种类型的责任，需要采用某种形式的解决和分配方案。第一种责任存在于设计中，通常可以采用过失与疏忽职业责任保险予以解决。这种保险项目通常需要一个DBO服务商，主要取决于分组安排，可能会由该项目分包商提供。施工责任通常采用正常的履约和付款保函以及与公共工程相关的建筑商风险和一般伞式责任保险进行解决。运行责任一般较容易处理，通常由一般责任保险和履约保函或者代表该污水处理厂一年或两年的运行成本的信用证来予以解决。另外，固定资产最好能够购买灾害保险，这主要取决于合同期间哪一方是污水处理厂的业主方。当对每一个单个保险项目进行投保时，必须要十分小心，应该能够反应相关风险的相对价值，而不单单是污水处理厂的总价值，要涵盖三个责任内容。

这些合同的长期性值得考虑采用附加责任保险，以反映所提供服务的范围。这一要求本质上来说不应该是无限责任担保，但是应该反映工程故障所造成的实际影响费用。无限责任担保只能由公司根据其实际价值抵押一次，显然会受到公司净资产的影响。对于大型公司而言，无限责任担保是不适宜的，因为这是与银行在"赌博"，因此对于污水处理厂业主及其相关利益者都是不负责任的行为。另外，这笔巨额费用将会给公司带来不合理的负担。然而，这里举一个例子，一个具有30亿美元资产的公司可以抵押2千万美元作为担保，是有其实在价值意义的，而且保险商是可以同意的。这种方法给业主单位提供了绝对的定量保护，同时可以清除掉任何与公司成功、破产或所有权转让等有关的信息。

15.6.2 合同买断

有时业主单位可能希望在合同中包含合同买断或提前赎回条款。如果包含的话，合同买断条款必须要认识到与工程启动、运行和服务商失去运营机会的相关费用支出。此外，提前赎回条款还会影响到工程的资金问题。如果准备采用发行债券进行融资的话，债券的市场销售及其贴现利率将会受到负面影响。因此，如果运营服务商依照合同运行良好的话，是不需要合同买断条款的。如果运行状况不能达到要求，那么业主可以执行合同中的违反合同条款，实施终止合同权力。

15.6.3 项目资金

如果运营商提供项目资金的话，那么利率问题是非常重要的。在投标和中标之间的这段时间内，项目的债券发行利率不可能是固定的。因此推荐竞标建议书中的利率应该按照合同签订时刻进行调整，以为业主单位提供最佳工程投资。这同时也减小了服务商承担的工程投资风险以及转移至业主单位的工程成本。

15.6.4 合同终止

合同终止应基于不履行或违反合同两种情形。业主自便解除合同并不是因为有长期合作关系，而是DBO合同所期望的，然而对于竞标单位考虑竞标时将会是一个不利因素。

15.6.5 担保要求

担保制度是降低业主单位工程风险的重要手段。如前所述，DBO方案的担保要求与传统的合同要求并非完全不同，它们只是包含在同一合同内，而原来担保合同是独立的。在确定单个担保价值时，应格外小心，以防止不必要的担保费用的增加和重复。

15.7 服务商与业主单位相互关系

一旦污水处理厂实施了合同托管运营，业主单位参与的程度和频率将会直接影响污水处理厂运营的成功与否。回顾私有化或其他合同运营的污水处理厂表明，既有成功也有失败。运营的成功与失败通常是与合同效力以及业主单位参与的类型和程度有关。

业主单位参与的类型和程度因合同不同而相差较大。对于污水处理厂存在管理不足或过度的情况，业主单位是负有责任的。不能因为是由托管运营商在运行污水处理厂，业主单位就采取不管不问的态度，除非实际上它已经将污水处理厂的排放许可以及所有权转让给了私营服务商。业主单位仍旧最终要对客户、州和联邦监管机构负责。必须提供足够的信息以表明污水处理厂的运行能够达到排放标准，与合同条款相一致，能够达到合同要求的客观标准。同时，业主必须检查确认设备和设施的维护和更换要符合合同规定的条款，以确保保护业主的原始投资。另一个极端是业主单位过多参与已经实施托管运营的污水处理厂的管理工作，甚至引起到了一定的反作用。过度管理往往发生在原有员工反对实施私有化的污水处理厂。通常，业主单位会尝试采用污水处理厂繁琐的报告机制来安抚反对者，将原有员工安置在污水处理厂内作为巡视员，或者建立监督委员会以确保合同的正常执行。然而，这样的做法通常只会增加业主单位的费用支出，同时限制合同服务商的实际运行效果。

采用BOOT/DBO方案的工程项目，也会涉及到业主和业主的执行团队。适用于传统市政投资工程项目的操作程序不一定适合DBO工程项目，可能将会在实施过程中引起严重的问题。业主单位的团队是针对该工程项目的，被业主单位授权进行项目决策。当项目从建议书阶段通过谈判、签订合同到最终实施时，整个过程都必须进行沟通和信息交流。尤其是对于BOOT/DBO工作团队，在合同谈判初期，至少应与业主单位两周会见一次，然后过渡到审查设计工作进展，分享产品、设备、硬件以及其他工程细节。在这一过程中，业主单位要意识到在准备竞标建议书阶段，服务商就已经选定好了大部分的工程所需材料，设计过程会对其进行进一步细化和确认。因此，竞标建议书中提交的内容，实际上是向业主单位提供材料的信息和记录。如果所选设备、材料遭到业主单位的反对，这主要取决于其重要性，那么业主单位应该承担由于工程变更而引起的任何费用损失。同时，业主单位项目团队应该协调处理其他已存在的基础设施以及正在施工的项目，这项工作应该贯穿整个项目施工过程。

当项目从设计和审查阶段进入实际施工阶段时，业主单位希望能够指派一名全职现场代表，以便于与服务商进行直接沟通，并对工程要求和发生的问题作出及时响应。另外，业主现场代表还是现场质量保证/质量控制（QA/QC）监理人，以确保工程建设符合原有设计标准。工程项目记录、竣工图和工程进展的保存通常由DBO服务商完成，业主代表只需要进行确认即可。应明确业主代表在整个工程中的职责，清晰界定其工作内容和权力。他或她应该参加工程会议，从而使业主了解工程进度，并参与重要工程决策的制定。通常，服务商会邀请独立的检查机构完成建筑材料的质量保证/质量控制（QA/QC）监理工作，例如混凝土结合面或压力反应器的焊接以及油漆等，并将监理结果告知业主单位。

公私合作成功的关键是让合同服务商能够独立完成自己的工作，同时需要一份合同来清晰界定工程范围和业主角色。污水处理工程项目的私有化操作，只有确定清晰合理的预期结果，并通过双方的精诚合作，才能够获得成功。

第16章 培 训

16.1 引言

　　培训是良好运行的污水处理厂的重要组成部分，既是一种资产同时也是一种责任。污水处理厂培训的成功与否，通常取决于污水处理厂对待培训所持的态度。无论预算有多高、培训人员的技术水平有多强，错误的培训方法就注定了培训会失败。另一方面，即使资金和人员有限，正确的培训方法也会产生成功的培训。

16.2 组织与培训人员

　　在任何组织内，培训人员都占据着特殊地位，同时任何培训人员或者培训团队都应该组织起来保持和利用好这种独立的地位。培训决策的制定必须不受非专业人员的限制或指导，这样培训人员才能尽可能地按照企业文化自由安排培训工作。培训工作的独立性具有多种原因，其中最为重要的原因是如果培训人员失去了识别和确定培训要求的自由，而不能拒绝其他人员错误的培训要求，那么培训工作不可避免地会变成该组织管理机构的一部分，这样对该组织的培训和管理两者都不利。

　　理想的情况是培训人员或培训团队可以直接向该组织领导汇报，这样他们就可以合理地得到该组织任何部门的资源，同时免受该组织内的任何压力，以利于培训工作的开展。

16.3 起点：支持

　　如果组织不支持其培训团队，很容易被识别的。常常表现为即使培训预算额较大，同时也有培训政策，但是该组织管理压力大、效率低下，重要部门工作绩效较差，设备经常发生故障停转，而组织本身结构存在问题。如果一个组织支持了一个有活力高效的培训团队的话，上述问题就可大大减少（虽然任何组织都不能彻底消除这些问题）。

　　对培训团队的支持不仅仅意味着给予培训预算和政策支持。培训负责人员能够自由设计、制定和实施该组织需要的实际培训工作，同时能够方便获得培训工作所需要的所有人力和物力资源。更为重要的是，培训团队要在整个组织中占有一席之地，是该组织的重要组成部分，在组织未来的发展中具有明确的重要作用。

16.4 真正目标

任何现代化的培训系统都应该在组织内建立起一种学习氛围。在这种学习氛围中，所有人员都有责任促进本部门的发展，同时帮助同事实现发展。

为了达到这一目标，培训团队必须实施技术培训系统，即以项目为基础而不是以课程为基础。这种培训系统使培训人员专注于"及时"培训，将培训给予那些正好真正需要培训的人员。这样能够获得最佳培训效果，而且可以采取灵活的培训方式。每次培训工作均具有针对性，是独立的培训项目，而不是某一培训方案的其中一个步骤。

以项目为基础的培训同时也消除了制定、维护和更新很少使用的大部分培训材料的需要，而是主要依靠培训人员的能力，根据现实需要来制定培训材料。当然这既有优点也有缺点。没有综合性的培训课程，培训人员可能会需要一个标准操作规程的全面参考资料系统或者其他辅助，以确保能为受训人员提供适宜的信息内容。

理想的情况是一个高效的基于项目的培训计划仅需要提供与受训人员及其工作密切相关的信息即可。同时，还要使用最适于培训材料和受训人员技能和知识的培训媒介。

与以课程为基础的培训计划相比，以项目为基础的培训计划可能对培训人员的水平要求更高，但是因为培训是具有项目针对性的，因此所需受训时间可以大大缩短。因此，培训人员必须完全精通培训计划的所有方面，他们必须是培训内容方面的专家。

技术性培训的方法是由组织的运行性能要求决定的，并与该组织的基本运行效果相联系，而不是预先设定的培训材料。如果分析显示，培训并不是解决组织性能的好方法，那么培训人员应该协助找到其他具有更高成本效益的解决方案。

16.5 什么是培训

培训人员的真正工作是识别能够导致较差业绩或者没有业绩的技能和知识，并尽可能地采取及时经济的方法予以纠正。要记住，培训不是采用预先设定的方法向行政政策和程序确定的一组人员传授一套课程。相反，培训是采用易于吸收和使用的方式，在需要的时间和地点，向受训人员提供其完成组织工作所需要的信息内容。

当然，每个受训人员应该证明他们确实已经掌握了受训材料，同时每个专题培训班都应该包含与该专题相匹配的其他内容。组织的负责人同时也应该检查受训人员的工作情况，以确保他们已将受训知识应用到了实际工作中去。

培训部门以外的权力部门可能会提出与培训方法相矛盾的要求。这尤其常发于在安全培训中，州和联邦安全机构通常会定期反复强调某些主题，而出于多种原因，地方法律顾问可能会要求进行再培训。这些分歧通常存在于政府或准政府组织内，而培训人员往往会例行接受这些要求。

有时，再培训可能会产生较好的效果。例如，定期对关键问题进行"提醒"，有助于使受限人员对此保持精力集中。如果一项工作的一个重要部分仅在某一季节实施的话

（例如，北方各州冬季运行或者南方各州雨季流量应急措施），此时再培训将会是一种唯一可行的解决方案。这种再培训是一种有效的培训方法，因为在不使用这项技术的季节，员工对该技术会逐渐淡忘。

16.6 培训人员职责

培训人员对于保证污水处理厂的正常运行是非常重要的。他们可以同时执行新的行政政策，协助测试和启动新的处理设施，对于已有工作建立新的工作方法，保存工作相关信息的中心概要，为新入职人员介绍工作内容，确定软技能培训需求，寻找推荐适宜的外部培训人员。该工作具有多功能性，需要在组织内获得自由和行政支持。

通常，培训工作往往指派最精通某项工作的人员来完成，而他不一定具有培训其他人员的技能。对于直接可通过演示完成的简单工作，这种做法是非常有效的。然而，精通的培训人员可能不能与受训人员进行良好的沟通，同时个人关系现状也会影响到培训效果。

对于某具体工作，培训人员应该非常精通或者可以问专家学习。他们应该指导如何组织他们的培训过程，以便于受训人员接受培训内容。

16.7 培训人员就像外科医生

外科医生不会去开医院食谱，不会去消毒实验室设备，不会去管理每天的药剂使用量。他们只会去完成他们特有的工作——只有他们才能胜任的工作。没有人会要求外科医生从事他们领域之外的工作，但是当病人身体需要手术时，他们却是唯一一会被想到的人员。

在一个理想化的组织中，培训人员会寻找员工绩效缺陷的地方，并会设计方案予以改善。其总体目标是通过识别和解决存在的具体问题，而改善整个组织的整体运行效果。组织不能将培训工作作为解决管理问题的替代方法，但是经过一段时间之后，组织确实会发现由于人们对于工作更为自信和主动，存在的管理问题明显减少。导致他们业绩不良（甚至可能较差）的问题正在逐渐消失，从而整个组织运行更为高效。

16.8 培训的成功与失败

越接近实际需要的培训，越容易获得成功。如果培训时间比实际需要过早，那么培训过后，受训人员容易忘记培训信息，且不能立刻显示出培训带来的好处，那么培训将会失败。然而，如果培训时间过晚，受训人员认为他们已经从实际工作中获得了相关信息，那么培训也将会失败。

如果培训资料是新的话，培训将会成功，如果是重复以前的培训内容，那么培训将会失败。

当进行专题培训时将会成功，而当培训试图同时包含多个培训主题时，那么培训将会失败。

当受训人员相信新的培训内容将有助于他们通过问题解决，能够更好地完成工作或者使工作变得更为简单，或者传授一种新技术或改善工作环境时，培训将会成功。如果受训人员认为培训不会带来及时回报，那么培训将会失败。

换句话说，如果培训能够为受训人员工作带来直接帮助（例如，新设施、工艺设备变化、政策变化以及安全方面的培训），那么培训将会成功。如果培训不能带来及时利益，不能解决已有的问题，那么培训将会失败。

如果培训人员从一开始就能使受训人员知道他们的要求能够得到满足，这样将有助于培训获得成功。培训人员应该从阐述培训目的开始，继而说明培训将会给受训人员工作带来哪些好处。

16.9 制定培训计划

当制定培训计划时，培训人员应该咨询普通员工和培训主题专家两方面的意见。

从逻辑上来说，制定培训课程的第一步应该是将每一种工作分解成组织全面责任，然后分解成个人职责，最后分解成完成这些职责所需要采取的具体步骤。一旦完成了对每种工作的工作分析、任务分析和标准操作规程后，培训人员将可以制定出每种工作的针对培训包，并将其传授给任何需要完成这些职责的人员。然而，对于污水处理领域，单单对工作的分析和操作规程的制定可能需要数年时间，而传输这些知识需要更长时间，对这些材料的归档维护更会消耗更多的时间。曾经，一座大型污水处理厂从1993年开始尝试该项工作，却发现仅仅制定污水处理厂的操作规程，就需要超过8000h的工作时间。当继续进行该项工作时，污水处理厂发现，培训一旦完成后，许多培训资料就几乎都不再需要了。培训计划确实有其价值，但是在实际操作中太过繁琐。

培训工作需要更切实际。以项目为基础的培训系统更为简单而有效，这是因为它们提供的培训是实际需要的，是在需要的时间提供的，且采用了针对存在问题最为有效的解决方法。

这不是说应该排除其他方法。每种方法都有其适用范围，重点应该是对于培训计划的任何部分，都采用可获得的最为实用的方法。虽然重点应该放在以项目为基础的培训上，但是有时常规培训也是必须的。例如，当操作人员准备国家认证考试时，这种培训必须以课程为基础，因为考试主题是提前已知的。任何人都必须学习所有的课程材料，而无论材料内容与他们的污水处理厂是否相关。

16.10 计划组成

世界上不存在两种完全相同的培训计划，但是所有培训计划都包括一些常见组成。其中包括已在培训中被证明可成功使用的基本方法和途径，培训前所制定的政策和培训程序资料，每次培训后的技能鉴定，以及制定培训和培训程序时所采用的技巧。

16.10.1 基线培训

所有的新入职人员，无论何种职位，都必须接收污水处理厂一般规则和规范的介绍，这部分内容或许不一定是培训计划的组成部分。对于本章而言，运行维护培训开始于向员工介绍具体设备及其操作方法。这里，同事进行培训效果更佳，虽然大多数大型污水处理厂制定的培训系统中，通常都是由专业培训人员完成的。同事培训可以使新入职人员获得亲手操作设备的直接经验，而不需要遵守一定的培训规范。无论是单个学员还是学员团队，他们都会学习启动、停止、控制方法以及其他操作（如取样和报告）。

将所有权赋予有经验的员工，这种新式的培训计划，可简单概括为完成以下工作：

（1）召集一组员工进行30min的会议，通常负责人不在现场。需要携带以下物品：笔、纸、录音笔或者自粘便笺纸。

（2）让某人阐述其工作职责，记录下来，然后粘贴在墙上。

（3）当有人提出其他工作职责时，也将其记录下来，粘贴在墙上。同时，询问每项工作职责的主要内容。例如，当介绍污水处理厂预处理区时，要写下格栅和沉砂池。沉砂池后面要注明其包含的具体职责（例如，清洗沉砂输送管路）。

这样很快就完成了大纲和主体内容，然后开始进入下一项工作职责介绍。

会议介绍后，将大纲粘贴在墙上，让小组负责人回顾大纲内容，并标注出回顾中遗漏的任何细节内容。因此，这种大纲给出了每种工作职责的工作内容清单，这是每个新入职人员都要学习的，是由最了解这项工作的员工制定出来的，从而清单上的每一工作内容可通过同事之间在污水处理厂内进行传授。

这种方法适用于污水处理厂内所有工作职责大纲的制定，包括董事会成员的工作职责。

16.10.2 安全

安全问题不能进行简单处置，也不能由不精通安全方法和适用州和联邦法律的人员来处置。因工受伤或死亡的法律后果太大而难以承担，因此组织应尽最大努力避免伤亡发生。至少应当由专业安全培训机构制定和实施安全培训工作。

综合安全计划可能包含的主题内容如下所述。安全专业人员可能会根据具体污水处理厂的情况添加一些其他相关主题内容。

（1）安全健康政策；

（2）污水处理专业人员基本安全健康要求；

（3）急救和心肺复苏术；

（4）污水中的有害物质；

（5）行业卫生；

（6）呼吸防护设备；

（7）手动和电动工具安全；

（8）火灾预防与控制；

（9）事故和疾病报告；

（10）事故调查；

（11）有害能量控制（挂牌和上锁）程序；

（12）受限空间进入；

（13）安全工作许可程序；

（14）应急响应；

（15）硫化氢和其他气体的安全；

（16）化学药剂处置；

（17）危害通识与标示（化学品安全技术说明书（MSDS））；

（18）听力、眼部与面部防护；

（19）员工与社区知情权法案；

（20）厂内管理与安全设备贮存；

（21）电气危害（如高温作业与基本意识）。

更多有关安全方面的内容，请参见第5章。

16.10.3 其他

虽然基线培训和安全培训是培训计划的两大重点内容，但是综合培训计划还应该包含以下内容：

（1）交叉培训与岗位轮换任务；

（2）员工为寻求升职而进行的个人培训目标；

（3）专业组织（例如，水环境联合会及其各州和地方分会）。许多污水处理厂会为参加该类组织的员工代缴会费；

（4）操作人员认证培训计划，或者是地方性质的，或者可采用多州共用的认证培训课程；

（5）正式教育，可以限制在污水处理厂内授课，也可以扩展为地方高校和地区性职业培训计划。

16.11 培训系统

培训工作开始于管理。必须制定一个系统来管理培训计划的制定、保存每个员工的完整培训记录、在组织内分配培训资源（资金与时间）。

用于培训计划制定和实施的政策和程序与用于制定污水处理厂运行维护的政策和程序同等重要。这些标准应该包括组织和维护培训材料以及课程，制定培训文档的标准格式（例如，工作程序、课程计划、认证、资格指南和考勤表等）。

许多组织目前发现培训工作已经变成了一种非常复杂的工作，因此他们需要采用培训信息管理软件。这种软件适用于大型或小型污水处理厂来高效管理培训计划，同时保存所有必要的员工发展记录。

正如对培训课程进行关键性评估有助于提高培训课程一样，对培训计划进行审查则有助于识别计划中的不足与优势。这种审查工作应定期进行（通常每5年进行一次审查）。审查过程应该包括检查培训工作的人员和资金分配情况，以及在污水处理厂内各部门中的分配情况。审查人员应该仔细审查培训工作当前使用的方法和标准，并应尝试评估污水处理厂对待培训计划的满意度（或不满意度）。审查工作还应该包括参观其他污水处理厂的培训设施，并将其与正在进行审查的污水处理厂培训设施进行比较。

16.12 培训人员选择

最好的培训人员并不一定是最熟悉培训主题的人员（虽然培训主题专家应该是培训计划制定过程的重要组成部分）。正如建筑师可能不会为他们设计的宾馆撰写旅游手册一样，培训主题专家更像是培训人员的资源，而其本身并不是培训人员。今天，当确定需要培训时，培训人员应该在该组织内外需找合适的专家，并将他们的知识整合成培训包。

接受过正式教育的培训人员通常存在某些共同点。例如，多才多艺，即能够很快控制陌生环境的能力，这是非常重要的。一个现代培训人员必须能够适应工作环境的变化，因为科技能够快速改变工作性质。多才多艺在培训工作中是必须的。如果培训人员能够调整培训表达方式，进而更加符合受训人员的需要和期望，则可能将使失败的培训转向成功。技术性复杂的工作场所（如运行维护工作）对技术性能力的要求很高。组织的内部经验将有助于使潜在的培训人员更为熟悉现有系统、人事和方法。

16.13 培训资料

如果培训讲授没有培训材料支持的话，硬技能（和大部分的软技能）培训将是毫无意义的。在复杂的工作环境中，受训人员是不可能记录下来所有与工作相关的信息的，而这些培训资料将既可以增强记录效果，同时还可以作为参考资料。

例如，有一新建的活性污泥系统进水泵站，安装有变速驱动泵和一个恒速备用泵，可通过湿井液位、流量或人工调节控制水泵的运行。泵站可进行现场和有限远程控制，并配置有自动报警与应急关停程序。泵站采用厂区电网或者备用发电动机获得电能，实现自动启动或手动运行。操作人员必须能够"黑启动"该泵站，并能够根据需要实现泵站任何模式的运行，进行运行模式切换或关停，并识别进行每种操作的条件。从现在开始，新入职人员将需要达到相同的操作熟练程度。

目前，由于包括培训人员在内的所有员工都不知道如何运行该泵站，因此污水处理厂必须针对该泵站的每一种操作，制定运行手册和标准操作规程。缺少这些材料，是无法对该泵站开展有意义的培训工作的。这些资料将会在整个泵站的运行期间，作为参考资料指导操作人员的实际运行。针对维护人员的培训需要同样水平的备份资料。

同时，培训讲授和培训资料的所有内容都必须符合组织的官方要求，并得到管理层批准和支持。如果组织对于培训主题没有一个明确的政策或程序的话（尤其是那些能够导致设备损坏、人员受伤或导致公共危害的培训主题），培训人员可能会被依法追究所产生的任何不利后果。因此，任何培训人员都不愿承担那种责任，同时禁止任何组织开展这样的培训工作。

16.13.1 政策

1. 定义

政策是管理一个污水处理厂、一个部门或者一个团队等的某一方面开展正常运作的一种行政文件。它概要给出工作场所管理和运行实践，设置绩效预期，分配工作职责，同时阐述完成以上工作内容所需要采取的工作程序。每个政策都应该针对一个特定主题，而不能是很多主题。如果需要解决多个主题内容，应该分别制定相关针对性政策。政策内容必须易于理解、表达明确、条理清晰。书面政策可能涉及法律问题，因此在正式获得行政批准发布前，不应予以公开以免引起误解。

2. 内容

几乎所有的书面政策都必须包含以下内容：

（1）标题；

（2）发布和修订日期；

（3）摘要；

（4）目的；

（5）目标；

（6）定义；

（7）标准和约束条件；

（8）执行和处罚；

（9）声明；

（10）签发机构。

目前，某些政策可能不会含有所有这些条款，但是在政策制定时，应该考虑以下政策制定指南，应包含所有这些项目。至少应该包括标题、生效日期、目的和目标、政策声明和签发机构（这里给出的标题仅为用于示范目的，实际政策可能会有不同）。

（1）标题

标题通常较短，通常为5个字或更少。它概述了政策内容，应该包括生效的政策编号。如果需要的话，还应该加上政策修订号码。

（2）签发和修订日期

政策必须注明日期，因为有些政策发布日期要早于生效日期。如果签发和生效日期不相同，生效日期通常在正文予以注明。

（3）摘要

摘要是对政策的简要说明，以便于执行使用。它就相当于员工报告的执行总结。该项目通常仅包含在延期政策文件中。

（4）目的

政策目的是对该正式政策文件的声明。例如，"本政策能够增强我们对污水处理厂预期处理效果的相互理解，尽可能减小个人决策对污水处理厂政策的影响，有助于确保计划管理的一致性。"

（5）目标

政策目标应该是简单的陈述语句（主动语态），陈述政策预期完成的工作内容。如果政策有多个目标，应该分别列出，每个目标都应该给出主动动作内容。例如，"本政策预期主要完成以下工作内容：

①在污水处理厂区域内建立停车执法机构；

②确定每个部门的停车位置；

③为残疾人车位使用提供指南；

④划定共乘车辆停车区域。

（6）定义

对于任何非常用术语，应给出明确定义。例如"日落条款——通过确定具体结束日期或其他终止标准，例如至工程结束，来表明某一政策有效期限截止的条款。"

（7）标准和约束条件

标准和约束条件定义了本政策是否有效的条件。同时，还给出了受影响的部门或员工，以及任何限制、特殊情况或例外。标准和约束条件示例如下：

①标准："本政策适用于工龄15年以上的员工，无论年龄、健康状况或工作岗位。本政策不适用于已经退休或已经提交退休申请的员工。"

②约束条件："本政策适用于实验室员工以及进行污水采样的操作人员。"

③限制条件："本政策不适用于在污水处理厂内临时工作的其他公司合同工作人员。"

④特殊情况或例外："当前正接受纪律处分的人员，不适用于提前退休方案。"

（8）执行和处罚

政策必须清晰给出监督要求和违规处罚规定。例如，"对违反政策的员工，污水处理厂将给予纪律处分，包括但不限于解雇。"

（9）声明

政策声明指出了政策执行所需遵守的步骤，包括阐明污水处理厂目的所需要的任何细节。必须清晰界定相关部门的权力和职责（针对部门或工作岗位，而非个人）。例如，"高级运行主管在主操人员的建议下，有权规定污水处理厂运行人员的工作时间安排"。

同时，也必须给出需要遵守的标准。例如，"请给出计算结果的标准工程单位。"

应该包括报告内容和报告频率，以及报告流程。例如，"操作工程师应制定计划，培训污水处理厂所有领域的负责人，另外，需在每年的12月份，向运营总监提交一份年度运营概要和建议。"

必须明确具体的政策要求。例如，"员工不得自己或允许他人复制或拷贝纸质或电子格式的计算机程序、文档或信息。"

应该包含所有关键日期。如果有日落条款（审查日期、废止日期或其他标准（例如，工程完成或另一文件颁布）），这些内容也应该包含在正文内。同时，应给出生效日期。例如："本政策对进入曝气池走道的限制将于P1-36-2工程完工时废止。"

任何新政策的声明可能会影响甚至会淘汰现有政策。必须包含对其他政策可能产生影响的条款；如果其他政策被改变或被淘汰，应予以清晰注明。例如，"如果本政策与先前颁布的任何政策及其内容发生冲突，将以此政策为准，原有政策相关内容予以废止。"或者，"本政策代替SP-003政策——污水处理厂员工呼吸防护设备的使用。"

必须注明政策的签发行政机构。未经组织机构授权签发的政策是无效的。同时应包含政策签发人的亲笔签名。

16.13.2 操作规程

操作规程是指完成某特定任务而采用的一套条理性很强的指南。有些任务可能较为简单，如发生恶臭投诉时，可能要拨打一些联系电话、收集一些信息，然而有些任务可能比较复杂，例如"黑启动"一个活性污泥处理单元。一套工作程序仅限于完成一个主题任务。

操作规程一般为主动语态，直接给出每一操作步骤。严禁使用条件性语句（例如，"能够"、"应该"、"可能"、"应当"），这些操作步骤是操作指令，而不是建议。

操作规程应该包括以下项目内容：

1. 命名

命名应该包括：

（1）操作规程名称与标准编号（和修订编号，如果适用）；

（2）生效日期与最后修订日期；

（3）负责经理人签名（按照本组织法律要求，保存本签名文件）。

2. 目的和范围

用以简单介绍操作规程制定的原因，以及该规程适用环境范围。通常为一两句话。

3. 定义

对缺乏经验的员工不熟悉的术语、标题或组织机构，应进行单独定义。

4. 职责

准确给出操作规程涉及到的每个人的职责（针对工作岗位或部门，而非个人）。如果涉及到整个部门，那么应该给出部门和每个工作岗位的职责。这里还包括外部组织机构对污水处理厂运行效果的预期声明。

5. 规程

这里按照时间先后顺序对每一操作步骤进行排序，并给出每一步骤的具体实施内容，从最初事件（电话、警报、负责人决策等）到最后处置所涉及到的所有人、材料和必要的资料。然而，如果本操作规程中某一步骤涉及安全问题的话，在实施该步骤之前，必须予以声明，以便相关参与人员做好准备。

6. 参考资料

参考资料应该包括对操作规程实施效果产生影响或形成操作规程的相关规章、政策或法律的名称。

7. 附录

附录内容应该包括有助于操作人员更好执行操作规程的相关资料（如采样资料、地图、规划图和联系人列表）。

16.13.3 操作手册

操作手册是基本设备或工艺单元运行信息的汇总，包括正常或非正常运行所需要的所有政策和操作规程。以下运行手册给出了常见项目列表，但不一定是必要项目。操作手册应该重点给出设备或工艺运行所必要的完整指南。

（1）工艺单元描述

　（a）基本工艺原理

　（b）运行特征

　（c）处理能力

　（d）位置

　（e）基础设施

　（f）图纸或示意图

（2）与邻近工艺单元关系

　（a）进水来源

　（b）出水受体

　（c）副产物去除

　（d）对整个处理工艺的影响

（3）分类和控制

　（a）机械操作

　（b）控制基础

　（c）如何实施控制

　（d）自动调节

（4）设备如何响应条件变化

　（a）标准条件

　（b）操作员工调节

（5）操作人员可控项目（如何实施控制调节）

（6）主要组成

　（a）反应池、管道、渠道

　（b）自动机械运行（传送带、刮泥机、管道清通）

　（c）控制面板

　（d）驱动装置和电动机

（e）化学药剂系统

（7）化学药剂投加

  （a）示意图和管道系统图

  （b）辅助系统

（8）常见运行问题（故障诊断）

（9）实验室控制

  （a）采样

  （b）预期质量控制效果

  （c）污水处理厂启动和停止期间的质量控制

（10）启动和停止

  （a）黑启动

  （b）正常启动

  （c）应急停止

  （d）正常停止

  （e）隔离和上锁

（11）常规操作

  （a）建议圈数

  （b）预期示数

  （c）标准设置（门、阀门、开关等）

  （d）工艺调节

  （e）安全

（12）警报

  （a）警报激活条件

  （b）警报点

  （c）警报接受点

（13）备用操作

  （a）应急操作

  （b）二级运行模式

  （c）改变运行模式方法

  （d）故障防护装置

16.13.4 其他资料

在工作场所，可采用在墙上张贴操作图片、操作规程图的方式，以方便操作过程，它给出了完成某一工作任务所采用的主要步骤的文字说明和图画示意。一张制作良好的图片形式的操作规程图能够取代某些培训，而且不需要进行再培训。尤其在需要的时候，它可以给员工提供视觉提示。一些污水处理厂将这些图片形式的操作规程制作成相框，永久性地悬挂在运行设备位置处。

16.14 培训类型、主题与方式

培训方式有多种，但是没有一种方式是可以适用于所有场合的。而且无论采用哪种方式，污水处理厂都必须提供充足的资源和时间支持，以保证受训人员完成培训过程。

16.14.1 指导培训与自学培训

最基本的选择是是否需要一个培训人员来传授培训或者制定一个培训包（在线或纸质资料，这样受训人员可以自定培训进度）。这听起来像是很简单的选择，但其实不是。采用培训人员传授的方式可以更好地控制培训进度，但是这样受训人员就要在培训时间脱离工作岗位来参加培训，从而可能会产生时间安排问题（例如，针对新入职人员进行的污水处理厂简介和培训）。

自我培训包可以解决上述问题，但是同时也会产生其他问题。由于培训人员不在现场，因此培训包必须包含受训人员需要的所有信息和参考资料。这就意味着即使是一个十分简单的培训包，也需要准备很长时间。然而，一旦制作成功的话，培训包可作为一种培训资源供多人使用。

自我培训是一种极好的方法，可以将详细的技术资料传授给广大受众（例如，一种新型的空气监测设备，可应用于多种工作场合，如污水处理厂操作人员和维护人员、受限空间进入人员、实验室人员、户外建筑人员和质量控制监测人员）。适宜的培训也是安全所需要的，同时工作人员岗位变动将需要更多的培训课程。因此，受训人员可以以自己的进度方式学习使用培训包，同时资格指南能够帮助项目负责人审核受训人员是否已经知道了如何正确使用设备，这样就无需通过常规课程培训而完成了培训工作。

16.14.2 特定现场培训与培训机构培训

专业培训机构是专门开发和销售多种主题培训包的个人或公司。因为这种培训包要销售给多个买家，因此通常是常规培训信息，在运行或维护培训中的用途是有限的。一些培训工作（例如最为常见的设备）可购买这种培训包，但是通常最适用于一些软件的应用培训，如污水处理厂的办公室工作人员。

在污水处理厂，特定现场培训是其他培训方式所无法取代的。培训机构可以同污水处理厂管理部门共同开发这种培训包，但是通常这种培训是由污水处理厂工作人员开发并传授的。

对于新建污水处理厂和设备，可由设备制造商提供有价值的针对性培训工作。这种培训必须适合污水处理厂的操作要求，或者也可以现场制定包含这些信息的培训。

16.14.3 同事指导培训与负责人指导培训

同事指导与负责人指导这两种培训方式之间确实存在一定的差别，但并不是很大。这两种培训方式都有其作用，但是两者都不能解决所有问题。如果由负责人完成培训工作，优点是具有权威性且熟悉受训人员，但是如果由于其他原因存在摩擦的话，可能会带入培训课堂，从而影响培训效果。如果由同事完成培训工作，优点是存在平等的个人关系。但就是因为这种平等关系，使得培训工作缺乏权威性，从而往往会导致培训失败。

这两种培训方式都有其作用，但是不允许两种方式同时采用。污水处理厂要对其中任何一种培训结果负责。应向开展这两种培训的培训人员（同事或负责人）提供所需要的所有参考资料，并将这些资料予以保存作为培训计划文件的组成部分。

16.14.4 基于时间间隔培训

如果培训材料不变，而进行年复一年地再培训的话，几乎没有任何效果。因此，不建议采用基于时间间隔的培训方式，因为它会导致培训人员精神不振，破坏培训氛围，导致受训人员对整个培训过程态度冷淡。因为员工有些事情不知道而导致工作没有做好，这样通过培训应该能够提高工作业绩。培训工作不仅仅是为了让员工工作记录上有完成培训这一项，而需要切切实实地能够提高工作业绩。

然而遗憾的是，按照大多数州和联邦的要求（尤其是安全要求），确实需要进行基于时间间隔的再培训，而且污水处理厂必须要遵守这一规定。

16.14.5 AD HOC（特定培训）

这是一种简短的培训课程（30分钟或更短），主要用于应对新安装设备或污水处理厂工作方法的改变而设置。有时被称为"tailgate training session"，其目的是针对相对简单的主题，为关键工作人员提供快速培训。

16.14.6 建设培训

由于建设培训包括新建设施，因此通常是最难进行安排的培训项目。对于安装设备涉及到的每个部门，设计规范要求都要进行培训。设备供应商应该协同污水处理厂设计工程师提供设备的运行维护手册。然而，这种培训不是针对设备的，对整个污水处理厂的建设培训是一项很有挑战的工作。污水处理厂工作人员必须检查确认设备供应商提供的每一个操作规程，都进行了实际操作运行。这种检查是污水处理厂常规启动操作的重要组成部分，培训人员也应参加这种检查工作。

16.14.7 初始培训

对于新入职人员要进行初始培训，使他们获得关于污水处理厂的基本技能。应将初始培训作为独立的培训包进行设置，并随着污水处理厂设备和操作规程的变化而进行更新。初始培训是以课程为基础，因为每一个新入职人员都应该学习掌握一些基本职责。对于初始培训，同事指导和负责人指导两种培训方式是最为有效的。

16.15 工作对培训的影响

当培训人员开展培训工作时，必须考虑运行维护人员面临的工作压力。虽然大多数招聘和升职是基于他们识别和响应故障和紧急事故的能力，但是运行维护人员的工作职责大部分是每天重复的例行工作。在一个故障发生之前，运行人员可能要成年累月地检查同一个设备，观察同一个仪表的示数。他们完全有理由因为能够保持这种持续的警惕性，而同时实际上在使用所有的感官器官在工作而自豪，但是这种年复一年例行工作通常最终会导致枯燥和倦怠。当员工有轻微的这种感觉时，可能就会影响到员工投入到培训工作的精力。

16.15.1 倒班工作

这种工作本身就会对培训产生限制。目前10h或12h的倒班工作是很普遍的，污水处理厂昼夜不停地运行，意味着员工必须在夜间工作。长期的倒班和夜班会使人非常疲倦，尤其是快到周末时，这种情况下，任何非直接与他们工作相关的培训可以说是难以被他们所接受的。在适宜的倒班工作中安排一定的培训可能会易于接受一些，但是这通常由于培训所需要的时间和费用问题而变得不现实。同时，人员编制过少，也难以使员工有空余时间参加长期培训，即使是在倒班间隙。

倒班工作同时也意味着员工的休息日是交叉的，从而更进一步限制了培训时间的安排。人员编制过少对于培训来说也可以说是一种心理障碍，因为员工均不想因为离开而使他们的同事变得更为繁忙。这种同事之间的互助感情是值得表扬的，但是其结果却是不利的。

污水处理厂本身也可能成为某些培训的障碍。工艺设备通常是每天24h连续运行和监测，因此操作人员必须对任何异常进行相应调整，而无论是否是预定的培训操作行为。培训也会受到工作守则的限制，因为工作守则要求不允许采用加班方式完成培训工作。

以上所述这些培训障碍是无法根除的，但是可通过缩短培训时间、尽可能采用现场培训以及后补培训课程的方式，来减小其对培训工作的影响。

16.15.2 专业化及技术分级

随着污水收集系统和污水处理厂不断采用现代化操作技术，污水处理厂的各部门规模不断发生变化。这种变化将会导致污水处理厂技术分级，尤其对于操作人员而言。工作团队内技术和知识水平的这种分级将会降低污水处理厂适应进一步变化的能力，但可提高短期工作效率。技术分级主要有以下三个主要原因，分述如下。

第一，整个工作团队规模的精简将会提高工作专业化程度，且会产生这种趋势，即白班工作人员完成更多智力型工作，负有最大的工作责任。而晚班工作人员被认为仅仅是看护人员，只需要保持白班的运行状态即可。这就改变了污水处理厂对每一个工作团队的预期工作业绩、培训需求以及对工作内容的要求。

第二，大型污水处理厂通常会按照工艺单元设立操作运行小组，每一小组仅负责某一具体工艺单元及其相应技术，而无需掌握污水处理厂的其他工艺单元的操作。因此，这种工艺单元小组分组形式不仅提高了整个污水处理厂的运行效果，同时也推动了技术专业化进程，并改变了每个人所需接受的培训要求。工艺单元运行小组在接受一些技术的同时，也失去了一些本工艺单元不需要的技术。

第三，再创造常常会导致"部门内部分级"，这主要针对维护作业。维护专家通常能够提出可直接用于操作的成套高级技术，而这些是有经验的现场操作人员没有掌握的。这样，受训人员将会获得比其有经验的旧同事更高的运行效率，工作业绩也会超过他们，而这些"老员工"却没有获得这些技术和知识的机会。

培训人员有责任发现这种趋势，并且找出方法来尽可能减小其负面作用而增加其积极作用。

16.15.3 可能的解决方法

对于单个员工来说，可以克服任何与个人以及工作相关的限制，而不会对培训计划产生不利影响。然而，就全体员工而言，这些限制还是会对培训产生一定程度的影响。为了确保培训效果，培训人员应该做到：

（1）只针对清晰及时需求进行培训；

（2）协助污水处理厂经理人评估和解决组织问题；

（3）向员工提供可及时提高其工作业绩的培训主题；

（4）避免培训内容的重复；

（5）确保培训内容简单、通俗易懂；

（6）尽量使用动手操作培训；

（7）减小受训人员数量规模，根据培训预算情况，尽可能提供多次补充培训；

（8）采用快速、熟悉的培训方法和便于使用的辅助工具；

（9）在批准培训前，仔细选择培训人员和培训计划；

（10）在时间和安全允许的情况下，培训内容和计划中应尽可能多地包含一些可供普通受训人员参与的内容；

（11）将培训作为有助于员工的工作，而不是"上级命令"；

（12）当可给予受训人员明确的帮助时，再提供倒班培训；

（13）向操作人员提供维护培训；

（14）每次开展培训工作，邀请尽可能多的有空闲时间员工参加；

（15）尽可能在污水处理厂内提供切实可行的培训；

（16）建立和保持一个积极并切合实际的培训工作和培训组织。

16.16 培训设计和开发

进行培训设计和开发时，应遵循以下规则：

16.16.1 规则1

应该仅在明确需要的情况下提供培训。避免开展常规培训分析不支持的培训工作。这种培训可能是监管工作的替代物，或者是先前已经确定下来，但不能反应目前需要的培训工作安排。培训时间是很宝贵的，不应该浪费在不必要的培训课程上。

16.16.2 规则2

确定培训是否是对所预见的需要的适宜响应。在没有完全独立的情况下，培训人员必须能够自我坚持"根据需要提供培训"原则，拒绝提供不适宜的培训。作为局外人，培训人员可以切实分析所预见的需要，从而帮助污水处理厂负责人寻找适宜的解决方法，而可能不会采用培训的方式。

16.16.3 规则3

采用切实可行的培训方法。培训技术是培训计划成功的有机组成部分，也可能是没有必要支出费用的。培训人员应该熟知培训技术的最新发展情况，采用适宜于培训主题的最经济有效的培训方法。

16.16.4 规则4

培训增长知识和技能，但不能解决组织结构问题。培训人员能够较好地确认现实情形是否真的需要开展培训工作，但是要记住培训不能成为监督管理工作的替代方法。

16.17 评估工具

对培训进行评估通常能够表明对管理进行变化的要求。此时，培训人员虽然能够协助负责人处置存在的问题，但是通常却没有权力进行政策改革。但当确实需要开展培训时，应准确界定培训要求，以便于培训工作的开展。

以下阐述一些方法，用于确定是否存在的问题可通过培训的方式进行解决，或者可以找到其他更为适合的解决方法。

首先，培训人员应该询问以下问题：对于涉及的员工而言，如果他们不得不做的话，他们会做吗？如果回答"是"的话，那么培训是不能解决该员工存在的问题的。工作场所内存在的某些情形可能会导致员工业绩较差或者无业绩，分析如下：

（1）员工可能没有足够多的机会来完成某项工作，从而达到精通的程度；

（2）较差的员工内部关系或态度，可能会导致工作职责无法完成；

（3）对于工作完成较差甚至没有完成的情况，通常不会引起明显后果。"没关系"是无所作为的完美借口；

（4）负责人对于较差的工作表现或者需要指导的员工，没有给予足够的重视。

对于以上几种情形，培训是起不到作用的。如果是态度问题，培训可能会暂时性地掩盖问题的本质，但是将会使事情变得更加糟糕。

如果对于第一个问题的答案是"不，如果他们不得不做的话，他们也不能做。"，然后要回答第二个问题："他们愿意做这个工作吗？"

如果员工虽然不能做这个工作，但是他们愿意学习如何去做的话，就需要由负责人或员工主管安排培训或指导，这主要取决于问题的严重性以及受影响的员工人数。成年员工通常很少会无故拒绝或抵制完成工作职责。如果团队员工不能完成工作，且不愿意学习如何完成工作的话，要找出其真实原因。如果不先去除员工的抵制，那么培训将会失败。员工产生工作抵制的可能原因，分析如下：

（1）态度。

通常一些员工可能会对工作或任务态度较差。如果这是文化方面的原因，培训也不能解决这一问题。唯一的解决方法是不让他们做这些工作，或者给他们另行分配其他工作。有时，某一工作团队可能会强烈认为，该项工作应该由其他小组来完成。不要主观地否定他们的这种想法，或许他们是正确的。

（2）监管不力。

监管人员可能会在如何完成以及是否需要完成某项工作方面存在分歧，这将会在员工内部产生不和谐。接着导致工作业绩下降、不稳定或者较差。如果这样的话，就表明要开展监管培训，而不是针对普通员工的技能培训。

（3）工作没有得到重视。

如果工作完成较差或者根本没做，也不会产生消极后果，或许就根本不需要去做。同监管人员共同检查这项工作的成本及其成果，如果没有必要的话，就将该工作予以取消。如果需要完成一项工作的话，培训人员的首要任务就是要让员工知道为什么要完成这项工作，然后再告诉他们如何完成。

（4）固有阻力。

有时，整个工作职责中的某一部分可能会对该工作的完成产生阻力。例如，由于可能较为耗时，从而会导致无法合理完成更为重要的工作职责，或者它可能会对运行的其他方面产生不利影响。

16.18 成人员工培训：这里不是学校

成人的学习原因不同于儿童，他们学习的方式有多种。儿童的学习可能会因为乐趣，而大部分的成人却不是这样。通常，成人员工是带着一定目的而接受培训的，即减轻工作的某些方面带来的压力和不足。某些影响个人是能够立即感知到的，因此他们需要予以解决。

面向成人员工开展的培训，除非是与解决他们目前存在的问题相关的技术，否则他们可能没有兴趣。这不是因为缺少培训积极性或态度不好的问题，这是成年员工的思维使然。因此，每一次培训，都必须提醒每一个受训人员，本次培训内容将会如何改善他们的工作生活。

16.19 培训结果检验

新的技术只有经过了员工亲自展示之后，才可以说其已经掌握了该项技术。然而这一事实对于受训人员以及污水处理厂而言，具有几种分歧。

对新技术或知识的展示，能够使员工个体增加自信，并可促进其对新技术知识的使用，从而明显提高污水处理厂的工作效率和安全性，并改善员工个体的工作态度。已知能够较好完成工作职责的员工要比那些工作业绩较差的员工更快乐、更积极。

对于污水处理厂而言，进行培训结果检验，可以使监管人员确认他们的员工是否能够完成所需要的工作。如果错误操作产生了损坏或伤害，而污水处理厂不能证明引起事故的员工是能够胜任该工作的话，污水处理厂可能要承担严重的经济甚至刑事责任。

一种简单的一步步资格指南可以避免产生这种不利结果，给出了检验员工技术掌握情况清单。不用进行定期重复课程培训，员工可以通过负责人或指导人员的指导而通过资格指南，证明其工作能力，而不用浪费培训时间和费用。可以在教室内进行覆盖课程中心内容的资格指南笔试测试。员工可以在现场进行机器空转操作技术演示。测试结束后，每个指南都应该标注日期，同时受训人员和培训人员都应签名。

虽然资格指南较为简单，但却是重要的员工培训记录，应该与其他重要的员工记录一起进行存档保存。

16.20 时机的重要性

当开展成年员工培训工作时，时机的选择再强调也不过分。培训太早，没有使用就已经忘记的培训不仅是一种浪费，同时还会损坏设备，破坏工作氛围。

更糟的情况时，在员工通过亲自动手已经对陌生系统获得了他们自己的操作方法之后，才提供培训。除了设备损坏以及人员伤害的明显问题外，他们必须忘记不良的操作方法，而采用正确的操作规程。这种后培训可能永远都不会彻底获得成功，其负面影响可能会持续多年。

制定和开展"即时"培训是一件较为困难的事情，但是其优点也是极为明显的。为新处理设施或新处理工艺开展这种培训尤为困难，因为没有人对其使用具有足够的知识或经验。培训人员必须利用可用资源，并全力参与到启动运行小组开发适宜方法的工作中来。

16.21 分析而不是停止

如果管理不好的话，培训分析可能是没有效果的，而且会很耗时。许多污水处理厂的培训计划已经停止了，因为培训人员进行不断增加的详细分析。如果能够做到对培训进行切实可行的分析，将可以避免产生上述问题。

培训开发所需要进行的分析与制定标准操作规程所进行的分析一样多。同一工作团队需要完成这两项工作，因此需要来自两个方面的共同支持。每一分析中的目标员工都是能够胜任使用污水处理厂其他设备而对正在讨论的设备不熟悉的员工。其详细程度应该是让这样的员工能够完成该工作，既适宜于操作规程制定，又能用于培训开发。

16.22 目标格式

培训目标看似简单。目标是指培训结束后，受训人员预期能够完成某种具体任务的一种声明（例如，"培训结束后，受训人员将能够获得完成某种工作的能力。"）。培训目标的书写形式都是相同的，以便于开展培训的使用，同时确保每一目标都是适宜的。每一目标仅有一条，而不是相关几条，并应注明预期获得的能力水平。如果需要确定培训效果的百分比，则应在培训目标中予以声明。

设定培训目标是创建培训包的首要内容。当培训包创建完毕后，应该直接根据目标给出培训效果测试指南。这样可以确保达到培训目标，同时还有助于协助培训人员确认完成了培训计划内容。

16.23 布卢姆分类法

在19世纪40年代末至50年代初，B. S. Bloom组织并描述了作为学习能力一部分的认知水平，如表16-1所示。这些认知水平包括从最基本的学习能力（回忆事实）到最复杂的学习能力（基于标准和规范的评估与评价）。

布卢姆分类法指南　　　　　　　　　　　　表16-1

认知水平	定义	示例动词
知道	能够记住以前所学的内容；能够回忆或识别以前学习的信息、观点和原理及大致学习形式。	书写、列表、标记、命名、陈述、定义、描述、识别、匹配
理解	掌握意义，并解释或说明内容；预测结果和影响；评估趋势。	解释、概述、释义、描述、阐述、转换、辩护、辨别、评估、归纳、改写
应用	将所学内容用于新的情形；在没有指导的情况下，使用规则、方法、理论、原理解决问题或完成任务。	使用、计算、解决、证明、应用、建立、改变、操作、展示
分析	理解内容的结果及各部分之间的关系；得出独立的结论和假设。	分析、分类、对比、对照、分离、区分、图示、概括、关联、分解、区别与细分
综合	综合所学观点，创建新的产品、计划与建议。	创建、设计、假设、发明、开发、联合、遵守、创作与重新排列
评价	以具体标准和规范为基础进行评判、评价或评论，判定相对价值，利用事实支持结论。	判定、建议、评论、证明、评判、批评、对比、支持、推断、区分与对比

当分析某一培训包时，培训人员应该首先评估完成工作职责所需要培训水平。然后，确定适宜的培训目标。通过在培训目标中使用布卢姆提供的示例动词，培训人员就可以

确定通过培训所能达到的能力水平。例如，如果确定是达到应用水平，则目标可确定为：

"在培训结束后，每个受训人员能够具有以下能力：

根据挥发性和非挥发性污泥实验室分析结果，计算消化池处理效率。"

如果确定是达到知道水平，那么目标可确定为：

"给出沼气压缩罐示数。"

16.24 常见问题

许多常见问题将会损害，甚至导致培训计划失败。最为常见和最为严重的问题分述如下。

16.24.1 复制

复制可通过几种途径进入培训计划中。最为常见的途径是由于懒惰的计划开发。如果在污水处理厂内有多个位置使用了同一种类型的设备，那么不用每个位置安装使用这种设备（包括新安装）时，都对员工进行培训。

另外一种形式的复制是一个设备包含了多个主题。这种情况下，仅需要对该设备提供一次操作培训，但是不要因为多个主题，而多次重复操作培训。只需要传授新内容。

16.24.2 重复

重复是培训的一大障碍。许多污水处理厂要求定期（通常为1年）对员工开展同一设备的运行维护培训。这听起来很好，其实则不然。例如，许多员工其实已经能够较好地操作该设备了，但是还是被强拉去参加所谓的设备运行维护培训。这种情况虽然有点可笑，但是却事实上损害了培训计划的效果。

基于时间间隔的培训是一种效率极低的培训方式，应该尽量取消。可采用资格指南达到相同的效果，资格指南是基本培训包的组成部分。培训人员或员工主管可以安排每一员工通过资格指南，并当场指出存在的不足之处。这就省去了利用业余时间进行不必要培训的需要。

16.24.3 无目标培训

不断地开展应急培训可能会导致培训组织无效。虽然培训人员必须对一些培训要求做出快速响应，但是这种响应不要妨碍培训工作的正常进行。如果培训人员忙于响应一个接一个的应急培训需求，那么他们就没有时间来推动培训的发展。问题在开始可以作为培训问题进行处理，然而简单分析（这需要一定的时间）可能会表明其实这不是一个需要培训才能解决的问题。

应急培训可能会导致更多应急培训的需求，因为已经安排的常规培训通常会被一再推后，从而它们也变成了应急培训。到最后，污水处理厂会发现培训组织一直在响应应急培训，而没有了明确的确定目标。如果这样的话，培训将不再是污水处理厂的一种资产了，甚至可能已经不再是一个污水处理厂的独立部门了。

16.24.4 失去领导力

培训部门要在污水处理厂具有特殊地位，必须具有领导力，但这也是较为困难的。在培训已经开展了很长时间而没有总体规划的情况下，尤其如此。部门领导已经习惯了毫无疑问地满足他们的需求，而即使培训人员对他们的培训要求说"不"时，他们也不理会。但是，为了满足整个污水处理厂的培训要求，培训部门必须要能够按照自己的原则开展培训工作。

培训人员必须能够自由识别和评估培训要求，适时适地开展培训工作，坚决拒绝使培训工作成为解决污水处理厂问题适宜方法的替代方案。

16.24.5 管理工作修复的替代方法

通常，在污水处理厂，至少50%的培训没有必要的，甚至有些培训会恶化问题的解决。这主要是因为培训常常被用作令人不愉快的管理行为的替代方法。如果一个员工（或一组员工）业绩没有达到要求，而他或者他们确实是不知道如何能够做好工作的话，这时培训是最为适宜的。

然而，大多数业绩较差不是因为缺少知识造成的，而更为常见的原因是没有奖励业绩好的员工，而是相反奖励了业绩不良的员工。这种奖励可能是任何使工作更容易或更舒服的形式（例如，更长假期、减少爬楼梯需要或更少的文字工作等）。在分析培训要求时，培训人员应该仔细分析这些处罚（在工作场所产生的令员工工作不舒服的任何事物）和奖励（增加工作舒适程度的任何事物）。采用培训来避免改变工作场所管理可能引起更多不愉快的经理人，也已经成为了这种恶性循环的受害者。

培训人员能够帮助经理人找出原因，并永久性解决这些问题，或者他们也可能会落入采用培训方式来驱使员工采用不同的方法进行工作的陷阱，然而，最后往往发现员工又回到了培训前的工作业绩水平。

16.24.6 太早或太晚

这一问题既能导致培训无效，同时还会损坏培训组织的声誉，但这往往是难以避免的。寻找需要培训的时间点是一项很有挑战性的工作，尤其是当有多种需要同时存在时。然而，虽然困难，培训组织也不得不做。

16.24.7 没有必要

几乎没有什么能比提供没有必要的培训对培训组织效率的损害更大。在大多数员工都已知某一材料的情况下，是严禁进行培训的。仅对需要的员工提供培训。这对于内部制定的培训和培训机构提供的培训两者都是适用的（培训机构提供培训一般具有一定的诱惑性，尤其是当与污水处理厂具有合作关系，可以免费提供培训时）。可通过让员工自愿选择参加培训而降低其影响，这样员工就不用强制参加培训了。总之，培训人员应该评估培训内容，坚决拒绝不必要的培训。

16.25 阅读建议

目前，培训和成人教育的资料很多，其中重复性内容也是惊人的。实际上，Robert F. Mager的书中包含了建立培训计划所需要的一切内容。这些书简单直观，通常成套销售，有时被称为"Manager six-pack"。它们是任何培训组织图书馆的重要参考资料。该套书的书目如下（Mager，1997a~e; Mager 与 Pipe，1997）：

（1）分析业绩问题；

（2）确定培训目标；

（3）检验培训结果；

（4）如何使受训人员感兴趣而非兴味索然；

（5）目的分析；

（6）促使培训获得成功。

培训计划制定负责人员，请参见《fundamentals of procedure writing》（Carolyn Zimmerman and John J. Campbell（1988））一书。

参考文献

第2章

推荐阅读

Criteria for Municipal Solid Waste Landfills (1996) *Code of Federal Regulations*, Part 258, Title 40. http://www.epa.gov/tribalmsw/pdftxt/40cfr258.pdf (accessed April 2007).

National Research Council (2002) *Biosolids Applied to Land: Advancing Standards and Practices*; National Academy Press: Washington, D.C.

Standards for the Use or Disposal of Sewage Sludge; Agency Response to the National Research Council Report on Biosolids Applied to Land and the Results of EPA's Review of Existing Sewage Sludge Regulations (2003) *Fed. Regist.*, **68** (68), 17379–17395. http://www.epa.gov/EPA-WATER/2003/April/Day-09/w8654.htm (accessed April 2007).

State Revolving Fund. http://www.epa.gov/region7/water/srf.htm#cwsrf (accessed 2007).

U.S. Environmental Protection Agency (1999) *Biosolids Generation, Use, and Disposal in the United States*; EPA530-R-99-009; U.S. Environmental Protection Agency: Washington, D.C.

U.S. Environmental Protection Agency (2003) Watershed Rule; 40 *CFR* 122, 124, and 130; U.S. Environmental Protection Agency: Washington, D.C.

U.S. Environmental Protection Agency, *Municipal Technologies* Technology Fact Sheet. http://www.epa.gov/OW-OWM.html/mtb/mtbfact.htm (accessed April 2006).

U.S. Environmental Protection Agency Law & Regulations, Clean Water Act. http://www.epa.gov/r5water/cwa.htm (accessed April 2006).

U.S. Environmental Protection Agency (2000) Progress in Water Quality: An Evaluation of the National Investment in Municipal Wastewater Treatment; EPA/832-R/00/008; June. http://www.epa.gov/OW-OWM.html/wquality/wquality.pdf (accessed April 2006).

U.S. Environmental Protection Agency, Environmental Management Systems. http://www.epa.gov/ems/index.html (accessed April 2006).

Water Environment Federation (1999) *Prevention and Control of Sewer System Overflows*, 2nd ed.; Manual of Practice No. FD-17; Water Environment Federation: Alexandria, Virginia.

第3章

Federal Emergency Management Agency (1985) *Fire Service Emergency Management Handbook*; Federal Emergency Management Agency: Washington, D.C.

Hulme, H. S., Jr. (1986) Integration of Emergency Management: Key to Success. *Emerg. Manage. Q.*, 4.

Water Pollution Control Federation (1986) *Plant Managers Handbook;* Manual of Practice No. SM-4; Water Pollution Control Federation: Alexandria, Virginia.

Water Pollution Control Federation (1989) *Emergency Planning for Municipal Wastewater Facilities;* Manual of Practice No. SM-8; Water Pollution Control Federation: Alexandria, Virginia.

第4章

Eckenfelder, W. W. Jr. (1999) *Industrial Water Pollution Control*, 3rd ed.; McGraw-Hill: New York.

Nemerow, N. L. (1978) *Industrial Water Pollution*; Addison-Wesley: Reading, Massachusetts.

U.S. Environmental Protection Agency (1992) *Control Authority Pretreatment Audit Checklist and Instructions*. U.S. Environmental Protection Agency: Washington, D.C.

U.S. Environmental Protection Agency (1983) *Guidance Manual for POTW Pretreatment Program Development*, EPA-833/B-83-100; U.S. Environmental Protection Agency: Washington, D.C.

U.S. Environmental Protection Agency (1986) *Pretreatment Compliance Monitoring and Enforcement Guidance*. U.S. Environmental Protection Agency: Washington, D.C.

U.S. Environmental Protection Agency (1987) *Guidance Manual for Preventing Interference at POTWs*, EPA-833/B-87-201; U.S. Environmental Protection Agency: Washington, D.C.

U.S. Environmental Protection Agency (1989a) *Guidance for Developing Control Authority Enforcement Response Plans*. U.S. Environmental Protection Agency: Washington, D.C.

U.S. Environmental Protection Agency (1989b) *Industrial User Permitting Guidance Manual*, EPA-833/B-89-001; U.S. Environmental Protection Agency: Washington, D.C.

U.S. Environmental Protection Agency (1994) *Industrial User Inspection and Sampling Manual for POTWs*, EPA-831/B-94-001; U.S. Environmental Protection Agency: Washington, D.C.

U.S. Environmental Protection Agency (1999) *Introduction to the National Pretreatment Program*, EPA-833/B-98-002; U.S. Environmental Protection Agency: Washington, D.C.

U.S. Environmental Protection Agency (2004a) *Local Limits Development Guidance*, EPA-833/R-04-002A; U.S. Environmental Protection Agency: Washington, D.C.

U.S. Environmental Protection Agency (2004b) *Local Limits Development Guidance Appendices*, EPA-833/R-04-002B; U.S. Environmental Protection Agency: Washington, D.C.

U.S. Environmental Protection Agency (2007a) Current National Recommended Water Quality Criteria. U.S. Environmental Protection Agency: Washington, D.C., http://www.epa.gov/waterscience/criteria/wqcriteria.html (accessed March 2007).

U.S. Environmental Protection Agency (2007b) *EPA Model Pretreatment Ordinance*, EPA-833/B-06-002; U.S. Environmental Protection Agency: Washington, D.C.

U.S. Environmental Protection Agency (2007c) General Pretreatment Regulations. *Code of Federal Regulations*, Part 403, Title 40.

U.S. Environmental Protection Agency (2007d) Guidelines Establishing Test Procedures for the Analysis of Pollutants. *Code of Federal Regulations*, Part 136, Title 40.

U.S. Environmental Protection Agency (2007e) Specific State Program Status. U.S. Environmental Protection Agency: Washington, D.C., http://cfpub.epa.gov/npdes/statestats.cfm?view=specific (accessed March 2007).

Water Environment Federation (in press) *Industrial Wastewater Management, Treatment, and Disposal*, 3rd ed.; Manual of Practice No. FD-3; Water Environment Federation: Alexandria, Virginia.

第5章

American Heritage Dictionary (1997) 3rd ed.; Houghton-Mifflin: Boston, Massachusetts.

Lue-Hing, C.; Tata, P.; Casson, L. (1999) *HIV in Wastewater: Presence, Survivability, and Risk to Wastewater Treatment Plant Workers;* Water Environment Federation: Alexandria, Virginia.

Casson, L. W.; Hoffman, K. D. (1999) HIV in Wastewater: Presence, Viability, and Risks to Treatment Plant Workers. In *HIV in Wastewater: Presence, Survivability and Risk to Wastewater Treatment Plant Workers*; Monograph; Water Environment Federation: Alexandria, Virginia.

Comprehensive Environmental Response, Compensation, and Liability Act (1980) *U.S. Code*, Chapter 103, Title 42; Washington, D.C.

Geldreich, E. (1972) Water-Borne Pathogens. In *Water Pollution Microbiology*, Mitchell, R., Ed.; Wiley & Sons: New York; Chapter 9; p 227.

Helperin, J. Driven to Distraction: Cell Phones in the Car (The Debate over DWY [Driving While Yakking]). http://www.edmunds.com/ownership/safety/articles/43812/article.html (accessed Jan 2006).

Kuchenrither, R. D.; Sharvelle, S.; Silverstein, J. (2002) Risk Exposure. *Water Environ. Technol.*, **14** (5), p. 37–40.

参考文献

National Institute for Occupational Safety and Health (2005) *The NIOSH Pocket Guide to Chemical Hazards.* Department of Health and Human Services, Centers for Disease Control and Prevention, National Institute for Occupational Safety and Health: Washington, D.C.

National Fire Protection Association (1995) *Standard for Fire Protection Practice for Wastewater Treatment Plants and Collection Facilities,* NFPA 820. National Fire Protection Association: Quincy, Massachusetts.

National Fire Protection Association (2005) http://www.ilpi.com/msds/ref/nfpa.html (accessed Feb 2006). National Fire Protection Association: Quincy, Massachusetts.

National Fire Protection Association (2006) *Uniform Fire Code,* NFPA 1. National Fire Protection Association: Quincy, Massachusetts.

Occupational Safety and Health Hazards (2005) *Code of Federal Regulations,* Part 1910.

Permit-Required Confined Spaces (2005) *Code of Federal Regulations,* Part 1910.146.

Safety Belts, Lifelines, and Lanyards (2005) *Code of Federal Regulations,* Part 1926.104.

SARS Prevention: Hook Up Drains, Clean Up Waste (2003) Taiwan headlines. http://www.taiwanheadlines.gov.tw/20030506/20030506p5.html (accessed Feb 2006).

Thompson, S. S.; Jackson, J. L.; Suva-Castillo, M.; Yanko, W. A.; El Jack, Z.; Kuo, J.; Chen, C. L.; Williams, F. P.; Schnurr, D. P. (2003) Detection of Infectious Human Adenoviruses in Tertiary-Treated and Ultraviolet-Disinfected Wastewater. *Water Environ. Res.,* **75**, 163–170.

U.S. Environmental Protection Agency (2001) Consolidated List of Chemicals Subject to Emergency Planning and Community Right-to-Know Act (EPCRA) and Section 112(r) of the Clean Air Act, EPA-550/B-01-003. U.S. Environmental Protection Agency: Washington, D.C., http://www.epa.gov/ceppo/pubs/title3.pdf (accessed Feb 2006).

Water Environment Federation (1994) *Safety and Health in Wastewater Systems,* Manual of Practice No. 1; Water Environment Federation: Alexandria, Virginia.

Water Environment Federation (1992) *Supervisor's Guide to Safety and Health Programs,* Water Environment Federation: Alexandria, Virginia.

Water Resources Research Center (2001) Do Waterborne Pathogens Pose Risks to Wastewater Workers? *Ariz. Water Resour.,* **9** (6). http://www.ag.arizona.edu/AZWATER/awr/julyaug01/feature1.html (accessed Feb 2006).

World Health Organization (2003) *Severe Acute Respiratory Syndrome (SARS): Status of the Outbreak and Lessons for the Immediate Future.* Communicable Disease Surveillance and Response; World Health Organization: Geneva, Switzerland. http://www.who.int/csr/media/sars_wha.pdf (accessed Feb 2006).

推荐阅读

Brown, L. C.; Kramer, K. L.; Bean, T. L.; Lawrence, T. J.; Trenching and Excavation: Safety Principles, AEX-391-92; Ohio State University Extension Fact Sheet; The Ohio State University, Food, Agricultural and Biological Engineering, Columbus, Ohio. http://ohioline.osu.edu/aex-fact/0391.html (accessed Feb 2006).

Division of Occupational Safety, Rhode Island Department of Labor and Training; Introduction of Emergency Planning and Community Right-to-Know Act. http://www.dlt.state.ri.us/webdev/osha/sarasummary.htm (accessed Feb 2006).

Harford County, Maryland, Tier II Chemical Reporting Forms. http://www.co.ha .md.us/lepc/tier2form.html (accessed Feb 2006).

Kerri, K. D. (1995) *Small Water System Operation and Maintenance,* 3rd ed.; California State University: Sacramento, California.

Kneen, B.; Darling, S.; Lemley, A. (1996, updated 2004) Cryptosporidium; a Waterborne Pathogen. *Water Treatment Notes*, Fact Sheet 15, USDA Water Quality Program, Cornell Cooperative Extension; http://hosts.cce.cornell.edu/wq-fact-sheets/Fspdf/Factsheet 15_RS.pdf (accessed Feb 2006).

Ministry of Health Singapore Home Page. http://www.moh.gov.sg (accessed Feb 2006).

Oklahoma State University Environmental Health and Safety (2004) Entering and Working in Confined Spaces; EHS Safety Manuals. http://www.pp.okstate.edu/ehs/manuals/CONFINED/Sec_1.htm (accessed Feb 2006).

Parents of Kids with Infectious Diseases; Hepatitis. http://www.pkids.org/hepatitis .htm (accessed Feb 2006).

University of Florida, Finance and Administration, Environmental Health and Safety (2002) EH&S Trenching and Excavation Safety Policy; UFEHS-SAFE1. http://www .ehs.ufl.edu/General/Trench02.pdf (accessed Feb 2006).

University of Wisconsin–Milwaukee; Excavation Safety. http://www.uwm.edu/Dept/EHSRM/EHS/SAFETY/excavations.html (accessed Feb 2006).

U.S. Department of Health and Human Services, National Institutes of Health, National Institute of Allergy and Infectious Diseases (2005) Parasitic Roundworm Diseases. *Health Matters.* http://www.niaid.nih.gov/factsheets/roundwor.htm (accessed Feb 2006).

U.S. Department of Labor, Occupational Safety and Health Administration (2002) Lockout/Tagout; OSHA Fact Sheet. http://www.osha-slc.gov/OshDoc/data_General_Facts/factsheet-lockout-tagout.pdf (accessed Feb 2006).

U.S. Environmental Protection Agency (1994) Fact Sheet: Emergency Planning and Community Right-to-Know Act of 1986 (EPCRA). http://es.epa.gov/techinfo/facts/pro-act6.html (accessed Feb 2006).

第6章

American Public Health Association; American Water Works Association; Water Environment Federation (2005) *Standard Methods for the Examination of Water and Wastewater*, 21st ed.; American Public Health Association: Washington, D.C.

American Public Works Association (1999) *Preparing Sewer Overflow Response Plans: A Guidebook for Local Governments*; American Public Works Association: Washington, D.C.

American Water Works Association (2001) *Excellence in Action: Water Utility Management in the 21st Century*, Lauer, W. C., Ed.; American Water Works Association: Denver, Colorado.

American Water Works Association Research Foundation (2004) *Creating Effective Information Technology Solutions*. American Water Works Association: Denver, Colorado.

Huxhold, W. E. (1991) *Introduction to Urban Geographic Information Systems*. Oxford University Press: New York.

U.S. Environmental Protection Agency (1995) *Good Automated Laboratory Practices*, Report 2185; U.S. Environmental Protection Agency: Washington, D.C.

U.S. Environmental Protection Agency (1983) *Guidance Manual for POTW Pretreatment Program Development*; U.S. Environmental Protection Agency: Washington, D.C.

U.S. Environmental Protection Agency (2002) *Guidance on Environmental Data Verification and Data Validation*; U.S. Environmental Protection Agency: Washington, D.C.

Water Environment Federation (2002) *Activated Sludge*, 2nd ed.; Manual of Practice No. OM-9; Water Environment Federation: Alexandria, Virginia.

Water Environment Federation (1999) *Natural Disaster Management for Wastewater Treatment Facilities*; Special Publication; Water Environment Federation: Alexandria, Virginia.

Water Environment Research Foundation (2002) *Sensing and Control Systems: A Review of Municipal and Industrial Experiences*. Water Environment Research Foundation: Alexandria, Virginia.

推荐阅读

Water Environment Federation (2006) *Automation of Wastewater Treatment Facilities*, 3rd ed.; Manual of Practice No. 21; Water Environment Federation: Alexandria, Virginia.

Water Environment Research Foundation (1999) *Improving Wastewater Treatment Plant Operations Efficiency and Effectiveness*; Water Environment Research Foundation: Alexandria, Virginia.

第7章

Isco Inc. (1989) *Open Channel Flow Measurement Handbook;* Isco Inc. Environmental Division: Lincoln, Nebraska.

Skrentner, R. G. (1989) *Instrumentation Handbook for Water and Wastewater Treatment Plants*; Lewis Publishers: Chelsea, Michigan.

Water Environment Federation (1994) *Safety and Health in Wastewater Systems*, Manual of Practice No. 1; Water Environment Federation: Alexandria, Virginia.

推荐阅读

American Water Works Association (2001) *Instrumentation and Control (M2)*, 3rd ed.; American Water Works Association: Denver, Colorado.

第8章

Brater, E. F.; King, H. W.; Lindell, J. E.; Wei, C. Y. (1996) *Handbook of Hydraulics*, 7th ed.; McGraw-Hill: New York.

Canapathy, V. (1982) Centrifugal Pump Suction Head. *Plant Eng.*, **89**, 2.

Cunningham, E. R. (Ed.) (1982) Fluid Handling Pumps. *Plant Eng.*, May.

Karassik, I. J. (1982) Centrifugal Pumps and System Hydraulics. *Chem. Eng.*, **84**, 11.

Karassik, I. J.; Krutzsch, W.; Messina, J. (Eds.) (1976) *Pump Handbook*; McGraw-Hill: New York.

Krebs, J. R. (1990) *Wastewater Pumping Systems*; Lewis Publishers, Inc.: Chelsea, Michigan.

Steel, E. W.; McGhee, T. J. (1979) *Water Supply and Sewerage*, 5th ed.; McGraw-Hill: New York.

Street, R. L.; Watters, G. Z.; Vennard, J. K. (1995) *Elementary Fluid Mechanics*, 7th ed.; Wiley & Sons: New York.

U.S. Environmental Protection Agency (1979) *Process Design Manual for Sludge Treatment and Disposal*, EPA-625/1-79-011; U.S. Environmental Protection Agency: Washington, D.C.

第9章

The Chlorine Institute, Inc. (1986) *The Chlorine Manual*, 5th ed.; The Chlorine Institute: Washington, D.C.

The Chlorine Institute, Inc. (2000) *Sodium Hypochlorite Manual*, 2nd ed; The Chlorine Institute: Washington, D.C.

Great Lakes—Upper Mississippi River Board of State and Provincial Public Health and Environmental Managers (1997) *Recommended Standards for Wastewater Facilities*; Health Research, Inc.: Albany, New York.

International Fire Code (1999). International Code Council, Inc.: Falls Church, Virginia; December.

List of Substances (2003) *Code of Federal Regulations*, Section 68.130, Title 40.

McCabe, R. E.; Lanckton, P. G.; Dwyer, W. V. (1984) *Metering Pump Handbook*, 2nd ed.; Industrial Press, Inc.: New York.

National Fire Protection Association (2001) *Standard System for the Identification of the Hazards of Materials for Emergency Response*, Standard No. 704; National Fire Protection Association: Quincy, Massachusetts.

National Lime Association (1995) *Lime Handling, Application and Storage*, 7th ed., Bull. 213; National Lime Association: Arlington, Virginia.

Occupational Safety and Health Standards (2003) *Code of Federal Regulations*, Section 1910.119, Title 29.

Prevention of Accidental Releases (2002) *Code of Federal Regulations*, Section 112r, Title I.

Wastewater Treatment System Design Augmenting Handbook (1997). MIL-HDBK-1005/16; Department of Defense: Washington, D.C.

Water Environment Federation; American Society of Civil Engineers (1998) *Design of Municipal Wastewater Treatment Plants*, Manual of Practice No. 8; Water Environment Federation: Alexandria, Virginia.

Water Environment Federation (2004) *Control of Odors and Emissions from Wastewater Treatment Plants*, Manual of Practice No. 25; Water Environment Federation: Alexandria, Virginia.

White, G. C. (1986) *Handbook of Chlorination*, 2nd ed.; Van Nostrand Reinhold: New York.

第10章

Jackson, H. W. (Ed.) (1989) *Introduction to Electric Circuits*, 7th ed.; Prentice-Hall: Englewood Cliffs, New Jersey.

Kuphaldt, T. R. (2007) *Lessons In Electric Circuits*; Design Science Library; http://www.ibiblio.org/obp/electricCircuits/ (accessed Jun 2007); Vol. II, Chapter 11, Power Factor.

Smeaton, R. W. (Ed.) (1998) *Switch Gear and Control Handbook*; Institute of Electrical and Electronic Engineers: Piscataway, New Jersey.

The National Electrical Code Handbook (2005) National Fire Protection Association: Quincy, Massachusetts.

Water Pollution Control Federation (1984) *Prime Movers: Engines, Motors, Turbines, Pumps, Blowers, and Generators*, Manual of Practice No. OM-5; Water Pollution Control Federation: Washington, D.C.

推荐阅读

Controls Link, Inc., homepage; relay information. http://www.controlslink.com/whatwedo/arcflash.php (accessed May 2007).

Information on harmonics. http://members.tripod.com/~masterslic/harmonics.html (accessed May 2007).

Nilsson, J. W.; Riedel, S. A. (2002) *Introductory Circuits for Electrical and Computer Engineering*; Prentice Hall: New York.

U.S. Department of Labor, Bureau of Labor Statistics, *Occupational Outlook Handbook*, information for electricians. http://www.bls.gov/oco/ocos206.htm#training (accessed May 2007).

Watson, S. K. (2006) Cogeneration Technologies, Trends for Wastewater Treatment Facilities. *Waterworld*, **22** (6), 14–15.

第11章

Water Environment Federation (1992) *Design of Municipal Wastewater Treatment Plants*. Manual of Practice No. 8, Alexandria, Va.; ASCE Manuals and Reports on Engineering Practice No. 76, New York, N.Y.

Water Environment Federation (1994) *Safety and Health in Wastewater Systems*. Manual of Practice No. 1, Alexandria, Va.

Water Pollution Control Federation (1986) *Plant Manager's Handbook*. Manual of Practice No. SM-4, Washington, D.C.

参考文献

第12章

American National Standards Institute (1999) American National Standard Mechanical Vibration–Balance Quality Requirements of Rigid Rotors, Part 1: Determination of Possible Unbalance, Including Marine Applications; American National Standards Institute: Washington, D.C.

Benjes, H.; Culp, G. (1998), Benchmarking Maintenance. *Oper. Forum*, **15** (9), 29.

Dahlberg, S. (2004) Maintenance Information Systems. *Maint. Technol.*, **17** (7), 1.

International Organization for Standardization (2003) Mechanical Vibration–Balance Quality Requirements for Rotors in a Constant (Rigid) State–Part 1: Specification and Verification of Balance Tolerances, 2nd ed.; ISO 1940–1; International Organization for Standardization: Geneva, Switzerland.

Lockheed Martin Michoud Space Systems (1997a) Laser Alignment Specification for New and Rebuilt Machinery and Equipment; LMMSS Specification A 1.0-1977; July.

MIL-STD-167-1 (SHIPS) (1974) Department of Defense Test Method, Mechanical Vibrations of Shipboard Equipment. Department of the Navy; Naval Ship Systems Command, 1 May.

Mobley, R. K. (2001) *Plant Engineers Handbook*; Butterworth-Heinemann: Woburn, Massachusetts.

National Aeronautics and Space Administration (1972) Information regarding experiments using ultrasonics for early bearing fault detection; NASA Technical Brief, Report B72-10494; Technology Utilization Office, NASA, Code KT, Washington, D.C.

National Aeronautics and Space Administration (2000) *Reliability Centered Maintenance Guide for Facilities and Collateral Equipment*, February; www.hq.nasa.gov/office/codej/codejx/rcm-iig.pdf (accessed Mar 2006).

Nowlan, F. S.; Heap, H. F. (1978) *Reliability Centered Maintenance*; United Airlines, San Francisco, California; Report Number AD-A066-579, Dolby Access Press, Controlling Office, Office of Assistant Secretary of Defense, Washington, D.C.

Oberg, E.; Jones, F. D.; Horton, H. L.; Ryffel, H. H. (1996) *Machinery's Handbook*; 25th Ed.; Industrial Press, Inc.: New York.

Piotrowski, J. (1995) *Shaft Alignment Handbook*; Marcel Dekker: New York.

Piotrowski, J., Turvac, Inc., Oregonia, Ohio (1996) Personal communication regarding maintenance costs.

推荐阅读

Alberto, J. (2003) Critical Aspects of Centrifugal Pump and Impeller Balancing. *Pumps & Syst.*, **11** (5), 18.

Alcalde, M. (1999) Keep Your Rotating Machines Healthy. *Chem Eng.*, **106** (11), 106.

American National Standard Institute (1999) American National Standard for Centrifugal Pumps for Design and Application. Hydraulic Institute; ANSI/HI 1.3-2000, Parsippany, New Jersey.

Berger, D. (2003) Know the Score: Our Maintenance Performance Metrics Study Shows Many Plants are Poor at Keeping Score. *Plant Serv.*, **24** (10), 29.

Bernhard, D (1998) *Machinery Balancing;* 2nd ed.; Rich II Resources, Ltd. (distributor): Centerburg, Ohio.

Brandlein, J.; Eschmann, P.; Hasbargen, L.; Weigand, K. (1985) *Ball and Roller Bearings: Theory, Design, & Application*; Wiley & Sons: New York.

Infraspection Institute (1993) *Guidelines for Infrared Inspection of Electrical and Mechanical Systems;* Shelburne, Vermont.

IRD Mechanalysis (1987) The Use of Ultrasonic Diagnostic Techniques to Detect Rolling Element Bearing Defects, Technical Paper No. 121; Columbus, Ohio.

IRDBalancing (year unknown) Balance Quality Requirements of Rigid Rotors; IRD Balancing Technical Paper 1; Columbus, Ohio.

Jacobs, K. S. (2000) Applying RCM Principles in the Selection of CBM-Enabling Technologies. Lubrication & Fluid Power, **1** (2), 5.

Lockheed Martin Michoud Space Systems (1997b) Vibration Standard for New and Rebuilt Machinery and Equipment; LMMSS Specification No. V 1.0-1977; July.

Lundberg, G.; Palmgren, A. (1947) Dynamic Capacity of Roller Bearings. *Acra Polytech.; Mech.Eng. Ser.1, R.S.A.E.E.*, **3, 7**.

Nicholas J.R. and Young, K., *Understanding Reliability Centered Maintenance;* 2nd Ed.; A Practical Guide to Maintenance. A Text to Accompany the RCM Course Maintenance Quality Systems, LLC. Millersville, Maryland.

第13章

American Industrial Hygiene Association (1989) *Odor Thresholds for Chemicals with Established Occupational Health Standards;* American Industrial Hygiene Association: Akron, Ohio.

American Society of Civil Engineers (1989) *Sulfide in Wastewater Collection and Treatment Systems,* Manuals and Reports on Engineering Practice No. 69; American Society of Civil Engineers: New York.

Bishop, W. (1990) VOC Vapor Phase Control Technology Assessment. Water Environment Research Foundation Report 90-2; Water Pollution Control Federation: Alexandria, Virginia.

Campbell, N. A. (1996) *Biology*, 2nd ed.; The Benjamin/Cummings Publishing Company, Inc.: Fort Collins, Colorado; pp 1011–1044.

Divinny, J.; Deshusses, M. A.; Webster, T. (1999) *Biofiltration for Air Pollution Control;*

参考文献

Lewis Publishers: New York.

Gilley, A. D.; Van Durme, G. P. (2002) Biofilter: Low Maintenance Does Not Mean No Maintenance. Paper presented at Water Environment Federation Odors and Toxic Air Emissions Specialty Conference, Albuquerque, New Mexico.

Henry, J. G.; Gehr, R. (1980) Odor Control: An Operator's Guide. *J Water Pollut. Control Fed.*, **52**, 2523.

Jiang, J. K. (2001) Odor and Volatile Organic Compounds: Measurement, Regulation and Control Techniques. *Water Sci. Technol.*, **44** (9), 237–244.

Jenkins, D.; Richard, M. G.; Diagger, G. T. (1986) *Manual on the Causes and Control of Activated Sludge Bulking and Foaming.* Water Research Commission South Africa: Pretoria, South Africa.

Mackie, R. I.; Stroot, P. G.; Varel, V. H. (1998) Biochemical Identification and Biological Origin of Key Odor Components in Livestock Waste. *J. Animal Sci.*, **76**, 1331–1342.

Minor, J. R. (1995) A Review of Literature on the Nature and Control of Odors from Pork Production Facilities. Executive Summary for the Odor Subcommittee of Environmental Committee of the National Pork Producers Council; Des Moines, Iowa.

Moore, J. E., *et al.* (1983) Odor as an Aid to Chemical Safety: Odor Thresholds Compared with Threshold Limit Values and Volatilities for 214 Industrial Chemicals in Air and Water Dilution. *J. Appl. Toxicol.*, **3**, 6.

Rafson, H. J. (1998) *Odor and VOC Control Handbook*; McGraw Hill: New York.

U.S. Environmental Protection Agency (1985) Odor and Corrosion Control in Sanitary Sewage Systems and Treatment Plants; EPA-625/1-85-018; Center for Environmental Research Information: Cincinnati, Ohio.

Van Durme, G. P.; Gilley, A. D.; Groff, C. D. (2002) Biotrickling Filter Treats High H_2S in a Collection System in Jacksonville, Florida. Paper presented at Water Environment Federation Odors and Toxic Air Emissions Specialty Conference, Albuquerque, New Mexico.

Van Durme, G. P.; Berkenpas, K. (1989) Comparing Sulfide Control Products. *Ops. Forum*, **6** (2), 12.

Water Environment Federation (1994) *Safety and Health in Wastewater Systems*, Manual of Practice No. 1; Water Environment Federation: Alexandria, Virginia.

Water Environment Federation (1998) *Design of Municipal Wastewater Treatment Plants*, Manual of Practice No. 8; Water Environment Federation: Alexandria, Virginia.

Water Environment Federation (2000) Odor and Corrosion Prediction and Control in Collection Systems and Wastewater Treatment Plants. *Proceedings of the 73rd Annual Water Environment Federation Technical Exposition and Conference Workshop*; Anaheim, California, Oct 14–18; Water Environment Federation: Alexandria, Virginia.

Water Environment Federation (2004) *Control of Odors and Emissions from Wastewater Treatment Plants*, Manual of Practice No. 25; Water Environment Federation: Alexandria, Virginia.

第14章

Cochrane, J. J.; Hellweger, F. L. (1994) Interpreting Treatment Plant Performance Using an Attainment Frequency Methodology. *Proceedings of the 67th Annual Water Environment Federation Technical Exposition and Conference*, Chicago, Illinois, Oct 15–19; Water Environment Federation: Alexandria, Virginia.

Water Environment Federation (1993) *Instrumentation in Wastewater Treatment Facilities*, Manual of Practice No. 21; Water Environment Federation: Alexandria, Virginia.

Water Environment Federation (1997) *Automated Process Control Strategies*, Special Publication; Water Environment Federation: Alexandria, Virginia.

Water Environment Federation (2004) *Control of Odors and Emissions from Wastewater Treatment Plants*, Manual of Practice No. 25; Water Environment Federation: Alexandria, Virginia.

Water Environment Federation; American Society of Civil Engineers (1998) *Design of Municipal Wastewater Treatment Plants*, Manual of Practice No. 8; Water Environment Federation: Alexandria, Virginia.

第16章

Mager, R. F. (1997a) *Goal Analysis*. Center for Effective Performance: Atlanta, Georgia.

Mager, R. F. (1997b) *How To Turn Learners On . . . Without Turning Them Off*. Center for Effective Performance: Atlanta, Georgia.

Mager, R. F. (1997c) *Making Instruction Work*. Center for Effective Performance: Atlanta, Georgia.

Mager, R. F. (1997d) *Measuring Instructional Results*. Center for Effective Performance: Atlanta, Georgia.

Mager, R. F. (1997e) *Preparing Instructional Objectives*. Center for Effective Performance: Atlanta, Georgia.

Mager, R. F.; Pipe, P. (1997) *Analyzing Performance Problems*. Center for Effective Performance: Atlanta, Georgia.

Zimmerman, C.; Campbell, J. J. (1988) *Fundamentals of Procedure Writing*. GP Books: Columbia, Maryland.